水利类专业认证十五周年学术研讨会

论文集

中国工程教育专业认证协会水利类专业认证委员会 编

中国水利水电出版社
www.waterpub.com.cn
·北京·

内 容 提 要

为了纪念水利类专业认证顺利开展 15 周年，2023 年 5 月在长春召开了水利工程教育专业认证学术研讨会，本书为该研讨会的论文集。主要内容有：①综合，包括对 15 年来水利类专业认证工作的梳理总结，工程教育质量建设"最后一公里"的实践探索等；②人才培养改革与探索；③课程思政；④课程体系研究；⑤实践课程改革；⑥认证教材建设；⑦持续改进。论文集给出 3 个附录，包括已开展认证的水利类专业点状况、水利类专业认证大事记、进校（或在线）考查专家信息汇总。本书对于今后进一步做好专业认证工作和教育教学改革具有重要参考价值。

图书在版编目（CIP）数据

水利类专业认证十五周年学术研讨会论文集 / 中国工程教育专业认证协会水利类专业认证委员会编. -- 北京 ： 中国水利水电出版社，2024.7
ISBN 978-7-5226-2107-4

Ⅰ. ①水… Ⅱ. ①中… Ⅲ. ①水利工程－专业－认证－中国－文集 Ⅳ. ①TV-53

中国国家版本馆CIP数据核字（2024）第028577号

书　　名	水利类专业认证十五周年学术研讨会论文集 SHUILILEI ZHUANYE RENZHENG SHIWU ZHOUNIAN XUESHU YANTAOHUI LUNWENJI	
作　　者	中国工程教育专业认证协会水利类专业认证委员会　编	
出版发行	中国水利水电出版社 （北京市海淀区玉渊潭南路 1 号 D 座　100038） 网址：www.waterpub.com.cn E-mail：sales@mwr.gov.cn 电话：（010）68545888（营销中心）	
经　　售	北京科水图书销售有限公司 电话：（010）68545874、63202643 全国各地新华书店和相关出版物销售网点	
排　　版	中国水利水电出版社微机排版中心	
印　　刷	清淞永业（天津）印刷有限公司	
规　　格	210mm×285mm　16 开本　21.75 印张　674 千字	
版　　次	2024 年 7 月第 1 版　2024 年 7 月第 1 次印刷	
印　　数	0001—1200 册	
定　　价	**118.00 元**	

《水利类专业认证十五周年学术研讨会论文集》

编 委 会

加速推进工程教育认证　服务高水平水利人才培养

代　序

中国式现代化强国建设，实现中华民族伟大复兴，需要工程科技为经济社会创新发展提供不竭动力，更需要培养大批支撑我国高水平科技自立自强和制造业高水平发展的卓越工程师。习近平总书记在中央人才工作会议上指出"要培养大批卓越工程师，努力建设一支爱党报国、敬业奉献、具有突出技术创新能力、善于解决复杂工程问题的工程师队伍。要调动好高校和企业两个积极性，实现产学研深度融合。"《中共中央关于进一步全面深化改革 推进中国式现代化的决定》中指出，"教育、科技、人才是中国式现代化的基础性、战略性支撑。必须深入实施科教兴国战略、人才强国战略、创新驱动发展战略，统筹推进教育科技人才体制机制一体改革，健全新型举国体制，提升国家创新体系整体效能。"

当前，世界百年未有之大变局与中华民族伟大复兴战略全局相互激荡，新一轮科技革命和产业变革深入发展，作为人才第一资源、科技第一生产力、创新第一动力的重要结合点，工程教育是国家战略科技力量的重要组成部分，是推动新质生产力加快发展不可或缺的重要力量。深化工程教育改革，培养卓越工程技术人才，是我国应对新变局与新挑战的必然要求，也是将工程教育人才培养放在"强国建设、民族复兴"的大背景下谋划和推动的迫切需要。面向新阶段高质量发展目标要求，在新时代工程师队伍建设和工程师资格国际互认背景下，推动高质量发展，比以往任何时候都更需要科技创新的支撑引领、科技人才的智慧力量。工程教育认证因此被赋予了更多的意义，作用更加凸显，已成为国家推进改革、提高质量的一面旗帜和重要抓手。

专业认证是推动高校本科教育质量和教育改革的重要途经。自 2006 年启动认证试点工作以来，工程教育专业认证始终坚持面向需求，不断强化工程教育与行业之间的联系；坚持产出导向，以行业需求确定人才培养规格；坚持聚焦学生，贯彻以学生为中心的理念和教学设计；坚持持续改进，实现人才培养全周期全员评价全覆盖，旨在以工程教育认证推动产教融合培养卓越工程人才。在认证工作的积极推动下，学校按照认证标准要求，与行业企业共同制定人才培养方案，共同设计课程体系，共同建设师资队伍，共同实施培养过程，共同评价培养质量，逐步建立校企协同、产教融合培养工程师的新机制。通过开展认证，众多大型企业、研究院所和行业学（协）会等机构和大量业界专家，参与到专业人才培养过程中来，极大地促进了工程教育更好适应行业用人需要和新时代职业发展需求。

历经 17 年发展，我国建立了国际实质等效的认证标准体系，发布了教育评估领域首个团体标准，制定了成熟规范的认证程序方法，成立了独立法人社团组织"中国工程教育专业认证协会"。2016 年，加入最具国际权威性和影响力的《华盛顿协议》，实现了工程教育认证的国际互认。截至目前，已有 321 所高校 2395 个工科专业参加工程教育认证，覆盖大部分量大面广的工科专业。

近年来，水利类专业不断加强水利战略人才培养，做好水利领军人才、青年科技英才和青年拔尖人才培养选拔，推进人才创新团队和培养基地建设，实施卓越水利工程师培养计划，让水利事业激励水利人才，让水利人才成就水利事业。水利类作为先期启动认证的 10 个专业领域之一，按照推动改革、提高质量、加强衔接、推进互认的总体目标，从无到有，从弱到强。回望 17 年认证历程，机构建设先后经历了试点工作组、分委员会、专业类认证委员会等几个不同发展阶段，组织机构更加健全，组织工作更加有力。认证专业从水文与水资源工程 1 个专业，扩大到如今涵盖水文与水资源工程、水利水电工程、港口航道与海岸工程、农业水利工程、水务工程等 5 个专业；认证数量从最初的每年 1~2 个，扩大到如今的每年十余个。截至 2022 年年底，已有 55 所高校的 92 个水利类专业通过认证。认证规模不断扩大，专业教育的国际竞争力不断提升，社会影响力也显著增强。自开展认证工作以来，水利类专业认证委员会按照国际实质等效的目标，先后承担了标准研制、程序完善、文件修订等大量试点性、基础性工作，开展了基于工程教育专业认证背景下的水利类专业教育教学改革研究课题 45 项，建设了一支 110 余名专家组成的专家队伍，探索了一套行之有效的专家培训与管理机制，为我国工程教育认证体系的建立和完善做出了积极贡献，极大地推动了工程教育改革。经过十余年的建设与积淀，水利类专业认证委员会牵头完成认证相关教改成果荣获 2018 年国家级教学成果二等奖。

百尺竿头，更进一步。即将付梓的《水利类专业认证十五周年学术研讨会论文集》，以专业建设、教育教学改革和教育教学管理的丰硕成果，展示了专业认证推进教育质量提高的积极作用。希望水利类专业认证在今后的工作中，积极探索，进一步加强标准研究、队伍建设和组织管理，为工程教育专业认证工作和国家工程教育改革做出更大贡献。也相信水利类专业认证工作在教育部、水利部和中国科协的支持与指导下，在中国水利学会等行业组织和高等学校水利类专业教学指导委员会的积极参与下，在水利类专业认证委员会的具体组织下，必将迈向新的、更高的台阶。

教育部教育质量评估中心副主任

中国工程教育专业认证协会秘书长

2024 年 7 月

前 言

2006 年，教育部组织开展以提高教学质量、加入《华盛顿协议》为宗旨的工程教育专业认证试点工作，经过多年努力，2013 年 6 月我国以全票通过成为《华盛顿协议》临时缔约国，2016 年 6 月我国成为《华盛顿协议》正式成员国，认证工作取得了令人瞩目的成绩。水利类专业于 2007 年开始认证，2007—2010 年，水文与水资源工程专业开始认证；2011—2013 年，水利水电工程专业、港口航道与海岸工程专业、农业水利工程专业先后启动认证工作；2020 年，启动了水务工程专业认证工作。

截至 2023 年，水利类专业认证委员会共组织进校认证 146 次，55 所高校的 92 个水利类专业通过认证，其中：水文与水资源工程专业 26 个，水利水电工程专业 35 个，港口航道与海岸工程专业 12 个，农业水利工程专业 18 个，水务工程专业 1 个，水利类通过认证的专业占比在全国处于较高水平。

实践工作表明，认证体系建设的关键是认证标准的制定和专家队伍的建设。标准先行赋能可持续发展，通用标准自 2006 年以来，经历了五个阶段的调整，目前所采用的最新版本认证标准——2022 版的认证通用标准，很好地践行了以学生发展为中心，以产出为导向，突出持续改进。期间，水利类专业认证委员会先后承担了标准研制、程序完善、文件修订等大量试点性、基础性工作，为我国工程教育认证体系的建立和完善做出了积极贡献。2007 年，水利类专业认证委员会制定了水文专业补充标准；2011 年制定了水工、港航、农水三个专业补充标准；2012 年，水利类四个专业补充标准按照要求合并为一个专业类补充标准；2014 年，在 2012 版补充标准基础上形成了 2014 版补充标准，此版补充标准一直用到 2020 年；2019 年，水利类专业认证委员会对 2014 版补充标准进行了再次修订，于 2020 年 6 月经中国工程教育专业认证协会审定发布，并于 2021 年开始正式执行。

长期以来，水利类专业认证委员会高度重视认证专家队伍建设。在中国水利学会、中国水利教育协会、高等学校水利类专业教学指导委员会和各水利院校的大力支持下，先后有百余位专家参加认证。目前，已形成一支由 110 余名［其中行（企）业专家占比40%］专家组成的认证团队，构建了"线上＋线下"多层次常态化培训机制，为水利认证工作的高效可持续发展奠定了基础。工作中，不断强化专家队伍纪律意识，加强对专家廉洁自律、保密等纪律教育和回避、承诺书制度的贯彻落实，保证了认证工作的公正公平。

　　随着专业认证工作的深入开展，越来越多的院校认识到认证是推动专业高质量发展的有效途径，是毕业生质量保证的可靠标志。为给各院校提供交流研讨的平台，结合水利类专业认证委员会成立15周年，2023年5月，水利类专业认证委员会在长春工程学院组织召开了水利工程教育专业认证学术研讨会，共有来自全国50余所水利院校的120余名教师代表参会，会议共征集58篇论文。经过专家审查，作者进一步修订补充完善后，现全部收录在本论文集中。本论文集所收编的这些论文从人才培养改革与探索、课程思政、课程体系研究、实践课程改革、认证教材建设、持续改进等方面总结了由认证带来的变化与经验，佐证了认证推动专业的内涵发展，有力提升了进一步做好认证工作的信心与决心。

　　15年的专业认证工作与实践，吸引了水利工程界的广泛参与，密切了水利工程教育与行业企业的联系，提高了工程教育人才培养对工业产业的适应性；逐步形成了以学生为中心、基于学生成果导向的教育理念和持续改进的质量文化；建立健全了与注册工程师制度相衔接的工程教育专业认证体系。

　　15年来，水利类专业认证历经了专业认证体系从无到有、从不成熟到成熟的创建过程，走过了中国从《华盛顿协议》的学习者逐渐成长为正式成员的艰辛历程。水利类专业认证委员会将在中国工程教育专业认证协会的正确领导下，重新审视认证工作的历史方位，以新工科建设为重要抓手，持续深化工程教育改革，为创新型工程人才培养做出新的更大贡献。

　　本论文集的出版得到了河海大学、郑州大学、三峡大学和浙江水利水电学院出版经费的资助，首届水利类专业认证委员会主任姜弘道、中国工程教育专业认证协会副秘书长赵自强对于论文集出版给予关心和支持，在此请允许我代表编委会和水利类专业认证委员会，对他们表示衷心的感谢。此外，也对中国水利水电出版社的鼎力支持致谢。

水利类专业认证委员会主任委员

2023年12月

目 录 CONTENTS

课 程 思 政

课 程 体 系 研 究

实 践 课 程 改 革

认 证 教 材 建 设

持 续 改 进

综合

水利类专业工程教育认证十五年的历程、体会及建议

徐　辉

（河海大学，江苏南京，210024）

摘　要

经过15年的探索与实践，水利类专业认证历经了专业认证体系从无到有、从不成熟到成熟的创建过程，走过了中国从《华盛顿协议》的学习者逐渐成长为正式成员的艰辛历程。水利类专业认证委员会要按照党和国家对人才培养提出的新要求，进一步提高对认证工作的认识，提升专业认证能力和水平，把相关精神贯彻落实到水利行业专业认证的工作中，为新时代水利人才队伍建设服务，为创新驱动发展提供更加充分的人才保障和智力支撑。

关键词

水利类专业；工程教育；专业认证；专业建设

1　水利类专业认证工作发展的历程

1.1　专业认证发展历程

提高高等教育质量，促进高等教育国际化是当前我国高等教育改革的重要任务。2006年，教育部组织开展以提高教学质量、加入《华盛顿协议》为宗旨的工程教育专业认证试点工作，经过多年努力，我国于2013年6月以全票通过成为《华盛顿协议》临时缔约国，2016年6月成为《华盛顿协议》正式成员国，认证工作取得了令人瞩目的成绩。截至2023年年底，全国共有321所高校的2395个专业通过工程教育认证。当前，工程教育专业认证进入了全新阶段，15年的专业认证工作，提高了我国工程教育质量，形成了与国际实质等效的认证工作体系，建立了工程教育与行业企业的联系机制，大力推动了我国工程教育国际化及教学改革。

1.2　水利类专业认证发展历程

水利类专业于2007年开始认证，2007—2010年，水文与水资源工程专业开始认证；2011—2013年，水利水电工程专业、港口航道与海岸工程专业、农业水利工程专业先后申请认证；2020年，启动了水务工程专业认证工作。2020年，第二届水利类专业认证委员会（以下简称水利类专委会）成立，本届委员会设主任委员1名，副主任委员4名，委员14名，秘书处挂靠在中国水利学会。水利类专委会目前已形成了由全体委员组织实施、认证专家共同参与、秘书处承担日常工作的较为完善的组织体系，保证了各项认证工作的有效开展。

1.3　专家队伍的构成

建立一支数量充足、责任心强、熟悉认证工作要求的认证专家队伍是开展高水准认证工作的重要保证。水利类专委会一直十分重视认证专家队伍建设，在相关各方的大力支持下，按照"规划引领、行业参与、多渠道培训"的思路，专家队伍随着认证规模的扩大不断壮大，先后有百余位专家参加认证工作，目前，共有认证专家110名，其中行（企）业专家占40％左右，计划在2025年认证专家增至190名。

1.4　通用标准的变化

通用标准自2006年以来，经历了5个阶段的调整。通过5个阶段的通用标准发展变化对比可见，第1阶段与第2阶段通用标准的质量评价中都有社会评价的内容，这说明对于通过认证加强学校与行业企业的合作比较重视。不过这两个阶段均未能见到单独毕业要求的指标内容，说明这个时期在制定标准时，对于产出导向认证核心理念未能充分考虑，对认证核心理念持续改进没有得到反映。在第2阶段标准质量评价指标中增加了持续改进，但尚未作为7大指标之一，现在看来前两个阶段的认证标准框架与国际上认证要求有一定差距。第3阶段对通用标准做了重大调整，主要特点表现为面向全体学生，以学生为首位，更突出学生在认证中的重要性；更强调定性判断和发挥专家的作用；合并归类更加科学。例如，把原来的专业目标分解成培养目标和毕业要求两个指标，把原来的质量评价和管理制度合并为持续改进，条理化更加明晰。在第3阶段，中国与美国通用标准的主要差异体现在美国把支持条件分解成教学设施和制度支持两个指标，因此，美国通用标准是8个指标，而中国的通用标准为7个指标。2015年年初，中国工程教育专业认证协会（以下简称认证协会）发布了最新认证通用标准，即第4阶段，更加强化工程实践对于环境和社会可持续发展的影响，更加注重分析问题和自主学习能力的培养，强调专业必须有明确、公开的毕业要求，毕业要求应能支撑培养目标。2017年11月，中国工程教育专业认证协会对通用标准在实践基础上又做了微调，主要修改内容包括两个方面：一是取消培养目标中"培养目标能反映学生毕业后5年左右在社会与专业领域预期能够取得的成就"内容，把它放在标准的基本术语中去解释培养目标内涵；二是把毕业要求中的一些内容作了调整，如增加毕业要求的可衡量性分析、要求建立毕业要求达成情况的评价机制等。这一调整，有利于促进各个专业点以不断持续改进思路为指导去开展毕业要求评价，而不拘泥于学业成绩；看是否达成，注重的是达成情况的评价，而不是之前的达成与否的评价。

1.5　补充标准的变化

2006年以来，补充标准也经历了5次变化。2003年，教育部高等学校水利类专业教学指导委员会（以下简称水利教指委）承担了制定专业规范的工作，并于2006年完成。2007年，水文与水资源工程专业开始专业认证。水文与水资源工程专业的补充标准就是在专业规范的基础上按补充标准的要求制定的。2011年起，水利水电工程、港口航道与海岸工程、农业水利工程3个专业先后开展认证，也以专业规范为基础制定了补充标准。2012年，认证协会要求将认证标准修改为按专业类制定，水利类的4个专业补充标准按照要求合并为一个专业类补充标准。2014年，认证协会要求按新版专业目录修订专业类补充标准，使它涵盖的专业与新目录一致。水利类专委会在2012版补充标准基础上形成了2014版补充标准，此版补充标准一直用到2020年。2019年，根据工作规划，水利类专委会决定对2014版补充标准进行修订，先后形成多次修订稿，并最终于2020年6月经认证协会审定发布，并于2021年开始正式执行。

为适应新形势下教育评价工作有关要求，进一步规范工程教育认证工作，促进国际交流互认，认证协会在原《工程教育认证标准》的基础上，保证核心内容不变，修改形成了《工程教育认证标准》（T/CEEAA 001—2022）。

1.6 水利类专业认证制度建设

为保障认证工作有序开展，水利类专委会形成了较为完善的制度体系。该体系包括认证协会制定的一系列规章制度和水利类专委会制定的若干以实施细则类为主的制度，例如《水利类专业认证委员会工作办法》《水利类专业认证专家工作评价细则》《水利类专业认证委员会认证申请审核实施细则》等。在已有制度基础上，水利类专委会逐步完善了各项制度体系，使各项工作做到有据可依，确保了认证工作的严肃性和纪律性。

1.7 专业认证实践成果

15 年的专业认证工作与实践，吸引了水利工程界的广泛参与，密切了水利工程教育与行业企业的联系，提高了工程教育人才培养对工业产业的适应性；逐步形成了以学生为中心、基于学生成果导向的教育理念和持续改进的质量文化；建立健全了与注册工程师制度相衔接的工程教育专业认证体系。

2012 年，水利类专委会深入讨论了"持续改进"的认证理念，在认证工作中重点引导学校构建起校内外质量监控体系，在教育教学的各个环节贯彻"持续改进"的理念，促进人才培养质量的不断提升。

2013 年，水利类专委会形成共识，要加强对"学生""培养目标"和"毕业要求"这几个指标内在关联关系和相互支撑的研究。

2014 年，水利类专委会召开了"毕业要求达成与评价"专题研讨会，探讨了毕业要求评价方法与评价机制的构成要素，形成了《自评报告补充材料——毕业要求达成度评价》。

2015 年，水利类专委会重点研究了如何从"课程导向"走向"能力导向（outcome based education，OBE）"，如何体现和评价"解决复杂工程问题的能力"；如何体现对不同类型学校的差异性问题以及如何建立有利于学生"主动学习"和"主动实践"的教学体系。

2017 年，水利类专委会组织开展了"水利类专业认证十周年学术研讨会"，共有 50 多篇文章在会议上交流，会后出版了认证界第一本论文集。

2018 年，凝练认证成果所申报的"构建国际实质等效水利类专业认证体系，引领中国特色水利类专业的改革与建设"项目，获国家级教学成果奖二等奖。

2019 年，在中国水利学会年会上增设了认证分会场，主题为"以工程教育认证推进校企合作，提升水利人才培养质量"，20 余项最新认证教改成果作了交流。会议共征集 24 篇论文收录入学会论文集（已正式出版）。

2020 年，举办自评报告在线辅导答疑培训，申请受理的 15 个专业的 40 余名教师参加了答疑培训。秘书处提前征集问题，进行分类整理，通过问题导向的形式，邀请已通过认证的专业介绍经验。

2022 年，开展了专业认证教改课题研究，鼓励高校与企事业单位合作研究，开展对认证工作、专业持续改进、非技术能力评估等有较强针对性的专题研讨和有较强指导性的课题研究。共立项建设课题 45 项，其中重点课题 14 项、一般课题 31 项。

1.8 持续开展国际交流研讨

水利类专委会始终坚持"走出去""请进来"，学习借鉴国外专业认证先进经验，组织认证专家参加专业认证相关的国际学术会议及培训，不断提高认证质量和水平；积极与有关国家代表交流水利类专业认证工作；组织专家参加亚太工程组织联合会第 5 届国际学术研讨会，陈元芳副主任委员应邀作大会报告。

1.9 不断提升认证工作水平

水利类专委会严格按照《中国工程教育专业认证协会专家管理办法》要求，加强专家管理，制定了《水利类专业认证委员会工作纪律细则》，有针对性地开展纪律监督工作。严格执行专业认证纪律制度，水利类专委会严格执行每一环节的回避制度、承诺书制度、保密制度、廉洁纪律等，并对专家工作量进行记录、统计，保证认证工作的公平、公正。强化专家队伍纪律意识，加强对专家廉洁自律、保密等纪律教育和回避、承诺书制度的贯彻落实，提高认证水平，保证认证工作的质量和公平。

1.10 通过认证专业的数量

截至 2022 年年底，水利类专委会共组织进校认证 146 次；55 所高校的 92 个水利类专业通过认证，其中水文与水资源工程专业 26 个、水利水电工程专业 35 个、港口航道与海岸工程专业 12 个、农业水利工程专业 18 个、水务工程专业 1 个。据不完全统计，截至 2023 年年底，我国共有涉水高校 150 所，开设水利类专业 263 个（含农业水利工程专业），水利类通过认证的专业占比在全国处于较高水平。

2 关于水利类专业工程教育认证的几点体会

一是认证体系建设的关键是认证标准的制定和专家队伍的建设，二是专业认证是提高本科人才培养质量的有效途径。

2.1 关于制定认证标准

标准先行赋能可持续发展。目前采用的最新版本认证标准——2022 版的认证通用标准，很好地践行了以学生发展为中心，以产出为导向，突出持续改进。

践行以学生发展为中心，以达成培养目标为顶层，通过设计系统的层层递进的认证项目，对达成情况及存在问题作出客观、公正评价，要求更加注重所制定毕业要求的可衡量性。目前的标准是把毕业要求标准项中的达成评价内容转移到持续改进标准项中，这也再次强调了毕业要求达成评价更看重的是如何进一步持续改进。

以产出导向保证以学生发展为中心的实现，教育的质量可以通过毕业生"学"得怎样来判断；通过监控每个教学环节，以每个环节达标来保证毕业生达标；更加关注教师自身发展所带来的学生发展；2020 版的补充标准中所提出的水利类专业共性能力要求，淡化了不同专业具体课程设置要求，强化了在生态环境方面能力以及培养工程能力的要求。

持续改进是实行全面质量管理（total quality management，TQM）的关键，持续改进体现在全面质量管理中的第三、第四两个环节，即检查（check）与处理（action）环节，实际操作层面则强调全流程的持续改进。

2.2 关于专家队伍建设

认证专家队伍的水平直接决定了认证工作开展的质量。这里主要谈以下四点：一是要拓宽推荐专家渠道，推荐适合参加认证的专家，确保企业专家的深度参与；二是加强对专家的培训，重点是对认证理念和认证实务的培训；三是注重发挥核心专家的引带作用，水利类专委会在这方面工作起步早，开展得也比较好；四是通过认证实践、讨论交流，共同提高对我国工程教育人才培养的高度责任感。

专业认证是提高本科人才培养质量的有效途径，其中学校与专业的积极参与是关键。目前除了工程教育开展专业认证，临床医学、师范、理科教育等也在开展专业认证，同时审核和合格评估中也采纳了认证核心理念。我们认为通过专业认证可以深入贯彻落实先进人才培养理念，促进人才培养模式的创新，推动课程体系设置的迭代更新，加大实践教学建设的投入，推动人才培养校企合作，改进教育教学管理更好地面向产出，从而促进人才培养质量的提升。

3 对水利类专业认证工作的几点建议

15 年的认证实践丰富了我们对认证工作的认识，今后一个阶段，水利认证委将重点围绕以下方面开展相关工作：贯彻落实 2023—2025 年水利类专业认证规划工作任务；总结认证经验，修订人才培养方案；完善相关规章制度，满足面向产出的要求；修编教材，适应认证背景下教学工作的需要；用全面质量管理方法，实现精准化教育教学管理；加强教改研究，切实提升认证工作水平质量。

3.1 多方协同落实好 2023—2025 年水利类专业认证规划各项工作任务

2022 年在认证协会的指导下，组织制订了未来 3 年水利类专业认证规划，主要任务包括以下内容：

（1）体系建设。稳步推进水利类专委会及秘书处建设，积极争取各方支持，加强与行业学会、协会间的协作，推进建立与水利行业工程师注册制度的衔接。

（2）能力建设。进一步完善水利类专委会的制度体系，推进认证工作的高效健康运行；每年培训 20 名左右新专家，到 2025 年实现约 190 名专家能参与认证工作；加强信息化建设，推进学术研究，主动参与公共基础工作与建言献策。

（3）认证实施。3 年内完成认证的专业数量新增 18 个专业点，不断完善审核细则，编写认证申请受理、自评审核、进校考查、结论审议、中期审核、年度抽查等各环节的审核规范文件，提高认证工作质量。

（4）推动改革。探索开展"学会—高校—企业"合作育人的实践教学工作，建立"学会—高校—企业"协同开展云上实践教学合作育人机制，积极探索研究生教育涉水专业认证的可行性，进一步推动完善我国工程教育专业认证体系。

3.2 总结认证经验，修订人才培养方案

学校人才培养方案一般每 4 年修订一次，也有每 2 年一小改的情况，对此要及时针对日常教育活动中遇到的问题，对培养方案做出必要的修改，以适应认证和经济社会发展的要求。简单地说，专业认证是对未来工程师所受专业教育的质量评价，提供了人才培养与执业工程师制度衔接的"许可证"。培养目标是培养方案中的一个重要内容，在认证过程中需要特别关注培养目标是否合适等问题。

美国工程与技术认证委员会（Accreditation Board for Engineering and Technology，ABET）的认证标准重点强调了工程教育人才培养要达到工程师的职业准备要求；专业教育目标"必须达到职业准备的要求""课程及其实现过程要保证这些目标的完成"，这些都为培养目标内涵的界定提供了基本遵循。

随着经济社会发展，特别是进入新时代以来，我国对工程师呈现出多样化的需求；高等工程教育必须瞄准国家工业化进程的当前和未来需求去定位、去改革、去发展；我国的国情决定了高等工程教育应该是一个多层次、多类别的体系，需要根据行业需求，培养不同层次和类别的工程师。

例如，对两类工程师的需求：第一类，以应用现有技术为主、研制开发产品，适应当前以集成创新、引进消化吸收再创新为主的发展模式；第二类，以技术创新为主，适应以原始创新、集成创新为主的发展模式，即所谓的"研究型工程师"。第一类应用型工程师"上手快"，第二类工程师"有后劲"，这种差异必然要求不同的培养目标和培养方式。所以工程教育应该设置多类别、多层次的课程体系、教学内容和实践环节以满足不同类型的需要。

关于培养目标的表述，要描述学生毕业后 5 年作为执业工程师的预期目标，包括职业和专业成就的总体描述，同时要体现自身专业特色。如有些水文与水资源工程专业是以地下水开发保护为特色，有些则是以地表水资源开发利用为特色，要体现不同类别未来工程师的要求。同时还要注意，这是基

于认证要求的培养目标，是要进行达成和合理性评价的，有比较明确的时间概念，有别于传统意义的培养目标。

关于毕业要求（学生毕业时能力和素养描述，要求可有效支撑培养目标的达成），一般情况下，要对专业毕业要求做指标点的分解，根据经验建议进行分解，这样才能更加明晰毕业要求内涵，建议参照《标准解读指南》分解好每项毕业要求的若干指标点，每个指标点要提出安排教学内容的具体要求，要做到可衡量，在培养方案中要明确列出课程和指标点对应关系矩阵，必须做到支撑合理。

对于培养方案内容的全面性，目前的人才培养方案包括专业简介、培养目标、毕业要求、指导性教学计划等，仅仅这些是不完整的，还需要列出课程和指标点的对应矩阵，往往这个矩阵存在问题较多，需要多方人员参与讨论与修订，此外还需要将课外教育活动纳入培养方案作为育人环节毕业要求的指标点支撑。

3.3 完善相关规章制度，满足面向产出的要求

学校的规章制度是开展各项教学活动的基本依据，要及时完善相关规章制度，使其能与认证标准相衔接，有利于实现认证标准的各项要求。例如，有关人才培养方案修订办法、课程教学大纲编制要求、任课教师工作规范、教学管理工作实施细则、企业行业专家参与人才培养规定、学习跟踪和形成性评价实施办法以及课程目标、毕业要求、培养目标达成等评价机制，都需要按照认证要求尽早制定或修订，并有效实施。

3.4 修编教材，适应认证背景下教学工作的需要

考查毕业要求达成情况时，主要发现以下问题：指标点分解得不够合理，支撑指标点达成的课程选得不够恰当，课程大纲中的课程目标、要求未能充分反映支撑指标点的内容等，这些是比较常见的问题。还有一个基础性的同时也较为普遍的问题即课程目标、要求中有支撑指标点内容，但课程内容中没有，所选用的教材中也没有。发现较多的问题还有教材中体现复杂工程问题不够，反映国际规范标准内容不足，未能利用二维码等体现教学内容。

有四种情况需要对教材进行修编：新设课程，无教材可选；新设课程，有教材可选，但内容不适合专业需求；原课程有教材，但内容没有更新；课外专题教育活动需要配套教材。

水利教指委、水利专委会、中国水利水电出版社 5 年前联合推动的基于认证新形态教材建设，起步早，但成效不够明显，希望各校加强督促检查，总结经验和不足，早日完成出版计划，为人才培养质量提升发挥更大作用。

3.5 用全面质量管理方法，实现精准化教育教学管理

教育教学管理工作有提升的空间与改进的必要。所谓精准化就是要充分利用现代信息技术，对每项教育教学活动（包括其管理活动）的 PDCA（plan，do，check，action）循环过程有完整的、真实的实时记录，从而能对其达成情况作出正确的判断，以保证人才培养目标与毕业要求的达成。全面质量管理有几种常用的工具，若能加以学习、借鉴，可能会对如何评价毕业要求的达成情况有些启发。

水利是造福人民的宏伟大业，专业认证是为水利人才培养服务的极有意义的事业，认证工作是极有价值的光荣的工作，让我们一起为水利类专业认证取得更大的进步与成效而继续努力向前。

作者简介：徐辉，男，1961年，教授，博导，河海大学，水利类专业认证委员会主任委员，中国水利教育协会高等教育分会会长，教育部高等学校水利类专业教学指导委员会主任委员。

做好水利类专业认证"最后一公里"工作的实践与认识

李国芳[1]　陈元芳[1]　王　琼[2]　刘　波[1]　何　海[1]
黄　琴[1]　王文鹏[1]　任　黎[1]

（1. 河海大学水文水资源学院，江苏南京，210024；2. 中国水利学会，北京，100053）

摘　要

　　对近 5 年我国水利类专业认证报告中反馈频次较高的问题项和关注项进行了统计分析，梳理了水利类专业点在培养目标及毕业要求描述、毕业要求指标点分解、水利类认证补充标准执行等方面的常见问题。在此基础上，围绕培养目标合理性评价、课程学习跟踪与形成性评价、课程目标与毕业要求达成评价等问题，从分析存在的主要问题入手，提出了相应的改进措施并介绍了实践应用效果，以期为做好专业认证"最后一公里"工作提供参考。

关键词

　　水利类专业；专业认证；培养目标；毕业要求；课程目标；形成性评价

1　引言

　　工程教育专业认证作为一种高等教育质量保障活动最早始于美国。美国工程与技术认证委员会（ABET）于 1936 年进行了第一次工程教育专业认证。为了促进工程教育国际化和注册工程师的国际互认，由美国、澳大利亚等国家于 1989 年发起并共同签署《华盛顿协议》（Washington Accord，WA），旨在实现缔约国之间的学士学位互认。2006 年，我国开始工程教育专业认证试点工作，并于 2016 年 6 月成为《华盛顿协议》正式成员国。截至 2023 年年底，全国共有 24 个工科专业类 321 所高校的 2395 个专业通过工程教育专业认证。水利类专业于 2007 年开始认证试点。目前，水文与水资源工程、水利水电工程、港口航道与海岸工程、农业水利工程、水务工程专业已通过认证的专业点分别为 26 个、35 个、12 个、18 个和 1 个，共计 92 个，相比截至 2016 年年末的 38 个，6 年间增加了 54 个。

　　回望 15 年的认证历程，我国水利类专业构建了具有中国特色和国际实质等效的水利类专业认证体系，有力促进了人才培养质量提升，为我国工程教育质量的提高做出了贡献。但同时也应该看到，目前工程教育专业认证从"形似"到"神似"还有"最后一公里"[1]，专业认证三大核心理念真正落实于人才培养还存在不平衡和不充分现象，制约了工程教育专业认证效能的充分发挥，有些问题亟待探索。如：认证考查中高频出现的问题项和关注项如何改进；培养目标的合理性如何评价；课程学习跟踪与形成性评价如何开展；课程目标与毕业要求达成情况如何评价等。

　　本文从近年认证报告反馈的常见问题分析、培养目标合理性评价、课程学习跟踪与形成性评价、课程目标与毕业要求达成评价等方面进行探讨，以期为相关高校同类专业和同行结合自身特色做好专业认证"最后一公里"工作提供参考。

2 近年认证报告反馈的常见问题分析

根据 2018—2022 年 26 个水利类专业的认证报告统计的存在问题和关注项目数目详见表 1。从表中可知，问题关注最多的前 7 名分别是：标准项 3 毕业要求（22 次），4.1 质量监控机制、课程质量和毕业要求达成情况评价（21 次），5.0 课程体系（12 次），2.2 培养目标合理性评价与修订（10 次），7.1 实验室和教室条件（9 次），1.3 学习跟踪和形成性评价（8 次），5.3 工程实践与毕业设计（8 次）。

表 1   2018—2022 年水利类专业认证报告不同标准项存在问题和关注项目数目统计结果

标准项	1.1	1.2	1.3	1.4	2.1	2.2	3	4.1	4.2	4.3	5.0	5.1	5.2
问题关注次数/次	0	0	8	1	2	10	22	21	6	5	12	0	7
标准项	5.3	5.4	6.1	6.2	6.3	6.4	6.5	7.1	7.2	7.3	7.4	7.5	7.6
问题关注次数/次	8	6	5	0	3	1	0	9	2	2	2	1	1

避免上述问题和关注项出现的关键在于吃透标准内涵，重视做好认证"最后一公里"工作并体现专业特色。目前使用的《工程教育专业认证通用标准》（以下简称《标准》）是 2018 年开始使用的版本，适用于不同专业类，其刚性要求包括不同类别课程学分比例。目前使用的《水利类专业认证补充标准》（以下简称《水利补充标准》）是 2020 年制定并于 2021 年开始实施的版本，内容包括课程体系、师资队伍。2020—2022 年使用的《工程教育认证通用标准解读及使用指南》（以下简称《指南》）是 2020 年版本，对吃透标准内涵、指标点分解及其支撑课程安排很有帮助。2020 年版《指南》相比 2018 年版《指南》的主要变化如下：

（1）在标准 1.2 学习指导内涵解读中增加"引导学生树立社会主义核心价值观"，在考查重点中增加第 1 条"专业对于引导学生树立正确价值观是否有明确要求，立德树人工作是否有明确的制度保障并得到落实"。

（2）在标准 2.1 关于培养目标内涵解释中增加"应体现德智体美劳全面发展的社会主义建设者和接班人的培养总目标"。

（3）在标准 3 毕业要求内涵解释时，对"可衡量"概念作了完善，把原来的能力改为能力与素养，最新的可衡量是指学生通过本科阶段学习能够获得毕业要求所描述的能力和素养（可落实），且该能力和素养可以通过学生的学习成果和表现判定其达成情况（可评价）。

（4）在标准 3.8 对于"人文社会科学素养"含义解释中，把学生应具有正确的价值观调整为学生应树立和践行社会主义核心价值观……增加明确个人作为社会主义建设者和接班人所肩负的责任和使命。

（5）在标准 5 关于课程体系核心内涵解读中增加"专业的课程体系应围绕立德树人根本任务，将思政课程和课程思政有机结合，实现全员、全过程、全方位育人"。

（6）在标准 5.4 人文社会科学类通识教育课程……内涵解读中增加"帮助学生树立正确的价值观"。

（7）在标准 6.2 教师具有足够教学能力……内涵解读中增加专业对从业教师的"师德师风"具体要求，排在教学能力、专业水平等其他能力之前。

将《指南》与《标准》对照，发现 2020 年版《指南》中存在一些不足，具体如下：

（1）在标准 3.1 中对于"工程知识"建议分解 4 个指标点，提到的都是专业工程问题，而不是专业复杂工程问题（这一条毕业要求的表述中提到的就是复杂工程问题，故会有误导风险）。

（2）在标准 3 内涵解释提到毕业要求达成度评价，这是被弃用的提法，应该是毕业要求达成情况评价。

（3）在标准 4.3 内涵解释提到应把标准 4.1、标准 4.2 内部和外部评价后结果用于持续改进，实际上还应含标准 2.2 培养目标合理性评价结果用于持续改进。不过 2023 年起，开始采用最新版本 2022 年版《指南》。

以下列举近年接受认证的水利类专业在培养目标描述、毕业要求描述、毕业要求分解、水利类认证补充标准执行方面的常见问题，以便引起相关专业的注意。

（1）培养目标描述中常见问题。

1）培养目标中未能体现毕业后 5 年左右预期或者预期内容不全，如：有些专业把毕业后 5 年左右写成毕业 5 年或毕业 5 年后；有些专业对于毕业后 5 年左右职业能力预期描述不够明确，到底是工程师或相当职业能力，还是单位骨干或能独立承担项目设计等描述不清楚，只是泛泛谈有什么能力，甚至内容不全，有的与毕业要求描述几乎一样。

2）专业特色体现不足，如：水文与水资源工程专业是以地下水为主，还是以地表水为主或者综合性等未表述清楚。

（2）毕业要求描述中常见问题。

1）毕业要求照搬照抄标准中的毕业要求，只是中间加专业名称，如：在毕业要求 3 中，出现"设计满足特定需求的系统、单元或工艺流程"等标准中说法，未结合水利特色来写，应该避免；再如：水文与水资源工程专业解决问题都写成水文、水资源和水生态环境复杂工程问题，没有进一步解释其专业内涵侧重点，显得不同高校该专业内涵无差别，应该注意体现专业特色（标准解读中有要求专业特色）。

2）专业毕业要求没有完全覆盖标准的毕业要求。

（3）毕业要求分解中常见问题。

1）每个毕业要求所属若干个指标点内容不能涵盖对应的毕业要求内容，应注意各指标点内容可以高于所属的毕业要求但不能低于。

2）不同指标点之间的内容出现"重叠"情况。

3）毕业要求指标点难以衡量的，如：出现"创造性提出设计方案"等指标点。

（4）水利类专业补充标准执行中常见问题。

1）有些专业点毕业设计中涉及的经济决策、生态环境影响的理解和评价内容严重偏少。

2）专业课程主讲教师本专业领域学历占比不满足标准要求。

3 培养目标合理性评价实践

由图 1 可见，在"培养目标→毕业要求→课程体系"的反向设计和"课程体系→毕业要求→培养目标"的正向实施过程中，所有教学活动源起于培养目标最终回归于培养目标。培养目标合理性评价是培养目标修订的重要依据。

经过梳理分析，培养目标合理性评价中存在的主要问题有：①不同对象调查问卷内容完全一样，导致调查结果不能反映实际；②混淆培养目标合理性评价和达成评价，根据每条培养目标中的内容（主要是能力）开展问卷调查，最终变成达成情况评价结果，难以为培养目标修订提供有用的参考；③对于学科和专业未来发展调研重视不够，工作深度和广度都不够，不能科学客观预估未来发展变化，影响培养目标合理性评价效果；④大多数专业点的培养目标合理性和达成评价制度存在或多或少的不足（如：问卷调查内容、学科调研要求），需持续修订完善。

针对培养目标合理性评价中存在的上述问题，以河海大学水文与水资源工程专业为例，围绕评价的对象、内容、主体、方式以及结果应用等问题，构建了由 7 项评价内容—5 个评价等级—5 类评价主体—5 种评价形式组成的培养目标合理性评价体系[2]（7 项评价内容与 5 类评价主体矩阵见表 2，评价主体与评价方式矩阵见表 3），并应用于该专业 2016 版培养目标的合理性评价，为新一轮培养目标修订提供了依据。

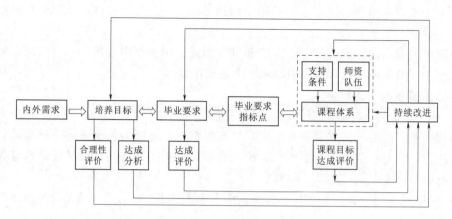

图 1　工程教育专业认证持续改进闭环示意图

表 2   评价主体与评价内容矩阵表

评价内容	评价主体				
	专业教师	行业专家	在校学生	用人单位	毕业校友
培养目标与学校定位的吻合度	√		√		√
培养目标与专业定位的吻合度	√		√		√
培养目标与社会经济发展需求的吻合度	√	√		√	√
培养目标与工程技术发展需求的吻合度	√	√		√	
培养目标与学校办学资源条件的吻合度	√		√		
培养目标与毕业生职业发展需求吻合度	√	√		√	√
培养目标与用人单位事业发展需求的吻合度				√	

表 3   评价主体与评价方式矩阵表

评价方式	评价主体				
	专业教师	行业专家	在校学生	用人单位	毕业校友
调查问卷	√	√	√	√	√
座谈交流（专程走访调研）		√		√	√
座谈交流（校内教学研讨会）	√				
座谈交流（学生班会）			√		
座谈交流（结合校企项目合作）		√			
座谈交流（校园招聘会）				√	
座谈交流（校友返校）					√

所建立的培养目标合理性评价体系具有以下优点：①把培养目标合理性评价分解为与各种需求的吻合度进行评价；②不同的评价内容有针对性地选择不同的调研对象；③将定期的集中性评价与平时的兼顾性评价相结合；④将问卷调查与座谈访谈深度调研相结合。当然，上述合理性调查问卷设计偏于简单，今后将进一步完善。

此外，值得一提的是，有些专业点开展培养目标达成评价时还是利用认证之前采用的毕业生跟踪调查表，问卷调查毕业生培养质量，与培养目标关注点不太一致；还有调查对象不是毕业后 5 年左右的毕业生，且调查对象代表性不足，从而影响培养目标达成情况调查结果真实性，不利于开展有针对性的持续改进。

4　学习跟踪与形成性评价实践

认证标准1.3规定"对学生整个学习过程中的表现进行跟踪评估，并通过形成性评价保证学生毕业时达到毕业要求"。其内涵解释为：专业需对学生个体的学业情况进行跟踪和评估，对于学业有困难的学生及时预警，并采取必要的帮扶措施，帮助学生提高学业成绩，达到毕业要求；专业需要建立形成性评价机制，即：在课程教学中通过各种方式观察和评价学生的学习状态，发现问题及时纠正或帮扶，帮助学生达到课程目标；形成性评价的目的是有针对性地改进教学，使尽可能多的学生在学业结束时能够满足毕业要求。

目前多数专业点对于形成性评价机制理解不够到位，机制未完全建立。对于学生学习状态观察大都仅通过平时课堂提问、期中测试、作业等方式，具有局限性，未能结合现代信息技术进行多阶段随堂测验，从而有效实现即测即改，并通过计入过程考核成绩，促进学生学习效果提升。

针对目前学习跟踪与形成性评价中存在的上述不足，探索在"学习通"平台开展单元随堂测验作为形成性评价的一种新方法，并在河海大学水文与水资源工程专业"水文统计"课程中进行实践应用[3]，形成的跟踪式教学框架如图2所示。

该方法具有以下优点：①可对不同阶段单元知识能力要点，针对每个学生进行快速随堂测验，从而及时了解全体学生（而不是课堂被点名的极少数学生）学习状态并做出改进；②"学习通"可以记录保存每个学生随堂考试成绩，把每个学生各次测验得分累加折算后作为过程考核成绩，使过程考核给分更加客观；③在随堂测验同时自动考勤，很方便获得出勤情况；④有利于激发学生学习热情，实现随测随改，促进学生更好达到课程目标。

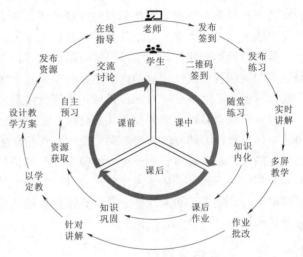

图2　跟踪式教学框架如图

对2021—2022学年第一学期"水文统计"授课班级148名同学实施过程跟踪与形成性评价的教学效果，与上一年度未开展跟踪评价的学习效果进行比较分析。结果显示，实施过程跟踪与形成性评价后，学生学习积极性和课程学习成绩明显提升，在考核标准持平的情况下课程平均分从上一年的79.8提高到87.1，尤其是低分段成绩的学生人数明显减少。此外，通过课堂考勤和随堂练习平时成绩的过程跟踪，学生的出勤率明显提升。2020—2021学年141名选课同学，出勤采用随机点名方式进行抽查，平均出勤率为84.6％；2021—2022学年148名选课同学，随堂签到32次，平均出勤率达到95.7％。从2020—2021学年和2021—2022学年的学生课后作业成绩比较也可以看出，通过过程跟踪教学方式的实施，水文统计课后作业质量也得到了明显提升。

成果导向教育进课程、进课堂是我国工程教育专业认证实现从"形似"向"神似"转变的关键。"水文统计"课程教学实践表明：借助现代信息技术手段，在教与学的过程中引入过程跟踪和形成性评价方法，可以让教师在不影响课时的情况下动态跟踪学生的学习状态，根据学生学习效果反馈情况，有针对性地改进教学策略，进而提升教学质量和提高课程目标达成程度。如何在课程教学过程中建立有效的形成性评价机制，实现课程教学的持续改进和质量提升，还需要在教学实践中不断完善。

5 课程目标与毕业要求达成评价实践

为讨论课程目标与毕业要求达成评价问题，先对培养目标、毕业要求、课程体系（由不同课程组成）的逻辑联系进行阐述。图 1 展示了"培养目标→毕业要求→课程体系"的反向设计和"课程体系→毕业要求→培养目标"的正向实施过程。简言之，培养目标是对学生毕业后 5 年左右所能达到的专业和职业成就的总体描述，适应需求和具体学校特色；毕业要求是对学生毕业时所应该掌握的知识、能力素养的具体描述；课程目标是对学生的可观测行为的一种陈述，作为学生在课程学习中获得能力、素养的证据。培养目标和毕业要求是培养方案的核心要素，培养方案的落实靠课程教学大纲及其有效实施。

5.1 课程目标达成评价

课程目标是课程教学大纲的核心要素，它既支撑着毕业要求的达成，又决定着课程教学内容、教学方法以及评价方式。课程目标的内容体现为知识的应用或某种能力。课程目标的数量一般以 3～5 个为宜。课程目标和毕业要求指标点的数量关系，建议一个课程目标支撑一个毕业要求（指标点），一个毕业要求（或者指标点）可由几个课程目标来支撑。

课程目标达成评价与"学习跟踪与形成性评价"密切相关。目前课程目标达成评价中存在的主要问题：①对课程形成性评价的落实还存在差距；②考核题目仍是考知识，衡量记忆程度，考核内容与课程目标要求不对应；③对课程目标达成评价结果分析和改进思考不够重视。

对开展课程目标达成评价的几点建议：①应完善课程教学形成性评价机制并严格其实施；②考核内容要体现对能力的测试，要与课程目标要求相对应，特别要避免不同教师讲授同一专业（不同班级）的同一门课程，考核内容和难度"因师而异"的情况；③在完成本学年课程目标达成度计算后，要与上一学年同一课程目标达成度作对比分析，对结果最薄弱的目标进行原因分析并提出改进措施；④除了根据平时、期中、期末成绩定量计算课程目标达成度外，同时辅以问卷调查方法，两者结合起来衡量全体修课学生的"学习产出"。

5.2 毕业要求达成评价

目前毕业要求达成评价中存在的主要问题有：①课程体系与毕业要求关系矩阵欠缺和不够合理，经不起推敲。课程教学大纲中存在课程目标写得不到位，与毕业要求指标点对应关系弱，课程目标对应教学内容不匹配，考核评价标准不明确，尤其毕业设计评分标准还是传统写法，基础课教学大纲不是按认证要求写等；②支撑经济管理、工程伦理方面的教学内容偏少偏弱，有些专业点未单独设经济学、管理学、工程伦理方面的课程；③通过评价获得符合实际的持续改进建议总体偏少，将提出的改进建议真正落实到持续改进的更少。

目前总体上有 3 种途径开展毕业要求成绩计算法评价：①毕业要求分解指标点，以整个课程（未分不同课程目标）来支撑指标点（我国 2014—2017 年采用此法）；②毕业要求不分指标点，课程分不同目标去直接支撑毕业要求；③毕业要求分解指标点，课程分不同目标，不同课程目标支撑相应的指标点。美国工程与技术认证委员会（ABET）、澳大利亚、加拿大、中国（2017 年后）采用该法，该方法的优点是形成稳定的且各门课程平衡的算法，但比较烦琐且有一定任意性。

对于我国当前毕业要求达成情况评价来说，各专业点最难把握的仍然是不同课程目标与毕业要求指标点的支撑关系矩阵。主要原因在于：一方面，毕业要求要拆解到每门课程，最后又要会合到毕业要求，这个"拆—合"结果的合理程度缺乏定量判别标准，故其分解本身较为困难；另一方面，教学大纲是每门课程的主讲教师编写的，要把培养方案的顶层设计落实进课程教学大纲乃至每堂课的教学，体现的是全体老师对 OBE 的理解与把握，而教师对于支撑矩阵的作用与要求不清楚，对指标点内涵理解不透彻，担心自己讲授的课程支撑指标点写少了影响课程未来的地位，另外也存在专业负责人把关不严等原因。

在此简要介绍笔者所在水文与水资源工程专业最近一次修订课程与毕业要求指标点支撑关系矩阵的组织方式，值得推荐实施：①在研讨之前，积极引导教师读懂《指南》中毕业要求、指标点分解和对应支撑课程确切内涵等内容；②在试点教研室，由认证资深专家、院系领导、教研室全体老师集中研讨，对该教研室所负责课程与毕业要求的支撑关系做出较大幅度的修改；③在其他教研室推广经验，不同教研室修改其课程对应的毕业要求指标点，交系负责人汇总；④最后由认证资深专家、院系领导集中讨论修改，确定征求意见稿，反馈给各编写教学大纲的课程负责人征求意见后，略做修改形成定稿。通过这一次近半个月的系列教研活动，本专业指标点和支撑课程对应矩阵得到了明显改进，产生很好效果。

6　总结与展望

本文首先对近5年我国水利类专业认证报告中反馈频次较高的问题项和关注项进行了统计分析，强调了吃透标准内涵、重视做好认证"最后一公里"工作的重要性、突出专业特色的重要性，将现行版本《标准》《补充标准》和《指南》与上一版进行对比，并梳理了水利类专业点在培养目标描述、毕业要求描述、毕业要求分解、水利类认证补充标准执行方面的常见问题。在此基础上，围绕培养目标合理性评价、课程学习跟踪与形成性评价、课程目标与毕业要求达成评价等问题进行了较深入的探讨，每个部分均从分析目前存在的主要问题入手，引出相关改进建议，再介绍其改革实践效果。

专业认证的核心理念之一就是持续改进，持续改进始终在路上。展望今后的专业认证"最后一公里"工作，还有以下几点建议：

（1）要强化贯彻标准工作，在师生和教学管理人员中进一步宣传认证理念，让师生深刻领会认证核心理念内涵并自觉贯彻执行。

（2）强化与新工科、创新创业、劳动教育的融合，关注国际WA关于毕业要求修订新动态，可能新增包容性、可持续发展、零碳、大数据云计算等要求。

（3）大力开展实施OBE的相关教学改革研究，并及时把研究成果凝练总结并推广应用。包括基于OBE教学大纲编制、课程与指标点关系矩阵、考核评分标准以及非技术能力等各类评价方法。

（4）推动基于OBE的数字化新形态教材编制及经验推广，包括教材中体现复杂工程问题、国际化视野和跨文化交流，设计中考虑环境等因素影响，课程思政及现代工程意识培养等。

参 考 文 献

[1]　李志义. 中国工程教育专业认证的"最后一公里"[J]. 高教发展与评估，2020，36（3）1-14.
[2]　李国芳，王琼，刘波，等. 工科专业人才培养目标合理性评价的实践[J]. 教育科学，2023（5）：8-11.
[3]　陈元芳，何海，黄琴，等. 水文统计课程学习过程跟踪与形成性评价的实践与认识[J]. 新课程教学，2022（14）：186-188.

作者简介：李国芳，女，1971年，教授，博导，河海大学，从事水文学及水资源专业教学和科研工作。Email：liguofang@hhu.edn.cn.
基金项目：江苏省高等教育教改研究重点课题（2023JSJG113）；基于工程教育专业认证背景下水利高等教育教学改革研究重点课题"新工科及专业认证背景下水文与水资源工程专业人才培养研究与实践"；河海大学本科实践教学改革研究项目"新工科背景下基于OBE理念的水文专业毕业设计改革与实践"。

工程教育质量建设的"最后一公里"
——课程质量评价体系构建

肖　娟　郭向红　陈军锋　李永业　孙雪岚

（太原理工大学水利科学与工程学院，山西太原，030024）

摘　要

　　课程是实现毕业要求的基本单元，课程质量评价是质量监控的核心，也是毕业要求达成评价的依据。然而，现阶段我国高校各专业在课程质量评价方面仍有较大改进的空间。本文在深入剖析、反思现状课程质量评价未能很好体现 OBE 教育理念的基础上，从保障机制、实施过程、评价方法等方面提出和构建了定性和定量相结合的课程质量评价。

关键词

工程教育认证标准；课程质量；OBE 教育理念；评价体系

　　20 世纪 80 年代以来，高等教育质量评价就备受西方各国学者的青睐[1]。我国作为工程教育第一大国，一直以来都非常重视高等工程教育的质量问题。为了提高高等工程教育培养质量，实现人才培养国际化水平，我国于 2006 年启动了工程教育专业认证试点工作。十多年来，以申请加入《华盛顿协议》为契机，进行了持续的教育改革，改变了传统的注重过程而非结果的工程教育质量评价现象[2]。现阶段，基于 OBE 理念（基于学习产出的教育模式，outcome based education，OBE）的高等工程教育质量评价体系和标准已逐步形成，并得到国际认可。

　　目前，工程教育认证工作已得到大部分高校的认可与重视。在工程教育专业认证工作过程中，也不时会感受到来自相当一部分教师以及基层教学管理人员的疑惑：现在的教学和管理模式已运行多年，培养了许多优秀学生，为什么要做专业认证？认证和评估有什么不同？是否形式大于内容？如果仅仅把工程教育认证视为一种行政力量主导下的形式评估，就无法使一线教师真正理解、认同专业认证的基本理念、价值内涵并自觉加以践行，从而也就无法真正打通教育教学改革的"最后一公里"。因此，课程质量评价是推动一线教师理解、认同专业认证，并提高课程质量的关键。

1　我国的工程教育认证标准

　　工程教育认证有利于促进我国的工程教育改革，提高工程教育质量，增强工程人才培养对社会经济发展的适应性，促进工程教育的国际互认，提升工程教育的国际竞争力[3]。

　　《工程教育认证标准》即为工程教育专业认证的质量标准，从招生到对学生的指导，从教师的数量和结构，再到学校的硬件和软件保障，从课程质量、毕业要求，再到培养目标以及学生是否达成的评价都有着明确的规定。工程教育教学质量第一次有了明确的评价标准。

　　我国的《工程教育认证标准》包括 7 项通用标准（包括：学生、培养目标、毕业要求、持续改进、课程体系、师资队伍、支持条件）和 3 项补充标准（包括：课程体系、师资队伍、支持条件）。对标准的内涵解读也经历了三次修订（2006版、2015版和2018版），不断完善和成熟。7项通用标准之间的关系如图1所示。

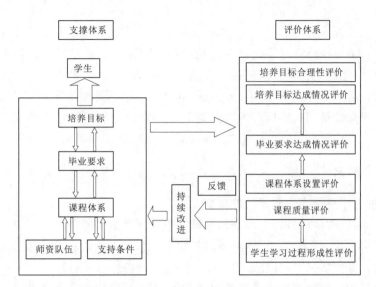

图1 工程教育认证通用标准支撑与评价体系示意图

培养目标是对毕业生在毕业后5年左右能够达到的职业特征和所具备的职业能力的综合描述，是本专业各种教育教学活动的蓝图和行动指南，是全体师生共同努力的方向[3]。培养目标应与所在学校定位以及专业具备的资源条件相一致，并符合社会需求及利益相关者的期望，因此，专业应定期评价培养目标的合理性，了解和分析内外需求和条件的变化，并根据变化情况修订培养目标。

毕业要求应该根据培养目标来设计，学生只有在毕业时达到毕业要求，才有可能在不久的将来达到培养目标所要求的能力。毕业要求应该包括学生通过本专业的学习所掌握的知识、技能和素养。我国的工程教育认证标准提出了12条必须涵盖和达成的毕业要求，包括：工程知识、问题分析、设计/开发解决方案、研究、使用现代工具、工程与社会、环境和可持续发展、职业规范、个人和团队、沟通、项目管理、终身学习。需要注意的是，在这12条指导性的通用标准中，仅有5条标准涉及了相关工程知识和技术性能力，而有7条标准则指向了工程社会观、团队协作、沟通表达、经济管理以及学生自我革新、终身学习的能力和素质等非技术能力。可见，非技术能力的培养对于工程专业的学生来说是至关重要的。

毕业要求的实现需要各类教学活动（即我们所说的课程体系，包括各类理论和实践课程）的支持，同时，也是衡量这些课程或教学活动实施效果的具体目标和要求。每一门课程能够为多条毕业要求指标点的实现做贡献，每一条毕业要求需要多门课程按照一定的权重支撑才能达到。

师资队伍和支持条件关注的是专业师资数量、队伍结构和兼职教师的整体情况、教室、实验室设备的数量和功能、实践和实训基地、计算机、网络、图书、教学经费等硬件和软件条件是否满足工程类专业教学（课程）和学生学习的需要。

由图1可知，工程教育认证的7项通用标准，不仅传递着鲜明的价值取向，更蕴含着丰富的模式内涵。在形式上对应的是一种由培养目标到毕业要求到课程体系，再到师资队伍和支持条件的结构化支撑体系，"持续改进"则是基于达成度评价（培养目标达成情况评价、毕业要求达成情况评价、课程体系设置和课程质量评价）分析的由多个闭环反馈环节所构成的规范化保障机制。在此关系中，学生是中心，体现工程教育认证的教育理念；培养目标和毕业要求是导向，体现工程教育认证的价值取向；课程体系、师资队伍和支持条件是实现的手段，持续改进体现工程教育认证的质量文化。图1中，箭头向上表示目标支撑实现的过程，箭头向下表示顶层设计及改进的过程。

2 面向产出的课程质量评价意义及现状分析

通过对工程教育认证标准的分析可知，课程质量及评价在整个标准体系中具有重要的基础地位。教育部高等教育司司长吴岩曾经有过"改到深处是课程"的论断，课程质量在教育改革中的地位可见一斑。"课程质量评价"也在工程教育认证通用标准（2018 版）4.1 条款中第一次被明确提出（建立教学过程质量监控机制，各主要教学环节有明确的质量要求，定期开展课程体系设置和课程质量评价。建立毕业要求达成情况评价机制，定期开展毕业要求达成情况评价）。然而考察现阶段各工科类院校发现，均存在对课程质量的内涵理解不一、重视不够和质量把控性不强等问题。

2.1 课程质量评价意义

2.1.1 课程质量评价是毕业要求达成评价的依据

"课程质量"是工程教育认证各标准实现的基础，也是该质量保障体系顶层设计的落脚点。如果不能达到认证标准要求的"课程质量"，则毕业要求和培养目标就无从谈起，而师资队伍和支持条件的直接目标也是为了保证"课程质量"的达成。

对于具体的教学活动，课程质量评价是指学生是否能够从该项教学活动中获得其所支撑的毕业要求指标点要求的知识和能力，是学生学习成果评价的重要载体。对于一个具体的专业，每门课程都对应和支撑着一个或几个毕业要求指标点，每项毕业要求指标点都有合适的课程支撑。当每个学生每门课程都达成质量要求时，就意味着该专业毕业要求的达成。因此，合理的课程质量评价是毕业要求达成评价的依据，不合理的课程质量评价将会对毕业要求达成情况评价结果产生不利影响。

2.1.2 课程质量评价具有导向功能，能够促进课程教学改革

基于成果导向的课程质量评价是一种目标评价模式，决定了该评价原理是以目标为中心展开的[4]。这就意味着对教学活动中与教和学相关的各种因素的选择和侧重点都是围绕一个目标，即课程目标（相应的毕业要求指标点）。其他如教学内容和教学方法、考核内容和考核方式等都应围绕课程目标而展开。这些与传统的注重"评教"而不注重学生学习效果的课程评价模式截然不同，将促使教师在今后的教学活动中更加注重评价所侧重的各种相关因素，发挥评价的导向功能。

2.1.3 课程质量评价具有激励功能，是促进教师行为转型的推动力量

课堂是教师施展自己才能的舞台，课程质量是教师立足的基点。对照当前课堂上仍普遍盛行的由教师主导的"指令式"教学模式，新教育理念对教师既有思维和认识的冲击与撼动，同时也是促进和激励教师改革授课方式方法的推动力量。课程质量评价体系的构建作为一种外部的力量一旦转化为内生的自觉，就会成为教师不断提升自身素质、转变教学模式、改进教学方法的原动力。不过，必须理性地看到，受文化观念、惯性思维和支撑条件等种种因素的制约，实现这一转型任重而道远。

2.1.4 课程质量评价是教学质量监控的核心，是教学管理工作的重要组成部分

课程质量评价是教学质量评价体系的核心，也是评价教师工作的重要依据。基于成果导向的课程质量评价，能够有效地评价教师的教学方法、教学内容、考核内容和考核方式、业务水平等与学生课程目标达成之间的差距，使学校的管理工作趋于科学和合理。

2.2 课程质量评价现状及问题

2.2.1 基于 OBE 理念的课程质量评价机制尚未建立

几乎每个学校都有各种对教学过程质量监控的制度文件，用于全方位的教学质量监督和评价。然而，"教学质量评价"并不等同于"课程质量"评价。目前，关于课程质量评价的研究大多针对具体课程[5-11]，大部分专业未建立针对课程质量的评价机制，课程质量评价难以在制度上得到保证，不利于

课程质量的持续改进。

2.2.2 课程质量评价中，对"以学生为中心"的理解有偏

现在有一些对"以学生为中心"理解上的偏颇。例如，有些人认为只要给学生提供足够好的硬件环境、优秀的教师以及学生可以通过"学生评教"和不同渠道反映诉求的权利，就是"以学生为中心"。实际上，课程质量评价中，"以学生为中心"不是将授课教师多么优秀、硬件环境多么好、课程是国家级精品课程或省级精品课程等作为课程质量评价的主要因素，而是聚焦于学生通过教学活动能够获得什么能力和能够做什么的目标产出，是一种要求学生作为教学活动主体的培养模式。

2.2.3 课程质量评价中，"成果导向"体现不足

基于"成果导向"的课程质量评价是以学生预期获得为导向的评价，颠覆了以知识结构、教师传授为主导的传统课程质量评价。现阶段，由于课程质量评价中"成果导向"体现不足，导致持续改进的方向不明确，主要表现为以下几点：

（1）督导评价和学生评价在评价指标设计方面更多关注的是"评教"而不是"评学"。对教师着装、教室环境、是否使用多媒体、是否点名、到课率等关注较多，对于教师想要学生学到什么和学生学到了什么，教师授课内容、方式是否有利于学生课程目标的达成，课程内容、教学方法是否能够有效支撑课程目标（毕业要求）的实现等关注较少。

（2）课程考核和评价方式未聚焦课程目标（毕业要求）。在新的教育教学理念下，课程考核评价的目的是学生学习效果，考核内容和方式应聚焦课程目标的实现。而传统的学生评价方式多以学生期末考试卷面成绩、学生出勤、回答问题、完成作业情况和实验实习报告成绩等按一定比例构成，而如果考核内容未聚焦课程目标、考核方式未关注学生能力达成的过程和效果，那么考试成绩就不能完全反映学生学习状况，也不能作为课程目标是否达成和课程质量优劣的依据。

（3）对课程所支撑的非技术能力的达成缺乏有效的评价。如：大部分实习环节都支撑学生的团队合作和沟通交流能力，这一点是得到大部分工科专业认可的。然而，在实际操作中，较大比例的教师对实习的评价依据依然是实习报告、考勤等，只有实习报告怎么能看出学生的团队合作和沟通交流能力呢？随着我国工程教育认证评价标准的不断改进和认证实践的深入，对专业毕业要求非技术能力的评价也越来越重视，要求也越来越高。现阶段，针对工程教育认证标准中涉及非技术能力的7项毕业要求，仍然还存在评价办法单一、非技术能力表征、评价方法缺乏创新等问题[12]，有待进一步改进和提高。

3 课程质量评价体系构建

针对目前课程质量评价中存在的问题，构建科学合理的课程质量评价体系，是提升教学质量、实现毕业要求和培养目标的有效途径。

课程质量评价对象包括支撑毕业要求指标点的各类理论和实践课程，评价的目的是客观判定与毕业要求指标点相关的所有课程目标的达成情况。

3.1 建立持续改进的课程质量保障机制

专业应该建立课程质量评价的结果评价及反馈机制，确定评价内容、依据、流程、周期和责任人等。主管教学院长为评价责任人。由学院本科教学督导组和教学指导委员会具体组织实施，并对课程质量评价依据、评价内容和评价结果的合理性进行把关和审核。随后对来自不同对象、不同渠道的有关课程质量的评价信息进行处理，并将评价结果及时反馈到相关责任人，发现课程教学实施过程中存在的问题，对课程及教学过程、学生获得能力的长处和短板等方面进行持续化的改进。避免重评价、轻反馈和改进的质量监控模式。课程质量评价的闭环运行体系如图2所示。

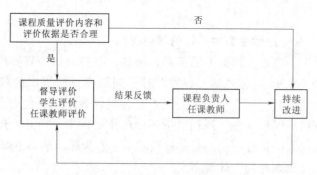

图 2　课程质量评价的闭环运行体系

3.2　构建基于 OBE 理念的课程质量评价指标体系

3.2.1　督导监控评价

院、校督导是课程质量评价的重要组成。督导监控评价到底应该关注哪些内容，是关系课程质量评价结果是否合理的关键。督导监控评价内容应聚焦学生的学习效果，围绕课程目标与所支撑的毕业要求指标点的对应关系是否合理、教学内容和教学方法是否能够有效支持课程目标实现、课程考核内容和方式是否能反映课程目标的实现等来进行设计。

3.2.2　学生课程学习自我评价

建立学生自我需要和自我满意度评价，体现了以"学生中心"的教育教学新理念。学生自我需要和自我满意度评价内容应该围绕课程目标达成情况进行设计应包括：是否知晓该门课程所支撑的毕业要求指标点，是否认可它们之间的支撑关系，教师的教学内容、教学方法和教学设计是否有利于课程目标的达成，学生通过课程学习获取的知识能力与课程目标之间的差距，考核方式和内容是否能够有效评价学生达成课程目标的真实情况等。

3.2.3　任课教师的课程目标达成自我评价

任课教师是课程教学活动的主要实施者，在课程质量评价中应起到积极的主导作用。教师应进行课程目标达成情况评价，并在此基础上进行持续改进。评价内容包括：教学大纲中课程支撑毕业要求指标点的合理性分析、考核评价内容和方式与毕业要求指标点的合理性分析、考核结果与毕业要求指标点达成度分析等。

3.3　课程质量评价方法

课程质量评价采取督导、教师和学生三方评价。评价主体的评价所占权重分别为 30％、30％和 40％。

首先采用定性分析法。对课程质量评价体系中的各个评价指标均设置 3 个等级的评价标准，评价主体根据评价标准给出每一个评价指标的评价结果，用 A（优秀）、B（中等）、C（差）来表示。其中，评价为 A 的系数设为 0.9，B 的系数设为 0.7，C 的系数设为 0.5。课程质量评价示意表见表 1。

表 1　　　　　　　　　　　　　　　×××课程质量评价示意表

评价主体	权重	评价指标	分值	评　价　等　级		
				A（$n=0.9$）	B（$n=0.7$）	C（$n=0.5$）
督导评价	30％	1	X_1	√		
		2	X_2			
		⋮	⋮			
		i	X_i			
		合计	100			

评价主体	权重	评价指标	分值	评价等级		
				A ($n=0.9$)	B ($n=0.7$)	C ($n=0.5$)
教师评价	30%	1	Y_1			
		2	Y_2			
		$\vdots$	$\vdots$			
		j	Y_j			
		合计	100			
学生自我评价	40%	1	Z_1			
		2	Z_2			
		$\vdots$	$\vdots$			
		k	Z_k			
		合计	100			

由表 1 可知，督导评价包括 i 个评价指标，教师评价包括 j 个评价指标，学生自我评价包括 k 个评价指标，总分值均为 100 分。每个指标的得分为该指标的分值乘以该指标评价等级的分值系数。比如督导评价的评价指标 1 的得分为该指标的分值 X_1 乘以该指标的评价等级 A 的分值 $n=0.9$，以此类推。

因此，被评价课程的评价结果为

$$T=30\%T_1+30\%T_2+40\%T_3$$

式中：T_1、T_2 分别为督导、教师对课程的评价结果。

$$T_1=\sum_i X_i n_i \quad T_2=\sum_j X_j n_j$$

督导评价和教师评价各自可以作为一个主体来评价。而学生的主体为全体上课学生，因此，学生的课程质量评价结果应按照所有学生评价结果的平均值来计算。即

$$T_3=\sum_m \left(\sum_k X_k n_k \right)/m$$

式中：m 为课程质量评价学生的总人数。

4 结语

新时代对高校课程质量评价提出了新要求。对传统的课程质量评价体系进行改革，有利于促进教师主动围绕课程目标不断进行教学改革和学生主动学习的积极性。本文提出的定性和定量相结合的课程质量评价方法，可为不同学科、不同课程的课程质量评价提供借鉴，可以为开展大数据以及人工智能评价体系的开发提供数据支撑。

参 考 文 献

[1] 李门楼，叶静. 构建研究生课程教学质量评价体系的思考与实践 [J]. 黑龙江教育（高教研究与评估），2010（6）：20-21.
[2] 陈磊，肖静. 我国高等教育质量的控制与保证：对 OECD《报告》的思考 [J]. 高等工程教育研究，2006（3）：93-95.
[3] 林健. 工程教育认证与工程教育改革与发展 [J]. 高等工程教育研究，2015（2）：10-19.
[4] 拉尔夫·泰勒. 课程与教学的基本原理 [M]. 施良方，译. 北京：人民教育出版社，1994.
[5] 王子赟，沈艳霞. 工程教育认证背景下的"电力电子技术"课程评学机制探讨 [J]. 教育教学论坛，2019（9）：

238 – 240.

[6] 贾文友，刘莉，梁利东. 工程教育认证背景下课程设计教学环节的改革新思路 [J]. 中国现代教育装备，2019 (309)：43 – 46.

[7] 王保建，陈花玲，杨立娟，等. 工程教育认证标准下的课程教学设置 [J]. 实验研究与探索，2018，37 (8)：162 – 166，298.

[8] 师奇松，杨明山，戴玉华. 基于工程教育认证的"以学生为中心"的高分子化学教学改革 [J]. 教育教学论坛，2019 (11)：103 – 104.

[9] 林良盛，原玲. 基于工程教育认证视阈的德育质量保障体系构建研究 [J]. 社会工作与管理2018，18 (1)：89 – 94.

[10] 范文波，江煜，杨海梅，等. 面向工程教育认证的"水土保持学"课程质量达成情况分析 [J]. 教育教学论坛，2019 (19)：198 – 199.

[11] 许一青，倪爱东，丁俊. 以学生为主体的高职会计专业实训课程教学质量评价体系构建研究 [J]. 商业会计，2019 (1)：112 – 114.

[12] 刘立霞，陈洪芳，于贝. 基于工程教育认证的工程技术人才非技术能力培养研究 [J]. 中国校外教育，2018 (12)：78，93.

作者简介：肖娟，女，1968 年，教授，太原理工大学，从事节水灌溉理论与技术研究。Email：zhangxd626@163.com。

面向工程教育认证的极值-均值综合型课程目标达成度评价模型

闫 峰 鲁建婷 李 娜

（南昌大学工程建设学院，江西南昌，330031）

摘 要

针对传统均值型算法难以准确评估高挂科率课程目标达成度的问题，遵循"以学生为中心，以产出为导向"的工程教育认证原则，本文在传统均值分析的基础上，进一步引入极值分析，建立极值-均值综合型课程目标达成度评价模型。该模型从学生的平均产出情况和不合格率两方面综合评估课程目标达成度，并利用概率论导出了保证学生达到预期培养目标和毕业要求下的不合格率容许阈值。某校"结构力学"与"工程力学"的评价实例表明，"结构力学"与"工程力学"的教学目标1的不合格率分别为67%和63%，教学目标2的不合格率分别为70%和67%，均远超容许阈值。根据传统均值型模型，"结构力学"与"工程力学"的课程目标达成度分别为0.601和0.603，教学目标2的达成度分别为0.604和0.639，均为达标。然而在极值-均值综合型模型中，"结构力学"与"工程力学"教学目标1的极值达成度分别为0.314和0.415，教学目标2的极值达成度分别为0.286和0.377，均为不达标；其课程目标达成度分别为0.286和0.377，也为不达标课程。与传统模型相比，极值-均值型课程目标达成度评价模型能够更准确地反映"结构力学"与"工程力学"挂科率过高及学生产出不足以满足毕业要求的问题，也更符合工程教育认证中"以学生为中心，以产出为导向"的原则。

关键词

工程教育认证；课程目标达成度；极值-均值综合评价；结构力学；工程力学

1 引言

工程教育认证是国际通行的工程教育质量保证制度，也是实现工程教育国际互认和工程师互认的重要基础。自2016年我国成为《华盛顿协议》正式签约成员，工程教育认证受到各大高校的重视[1]。

传统的教学评价主要以教师为中心，主要从教师的业务水平、教学方法、教学态度等方面展开评估。而工程教育认证则更加强调"以学生为中心，以产出为导向"，只有当学生的学习效果能够达到预期的培养目标与毕业要求时，才认为课程目标能够实现[2-4]。所以在工程教育认证中，课程目标达成度评价是最为重要的工作之一[5]。它为教学环节持续改进提供依据，也是毕业要求达成度评价的基础[6]。因此，科学有效的课程目标达成度评价模型是工程教育认证顺利实施的重要保障。

在传统课程目标达成度评价中，通常以学生的各项考核结果（如作业、试卷、报告等）为依据，通过计算平均分与总分的比值进行达成度评价[7-8]。这种均值型模型具有简洁直观的优点，在各专业的工程教育认证中均得到了广泛的应用。然而本课题组经过大量实践发现，对于挂科率较高的课程，学生的平均分也可能位于及格线以上，单纯使用均值型模型，极易掩盖大部分学生的产出效果没有达到培养目标与毕业要求的问题，使得评价结果过于乐观。

为解决上述问题，本文将在传统均值评价的基础上，进一步引入极值评价，建立改进的课程目标达成度模型，并将其应用于某校"结构力学"与"工程力学"的评估中，以验证模型的有效性，使之更好地服务于工程教育认证工作。

2 研究方法

2.1 传统课程目标达成度评价方法

设学生总数和教学目标总数分别为 m 和 n；第 j 个教学目标的总分为 t_j，合格分为 c_j；将第 i 个学生在第 j 个教学目标的考核得分记作 x_{ij}。在传统均值型模型中，第 j 个教学目标达成度 d_j 的计算方法为

$$d_j = \frac{(\sum_{i=1}^{m} x_{ij})/m}{t_j} \tag{1}$$

当式（2）成立时，即认为第 j 个教学目标达成度能够满足要求。

$$d_j \geqslant \frac{c_j}{t_j} \tag{2}$$

由于不同教学目标的总分和合格分有所区别，各个教学目标的 d_j 之间通常不具有可比性。为了解决这一问题，部分学者进一步对教学目标达成度进行标准化：

$$D_j = \begin{cases} 0.6 + 0.4 \times \dfrac{d_j - c_j/t_j}{1 - c_j/t_j} & d_j \geqslant \dfrac{c_j}{t_j} \\ 0.6 \times \dfrac{d_j}{c_j/t_j} & d_j < \dfrac{c_j}{t_j} \end{cases} \tag{3}$$

容易发现，经过标准化之后，所有教学目标达成度 D_j 均转化成值域为 $[0，1]$ 且数值越大越好的指标，而且 D_j 的合格标准均为 $D_j \geqslant 0.6$。

课程目标达成度 H 依据教学目标达成度 D_j 进行计算，常见的评价方法有最劣值法和加权平均法两种[9-10]。其中最劣值法的计算式为

$$H = \min_{j=1,2,\cdots,n} \{D_j\} \tag{4}$$

加权平均法的计算式为

$$H = \sum_{j=1}^{n} (w_j D_j) \tag{5}$$

式中：w_j 为第 j 个指标的权重。

当 $H \geqslant 0.6$ 时，即认为该课程的教学目标达成度能够满足要求。容易发现，最劣值法的评价结果通常比加权平均法更为严格，而且由于目前工程教育认证实践中尚缺乏公认有效的赋权方法，因此最劣值法的应用比加权平均法更为广泛。

2.2 改进的课程目标达成度评价方法

为更准确地评估课程目标达成情况，本文在传统均值分析的基础上，进一步引入极值分析。对于第 j 个教学目标，其均值达成度 D_j 仍用式（1）～式（3）计算；而极值分析则关注产出效果没有达到预期培养目标与毕业要求的学生。

将第 j 个教学目标的不合格率记作 e_j：

$$e_j = \frac{\text{num}\{x_{ij} < c_j\}}{m} \times 100\% \tag{6}$$

容易发现，e_j 的值域为 $[0, 100\%]$，而且 e_j 越大，表明不达标的学生比例越大，即挂科率越高。

值得注意的是，e_j 并不完全是一个越小越好的指标。因为根据《关于深化本科教育教学改革，全面提高人才培养质量的意见》，严格过程考评，严把考试，有助于提升人才质量[11]。因此，在实际的教学评价中，通常不会以及格率为 100% 作为理想的教学状态，而且挂科率在合理的范围内是值得鼓励的。只有当不及格率过高时，才会认为学生的学习效果没有达到预定目标。因此，极值分析的关键在于确定不合格率的容许阈值。

将学生的考核结果 X 视为独立同分布的随机变量，其中 X 服从（0−1）分布，"0"代表"考核不通过"，"1"代表"考核通过"。由样本和总体的统计关系可知，若课程总体的不合格率为 p，则对于评价样本有 $P(X=0)=p$。

在实际教学中，对于考核不合格的学生，通常允许重修以达到对应的课程培养目标。将规定学制内课程的最大重修次数记作 k，由概率论可知，学生在第一次考核不合格，且经过 k 次重修后仍不合格的概率 P^* 为

$$P^* = P(X=0)[P(X=0)]^k = p^{k+1} \tag{7}$$

由于 $p \geqslant 0$，根据式（7）可知，即使通过重修，学生也可能无法满足毕业要求。在实际教学中，也确实存在少量学生由于性格、健康或其他极端因素，经过多次重修仍无法拿到对应课程学分的现象。

在教育学中，通常将发生概率小于 5% 的事件作为小概率事件[12]。对于小概率事件，可认为其发生的可能性极低，不影响总体教学效果评估。因此，只需令

$$p^{k+1} \leqslant 5\% \tag{8}$$

即可认为学生在规定学制内通过重修仍不能达到毕业要求为小概率事件，可以忽略不计。

由于 $k \geqslant 0$，由幂函数的性质可知，p^{k+1} 是关于 p 的单调递增函数。因此反解式（8）可知：

$$p \leqslant \sqrt[k+1]{5\%} \tag{9}$$

当课程的不合格率 p 满足式（9）时，即可认为学生在规定学制内，通过重修仍不能达到对应的培养目标和毕业要求为小概率事件，发生的可能性可以忽略不计，不影响总体教学评价。因此，本文将 $\sqrt[k+1]{5\%}$ 作为不合格率的容许阈值。

考虑到大部分本科专业的正常学制一般为 4~5 年，而且最后一年通常以实习、实践和毕业设计环节为主，因此正常学制内课程的最大重修次数 k 一般为 1~4 次。根据式（9），计算对应的不合格率容许阈值见表 1。

表 1   最人重修次数与不合格率容许阈值的对应关系

最大重修次数/次	1	2	3	4
不合格率容许阈值	22%	37%	47%	55%

将第 j 个教学目标的不合格率容许阈值记作 s_j，为了便于与传统的均值达成度 D_j 进行综合比较，本文构建了如下极值达成度 E_j 评价方法：

$$E_j = \begin{cases} 1 & e_j \leqslant s_j \\ 0.6 \times \dfrac{1-e_j}{1-s_j} & e_j > s_j \end{cases} \tag{10}$$

容易发现，极值达成度是一个分段不连续函数。当不合格率 e_j 在容许限值 s_j 以内时，极值达成度直接赋予 1，从而鼓励教师严格过程考评和期末考评，提升人才培养质量。只有当挂科率 e_j 超出了容

许限值 s_j 时，才认为无法达到预期培养目标和毕业要求的学生过多，教学目标达成度不能满足要求。

一般情况下，极值达成度 E_j 和均值达成度 D_j 往往有一定区别，按照从严要求的原则，本文选择二者的最劣值作为教学目标 j 的综合达成度 h_j，即

$$h_j = \min\{D_j, E_j\} \tag{11}$$

相应的，课程目标达成度 H 同样依据各教学目标达成度 h_j 进行计算，评价方法为

$$H = \min_{j=1,2,\cdots,n}\{h_j\} \tag{12}$$

对照式（4）与式（11）、式（12）容易发现，本文构建的极值-均值综合评价模型是对传统均值型模型向极值分析的拓展和深化；而传统方法则可以视为极值-均值综合模型在不考虑不合格率时的特例。

3 算例分析

3.1 评价课程

本文以某校水利水电工程专业"结构力学"和"工程力学"的课程目标达成度评价为例，验证改进前后评价模型的有效性。

"结构力学"与"工程力学"均为该校水利水电工程专业本科生的专业基础课，其正常学制内的最大容许重修次数分别为 2 次和 3 次。根据工程教育专业认证 12 条毕业要求标准，"结构力学"与"工程力学"的课程目标及其对毕业要求指标点的支撑情况见表 2。

表 2 课程目标及其与毕业要求指标点的支撑情况

毕 业 要 求		结 构 力 学	工 程 力 学
毕业要求 1 工程知识	1.2 能够针对水利水电工程专业领域相关复杂工程问题，构建恰当的数学模型，并进行推演和求解	课程目标 1：熟悉结构力学的基本概念，掌握结构力学的计算原理、计算方法、解题思路，了解结构力学的经典解法与计算机解法的差别及其内容（支撑强度 H）	课程目标 1：系统掌握工程力学、数学、自然科学知识，能够运用所学知识在解决水利水电复杂工程问题时进行科学表述、模型构建、推演分析以及优化设计（支撑强度 M）
毕业要求 2 问题分析	2.2 能基于工程科学原理和数学模型方法，对水利水电工程领域结构安全、渗流稳定等复杂工程问题进行正确表达	课程目标 2：能够综合应用高等数学、工程力学、结构力学的基本原理及相关知识，识别结构复杂工程问题的关键环节，正确表达和科学比选结构复杂工程问题的解决方案（支撑强度 H）	课程目标 2：能够综合应用工程力学、自然科学的基本原理，识别和判断水利水电复杂工程问题的关键环节；并能借鉴相关工程经验和文献研究等方法，正确表达和科学比选复杂工程问题的解决方案（支撑强度 H）

注 H 表示强支撑；M 表示中支撑。

"结构力学"与"工程力学"两门课程均采用平时＋期中＋期末的形式进行评估。经过换算后，"结构力学"的课程目标 1 与课程目标 2 的总分均为 50 分，合格分均为 30 分，而"工程力学"的课程目标 1 与课程目标 2 的总分分别为 40 分和 60 分，合格分分别为 24 分和 36 分。水利水电工程专业共有 30 名本科生，两门课程的学生得分见表 3 和表 4。

3.2 基于传统模型的评价结果

根据 2.1 节中的传统模型，对某校水利水电工程专业"结构力学"与"工程力学"课程的课程目标达成度评价结果见表 5。

表3　　　　　　　　　　　　　　　　　　"结构力学"的学生课程考核得分

学生编号	教学目标1	教学目标2	总分	学生编号	教学目标1	教学目标2	总分	学生编号	教学目标1	教学目标2	总分
1	44	47	91	11	29	28	57	21	26	25	51
2	43	45	88	12	29	28	57	22	26	25	51
3	42	42	84	13	28	28	56	23	25	25	50
4	40	40	80	14	28	28	56	24	25	25	50
5	38	39	77	15	27	27	54	25	25	24	49
6	38	39	77	16	27	27	54	26	25	24	49
7	36	39	75	17	27	27	54	27	23	28	51
8	36	37	73	18	27	26	53	28	24	23	47
9	33	36	69	19	26	26	52	29	24	23	47
10	32	28	60	20	26	25	51	30	23	22	45

表4　　　　　　　　　　　　　　　　　　"工程力学"的学生课程考核得分

学生编号	教学目标1	教学目标2	总分	学生编号	教学目标1	教学目标2	总分	学生编号	教学目标1	教学目标2	总分
1	38	54	92	11	34	35	69	21	22	29	51
2	37	53	90	12	23	35	58	22	19	32	51
3	35	54	89	13	22	35	57	23	17	33	50
4	34	53	87	14	23	34	57	24	16	34	50
5	33	50	83	15	22	35	57	25	15	34	49
6	31	50	81	16	23	33	56	26	17	32	49
7	30	48	78	17	21	35	56	27	15	31	46
8	29	46	75	18	19	35	54	28	17	29	46
9	29	45	74	19	20	33	53	29	16	29	45
10	26	47	73	20	21	32	53	30	19	25	44

表5　　　　　　　　　　　　　　　　基于传统模型的课程目标达成度评价结果

评价项目		结 构 力 学	工 程 力 学
教学目标1	平均分	30.07	24.10
	合格分	30	24
	教学目标达成度	0.601	0.603
教学目标2	平均分	30.20	38.33
	合格分	30	36
	教学目标达成度	0.604	0.639
课程目标综合达成度		0.601	0.603

对比表3、表4与表5容易发现，从均值特征来看，"结构力学"与"工程力学"的教学目标1的平均分分别为30.07分和24.10分，教学目标2的平均分分别为30.20分和38.33分，总分的平均分分别为60.27分和62.43分，均在合格线以上。采用传统均值型评价模型，"结构力学"与"工程力学"的课程目标达成度分别为0.601和0.603，均为达标课程。

然而结合表3与表4可以发现，"结构力学"与"工程力学"的教学目标1考核得分低于合格线的同学分别有20名和19名，不合格率分别为67%和63%；教学目标2考核得分低于合格线的同学有21名和20名，不合格率分别为70%和67%；这两门课程的挂科率分别为66.7%和63%。

由此可见，在该校"结构力学"与"工程力学"评价中，虽然学生的平均分能够满足要求，但是

60％以上的学生并没有获得符合预期培养目标和毕业要求的能力。因此，根据"以学生为中心，以产出为导向"的原则，这两门课程应为不达标课程，需要进行持续改进。由此可见，传统均值型模型忽视了大部分学生的产出效果没有达到预期培养目标与毕业要求的问题，使得评价结果过于乐观。

3.3 基于极值-均值综合模型的评价结果

根据 2.2 节中的极值-均值综合模型，两门课程的课程目标达成度评价结果见表 6。

表 6　　基于极值-均值综合模型的课程目标达成度评价结果

	评　价　项　目		结　构　力　学	工　程　力　学
教学目标 1	均值评价	平均分	30.07	24.10
		合格分	30	24
		均值达成度	0.601	0.603
	极值评价	不合格率	67％	63％
		容许阈值	37％	47％
		极值达成度	0.314	0.415
	教学目标达成度		0.314	0.415
教学目标 2	均值评价	平均分	30.20	38.33
		合格分	30	36
		均值达成度	0.604	0.639
	极值评价	不合格率	70％	67％
		容许阈值	37％	47％
		极值达成度	0.286	0.377
	教学目标达成度		0.286	0.377
课程目标综合达成度			0.286	0.377

对比表 5 与表 6 容易发现，极值-均值综合模型与传统模型的均值达成度评价结果是一致的。从学生的平均分来看，均超过了合格线。

然而与传统模型相比，极值-均值综合模型还增加了针对考核结果不合格学生群体的极值项评价。如表 6 所列，"结构力学"与"工程力学"的教学目标 1 的不合格率分别为 67％和 63％，教学目标 2 的不合格率分别高达 70％和 67％，均远远超过保证学生在规定学制内达到毕业要求的容许阈值。因此，教学目标 1 的极值达成度分别为 0.314 和 0.415，教学目标 2 的极值达成度分别为 0.286 和 0.377，均为不达标。相应的，它们的课程目标综合达成度分别为 0.286 和 0.377，也为不达标课程。表明通过这两门课程的学习，大部分学生的学习效果没有达到预期培养目标与毕业要求，需要进行持续改进。

结合 3.2 节的讨论，与表 5 中的传统模型评价结果相比，表 6 中基于极值-均值综合模型的课程目标达成评价结果能够更准确地反映"结构力学"与"工程力学"挂科率过高，学生产出不足以满足毕业要求的问题，也更符合工程教育认证中"以学生为中心，以产出为导向"的评价原则。

4　结论

某校"结构力学"与"工程力学"的教学目标 1 的不合格率分别为 67％和 63％，教学目标 2 的不合格率分别高达 70％和 67％，均远远超过容许阈值。根据传统模型，教学目标 1 达成度分别为 0.601 和 0.603，教学目标 2 的达成度分别为 0.604 和 0.639，均为合格。这忽视了大部分学生的学习效果没有达到预期培养目标与毕业要求的问题，使得评价结果过于乐观。而根据极值-均值综合模型，两门课程教学目标 1 的极值达成度分别为 0.314 和 0.415，教学目标 2 的极值达成度分别为 0.286 和 0.377，均为不达标；课程目标综合达成度分别为 0.286 和 0.377，也为不达标。这表明通过"结构力学"与"工程力学"的学习，大部分学生的学习效果没有达到预期培养目标与毕业要求，需要进行持续改进。

与传统课程目标达成度评价模型相比，极值-均值综合模型能够更准确地反映高挂科率课程中学生产出不足以满足毕业要求的问题，也更符合工程教育认证中"以学生为中心，以产出为导向"的评价原则。

参 考 文 献

［1］ 孙晶，张伟，任宗金，等. 工程教育专业认证毕业要求达成度的成果导向评价［J］. 清华大学教育研究，2017，38（4）：117-124.

［2］ 李志义. 解析工程教育专业认证的学生中心理念［J］. 中国高等教育，2014（21）：19-22.

［3］ 李志义. 解析工程教育专业认证的成果导向理念［J］. 中国高等教育，2014（17）：7-10.

［4］ 巩建闽，马应心，萧蓓蕾. 基于成果的教育：学习成果设计探析［J］. 高等工程教育研究，2016（2）：174-179.

［5］ 林楠，张文春，李伟东，等. 基于工程教育认证的测绘工程专业课程目标达成度评价方法研究与实践［J］. 测绘与空间地理信息，2020，43（4）：7-10.

［6］ 高海涛，韩亚丽，欧益宝，等. 《控制工程基础》目标达成度分析与教学质量评价尝试［J］. 科技创新导报，2017，14（36）：234-236.

［7］ 尹中会，张安宁，张立祥. 工程教育课程目标达成度计算方法研究：以《矿山机械》课程为例［J］. 教育教学论坛，2020（4）：136-138.

［8］ 白艳红. 工程教育专业认证背景下课程目标的形成性评价研究与实践［J］. 中国高教研究，2019（12）：60-64.

［9］ 余璐，刘云艳. 基于产出导向的学前教育专业毕业要求分解与评价［J］. 教育与教学研究，2020，34（3）：106-115.

［10］ 杨长龙，李莉，贾宏葛，等. 基于 OBE 理念树形人才培养方案和目标的构建及达成途径［J］. 高分子通报，2020（4）：71-75.

［11］ 教育部. 《关于深化本科教育教学改革全面提高人才培养质量的意见》［R］. 北京：教育部，2019.

［12］ 罗成林. 小概率事件原则的分析与应用［J］. 高等函授学报（自然科学版），2007（3）：30-31.

作者简介： 闫峰，男，1988 年，副教授，南昌大学，从事水资源管理与水利教育研究，南昌大学鄱阳湖环境与资源利用教育部重点实验室副主任。Email：yfmilan@163.com。

基金项目： 江西省教改课题"面向工程认证的毕业要求达成情况评价方法与软件设计研究"（JXJG-20-1-34）。

毕业要求指标点中课程双指标权重的研究与实践

于 奎

（黑龙江大学水利电力学院，黑龙江哈尔滨，150080）

摘 要

本文在工程教育认证标准基础上，对毕业要求指标点与支撑课程之间的关系进行了分析，采用学分占比与课程支撑程度双指标权重法确定课程权重，获得了毕业要求不同指标点的权重系数，并以黑龙江大学水利水电工程专业认证达成度分析中某一指标点的课程权重为例，对其计算结果进行了比较、分析和讨论。

关键词

毕业要求指标点；课程支撑强度；双指标权重

中国工程教育专业认证协会从学生、培养目标、毕业要求、课程体系、持续改进、师资队伍及支持条件等7个方面制定了通用的专业认证标准。各专业根据培养目标建立起了课程体系，课程体系均能有效地支撑各项毕业要求的指标点[1]。在评价课程对毕业要求达成情况时，需对12条毕业要求的每一条细分为几个指标点，每个指标点需要由几门具体的课程去支撑，同时每门课程可以支撑几个不同毕业要求指标点。通过分析各门课程对工程教育认证毕业要求12条的支撑关系，建立了支撑矩阵。

教学评价研究中，通常以学生在教学过程中的各项考核资料（如作业、试卷、实验、设计与实习等实践环节的报告等）为依据，采取加权平均的方法，计算课程目标达成度。每门课程对毕业要求指标点达成贡献的权重，需要经过反复论证才能确定，以确保评价指标点及权重的合理性和可靠性。

毕业要求达成度评价是工程教育认证过程中的核心环节，是人才培养持续改进措施的重要参照，也是课程体系优化、师资队伍建设的主要依据。

1 毕业要求达成度评价指标现状

我国工程教育专业认证要求在实现对毕业要求的评价过程中，认证专业必须对毕业要求指标点提供对应的课程支持。当前，各院校申请工程教育认证专业虽也已制定出相应认证专业指标体系及评价标准，但是在评价操作方法、程序、指标权重的确定及课程支撑过程等方面却缺乏科学理论支持，特别是对评价指标权重的设定缺乏研究，容易导致主观性设计认证结果，而不能客观真实地反映学生实际获得的能力和水平。

2 毕业要求指标点中课程权重计算方法

2.1 学分或学时法

针对毕业要求各指标点中二级指标点的支撑课程的权重系数，目前大家的计算方法是按照学分占比或者学时占比作为权重的赋值法，这种赋值法简单直观，计算容易。在此基础上也有的综合考虑了课程性质对指标点达成的影响度，设置课程类型系数。如将理论课程的类型系数设为1.0；实验课程的类型系数设为1.5；课程设计及实训课的类型系数设为1.5；毕业设计的课程类型系数设为2.0等[2-3]。

学分或学时法权重系数的计算方法具有计算简单、容易获得、不需要对课程内容进行分析等优点，但存在同类和同一学分的课程权重系数相同等问题，不能有效区别其课程内容对毕业要求达成度的需求，因此应用该方法进行达成度分析具有一定的偏差[2,4]。

2.2 以学分和课程对指标点支撑重要程度的双指标权重计算方法

根据各门课程对工程教育认证毕业要求12条各指标点的支撑关系，建立了支撑矩阵。分析各门课程对各指标点的支撑程度，分为强支撑、中支撑和弱支撑[2,4]。在确定每门课程在毕业要求指标点的权重时，权重的计算可以根据支撑的强弱以及学分的比例来确定，改变了工程教育认证过程中常用的单一指标权重的计算方法。现以黑龙江大学水利水电工程专业工程教育认证过程中达成度分析时，某一指标点为例，对不同权重计算方法做比较分析，具体见表1。

表1 各门课程达成度支撑权重计算比较表

毕业要求指标点	课程名称	学分	支撑强度	支撑强度影响系数	按照学分的单一权重	考虑支撑强度影响后的综合权重
2.1 能够应用数学与自然科学知识的基本原理，识别水利水电及相近领域复杂工程问题的各种影响因素，并能通过抽象建立恰当的分析模型	高等数学	9	H	0.5	0.286	0.402
	线性代数与解析几何	3	L	0.2	0.095	0.054
	概率论与数理统计	3	H	0.5	0.095	0.134
	大学物理	6	M	0.3	0.190	0.161
	理论力学	3.5	L	0.2	0.111	0.063
	材料力学	3.5	M	0.3	0.111	0.094
	结构力学	3.5	M	0.3	0.111	0.094

注 H表示强支撑；M表示中支撑；L表示弱支撑。

通过计算表格可知，考虑了课程对毕业要求指标点的支撑程度因素后的权重，更能反映各门课程在某一指标点的达成度分析中的贡献程度，能更合理地反映学生该项能力的获得情况。

3 结语

本文介绍了毕业要求达成度评价中，在各指标点的课程权重赋值时一种考虑了课程支撑程度的双指标计算方法。本方法具有较强的可操作性及可靠性，能够客观地反映课程的学分占比与支撑程度的影响，使达成度更有代表性。可以有效地反映出教学环节中实际存在的问题，为持续改进提供客观有效的依据，同时对毕业要求达成评价方案制定具有一定的参考价值。

参 考 文 献

[1] 姚韬，王红，余元冠. 我国高等工程教育专业认证问题的探究：基于《华盛顿协议》的视角 [J]. 大学教育科学，2014 (4)：28-32.

[2] 孙晶，张伟，任宗金，等. 工程教育专业认证毕业要求达成度的成果导向评价 [J]. 清华大学教育研究，2017，38 (4)：117-124.

［3］ 马文成，钟丹，连洋．基于达成度分析与评价的课程教学效果探究［J］．黑龙江教育（理论与实践），2022（3）：68－69.

［4］ 张晓淑．工程教育认证毕业要求达成度研究［D］．南京：东南大学，2020.

作者简介： 于奎，男，1975年，副教授，黑龙江大学，从事水利水电工程研究与教学。Email：yukui3000@126.com。

基金项目： 省级教改项目"专业认证背景下水工学生学习评价体系的构建与实践"（SJGY20190501）。

协同推进中国工程教育水利类专业认证的思考与建议

王　琼[1]　吴欧俣[2]　吴　剑[1]

（1. 中国水利学会，北京，100053；2. 云南水利水电职业学院，云南昆明，650499）

摘　要

通过总结梳理我国工程教育水利类专业认证十五年来实践经验及成效，针对水利类专业认证面临的问题与挑战，提出建立政府、学（协）会、企业、高校等多方协同机制，推进水利类专业认证工作不断深入思考与建议，为推动专业认证成效真正落地提供决策参考，为全国学会参与工程领域的工程能力评价、实现工程师资格国际互认提供支撑。

关键词

水利专业认证；国际互认；成效；机制

1　引言

工程教育认证是一种国际通行的工程教育质量保障制度，开展工程教育认证的目的在于构建工程教育质量监控体系，促进工程教育与工业界的联系，提升工程人才对产业发展的适应性和国际竞争力[1-2]。2006 年，教育部牵头并会同有关部门正式启动了全国工程教育专业认证试点工作。2016 年 6 月，我国成为《华盛顿协议》正式成员，实现了工程教育本科学位国际互认。我国水利类专业于 2007 年开始认证，2011 年成立中国工程教育专业认证协会水利类专业认证分委员会，秘书处挂靠在中国水利学会。学会充分发挥自身平台优势，在人、财、物等各方面给予支持，为水利类专业认证工作扩大专业范围、提升认证质量提供了重要保障。截至 2022 年年底，水利类共有 55 所高校的 92 个水利类专业点通过专业认证。

面向新时代中国高等教育改革和新阶段水利高质量发展目标要求，在新时代工程师队伍建设和工程师资格国际互认背景下，有必要对水利类专业认证十五年来的实践经验进行梳理，总结水利类专业认证面临的问题与挑战，提出推进水利类专业认证工作不断深入的思考与建议，为推动专业认证成效真正落地提供参考。

2　水利类专业认证成效

2.1　构建了国际实质等效和具有中国特色的水利类专业认证体系

水利类专业构建了涵盖认证标准、认证程序和认证专家队伍的完整认证体系。认证标准充分体现"学生中心、产出导向、持续改进"的核心理念，具有国际实质等效；强调人文素养、国际视野和跨文化交流能力等毕业要求，注重企业行业专家参与毕业设计指导和考核，以及师资队伍的工程背景，体现了中国特色。通过"规划引领、行业参与、多渠道培训"，形成了一支来自水利、水电、水运、交通等涉水不同行业学（协）会和高校的百余名专家组成的认证队伍。

2.2 水利类专业产教融合协同育人机制初步形成

中国水利学会充分发挥学术组织平台作用，与水利教指委等组织共同搭建行业、院校之间的交流平台。水利类专业认证十周年研讨会、学会学术年会水利类专业认证分会场等研讨活动，邀请行业主管部门领导、企业行业专家、高校教师共同参与，交流行业最新进展，探讨专业认证研究与实践的最新成果。进一步加强了企业行业专家对人才培养的关注度，提升了专业认证在行业的认知度，推动专业建立了各具特色的校企合作模式，产教融合协同育人机制初步形成。

2.3 水利类专业认证研究成果得到应用和推广

水利类专业认证委员会非常重视专业认证的研究工作，为认证实践提供了有力支撑。联合委员、专家及有关高校教师立项开展的基于专业认证理念的教学改革研究，先后获得 1 项国家级和 3 项省级教学成果奖。成果在 40 余所高校水利类专业建设中得到应用，促进了水利高等教育改革与发展，学生培养质量显著提升。

3 水利类专业认证面临的挑战和存在的不足

3.1 行业需求变化对专业认证的挑战

"十四五"时期对推动新阶段水利高质量发展提出了六条实施路径，要完善流域防洪工程体系、实施国家水网重大工程、复苏河湖生态环境、推进智慧水利建设、建立健全节水制度政策、强化体制机制法治管理等。水利高质量发展亟须强有力的涉水人才支持和智力支撑。新时代水利人才培养既要有专业技术又要有复合型知识背景，还要具备整体观、工程观、科学观和社会观[3]。专业认证作为推动高校本科教育质量与教学改革的重要途径，越来越多的专业认识到专业认证对人才培养质量提升的重要作用，通过专业认证的途径培养适应行业需求人才的重要性也更加凸显。为适应行业需求的变化，水利类专业认证工作也面临着新的挑战和要求。

3.2 专业认证推动水利人才培养高质量发展亟待深化

工程教育专业认证的核心理念"学生中心、产出导向、持续改进"等已广泛被高校接受，但还存在专业点对认证理念理解不到位，未真正落实到教学组织和实施中，专业点的人才定位和培养目标未真正体现专业特色，解决复杂工程问题的能力偏弱，教学内容对生态、环境、工程伦理等内容的支撑不足，课程质量评价方法单一，专业认证"最后一公里"未得到实质解决等问题，需要进一步改进。

3.3 与水利行业工程师职业资格制度衔接问题尚待解决

专业认证是促进工程师资格国际互认的重要基础。目前我国专业认证工作取得了实质性进展，但仍存在与产业界衔接不够的问题。水利行业工程师职业资格处于多部门多种形式并存的阶段，认证结论尚未被行业企业采用；已通过认证专业的毕业生在获取水利行业职业资格时没有相关制度优势，行业工程师成长缺乏清晰的职业路径；行业对人才培养的能力和知识要求也未能通过认证标准反馈到专业的建设中，一定程度上影响专业认证成效的真正落地。

4 思考与建议

加强建立政府、学（协）会、企业、高校等内外部协同机制，对促进工程教育专业认证成效真正发挥有着重要作用。首先专业认证工作自身需要不断完善认证体系，提升认证能力。对外需加强与人社部、产业界等部门的沟通，建立与我国工程师注册制度的衔接机制，为推动专业认证不断深入提供外部质量保障。

4.1 加强沟通，建立水利类专业认证与水利人才培养的联动机制

《"十四五"水利人才队伍建设规划》明确指出，要强化重点领域人才需求分析与源头培养，要强化与教育行政主管部门、有关高等院校、科研院所的沟通协调，发挥行业引导作用。

（1）2021年年底，水利部印发了《"十四五"水利人才队伍建设规划》。规划中提出，立足服务中国水利"走出去"，探索在有关国家、地区建设有特色的海外人才培养基地，打造与国际接轨、具有较高层次的水利国际化人才培训和实践基地。专业认证作为推动行业和高校联合培养人才的有效途径，应主动对接行业需求，积极争取行业主管部门支持，推动专业认证结论的采用，形成专业认证与人才培养基地建设的互反馈机制，推动提升水利工程教育改革。

（2）探索开展专业认证与水利行业职业资格衔接体系研究，推动专业认证与水利行业工程师注册程序、专业认证标准与职业资格工程师考试内容等方面的衔接，如注册监理工程师（水利工程）、注册土木工程师（水利水电工程）等，对通过专业认证的高校毕业的学生在工作年限和课程考试等方面给予一定的优惠条件，逐步形成专业认证与水利人才培养的联动机制。

（3）加强专家的相互融合。吸引一批水利行业注册工程师、监理工程师等成为认证专家和国际能力互认专家，共同推动工程教育改革，提升人才培养的社会适应性。

4.2 强化学会力量，探索建立全周期水利工程人才职业成长服务体系

（1）以工程会员成长体系建设为目标，整合学会相关资源和平台，探索建立全周期、全链条和全口径的"三全"水利工程人才职业成长服务体系。以水利类专业认证为抓手，从源头提升水利人才培养质量。

（2）以"水利水电工程师能力国际互认"为契机，探索建立工程会员成长体系，与有关高校、企业共建在线课程和实践平台，推动专业转变校企合作的思路，从企业对某类人才在工程技术方面的需求出发，积极探索新的合作模式，深入分析企业对人才的需求，以培养技术能力突出、符合企业需求的毕业生，持续提升水利人才的职业技术和水平。

（3）通过"一带一路"国际水联盟平台，促进水利水电工程能力标准与国际实质等效，逐步实现水利水电工程师资格国际互认，提高工程技术人才职业化、国际化水平。

4.3 加强研究，探索扩大水利类专业认证范围

我国工程教育专业认证的范围主要针对本科阶段，而高职院校、工程硕士也对专业认证有一定的需求。英美认证体系不仅包含对四年制学士学位高等工程教育项目的认证，还包含三年制高等工程教育项目的认证，欧洲认证体系设计了硕士学位层级的高等工程教育项目认证方案[4]。借鉴国外经验，探索开展分类分级的水利类专业认证体系研究，并在三年制职业教育和专业硕士教育中进行试点，为完善我国专业认证体系提供参考。

参 考 文 献

[1] 王孙禺，赵自强，雷环. 中国工程教育认证制度的构建与完善：国际实质等效的认证制度建设十年回望 [J].

高等工程教育研究，2014 (5)：23-24.

[2] 陈华仔，黄双柳. 美国高等教育外部质量保障体系的百年发展 [J]. 现代教育管理，2016 (7)：61-65.

[3] 姜弘道. 面向新时代水利新形势的水利类本科专业的建设与改革：基于工程教育专业认证的思考 [J]. 水利水电科技进展，2021，41 (1)：1-8，15.

[4] 覃丽君. 高等工程教育专业认证的国际图景如何绘就？基于对发展进程、运作机制及趋势的考察 [J]. 世界教育信息，2021，34 (7)：37-43.

作者简介：王琼，女，1982年，高级工程师，中国水利学会，兼任水利类专业认证委员会副秘书长。Email：cheswang2019@126.com。

"以学生为中心"育人理念之着力点分析

何文学　颜成贵　段永刚　王　茜

（浙江水利水电学院水利与环境工程学院，浙江杭州，310018）

摘　要

在深入思考与认证实践的基础上，从学校政策导向、制度建设、育人理念更新提升、教学管理制度建设与运行校准等多个方面入手，对工程教育认证工作中的"以学生为中心"育人理念之关键着力点进行了分析与研究，提出了工程教育认证中"以学生为中心"育人理念实践的7个关键着力点，其工作成效决定着是否能从根本上落实"以学生为中心"的育人理念，直接关系到学生是否能达成毕业要求，是否能对毕业要求达成起到很好的支撑作用，这也是专业人才教育工作内涵提升与工程教育认证标准所要求的持续改进的工作内容。

关键词

工程教育认证；以学生为中心；着力点

1　引言

党的二十大报告首次把教育、科技、人才进行"三位一体"的统筹部署，突出了教育的基础性、战略性支撑地位，更加明确了实施科教兴国战略的目标要求，彰显了教育是影响国家未来的战略性事业。在复杂多变的国际国内新形势之下，占据高等教育半壁江山的工程教育领域的各专业，必须清醒地认识到肩负的历史使命。工程教育认证是国际通行的工程教育质量保证制度，在我国已开始广泛推行。截至2021年年底，全国共有288所高等学校的1977个专业通过了工程教育认证。工程教育认证标准的核心理念是以学生的学习产出为导向，通过合格评价与质量持续改进等措施，不断提高专业人才培养质量，其教育理念也得到了广大教育工作者的持续研究与探索。从教学管理的质量保障体系建设[1] 到教学质量监控[2]、从学生事务管理[3] 到专业人才培养体系建设[4]、从课堂教学管理机制[5] 到实验教学质量评价[6]、从某一门课程为例的课程思政进课堂探索[7] 到课程教学模式的综合应用实践[8]等，都有不少的文献研究成果或经验总结。

工程教育认证有其认证标准、工作指南、工作规范等系列文件，并在实践中不断修正完善。在自学提高、调研取经、认证培训、文献学习与多方研讨的基础上，经过全体教师的精诚合作与不懈努力，我院水利水电工程、农业水利工程两个专业的工程教育认证工作得以通过。回顾认证工作经历与通过认证之后的持续改进历程，本着总结经验、不断前进的目的，从学校政策导向、制度建设、育人理念更新提升、教学管理制度建设与运行校准等多个方面入手，对工程教育认证工作中"以学生为中心"育人理念的关键着力点进行了分析与研究，提出了工程教育认证中"以学生为中心"育人理念实践的7个关键着力点，并充分认识到这些关键着力点的工作成效直接决定着是否能从根本上落实"以学生为中心"的育人理念，直接关系到学生是否能达成毕业要求，是否能对毕业要求达成起到很好的支撑作用，这是专业人才教育工作内涵提升与工程教育认证标准所要求的持续改进的工作内容，期望能为工程教育认证工作提供可资借鉴的经验。

2 "以学生为中心"的育人理念之关键着力点分析

2.1 政治引领

"政治引领"是中国特色社会主义教育方针的灵魂，每一位教师和学生都必须始终如一地与党中央保持一致。个人言行符合社会主义核心价值观，夯实信仰根基，强化政治意识，这是教育的底线，也是不得触碰和改变的红线。"以学生为中心"的育人理念是要围绕学生的全面发展与成才成长设计教育教学中的政治信仰、理念培育细节，"为国育人、为国育才"应成为"以学生为中心"育人理念的总纲。除了培养方案中的规定政治课程之外，从入学教育开始，就根据学生个性发展特点，着手培养入党积极分子，成立班级党小组，班主任与兼职组织员会定期不定期地组织开展一些社会公益活动，鲜艳的旗帜时刻飘扬在每一位同学心中。

2.2 德育为先

"以学生为中心"的育人理念更强调"育人为本、德育为先"。学生掌握过硬的专业知识和技能固然重要，但教会学生懂得知识和技能为谁服务更为重要。"人民有信仰，民族有希望，国家有力量"是根植在每一位中国人心中的信仰之光。学校从校园文化建设、教室环境布置以及师生员工的言行规范等一系列细节入手，持之以恒地开展"润物细无声"的德育熏陶，让"以学生为中心"的育人理念落地生根。比如，教学楼走廊文化建设突出德育为先，教室的文化布置除了体现专业特色之外，还要符合大众审美与先进文化。

2.3 文化熏陶

文化是国家和人民的精神家园，是"以学生为中心"育人理念贯彻实践的灵魂依托。我们的专业教育，不仅要使每一位学生尽可能多地掌握专业必需的基本理论、基础知识以及解决工程实际问题的能力，更需要在课程教学的所有环节有意识地渗透传统文化、社会主义核心价值观等有助于学生成长成才的文化记忆，熏陶培育学生的社会责任感、可持续发展能力与终身学习习惯等。不管是政治理论教师，还是理工类专业教师，都要践行"如盐入水"式的文化熏陶教育，并以言传身教和持之以恒的习惯，在潜移默化中落实文化传承的育人责任，让绵延几千年的"忠孝仁义礼智信、温良恭俭让"等优秀文化记忆发扬光大。

2.4 因势利导

在信息化时代，"以学生为中心"的育人理念对教育提出了更高要求。教师一定要根据个人优势、教学特长、专业特色、学生特点等，因势利导地开展形式多样的、"以学生为中心"的育人工作。其中，网络与通信的便捷高效，打破了课堂教室的空间与时间界限，使得师生之间的交流变得超越常态且可以随时随地进行。教师的教育引导与育人主导作用如何高效发挥，在信息传播迅捷的网络时代显得更加重要。为此，教师必须因势利导，及时响应学生的需求，积极引导学生提高网络资源的辨识能力与利用效率，"做好人、走正路、有理想、有追求、有道德、有本领"才是社会家庭需要的人。工作中，及时解答学生学习、生活中的问题，做学生的知心朋友；及时向学生提供适宜的学习环境、电子图书、阅读导引以及专业课程的相关参考资料等，培育学生的学习自觉性，不断扩大专业认知视野，不断提高学生个体修养水平以及未来适应社会的生活生存能力等。

2.5 因材施教

"以学生为中心"的育人理念特别强调全体学生受益和基于学生兴趣与能力发展的专业教育，但学生的个体差异与需求客观存在，"因材施教"是一个常说常新的话题。学生吃、住、学习等活动都在校内进行，校园环境、师生关系、同学关系是否和谐融洽将直接影响每位学生的个体发展。要求教师必须从自身的职业使命出发，尽可能放弃个人好恶，在充分了解每位学生特点、特长的基础上，有针对性地开展因材施教，促进全体学生的健康成长与成才。因材施教绝不能等同于降低课程难度和质量标准，以配合或适应少数差生的毕业需求。比如，学生觉得考试压力大，学校就减少考试次数；学生喜欢听热闹，教师就舍弃专业内容而讲一些与课程内容关系不大的故事以取悦学生等，这都是饮鸩止渴的教育方式，是对"以学生为中心"育人理念的"庸俗化"理解。教师必须潜心钻研教学方法，精心完成教学设计，及时更新教学内容，采取多种措施与手段，全面提高自己驾驭课程教学的能力，方能高质量地完成课程授课任务，因材施教也是促进全体学生学有所成的正确方法。

2.6 全情投入

"以学生为中心"的育人理念是实现教育目标的重要依托，但尚无普适的"灵丹妙药"，其实现之路漫长艰辛，需要家庭、学校、社会的全情投入。刚刚走出校门的大学生，对社会的复杂性缺少认识，学校必须强化对学生的日常管理，以尽可能减少学生被诱、被骗、被欺凌等不良事件的发生。学校执行多年的班主任、辅导员、学生导师、副班主任、兼职组织员等多元一体化的学生管理方式曾经取得了不错的效果。大学教师是与学生接触时间最多也最容易得到学生信任的人，要始终牢记"教不严，师之惰"的古训，淡泊名利，全情投入，潜心育人。除完成正常的教学任务之外，学生导师制能够为学生的学科竞赛、科技项目、学生社团、生涯发展等提供更为直接有效的帮助，是"以学生为中心"育人理念的落地实践成果之一。此外，学生的思想道德教育、学习方向与成长成才教育以及团队合作能力与沟通能力训练等，都需要教师全情投入。

2.7 制度保障

"以学生为中心"育人理念的实施固然离不开一线教师日积月累的付出，但更需要一系列科学设计且符合各校学生实际情况的教育教学管理制度。"无规矩不成方圆"，以制度管权、管事、管人是保障校园秩序正常稳定运行和"以学生为中心"育人理念落地生根的制度保障。学校已经从教师的聘任考核、学生学籍管理等不同角度入手，制定了一系列切合实际且行之有效的规章制度，实现了以制度管老师、管学生、管职工。学生的学习课业指导与课程教学之外的竞赛指导、育人指导、就业指导等均纳入了岗位聘任、年度考核、职称晋升、评优评先进等管理范畴，教学质量与指导效果也有相应的督导机构持续监督考察。上述各项管理制度在工作实践中也因地制宜、与时俱进地得到了持续修正和强化，尤其强调教学管理制度的实施的效果。其中，思想政治教育、品德修养培育、专业知识与技能教育、劳动教育、美育、职业规划、心理辅导等诸多育人细节已延伸到所有日常教学活动与学校工作生活当中，形成了独具特色的"以学生为中心"育人体系及其相应的学生综合考核评价体系。所有的育人付出能得到学校的肯定和认可，并因为有制度的约束与保障而不至于在人才培养的执行过程中流于形式。

3 结束语

"以学生为中心"的育人理念在不同时代、不同教育阶段都曾被人们认知和热捧。工程教育认证标准将其进一步列入，并有相应的指南发布。不同学校的办学历史、区域地位、层次定位以及学生状况等存在差异，这就要求各学校各专业在构建与专业特色相一致的专业人才培养方案时，必须在其培养目标、毕业要求、课程体系设置等环节高度重视"以学生为中心"育人理念，并在教学实践过程中持之以恒地付诸实践。通过一年又一年的持续改进与教学改革创新，不断积累、沉淀、凝练、升华专业特色，方能形成本专业在国内同类专业中的特色与优势。"以学生为中心"育人理念的着力点不过是工作经验与思考成果的总结，各学校应该通过不断改善基本教学条件、增加教学经费投入、提升教师队伍整体素质、强化教学管理薄弱环节等综合性举措，构建科学规范的教学质量管理和监控体系，力求使专业人才培养质量得到持续改进和逐年提高，最终表现为学生的专业技术能力、沟通交流能力、终身学习能力及人生观、世界观等方面都能得到全面有效的培育和提高，学生个人、学校、用人单位、社会等利益相关方的多方共赢才是终极目标。

参 考 文 献

[1] 赵金坤，李惠男，罗逸文，等."以学生为中心"理念下高校内部教学质量保障体系建设的思考［J］. 哈尔滨学院学报，2022，43（4）：124-127.

[2] 李晓静，吴彩娥，褚兰玲. 基于"以学生为中心"理念的教学质量监控评价体系建设［J］. 黑龙江教育（高教研究与评估），2022（3）：35-36.

[3] 张乐芳，陈振星，周岚."以学生为中心"的高校学生事务研究与实践［J］. 教育教学论坛，2022（1）：169-172.

[4] 金宝辉. 高等学校"以学生为中心"的人才培养体系研究［J］. 内江科技，2022（1）：16-17.

[5] 刘晨华，王希云，李丽萍，等. 以学生为中心的高等数学课堂教学管理机制研究［J］. 大学教育，2021（9）：119-121.

[6] 欧珺，吴福根，杨文斌. 基于以学生为中心理念的实验教学质量评价实证研究［J］. 实验室研究与探索，2021，40（7）：209-212，224.

[7] 盛庆辉，刘淑芹. 以学生为中心的课程思政建设探索：以"审计学"为例［J］. 中国大学教学，2021（11）：46-50.

[8] 王步. 新工科背景下以学生为中心的混合式教学探索与实践［J］. 高教学刊，2021（28）：114-117.

作者简介：何文学，男，1964年，教授，浙江水利水电学院，主要从事水利工程方面的教学科研工作。Email：hewx@zjweu.edu.cn。

人才培养改革与探索

工程教育专业认证背景下综合性大学水文与水资源工程专业综合改革的实践

覃光华　李渭新　陈仕军　黎小东

（四川大学水利水电学院，四川成都，610065）

摘要

依托综合性大学的丰富资源，四川大学水文与水资源工程专业在专业综合改革、师资队伍建设、教学质量保障等方面积极探索、改革、创新。历经三次工程教育专业认证，从水文与水资源工程专业改革为水利科学与工程专业，本论文针对专业认证与专业发展中出现的问题提出几点思考。

关键词

工程教育专业认证；综合性大学；综合改革

1　专业简介及认证情况

四川大学水文与水资源工程专业隶属四川大学水利水电学院，孕育于1944年建立的理工学院土木水利系，1952年土木水利系设立了水文测验专修科。1956年经教育部批准开始招收水文本科生，正式设立陆地水文专业。1979年陆地水文专业改为水文学及水资源利用专业。1984年增设了水资源规划与利用本科专业，同年获准水文学及水资源专业硕士点。1989年获准水利土木博士后流动站。1990年获准水文学及水资源博士点。2004年获准四川省重点学科及四川省重点实验室建设。2007年教育部批准为重点（培育）学科建设，同年获准校级特色专业。2008年获准四川省特色专业，同年获准国家级特色专业（自筹经费）。2013年获准四川省"专业综合试点改革"项目。2019年获批国家级一流专业建设点。

2008年本专业作为第一批全国水文与水资源工程专业通过专业认证。2015年通过第二次专业认证，2019年通过第三次专业认证。

2　深化专业综合改革的实践与成效

依托国家特色专业建设、四川省"专业综合试点改革"等教育教学改革项目，以"新工科"建设和专业认证为抓手，深化专业综合改革，主要举措及成效如下。

2.1　强化学科交叉融合，完善专业人才培养方案

结合教育部"新工科"研究项目，依托综合性大学多学科优势和"深地岩体力学与地下水利"世界一流学科建设，面向水环境、水生态及深地水资源开发等新需求，以专业认证为抓手，完善了面向"新工科"的2020级专业人才培养方案。

围绕国家战略转移及水利行业形势的急剧变化，水利行业已从大规模工程建设转为运行维护，从工程应用转为水循环、水生态、河流演变、水灾害等基础研究和交叉学科研究，尤其随着大数据、云计算、物联网、人工智能、虚拟现实、新材料等新技术、新产业的发展，水利类本科人才培养也必须适应国家需求进行转型升级，而这在综合性大学中显得尤为迫切[1-2]。2019年，学院开始着手水利类专业综合改革工作，将原水利水电工程、水文与水资源工程和农业水利工程三个涉水/农本科专业进行转型升级，整合建设新的水利科学与工程本科专业，经过院内专家论证、党政联席会通过和学校教学指导委员会审批，水利科学与工程于2020年被教育部批准招生。2020年4月经校内外专家评议，制定完成2020级水利科学与工程专业人才培养方案。改革后，不再细分水利水电工程、水文与水资源工程、农业水利工程专业，进而采用两大模块课程学习原来的三个本科专业的主要课程，其中一个模块课程为水资源与水环境。

2.2 深化课堂教学改革，显著提高教学质量

秉持OBE理念[3-4]，以"小"课堂撬动教育"大"改革，全面实施了"探究式、启发式、互动式"的小班化教学，100％课程实现非标准答案和全过程考核方式；结合国重创新班等举措，培养了一批拔尖创新人才。

2.3 创新教育教学手段，建设优质教学资源

基于"以学为中心"，依托智慧教室环境，推进启发式讲授、互动式交流、探究式讨论等教学方法创新，大大激发了学生的学习兴趣和潜能。依托四川大学多学科优势及智慧水利新需求，更新课程内容，优化课程体系，建成跨学科交叉课程，打造了1门国家精品资源共享课程、3门省级精品在线开放课程等专业"金课"及5本省部级规划教材。以上教学资源仅仅是依托原水文与水资源工程专业，在综合改革为水利科学与工程专业后，资源更强大、更优质。

2.4 推进校企协同育人，提升学生工程实践能力

依托以中国电建集团成都勘测设计研究院有限公司、四川水发勘测设计研究有限公司（原水利部四川水利水电勘测设计研究院）国家级工程实践中心为代表的11个校外实践基地，建立"教师进企业、导师进课堂、学生进企业"的校企合作新模式，组建校企联合专业指导委员会，实现了人才培养方案制定、课堂与实践等校企联动的共管共培机制。专业聘请企业导师20余人，开设企业导师课程5门/年，校企协同毕业设计高质量多样化改革100％。

2.5 优势学科反哺教学，提高学生创新创业能力

依托水力学国家重点实验室等高水平研究平台，整合气象、地下水、防汛会商、水情测报、水文测验及水环境等6个专业实验室（年均投入超300万元）建成交叉性创新实践平台；以长江学者奖励计划（1人）、国家杰出青年科学基金获得者（1人）、国家优秀青年获得者（1人）、省学术带头人（4人）等高水平师资为支撑，全面推进"深地与地下水利"国重创新班、精准导师、创业导师等名师导学计划，支持学生创新创业。近三年，获批省部级以上大创项目22项，获全国互联网＋创新创业大赛金奖等国家级奖励27项、省部级17项。

3 师资队伍建设的实践及成效

3.1 人才引培体系

通过全球英才汇聚工程、人才人物工程、优秀青年引培工程、专职科研队伍攀峰工程、学院"百

舸争流"计划等，构建立体化、多维度、全过程师资培养体系。截至 2020 年 6 月，水资源与水环境模块专任教师 36 人，正高 19 人，副高 9 人，86％具有博士学位和海外经历，90％教师具有工程背景。拥有长江学者奖励计划 1 人，国家杰出青年科学基金获得者 1 人，国家优秀青年获得者 1 人，新世纪优秀人才 2 人，四川省学术带头人 4 人等。

3.2 教师教学要求

严格执行师德师风一票否决制，坚持教授/副教授 100％授课；通过国重创新班、精准导师等计划，引导各类高端人才承担本科教学和学生指导。

3.3 教学能力提升措施

依托国家级教师发展中心，通过本科教育大讲堂、教学策略培训、工程能力提升计划等，提高教师教学能力，严格实施"双证上岗"制度。水资源与水环境模块教师先后获得四川大学"卓越教学奖"、宝钢优秀教师奖、唐立新教学名师奖、四川大学青年骨干教师奖、水利类青年教师竞课比赛一等奖等 3 项；参与校级以上教改项目 6 项，获校级及以上教学成果奖 5 项。

3.4 青年教师培养措施

实施青年教师"三个全覆盖"（科研启动经费全覆盖、导师制全覆盖、博士学位与海外经历全覆盖）、青年教师团队制、助教/试讲制等，加强青年教师培养。

3.5 教学激励措施

健全卓越教学奖、星火奖教金、五粮春青年教师奖等多层次激励举措，重奖本科教学一线教师；院系年终绩效分配向本科教学教师倾斜（教学：科研权重＝6：4），并设立若干年度教学专项奖励。

4 加强专业教学质量保障体系建设的实践和成效

基于 OBE 理念，建立健全"以学为中心"的多层次、多维度、全过程、循环闭合的教学质量保障体系[5-6]，推动质量改进，为提高教学质量提供有力的保障。

加强专业教学质量保障体系（图 1）建设的实践过程中，主要采取的措施如下：

（1）强化质量组织保障。完善校、院、系（专业）三级教学质量保障组织机构，建成教学院长、教学秘书、专业负责人、系主任、院系督导相结合的多层级质量管理队伍，分工明确、相互协调。

（2）明确教学质量标准。参照专业国家标准和认证要求，制定具有四川大学水利特色的培养目标和可分解可评价的毕业要求，明确课程设置、教学大纲、教师资质、教材使用、课堂教学、实践教学、考试考核、教学管理等环节的质量标准。

（3）完善质量制度保障。制定并完善系列教学质量管理制度，形成院系《本科教学管理文件汇编》，覆盖教学活动全过程，确保有制可依，使得教学质量管理工作走向规范化、常态化和自觉化。

（4）加强质量动态监控。采取教学检查，领导评价，学生评教，校、院、系三级督导，视频督导，以及专业自评、专业认证相结合的多元化教学质量监控体系。

（5）完善反馈与改进机制。完善教学基本状态数据库和信息分析。通过学生评价、督导通报、工作简报、质量报告等方式，向领导、教师、学生、社会反馈教学质量信息，并对培养目标、毕业要求、课程体系、课堂教学等进行持续改进。

以上保障措施，取得了以下主要成效：

（1）强化了人才培养核心地位。院系领导高度重视人才培养和本科教学，投入大量时间精力，亲部署、亲落实、亲检查；多项激励机制激发教师教书育人热情，促进教学质量文化的形成。

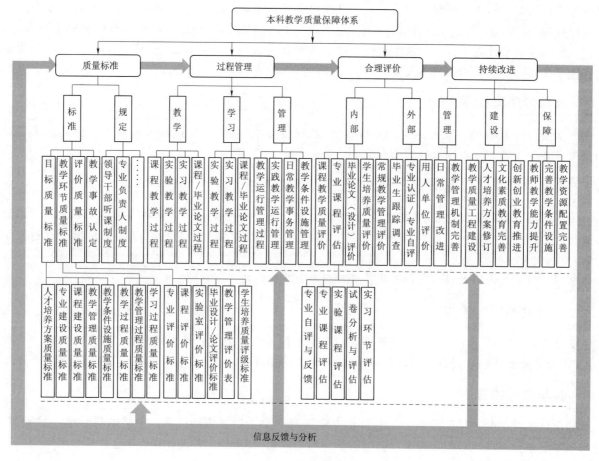

图 1　教学质量保障体系

（2）提高了人才培养质量。课堂革命激发学生积极性、主动性、创造性，参与度显著提高，创新精神和实践能力不断强化。近三年本科生获国家级竞赛奖 27 项、省级 17 项，发表学术论文 18 篇，授权专利 10 项。

（3）形成了一批教学成果。水资源与水环境模块教师在培养体系、课程体系、教学方式、实践教学、教学管理方面积极探索和研究，近三年主持或参与教改项目 6 项，建设 3 门优质课程，获校级以上教学成果奖 5 项。

5　几点思考

（1）随着我国经济和高新技术的快速发展，社会对水利类工程专业人才的需求更加趋于多样化。各个学校应结合自身特点适当进行专业延伸，形成具有一定差异的、特色鲜明的水文水资源工程专业。如何做到与认证体系要求、专业规范要求、不同类型高校课程设置限制协调一致又独具特色是今后水利类专业需要深入思考的问题。

（2）工程教育专业认证是国际通行的工程教育质量保证制度，也是实现工程教育国际互认和工程师资格国际互认的重要基础。水利类专业认证工作自开展以来已有十余年，各大水利类院校也越来越重视该项工作，然而专业认证在促进本科生国内外就业、与注册工程师衔接方面还有较长的路要走。

（3）目前认证标准体系部分指标可操作性不够强，实际完成过程中不好量化。

（4）目前国内很多水利类高校都已开始第二次、第三次专业认证，未来的认证是否可以考虑根据认证次数，重点考察上次评估期不足之处或者重点改进的地方，将认证工作更好地落到实处。

参 考 文 献

[1] 姜弘道. 面向新时代水利新形势的水利类本科专业的建设与改革：基于工程教育专业认证的思考 [J]. 水利水电科技进展，2021，41 (1)：1-8，15.

[2] 孙竹，韦春荣. 国外工程教育人才培养模式解读及经验借鉴 [J]. 国际观察，2019 (22)：134-136.

[3] 张红霞，范玉洁. 以审核评估为契机，修订完善人才培养方案：以水文与水资源工程专业为例 [J]. 教育教学论坛，2017 (50)：221-222.

[4] 陈元芳，李国芳，王建群，等. 河海大学水文与水资源工程专业教学改革实践与思考 [J]. 科教导刊，2012 (36)：104-106.

[5] 康艳，宋松柏，降亚楠. 加拿大水文与水资源方向本科教育及其对我国的启示 [J]. 高等理科教育，2017 (5)：73-81.

[6] 宋松柏，康艳. 我国水文与水资源工程专业教育的现状分析与思考 [J]. 中国地质教育，2011 (3)：68-73.

作者简介：覃光华，女，1975 年，教授，四川大学，从事水文学及水资源学科领域。Email：ghqin2000@163.com。

适应新时代水利需求的水利水电工程专业人才培养方案改革与探索

何中政　魏博文*　黎良辉　程颖新

（南昌大学工程建设学院，江西南昌，310031）

摘　要

　　本文在工程教育专业认证背景下，面向新时代水利事业的高素质、高技能人才需求，以南昌大学水利水电工程专业本科生培养为例，总结了南昌大学开展适应新时代水利需求的水利水电工程专业人才培养方案改革与探索。本文可为面向工程教育认证教育以及后水电时代需求的水利人才培养方案制定提供一些参考。

关键词

　　水利类；培养方案；课程体系；新时代水利需求

1　引言

　　水利是国民经济发展的基础，是保障社会安定的重要支撑。改革开放 40 多年以来，我国在水利工程方面取得了显著成就。中国水电建设规模已经达到阶段性顶峰，水能资源开发程度逼近高位，已步入后水电时代[1]。随着我国经济社会不断发展，我国治水的主要矛盾已经从人民群众对除水害兴水利的需求与水利工程能力不足的矛盾转变为人民群众对水资源水生态水环境的需求与水利行业监管能力不足的矛盾。水安全中的老问题仍有待解决，新问题越来越突出、越来越紧迫。其中，前一矛盾尚未根本解决并将长期存在，而后一矛盾已上升为主要矛盾和矛盾的主要方面[2]。由此可见，水利事业的外部环境及主要矛盾已发生了巨大变化，对水利人才的知识体系要求更具广度与深度，进而预示着水利事业对人才的需求将发生较大调整，传统水利人才培养模式难以适应后水电时代水利人才培养的现实需求[3]。

　　根据工程教育专业认证理念，面向新时代水利事业的高素质、高技能人才需求，南昌大学水利工程系开展高等教育教学改革研究[4]，通过广泛调研座谈、问卷分析、教学研讨等多形式探究，结合培养目标、毕业要求和课程体系合理性评价体系的实践，持续完善了 2014 修订版、2016 版、2018 修订版和 2020 版四版培养方案，顺利获批国家级一流本科专业建设点，并通过工程教育专业认证。本文总结了南昌大学开展的水利水电工程专业人才培养方案改革与实践，可为水利人才的培养改革提供理论支持和实践经验。

2　水利水电工程专业人才培养方案改革与探索

　　针对水利水电工程专业人才培养方案与社会需求的不适配问题，通过广泛调研座谈、问卷分析、教学研讨等多形式探究，基于 OBE 教育理念，历经四版培养方案实践，从单一水工课程群设置到"四位一体"模块化培养，再到"一体五能"系统化课程体系的建立，从而满足南昌大学水利水电工程学科的五大毕业目标、13 项毕业要求，这既是对历史经验的继承，又是对工程教育认证教育理念的真实诠释。通过重新梳理水利水电工程"一体五能"系统化课程体系，开发新形势下智慧水利类课程和综合利用课程，新增覆盖每学期专业课程理论知识的实践周，建设"四位一体"模块化的水利水电工程专业选修课，持续完善了水利水电工程专业人才培养方案，实现了从专业四大知识体系到对标五项能力目标培养的课程体系转变（图 1）。

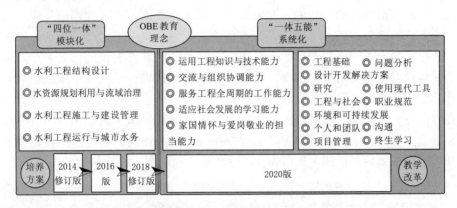

图 1 培养方案持续修订下现代水利课程体系的形成架构

2.1 梳理了水利水电工程"一体五能"系统化课程体系

南昌大学水利水电工程专业"一体五能"系统化培养目标，具体为运用工程知识与技术能力、交流与组织协调能力、服务工程全周期的工作能力、适应社会发展的学习能力、家国情怀与爱岗敬业的担当能力。围绕南昌大学建设"有特色高水平综合性大学"办学定位，秉承学校"人为本、德为先、学为上"育人理念，坚持以价值塑造和能力培养为导向，以技术和管理并重为特色，致力于将学生培养成为德、智、体、美、劳全面发展的社会主义事业合格建设者和可靠接班人。为此，南昌大学水利水电工程专业人才培养以通识教育为引领，公共基础教育为基础，专业教育为核心，辅以创新创业教育，并通过实践类课程贯穿其中，以"规划-设计-建造-管理"为主线，梳理了水利水电工程专业课程体系先修后续关系，专业知识循序渐进，既减少了低年级学生相关专业知识的学习难度，又加强了相关专业知识学习的水利脉络，有力地支撑了南昌大学水利水电工程专业"一体五能"系统化培养目标。

2.2 开发了新形势下智慧水利类课程和综合利用课程

随着社会的不断发展，人们开始逐渐认识到水资源的重要性，后水电时代是指在人类水资源开发和利用领域，从传统意义上的水电时代向着更加多元化的发展方向转变的一个时代。后水电时代具体包括以下两个方面含义：

（1）智慧水利建设。随着信息技术、大数据技术和人工智能技术的发展，智慧水利建设逐渐成为水利行业的发展趋势。具体包括智能化水文监测、智能化水资源管理、智能化水务服务等方面，通过技术手段提升水利工程运行效率和流域/区域水资源综合利用水平。

（2）多元化的水资源开发利用。传统的水电能源产业越来越难以满足日益增长的社会和经济需求，人们开始探索利用水资源的多种形式，包括城市供水、农田灌溉、生态文明建设等方面，实现水资源的综合利用。

为此，南昌大学水利水电工程专业在通识教育上增设了数据科学与人工智能、科学探索与技术创新和生态环境与生命关怀等课程，在专业教育上增设专业发展前沿讲座、水利大数据分析与程序实践、水工设计实用软件、水资源规划与管理、生态学等课程，丰富了新形势下智慧水利类课程和综合利用课程，开拓了传统水利水电工程专业学生的水利工程学科知识面。

2.3 增加了覆盖每学期专业课程理论知识的实践周

水利工程学科涉及面广、内容多样、综合性强，需要学生具备丰富的实践经验和综合素质，且随着社会和经济的发展，对于高素质、高技能人才的需求越来越高[5]。仅仅掌握理论知识已经不能满足社会的要求，还需要具备扎实的实践能力。传统的教学模式主要是以理论课程为主，实践课程为辅，这种模式已经难以适应当前社会和学科的发展需要[6]。为此，南昌大学水利水电工程专业针对每学期专业课程设置综合实践类课程（图2）。大一下学期设有工程测量实习、水利工程认识实习和水工测绘综合实践，大二上学期设有力学创新设计综合实践，大二下学期设有工程地质实习和水文资料分析综合实践，大三上学期设有混凝土结构课程设计和水工建筑物课程设计，大三下学期设有生产实习、水电站课程设计和水利工程施工课程设计，在完成所有课程学习后，通过大四的毕业设计实现学科专业知识的融会贯通以及综合实践。实践课程执行中，通过反复修订教学大纲，比对毕业要求及其对应学期主要专业课程教学支撑目标，有效地实现了学期专业课程间的连通，通过理论教学和实践教学相结合，可以促进知识的深入掌握和应用，从而提高教学质量，让学生更好地掌握知识。

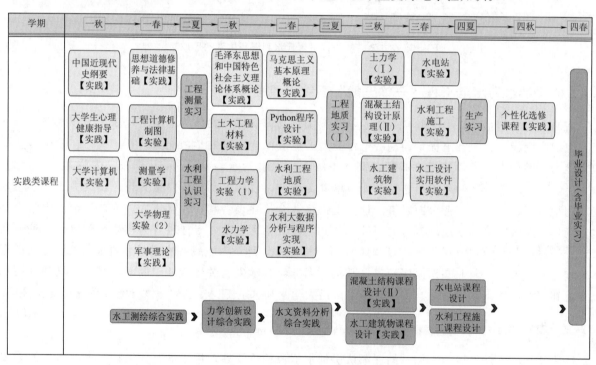

图 2　每学期综合实践类课程

2.4 建设了"四位一体"模块化的水利水电工程专业选修课

面向水利水电工程人才培养的新时代需求，增强学生专业素养，迎合行业发展需求，优化学生就业前景，促进学生兴趣爱好。南昌大学水利水电工程专业构建了以水利工程结构设计、水资源规划利用与流域治理、水利工程施工与建设管理和水利工程运行与城市水务为主的"四位一体"模块化的水利水电工程专业选修课。专业选修课包括水信息技术、防灾减灾工程与技术、水工建筑物安全监测技术、水工建筑物安全鉴定与除险加固、涉外工程合同管理与招投标、城市水务学、水环境保护与河流健康管理等。通过"四位一体"模块化的水利水电工程专业选修课，让学生更加深入地学习和掌握自己选择的专业方向知识和技能，培养更加专业化的素养，提高毕业生的竞争力和专业能力；根据行业发展趋势，培养掌握新技术的毕业生，适应行业变化和发展需求；学生更专业化，增强就业竞争力，有利于学生更好地适应和开展工作；对于有特定兴趣和爱好的学生来讲，有利于充分发挥学生的潜力和热情。这对于学生职业生涯的发展和未来的发展具有重要的意义。

2.5 建立了适应工程教育认证的水利水电工程专业教育教学标准

以国家水利行业战略需求为人才培养指导思路，对标国际工程教育认证通用标准，从人格本位的教育理念、科教协同的育人计划、行动领域的课程体系、工作过程的任务设计、能力培养的项目训练、行动导向的教学组织、质量管理的考核评价等层面，对水利水电工程专业的课程体系、教学设计、教学组织、考核评价等人才培养全过程进行系统设计和整体优化，建立了适应工程教育认证的水利水电工程专业教育课程教学标准（图3），实现了学生从"四位一体"模块知识层到"一体五能"综合能力层的全面提升，缩小了水利工程人才培养质量与国际工程教育领先水平的差距。

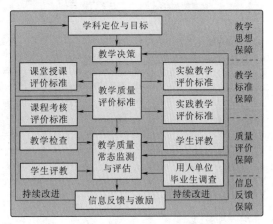

图3 现代水利课程体系教学保障架构

3 水利水电工程专业人才培养方案改革实践成效

通过南昌大学水利水电工程专业人才培养方案改革与探索，先后对南昌大学水利水电工程专业四版（2014修订版、2016版、2018修订版、2020版）人才培养方案持续修订改进，方案执行中几经调整完善，并加以推广应用，校内外成效显著，现已构建并完善了南昌大学新培养方案下现代水利课程体系及教学标准，南昌大学水利水电工程专业在人才培养质量、教学资源建设等方面的办学效果提升显著。取得的标志性成果如下。

3.1 学生成才——人才培养质量提升显著

近5年水利水电工程专业人才培养成效呈现"三高"特点（图4）：①毕业生就业率高，就业率98%以上，其中供职于世界500强企业占比40%以上；②本科生科研产出高，参与科研项目占比过半，发表科研论文共38篇（其中SCI/EI检索20篇），申请专利数累计34项，上研率50%以上；③学生学科竞赛获奖率高，获国家级、省级竞赛奖项80余项，获奖人次占比超60%。上述水利水电工程专业人才培养中的"三高"特点，既是多年来教育教学改革的成效，也是培养新时代水利适应性人才的又一体现。

3.2 学科成名——专业建设亮点纷呈、成果丰硕

成果实践检验期内，水利水电工程专业建设与学科发展方面取得3项标志性成果：2020年入选国家级一流本科专业建设点，2021年获批水利工程一级学科博士点，2022年通过工程教育专业认证（有效期6年）。此外，近3年19门专业课程入选一流课程（省级6门、校级13门），新增流域碳中和教育部工程研究中心、江西省尾矿库工程安全重点实验室2个省级科教平台和11个校外实践教学基地；"现代水利工程教学团队"入选首批江西省高水平本科教学团队建设名单，"水工程安全保障研究生导师创新团队"荣获2021年江西省省级示范研究生导师创新团队，相关成果获南昌大学教学成果奖特等奖。这些专业教学资源的建设，有力助推并支持了学校水利水电工程专业的发展和提供持续动力。

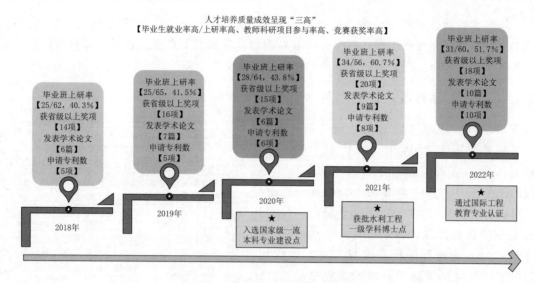

图 4　近 5 年水利专业人才培养成效

4　结论与展望

南昌大学在继承水利水电工程专业人才传统培养模式优势基础上，开展了适应新时代水利需求的水利水电工程专业人才培养方案改革与探索，取得了一些成效。但教学探索永远在路上，须结合新时代水利人才培养全要素、全过程进行持续优化和不断创新，总结以下几点反思：

（1）人才培养目标必须与新时代新形势相适配，着力课程体系设置时代化与质量标准国际化。

（2）教师科研工作必须与专业人才培养相结合，着力科研成果与科研平台教学资源化。

（3）学生能力培养必须与校企产研工作相融通，着力师徒结对精细培养常态化。

（4）专业教育与思政教育必须相协同，着力课程思政品牌系列活动机制化。

参　考　文　献

[1]　魏晓雯. 以高等教育现代化支撑水利高质量发展 [N]. 中国水利报，2022 - 11 - 10 (5).

[2]　王浩，游进军. 锚定国家需求 以水资源优化配置助力高质量发展 [J]. 中国水利，2022 (19)：20 - 23.

[3]　魏博文，谢斌，鲍丹丹，等. 基于内涵发展的水利专业研究生培养质量评价体系及提升策略 [J]. 高等建筑教育，2020，29 (2)：81 - 88.

[4]　魏博文，袁冬阳，程颖新. 工程教育认证下水利水电工程专业课程知识体系的架构优化策略 [J]. 高等建筑教育，2017，26 (5)：28 - 32.

[5]　胡宇祥，殷飞，李娜，等. 基于工程教育认证的水利水电工程导论课程教学改革 [J]. 高教学刊，2022，8 (24)：148 - 151.

[6]　刘少东，马永财，刘文洋. 工程教育认证背景下水利水电工程专业培养方案的构建：以黑龙江八一农垦大学为例 [J]. 高等建筑教育，2019，28 (4)：48 - 54.

作者简介：何中政，男，1992 年，讲师，南昌大学，主要从事水利水电工程教学与科研。Email：he_zz @ncu. edu. cn。

通讯作者：魏博文，男，1981 年，教授，南昌大学，主要从事水利水电工程教学与科研。Email：bwwei @ncu. edu. cn。

基金项目：南昌大学校级教学改革研究课题"基于 OBE 理念的水工专业一流课程群三通协同进阶教学改革探索"。

新时期地方高校水利类专业人才培养模式优化与探索

——以水文与水资源工程专业为例

王怡璇　刘廷玺　高瑞忠*　贾德彬

（内蒙古农业大学水利与土木建筑工程学院，内蒙古呼和浩特，010018）

摘　要

面向新时期我国水利高质量发展的艰巨任务，结合地方高校——内蒙古农业大学水文与水资源工程专业的实际情况，探索新形势下水利类专业人才培养模式的优化途径。积极对接国家战略、地方经济和社会需求，重塑人才培养目标；基于OBE理念，重点推进课程思政建设，强化新时代劳动教育，以"需求驱动"专业课程结构优化；充分发挥工程教育专业认证抓手作用，形成质量监控-监督-评估-反馈与保障体系，创建良性的持续改进质量文化；聚焦新技术驱动下复合应用型人才需求，完善实践教学体系，创新产学研协同育人机制，强化实践育人支撑。由此形成兼备地区特点、专业特长、时代特征，紧跟行业发展需求的人才培养优化模式，为国内水利类专业的转型发展提供借鉴和参考。

关键词

水利新形势；水利类专业人才；工程教育专业认证；质量保障体系；实践教学模式

1　引言

新时期，以新技术、新业态、新产业、新模式为特点的新一轮科技革命和产业变革正在快速发展，全球对多样化、创新型卓越工程科技人才的需求愈加迫切。我国拥有世界上规模最大的工程教育体系，不仅为国家建设和发展、经济社会进步源源不断地输送工程科技人才，而且承载着为世界工业发展提供人才与智力支撑的新责任和新使命。2016年，我国成为第18个《华盛顿协议》正式成员，开启了我国工程教育国际化的重要步伐；2017年，教育部启动实施"新工科"建设，助力我国从"工程教育大国"走向"工程教育强国"。习近平总书记指出："培养人才是国家和民族长远发展的大计，当今世界人才的竞争首先是人才培养的竞争。"面向当前国家建设世界一流大学和一流学科的重大战略决策部署，如何把握工科建设的新理念、新结构、新模式、新质量与新体系，改造升级传统工科专业，发挥高等工程教育学科、人才和智力优势，以工程教育的高质量发展引领科技创新，成为中国工程教育面临的新挑战。

党的十八大以来，习近平总书记为新时代水利工作提出"节水优先、空间均衡、系统治理、两手发力"治水思路，党领导统筹推进水灾害防治、水资源节约、水生态保护修复、水环境治理，我国水利改革发展进入新阶段[1-2]。面向推动新阶段水利高质量发展的艰巨任务，亟须深入实施新时代人才强国战略，加快高素质专业化水利人才的培养。内蒙古自治区地处我国北部，是全国极为重要的生态功能区，具有十分重要的政治、经济和生态战略地位。进入中国特色社会主义新时代，内蒙古水利工作坚持生态优先、绿色发展，以加强水资源管理和水生态保护修复为重点，全力保障北方生态屏障建设[3-4]。因此迫切需要能够适应新形势的新型水利人才，具备良好的专业技能、业务水平、创新创业能力以及团结奉献的匠人精神，拥有科学的水生态发展意识和铸牢中华民族共同体意识的宽宏格局，以支撑内蒙古水利事业发展和生态文明建设[5-7]。

内蒙古农业大学水文与水资源工程专业创建于1978年，先后获批内蒙古自治区品牌专业、第四批国家特色专业建设点和国家一流本科专业建设点，专业立足内蒙古、面向全国，服务"三农三牧"，坚持立德树人，为地方水利行业输送了大量高素质专业技术骨干和优秀管理人才。2019年通过第三轮工程教育专业认证，正值我国水利事业发展进入新的历史方位，治水思路发生重大转变之际，本专业充分对接社会需求，发挥专业认证工作的抓手作用，坚持"学生中心、产出导向、持续改进"的理念，在人才培养目标重塑、培养方案修订与课程结构优化、质量保障体系完善、实践育人体系建设等方面进行了积极的实践与探索（图1），以推进专业人才培养模式改革，推动新时期水利类专业转型发展。

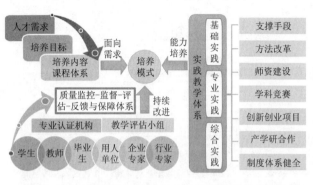

图1　水文与水资源工程专业人才培养优化模式探索

2　全面对接需求，重塑人才培养目标

"培养什么样的人"是开展高等教育工作首要解决的根本问题。高等工程教育的目的是培养高等工程科技人才，为国家经济建设服务。但从发展现状来看，高校教育与社会需求存在脱钩现象，尤其在解决核心问题和攻克关键技术方面[8-11]。为此，本专业积极对接新时代水利人才培养的新要求，持续跟进毕业生培养目标和毕业要求达成情况，重塑专业人才培养目标。

以习近平新时代中国特色社会主义思想为指导，落实立德树人、培养社会主义建设者和接班人的根本任务。构建德智体美劳全面培养的育人体系，以全面发展和个性培养相结合、通识教育和专业教育相支撑、知识教育和能力训练相促进为手段，不断优化人才培养方案，全面提高学生知识能力水平和人文综合素养，引导学生成为具有坚定理想信念、具有扎实学识和过硬本领、具有强健体魄和坚强意志、具有良好审美能力和人文素养、具有拼搏和奋斗精神的人。

积极对接水利行业人才需求的总方向，更新专业人才培养目标与定位。我国水利事业发展进入新的历史方位，习近平总书记提出"节水优先、空间均衡、系统治理、两手发力"治水思路，水利改革发展从以水灾害防御为主转变为以应对水环境水生态问题为主。科学把握"水利工程补短板、水利行业强监管"的新时代水利改革发展总基调，面向自治区水环境保护与水生态修复为工作重点的人才需求趋势，结合学校的发展定位，在培养目标合理性和达成度评价的基础上，广泛征求教师、用人单位、校友、毕业生、行业企业专家等多方意见，明确了本专业培养在水利、水务、自然资源、生态环境、农业、能源、教育等行业部门从事水文、水资源、水环境和水生态方面生产实践或教学科研工作的高级工程技术人才的目标。

3　"成果导向"修订培养方案，"需求驱动"优化课程结构

基于OBE理念，按照"培养目标-毕业要求-课程体系-课程内容"的设计思路，秉承"反向设计、正向实施"的原则，稳步推进新工科下"通识＋专业＋创新创业＋实践教育"人才培养方案的修订与实施；充分考虑国家与地区的发展、行业与企业的需求、学校与专业的特色，全面加强课程思政建设、

构建劳动教育体系、优化专业课程结构。

3.1　全面加强课程思政建设

坚持不懈弘扬社会主义核心价值观，围绕"水资源、水环境、水生态"特色，充分挖掘专业课程思政教育资源，将专业教育与思政教育有效融合，在日常教育和专业课程中，重视对新时代水利精神（忠诚、干净、担当，科学、求实、创新）的渗透，强调水文化和资源与生态道德教育。

3.2　构建劳动教育体系

在"新工科"背景下，劳动教育对培养专业人才的工匠精神、创新意识和实践能力具有重要意义，然而在以往教育教学过程中，存在劳动教育被淡化、弱化的现象[12-13]。因此，在本专业新版人才培养方案中，设置了不少于 32 学时的劳动教育必修课程，每学年设立以集体劳动为主的劳动周；明确劳动教育有关教学安排和学分认定办法，将劳动实践过程和结果纳入学生综合素质评价体系，把劳动素养评价结果作为评优、评先的重要参考和毕业依据，建立健全劳动教育激励机制；积极探索建立劳动教育质量监测制度，推动劳动教育的落实、反馈和改进。

3.3　以"需求驱动"优化专业课程结构

对接我国水利"补短板""强监管"的发展需求，在水资源规划与管理、水资源评价、水工建筑物等课程中，增加水资源高效利用节水技术、水资源利用和管理、水资源开发利用工程等内容，增设水利土木工程概论、宏观经济学、工程伦理等课程；对接"水环境""水生态"方面的人才需求，增设土壤学、生态学、环境学概论、水土保持学、生态水文学等专业课程；对接"一带一路"倡议下国际化人才需求和水文学科前沿，设置水利工程专业英语、水文遥感、地理信息技术、流域水文模拟、地下水流模拟、智慧水利等系列课程；对接水利行业对复合应用型人才的需求，充分整合优质教学资源，注重打破传统学科壁垒，在课程设置中充分体现学科交叉，新增宏观经济学等跨学科课程；对接"新工科"背景下对专业人才工程实践能力的培养需求，整合实践教学资源，形成水文-水文地质-水环境一体化的实践教学体系，加强工程实践教育；对接立足内蒙古、服务"三农三牧"的专业定位，围绕内蒙古地方水利特色，在水文学原理、专门水文地质、水环境保护、生态水文学等课程中增加牧区水利、内陆河湖水生态水环境、山水林田湖草沙综合治理等内容。

4　遵循"持续改进""内外结合"，形成质量监控-监督-评估-反馈与保障体系

以工程教育专业认证为契机，坚持"学生中心、产出导向、持续改进"理念，从培养目标、毕业要求、培养内容、课程设置、教学质量等方面出发，建立了"内外结合"的多维综合评价机制；加大评学、评教与督导监督力度，完善教学过程质量监控体系，对各主要教学环节形成明确的质量要求；定期开展系列校内外评价，并将评价结果及时形成有效反馈。搭建动态监测、实时监控、有效监督、定期评估、信息反馈于一体的质量保障体系，支撑专业人才培养模式持续改进。

4.1　培养目标评价

通过教师研讨会、用人单位和校友问卷调查及调研、毕业生问卷调查及座谈、行业企业专家咨询等校内和校外多方调查的形式，考察培养目标与学校定位和社会需求的吻合度，以评价培养目标合理性；分析专业毕业生 5 年左右取得的职业和专业成就是否达到专业培养目标 5 年预期，以评价培养目标达成情况，由此支撑培养目标的持续改进。

4.2　毕业要求达成情况评价

在学院本科教学评估与专业认证办公室的指导下，本专业的 12 项毕业要求分解为 44 个可量化的指标点，每个指标点的实现均由多个教学活动组成。2019—2021 年对支撑毕业要求指标点达成的 67 门（次）本科课程，根据毕业要求指标及各教学环节的特点，通过定量与定性相结合的方式，采用课程考核成绩分析法、评分表分析法、问卷调查法等多种评价手段，就各项毕业要求的每个指标点逐一进行达成程度评价，从课程视角评估了学生学习效果，反映了课程教学目标的达成情况；进一步对毕业要求指标点的达成情况进行分析，获得了毕业要求达成情况的量化结果[14-15]，以促进毕业要求及指标点分解与课程体系支撑的持续改进。

4.3　课程评价

本专业定期开展课程评价，以支撑课程体系和教学内容的持续改进。2019—2020 学年和 2020—2021 学年均完成了 67 门（次）课程的评价，采用直接评价法的分别有 55 门（次）、45 门（次）课程，其中，理论课程主要采用考核成绩分析法，水实践类、设计类课程则主要采用尺规评价法；其他课程采用间接评价法，即面向用人单位、毕业生、应届毕业生、在校生和社会需求方等，采用问卷调查、调研、访谈等方式，通过了解受访者对毕业要求各项能力重要性的认可度、毕业生或在校生在各项能力上的表现和达成度等，获取受访者对毕业要求达成情况的主观意见，由此进行课程评价[16-17]。

4.4　教学质量评价

每学期通过学院领导听课、校院两级教学督导听课、教师听课、期中教学检查、学生座谈、学生网上评教、教学文档检查等措施对教学质量进行评价。评价结果通过教学办公室反馈给任课教师及相关人员，以支撑教学过程、教学方法和模式的持续改进。2018—2020 学年 5 个教学周期本专业学生网上评教结果统计如图 2 所示。可以看出，本专业学生参与网上评教的积极性较高，参与率在 97% 以上；本专业评教课程的平均得分在学校各教学单位中处于前列，除 2020 年春季学期外，其他学期均高于全校平均分。究其原因主要是 2020 年春季学期受疫情影响，全程采用线上方式授课，评教指标体系进行了相应修订，也说明了教师的线上教学工作和质量需要进行重点改进和提升。

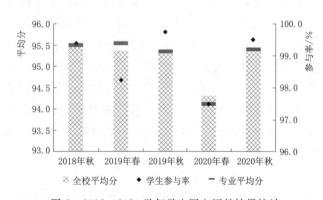

图 2　2018—2020 学年学生网上评教结果统计

4.5　毕业生调查评价

以问卷调查和座谈会的形式对应届毕业生进行每年 1 次的跟踪调查，对往届毕业生在毕业 3 年内实施持续跟踪调查，对毕业 5 年的毕业生实施中长期发展跟踪调查，征求毕业生对本专业课程体系、课程安排、实践教学、教学内容、教学质量、管理服务等方面的意见和建议，以支撑专业培养方案修订和实施计划调整的持续改进。

在 2020 年和 2021 年，相继开展了 2012—2018 届水文与水资源工程专业本科毕业生中长期发展跟踪调查，以线上问卷的形式开展调研，收回 166 份问卷，其中有效问卷占比 91.6%。调查结果（图 3）表明，毕业生对本专业人才培养模式的满意或认同程度总体上较高，但在毕业要求对培养目标的支撑，对学生学习、心理、就业等方面指导工作，以及对教室、实验室、实习实训等支撑条件等方面的满意度相对偏低，说明在新形势下重塑培养目标及其与毕业要求的支撑关系、强化思想和心理健康教育、加大实践教学条件支撑力度是优化本专业人才培养模式、推动一流本科建设的有效途径。

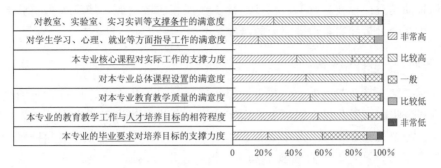

图3 2012—2018届专业本科毕业生中长期发展跟踪调查结果

4.6 社会评价

本专业坚持通过各种途径和渠道征集社会评价意见，经意见汇总与分析后形成改进方案，并及时反馈给学院教学指导委员会、任课教师及相关人员，为人才培养方案、课程体系和教学内容的改革提供依据，以促进人才培养与市场需求适应性的持续改进。经调查，用人单位对本专业毕业生的平均满意率高达95％以上。多数用人单位明确表示，本专业毕业生掌握了扎实的专业基础知识，具备一定的研究创新能力，基本能胜任专业工程技术和管理岗位。部分单位认为本专业毕业生的英文水平偏低，国际视野不够宽广，在国际事务中优势不明显，需要在后期进行加强。

5 面向能力培养，完善实践教学体系，强化实践育人支撑

面向"新工科"建设背景下人才培养"行业驱动""应用导向"的新理念，针对地方水利事业发展对工程实践能力的高要求，从教学体系、支撑条件，能力建设等方面发力，切实加强实践育人工作，全面培养学生的实践能力和创新精神[18-20]。

5.1 完善基础-专业-综合多层次实践教学体系

在新版专业人才培养方案修订时，将实践教学环节学时占比提高至教学计划总学时的38.3％；整合实践教学资源，形成地表地下水文及水环境实验课程体系、水文及水文地质综合实习环节，加强综合性和设计性实验；形成以实验教学和上机训练为基础，以实习实训、课程设计、毕业设计（论文）、个性化训练为重点，以社会实践、创新创业竞赛和活动为补充的多环节实践教学体系（图4）；遵循"以学生为中心，尊重学生个性发展"的思路，鼓励本科生参与教师的科研项目，以满足学生不同兴趣方向和不同层次的需要；进一步完善学生学业指导、就业指导、社会实践指导、创新创业指导等制度体系的建立健全，实现共性与个性、专业与综合、获取知识与技能训练互为支撑的能力培养。

5.2 增加实践教学专项经费投入

2019年以来，逐步加大教学仪器设备投入和实验室建设力度，提高教学仪器设备的使用效益，健全实验室运行和管理机制。2020年，本专业拓展了水文地质实验室（增设面积为81.63m²），定制了水文循环实验系统，陆续补充购置了一批水文及水文

图4 实践教学体系

地质相关仪器设备（价值 62.67 万元）；设立专项经费大力支持水文、水文地质、水环境虚拟仿真实验平台建设，全面推动实践课程教学改革，积极挖掘实践课程思政资源，持续推进实验方法和技术手段更新，增强对学生综合分析和实验动手能力的培养。

5.3 创新产学研协同育人机制

遵循"以实际需求为导向"的理念，与水利部牧区水利科学研究所、内蒙古自治区测绘地理信息局、内蒙古环保投资集团有限公司、鄂尔多斯市东胜区水务投资建设集团有限公司、内蒙古河套灌区水利发展中心等多家单位相继签订了人才培养合作协议；继续秉承教学与科研紧密结合、学校与社会及行业企业密切合作的原则，加大实践教学基地建设，采取校地合作、校企联合、学校引进等方式，稳定并积极拓展校外实习实训基地与产学研实践平台，推动产学研协同育人机制创新。

5.4 加大实践教学师资队伍建设

采取校内教师专题培训与考核、聘请校外兼职教师等"走出去"与"请进来"相结合的途径，推进企业专家进校园、青年教师进企业，加强双师型教师队伍建设，完善产教融合育人模式；加强与其他高校、研究机构、行业企业的合作，推行校企联合指导毕业设计等措施，切实推动产学研深度融合，探索联合培养高素质应用型工程技术人才的新模式。

6 结语

聚焦新阶段水利高质量发展和新工科高等教育创新改革的新任务，内蒙古农业大学水文与水资源工程专业遵循以服务寒旱区"生态优先、绿色协调"为导向的高质量发展和"山水林田湖草沙"系统治理的国家战略需求，紧跟水文、水资源、水环境、水生态协同开发与合理修复的新理论、新技术，顺应新时代水利高等教育发展趋势，以一流专业建设为契机，积极对接社会需求，重塑复合应用型高级工程技术人才的培养目标；以工程教育专业认证为抓手，坚持以成果为导向修订培养方案，以需求为驱动优化课程结构；秉承"持续改进"，健全人才培养综合评价机制，形成质量监控-监督-评估-反馈与保障体系；遵循"行业驱动""应用导向"的新理念，完善实践教学体系，强化实践教学支撑，推动面向能力培养的实践育人工作，为地方高校水利类专业适应新时代水利需求的多样化、推进人才培养模式优化提供参考与借鉴。

参 考 文 献

［1］ 鄂竟平. 深入践行水利改革发展总基调在新的历史起点上谱写治水新篇章［N］. 中国水利报，2021 - 01 - 30（1）.

［2］ 陈茂山，王建平，孙嘉. 学习贯彻党的十九届五中全会精神 进一步坚持和深化水利改革发展总基调［J］. 水利发展研究，2021，21（1）：15 - 18.

［3］ 斯琴毕力格. 为内蒙古高质量发展提供坚强水支撑［J］. 中国水利，2021（24）：65.

［4］ 张树礼. 加快推进内蒙古黄河流域生态环境保护和高质量发展［J］. 实践（思想理论版），2021（7）：35 - 38.

［5］ 周晓晶，于晓秋，野金花. 基于区域人才需求的信息与计算科学专业人才培养模式改革［J］. 黑龙江教育（理论与实践），2022（4）：11 - 14.

［6］ 王鹏翔. 让水利事业激励水利人才 让水利人才成就水利事业［N］. 中国水利报，2021 - 12 - 16（1）.

［7］ 马佳. 以"新时代大禹治水"精神强化水电施工专业学生职业素养培育［J］. 中国电力教育，2021（12）：67 - 69.

［8］ 彭青龙，任祝景. 科技创新与高等教育：访谈丁奎岭院士［J］. 上海交通大学学报（哲学社会科学版），2020，28（3）：1 - 11.

[9] 徐云丽,张抒,陈彤. "双一流" 背景下高校实验技术队伍建设路径研究 [J]. 实验科学与技术,2021,19 (5):148-153.

[10] 于发友,陈时见,王兆璟,等. 笔谈:新时代教育评价改革的逻辑向路与范式转换 [J]. 现代大学教育,2021,37 (1):20-37,111.

[11] 廖晓衡. 新发展理念下我国高等教育高质量发展的实践困境及其超越 [J]. 国家教育行政学院学报,2022 (3):29-35.

[12] 刘飞君. 智能时代大学生劳动教育的价值重塑及实施进路 [J]. 教育理论与实践,2022,42 (12):8-12.

[13] 刘俊. 新时代大学生劳动观培育的现实境遇与实践路径 [J]. 江西师范大学学报 (哲学社会科学版),2020,53 (6):29-35.

[14] 陈孝文,张德芬,丁武成,等. 基于工程教育专业认证理念的毕业要求达成评价方法及课程思政研究 [J]. 科学咨询 (教育科研),2021 (50):95-97.

[15] 毕广利,姜静,李慧,等. 基于 OBE 理念下关于毕业要求达成评价方法的探索 [J]. 高教学刊,2019 (26):55-57.

[16] 曹荣敏,吴迎年,付兴建,等. 基于工程教育认证的自动化专业核心课程教学质量评价 [J]. 教育教学论坛,2020 (13):86-87.

[17] 董洁,彭开香,李擎,等. 工程教育专业认证中课程质量定性评价方法研究 [J]. 高等理科教育,2019 (6):56-64.

[18] 焦纬洲,高璟,祁贵生,等. 以工程实践能力培养为导向的化工专业实践教学模式探索与实践 [J]. 化工高等教育,2022,39 (2):120-125.

[19] 白鑫刚. 聚焦实践教学能力培养的教师教育模式构建与实施路径 [J]. 教育理论与实践,2022,42 (12):38-42.

[20] 苏圣超,陈国明,张中伟. 以工程应用能力培养为导向的电工学实践教学改革探索 [J]. 产业与科技论坛,2022,21 (7):200-201.

作者简介:王怡璇,女,1989 年,副教授,内蒙古农业大学,主要从事水文学及水资源专业领域的教学与科研工作。Email:wjxlch@126.com。

通讯作者:高瑞忠,男,1977 年,教授,内蒙古农业大学,长期致力于水文学及水资源学科的教学和科研工作。Email:ruizhonggao@qq.com。

基金项目:内蒙古农业大学 2023 年教育教学改革研究重点项目 (ZD202308)、内蒙古农业大学 2021 年教育教学改革研究项目 (SJJX202112)、内蒙古农业大学 2021 年 "线上线下混合式" 一流课程 "水文学原理" 建设项目。

新时代浙江本科水利人才产学研结合培养模式探索

梅世昂　吴红梅　朱春玥　刘　丹

（浙江水利水电学院水利与环境工程学院，浙江杭州，310018）

摘　要

为培养符合浙江社会经济和水利行业需求的人才，践行"学生中心、产出导向、持续改进"的工程教育专业认证理念，针对后疫情时代和浙江水利行业新时代发展要求，文章以浙江水利水电学院为例，针对学生就业导向和市场需求，探索水利人才培养改革模式。为加强学生实践能力和专业能力，适应新时代水利市场需要，依托省内知名水利企业，探索一种校企合作产教研融合新模式，通过建设现代产业学院，打造产学研一体的实体性人才培养创新平台和培养模式。

关键词

工程教育专业认证；水利专业；人才培养；产学研结合；现代产业学院

1　概述

工程教育专业认证是我国高等教育的重要组成部分，旨在为相关工程技术人才进入工业界从业提供预备教育质量保证，实现工程教育国际互认和工程师资格国际互认的重要基础[1]。

水利专业作为传统工科专业，在经济全球化的背景下，应根据工程教育专业认证标准，制定符合当下时代需求的水利专业人才培养方案，培养国际先进的应用型水利人才[2]。

工程教育专业认证遵循以学生为中心，以成果为导向持续改进的原则[3]。"十四五"时期，是我国由全面建成小康社会向基本实现社会主义现代化迈进的关键时期，也是水利工作转型升级的重大战略机遇期。但由于近三年疫情的影响，大量的毕业生通过网课学习，基础知识掌握不够扎实，且校外实习机会减少，缺乏对水利重大工程的认知。面对新时代水利市场需求与学生自身就业规划、专业能力间的矛盾，水利类高校应通过培养模式革新和培养计划修订，确定符合国家政策走向、满足区域经济发展要求、符合行业发展趋势的人才培养目标[4]。

本文通过分析当代浙江水利专业学生就业导向和市场需求[5]，探究当前水利专业就业形势和特点，基于 OBE 教育理念，提出新时代水利人才培养目标，探索一种校企合作产教研融合新模式[6]，为水利专业人才培养提供参考。

2　当前浙江水利专业就业形势和特点

2.1　"十四五"时期浙江水利人才需求

为践行习近平总书记"节水优先、空间均衡、系统治理、两手发力"治水思路，推进新时代治水工作，对持久水安全、优质水资源、健康水生态、宜居水环境、先进水文化提出更高要求。浙江省水利厅发布的《浙江省水利人才发展"十四五"规划》明确提出，一方面要适应产业变革、明晰人才工作新思路，在新经济形态下，5G网络、数据中心、物联网等"新基建"加速发展，对照水利转型要求，加大前沿技术人才的引育培养；另一方面要对标"重要窗口"引领人才发展新目标，需要夯实水利队伍根基，这对水利人才专业能力提出了更高的要求。

根据浙江省水利行业人才市场的需求和浙江水利水电学院应届校园招聘调研发现，一方面大量施工单位和地方设计单位招不到本科毕业生；另一方面设计单位对学生学历要求较高，一般以研究生为主，人才招聘对学历呈现"一刀切"的态势，加上评职称时对学历的要求，造成本科人才在市场中高不成低不就的尴尬局面。

此外，基于水利厅专业领域托面工程，加强战略性人才培养、加强监管监督管理队伍建设和推进智慧水利人才建设，要求人才不仅仅要掌握传统水利专业知识，对人工智能、管理、环境、物联网、大数据、软件编程等相关专业能力也有了一定的要求。

2.2 当代水利专业毕业生就业选择意向及特点

现在高校就业主力军以00后为主，更具个性化和多元化。从就业角度，现在大学生以考研、考公务员和事业单位为第一选择。以2023年浙江水利水电学院水利与环境工程学院为例，拟毕业人数391人，考研升学报考人数达到210人，超过总人数的一半。剩余学生也基本在准备报考公务员和事业单位。以浙江水利水电学院水利水电工程专业2021届和2022届应届毕业生为例，通过问卷调查发现，其中28.3%的学生考上研究生，11%通过公务员或者事业单位考试进入政府部门，13.8%进入国有企业，42.9%进入民营企业，4%选择继续参加公务员考试、研究生考试或自主创业。除去考研和考编成功的同学，其中50%从事设计工作，只有18.8%和9.09%从事施工和管理工作，这与浙江水利行业施工单位人才缺口较大的现状相矛盾。

造成这种现象的原因，一是学生就业偏向更加稳定的工作，特别是有编制的岗位；二是学生排斥去施工单位这些需要长时间出差且工作环境可能相对简陋的岗位；三是毕业生在自我认知上存在偏差，在求职过程中对薪资待遇、工作环境要求较高，较难找到理想的工作岗位。

此外，通过就业单位的反馈，发现浙江水利水电学院水利相关专业毕业的学生掌握的专业知识缺乏时效性，实践能力不够。现行专业还是偏向传统水工，比如大坝、水电站、闸门的设计，而现在浙江省缺少大型水电站工程项目，重点转向各水利设施的除险加固、智慧管理和智慧调度等，而毕业生由于疫情的影响，工程实践经验相对较少，工作较难直接上手。

水利专业毕业生就业意向和浙江水利市场需求间的不平衡导致水利专业学生本科毕业就业难和市场招不到合适人才的现象。因此，基于工程教育专业认证OBE理念，通过建立新时代水利人才培养目标，调整本科水利人才培养大纲和课程体系，通过学校和老师的引导，引导学生形成正确的就业理念和学习新的专业技能，并通过搭建校企合作现代产业学院，让学生提前了解水利发展方向和市场需求，提高实践能力，最终培养符合国家和地区亟须的水利人才。

3 产教研融合模式探索——现代产业学院

3.1 现代产业学院建设理念

为促进产教融合、科教融合，推进产业链、创新链、教育链、人才链有效衔接，全面提高应用型人才培养的能力和水平，本着"互补、互利、互动、多赢"的共建理念，充分发挥学校在人才储备及办学空间上的优势和水利企业在水利产业发展中的优势，共同探索校企合作、产教研融合新模式，建设现代产业学院。

现代产业学院的建设以聚集优质教学资源为重点，全面强化校企合作、产教研融合，旨在建成一个水利特色鲜明、校企共生共赢的产教研融合"生态圈"，培养能够胜任水利领域的高素质应用人才，以数字赋能推动"精准治水"，服务浙江数字化改革大局。

3.2 现代产业学院建设模式

（1）合作方式上，以水利专业学院为牵头单位，与省内各类水利龙头企业单位（包括设计单位、施工单位、科研院等）签订合作协议，共建现代产业学院，从人才培养、专业课程建设、平台建设、高水平教师队伍建设等方向进行合作。

（2）管理方式上，实行理事会领导下的院长负责制。由参建各方共同组建现代产业学院理事会，作为现代产业学院的最高决策机构；成立院务委员会，作为现代产业学院的具体执行机构。理事会由水利专业学院院长、合作企业的相关领导组成，负责现代产业学院建设和发展过程中的重大事项。

（3）人才培养上，围绕新工科建设，打造优势特色专业，按照"对接专业、衔接课程、强化实践、变革方法、注重实效"思路开展人才培养模式创新。传统专业以人才培养方案修订为契机，追踪行业发展前沿，全要素提升。探索开设"智慧水利"等新型水利相关专业，以现代产业学院为依托，由现代产业学院负责单独制订人才培养方案和组织教学，以职业岗位需求为导向，共同落实专业建设与课程开发、课程实施、教学质量持续改进等工作，培养学生的学习和创新能力，形成基于产业需求和职业岗位的课程体系。

（4）专业课程建设上，打破常规大胆革新课程体系，发挥各合作企业优势，共同开发课程。以职业岗位能力需求为培养目标，以本校教师和参与单位专家共同组成教研队伍，改革教学组织形式，以理论学习、特色工程经验和实训课程相结合，促进课程内容与技术发展衔接、教学过程与生产过程对接、人才培养与产业需求融合。

（5）平台建设上，通过搭建现代产业学院，校企合作共建实验室和教育实训基地。在学院已有的水利、工程材料实验室基础上，引进合作企业仪器设备及技术队伍。整合校企资源，合作建设申报智慧水利、先进工程材料等省重点实验室或工程研究中心。校企合作建设产学共用的智慧水利、先进工程材料实验室，申请相关资质，承担技术服务，为理论课程教学提供项目资源库、为实践课程教学提供场所。各合作企业相关实验室和特色工程项目也可作为学生实习实训基地。

（6）高水平教师队伍建设上，建立人才双向流动机制，建立企业教师评聘机制。学院提出人员需求及任职资格条件，由合作企业推荐，选聘专业素质高、学术造诣深的技术骨干担任学院教师，发挥产学研用合作优势互补的作用；鼓励学校老师到合作企业实践锻炼，全面提升教师教学能力、科研能力和服务社会能力，打造高素质"双师型"教学团队。

（7）思想建设上，引导学生树立正确的就业观和价值观。通过校企合作开展思想教育和专业实践课程，学生通过参与具体工作岗位了解自身不足和学习方向，培养"忠诚、干净、担当，科学、求实、创新"的新时代水利精神，在实践过程中找到适合自己的工作岗位和努力目标。学校和企业也可通过实习和定向委培的合作模式，每年向合作企业输送一批符合其需求的水利本科人才。

4 结论

本文分析和探讨了浙江省水利本科毕业生就业难的原因，本质在于毕业生个人的能力和就业意向与市场水利人才的需求不相符。为此，学校需要探索一条产学研结合新型培养模式，通过校企合作，建立现代产业学院，共同创新人才培养方案，建立新的课程体系，构建产学研协同育人模式。通过育人模式的改革，帮助毕业生紧跟水利发展前沿，培养所需专业能力，树立正确的就业观，增强职业核心竞争力，成为符合浙江省新时代水利需求的合格人才。

参 考 文 献

［1］ 单慧媚，彭三曦，熊彬，等. 本科教学过程质量监控机制现状分析：以桂林理工大学为例［J］. 科教导刊（中旬刊），2019（11）：9-10.

［2］ 胡宇祥，殷飞，李娜. 工程认证背景下水电专业人才培养模式研究［J］. 高教学刊，2021，7（30）：168-171.

［3］ 李超，于瑞宏，高晓瑜. 内外双循环评价视域下水利水电工程专业人才培养模式改进研究［J］. 内蒙古农业大学学报：社会科学版，2022，24（3）：27-34.

［4］ 吴云芳，程勇刚，严鹏. 基于工程教育专业认证的水利类专业课程教学大纲的构建［J］. 教育教学论坛，2019（37）：84-85.

［5］ 秦皓，宋扬. 探索就业育人新模式提升大学生就业能力［J］. 产业创新研究，2022，5（3）：148-150.

［6］ 王玉才，黄彩霞，王馨梅，等. 新工科背景下水利类专业多元协同育人模式研究［J］. 科技风，2022（30）：37-39.

作者简介： 梅世昂，男，1990 年，讲师，浙江水利水电学院，从事水利工程研究。Email：meisa@zjweu.edu.cn。

基金项目： 基于工程教育专业认证背景下水利高等教育教学改革研究课题"校企合作加强水工专业项目化课程群建设的教学改革研究"、浙江省产学研课题"智慧水利复合应用型人才培养校企合作模式创新与实践"、水利教指委课题"智慧水利人才培养探索与实践研究"。

专业认证背景下水利类专业人才培养模式改进与实践
——以东北农业大学为例

刘德平　刘继龙*　刘　东　张作为　王　敏　杨爱峥

（东北农业大学水利与土木工程学院，黑龙江哈尔滨，150030）

摘　要

　　本文在工程教育专业认证的背景下，以东北农业大学水利类专业为例，研究专业人才培养模式的改进与实践。结果表明：专业认证下的工程专业人才培养模式是多元化的，需要利益相关群体的参与制定，要与社会需求相协调；同时，要进一步增强工程实践环节，并使之能够有效嵌入整个培养过程；需要构建有效的评价与改进机制，并坚持以学生为中心、产出导向、质量持续改进的理念，培养能够解决复杂水利工程问题的工程技术人才。

关键词

　　专业认证；水利类；专业定位；人才培养模式；区域特色

1　引言

　　针对"一带一路"倡议需求，地方大学定位需要进行相应调整，向国际化、特色化、应用型等进行转变[1]。产教融合背景下，也要求高校专业定位与行业企业需求相衔接，构建多元主体协同参与的创新创业教育体系[2]。新一轮的科技和产业革命对工程专业人才在创新性、复合性、国际化等方面的需求进一步提升，高等教育改革的重点转变为协调人才培养与社会需求间的匹配性问题[3]，对相对滞后的工程专业人才培养模式提出了更高要求，亟须回归工程实践的正轨。传统的工程专业人才培养模式存在结构单一、社会参与度不足、与实践脱轨等一系列问题。主要表现为：

　　（1）在专业人才培养模式建设过程中，存在行业企业参与度不足、协同标准不明确、机制不健全等一系列问题，亟待解决。专业人才培养的主体不能仅仅是单一的学校，还要提前引入工程实践的主体，强调多元化的人才培养模式，专业培养模式制定要有用人单位、实务部门等的参与[4]。

　　（2）传统人才培养模式中，实践环节相对薄弱，存在教师专业知识储备充足，但工程实践经验严重缺乏的群体性特征[5]，迫切需要转变实践教学理念，调整实践教学比重及方式[6]。德国精英高等工程人才培养将工程实践深度嵌入培养过程，引领工程领域的持续发展[7]，能够较好地解决这一问题。

　　综上可见，人才培养模式的评价应该从知识取向转向能力达成评价，这就需要对人才培养质量评价标准和方式进行合理性论证[4]，形成一个开放的、闭环的、可持续性的评价系统。

　　工程教育专业认证背景下，面对国际社会发展导向、水利行业需求、工程技术变革、专业交融和创新等问题，对水利类专业人才培养提出了新的挑战，这就需要对传统人才培养模式进行改进和评价，引入社会群体广泛参与、能够解决具体的复杂的工程实践问题、培养德智体美劳全面发展的工程技术人才。

可见，研究专业人才培养模式，不仅仅是学科建设的逻辑起点[8]，也是新时代社会发展的必然要求。

2　地方农业院校工程专业定位调整

工程教育专业认证并不是传统意义上的评估，不是和相关院校进行横向比较，而是挖掘自身的优势，是一种自证，是要求认证专业与国际接轨，能够与国际工程师体系相衔接，培养工程技术、应用型人才。这就需要地方农业院校向国际化、特色化、应用型大学转变，同时，也要克服国际化过程中的水土不服、全盘西化等问题，应该通过合理调整专业的人才培养模式来达成。工程教育专业认证背景下，水利类专业人才培养模式应该从观念、模式、机制等方面进行深度改进，践行学生中心、成果导向、持续改进的认证理念，构建开放的、可持续发展、循环式、开放性人才培养模式（图1）。

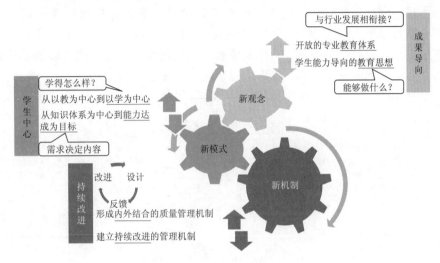

图 1　水利类专业人才培养模式

2.1　工程专业定位的多元化

高校人才培养是一个系统工程，不是学校单一部门的闭门造车，应该是各利益相关群体的协同效应，体现为多元化的专业定位，不仅要重视专业人才的培养，还需要协调人文素养与工程教育的平衡、通识教育与自由教育的平衡、创新创业教育与知识体系教育的平衡，要向国际化、特色化、应用型转变。人才培养国际化是要适应经济全球化、多极化的发展趋势，但也要避免"西方化"[9]、"范式化"，构建具备中国特色的且满足国际规则的实质等效的人才培养模式。人才培养特色化是明确学校定位，服务地区经济发展，根据地域性特色调整人才培养目标，进一步细化服务对象，与经济社会发展相协调。应用型人才培养侧重与行业企业的衔接，同时具备专业逻辑和应用逻辑[10]，通过知识传授的过程，达成提高学生的应用能力的结果，而不是为了应用而应用。

2.2　教学理念向应用型、社会服务型转变

目前，国内部分专业教学理念偏重科研性，对于应用性、工程技术的重视不足，偏离大学教育的初衷，造成专业培养与行业需要的衔接失衡，而校企合作能够成为解决目前人才培养模式僵化的有效切入点。以往过分重视知识传授，重教而轻学，教学改进只是单纯针对教学内容、方法、方式等，而忽略了学生的接受能力和利益相关群体的客观需求。在工程教育专业认证背景下，水利类专业人才培养模式应该是一种开放式的教育体系，是以成果、能力为导向的教育观念，侧重应用型科学研究和技术研发，提升实习实践类教学的比重，有效衔接行业部门等的工程技术需求。从以教为中心到以学为中心，从知识体系为中心到能力达成为中心，构建合理的教学评价体系，践行高校教师的社会服务意

识，以社会需求决定教学内容，明确应用型技术人才的培养目标、社会责任等。最终，专业人才培养目标是要回答为谁培养人才、培养怎样的人才、如何培养人才的问题。

3 水利类专业人才培养模式改进

3.1 水利类人才培养模式内涵解读

人才培养模式是为了实现特定的人才培养目标，应具备群体普遍认同的规范[11]，即遵循一定教育理念和原则，同时，基于社会需求和学校教育资源配置情况[12]，使学生具备知识、能力、素质等工程素养。由若干要素共同组成的具有目的性、系统性、中介性、多样性、开放性、指导性及可效仿性的人才培养过程运作模型和组织样式[8]，是教育过程的总和[13]，是包括模式创新和环境支撑等的全方位、多角度的综合型教学模式[14]。基于工程教育专业认证的水利类专业人才培养模式，应用"逆推法"依次修订或制定培养目标、毕业要求、课程体系、课程目标；同时，用"顺推法"依次评价课程质量达成情况、毕业要求达成情况、培养目标达成情况，形成修订—达成的闭环。具体流程图见图2。

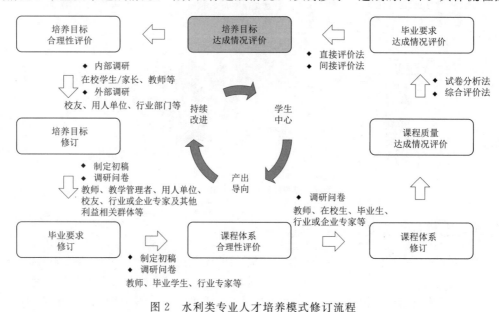

图 2　水利类专业人才培养模式修订流程

3.2 水利类专业人才培养模式要素解析

3.2.1 培养目标的区域特色界定

工程教育专业认证背景下的培养目标，是对学生毕业5年左右能够达到的职业预期成就的总体描述，其实质是一种"将来时"，是基于毕业要求、课程体系、师资队伍、支撑条件等输入参数的模型预测结果。而传统的培养目标只是描述学生毕业时的培养定位，实质是一种"过去时"，只是一种知识传授。东北农业大学水利类专业立足寒区，统筹考虑行业需求和专业发展趋势，考虑内部、外部需求，解决复杂水利工程问题，具有自然科学和人文社会科学基础、良好的沟通交流能力、团队协作精神、国际化视野、组织领导能力、创新创业能力、终身学习能力和可持续发展潜力等，同时，具备良好的职业道德和社会责任感，能够掌握水利工程勘测、规划、设计、施工、管理等方面的专业知识与技能，能以在水利及相关领域从事上述工作的工程技术人才为目标，建成国家一流和特色专业。专业定位与学校定位一脉相承，主动结合北方寒区和全国建设需求，培养适应行业和助力地区经济发展的工程技术人才，由关注学生就业能力向关注发展能力转变，强调培养学生解决复杂水利工程问题的能力，适应多元化社会发展需要的培养目标。

3.2.2 毕业要求达成

毕业要求是对学生专业知识、道德品质、社会责任、职业能力、工程逻辑等综合素质特征的反映，具备可衡量性、导向性、逻辑性、全覆盖等，能够有效支撑培养目标的达成，聚集解决复杂工程问题。东北农业大学水利类专业的毕业要求设置，是对培养目标进一步分解，涵盖工程教育认证标准的全部，充分考虑专业的地区特色和人才培养导向，制定毕业要求达成情况判别机制（图3）。

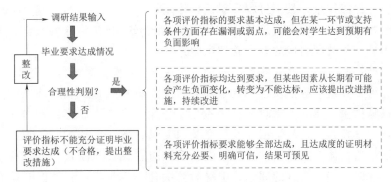

图 3　毕业要求达成情况判别机制

3.2.3 基于整体知识观的课程体系设置

随着新一轮科技和产业革命的开展，要求学生具备科学研究和技术创新的综合能力，能够合理运用整体性思维、跨学科思维、批判性思维、创造性思维、工程思维及哲学社会科学思维等进行跨学科协同研究，从多维度解决复杂工程问题。整体知识观主张通过完善课程体系，调整课程结构，将各学科知识整合为一个相互关联的整体，强调学科交融，注重培养学生的综合能力素养。东北农业大学水利类专业课程体系的设置，不仅对水利类专业的课程进行交叉融合，还增加了数学和自然科学与工程知识、人文社科与工程科学等的交融，提升学生思维在深度和广度上的超越，全面激发创新潜力。具体表现如下：

（1）在广度上，增加选修课的数量和所占比例，对同类型选修课模块化，保证各类型选修课的全覆盖；加强各专业交叉课程的建设；加大工程实习实践类课程的比重。

（2）在深度上，引入跨学科课程，注重培养学生的跨学科思维，提升创新意识和综合发展潜力，嵌入一定数量的桥类课程，依据学生自身兴趣或发展需求，给学生提供各种可能的拓展方向，打破通识教育体系的固有壁垒，结合自由教育理念，帮助学生理解工程、社会、法律、文学等方面的相互影响关系，更好地体现教育的整体知识观。

3.2.4 基于实践教学体系的应用技术人才培养

人才培养模式的改进取决于社会需求，其达成方式是由教学体系的优化来完成，而不同的社会需求之间的冲突必然会导致矛盾的产生，因此，需要对工程教育体系进行重构和层次化。兴起于德国的应用科技大学，构建以工程能力为导向的实践教学体系，强化学生的工程实践能力[15]，具备地方性、应用性特征，能够对区域经济发展形成有效支持，而德国综合型大学，则通过课程项目深化协同，将工程实践嵌入培养过程，培养领导型、研究型、能够引领工程发展的高端人才，二者有机结合达到了很好的成效。

工程教育专业认证是以产出为导向，其内涵兼顾工程技术和研究，符合中国现今的发展需求，但也需要一定的中国化，而不是全盘照搬。东北农业大学水利类专业充分考虑中国国情、区域特色、学校定位等，构建了实质等效的人才培养模式，完成从知识传授到工程能力达成的有效过渡。和传统人才培养模式相比，最大的改变就是实践教学体系的重要性进一步提升，打破高校与行业间的壁垒。表现为：一方面，通过利用创新创业学院、现代产业学院、科技园等，鼓励学生自主研发和创业；另一方面，利用第二课堂、创新实践类课程、虚拟仿真等，指导学生参加各类国家级竞赛、专业竞赛、学校竞赛、社会服务等，培养学生独立能力、团队协作能力及工程实践能力。

4　水利类专业人才培养模式的评价和改进机制

东北农业大学根据人才培养目标，完善组织机构，规范各教学环节质量保障标准，推进教学质量持续改进，制定了以学生为中心的本科教学过程质量闭环监控机制，主要包括教学管理组织机构、教学质量标准、教学质量保障体系、教学过程质量监控体系。

（1）教学管理组织机构：建立了由校长、主管教学副校长、教学指导委员会、学院主管教学副院长、教务部门、学工部门等共同组成的教学管理组织系统。

（2）教学质量标准：制定《东北农业大学教师教学手册》《教学管理制度汇编》《东北农业大学教师本科教学质量综合评价办法》等涉及各个教学环节的规范要求及质量标准。

（3）教学质量保障体系：建立了党政一把手教学工作第一责任人制度；制定了教师手册、学生手册等服务指南；形成由学校领导、教学指导委员会及相关职能部门组成的决策系统。

（4）教学过程质量监控体系：采用学校、学院、系纵向三级管理体系，通过质量监控体系，牢固树立学生中心、成果导向、持续改进的理念，引导教师关注学生学习过程体验与收获，促进教师积极改进教学方式、方法。

质量持续改进机制，构建以学校、学院、专业为主体的三级评价改进制度，使专业人才培养模式与行业、企业等的实际需求相协调，充分考虑行业企业、相关院校、毕业生等利益相关群体的意见，能够及时改进和修订专业人才培养模式，保障人才培养模式的时效性、合理性及其长效机制。持续改进机制如图4所示。

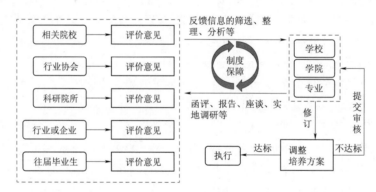

图 4　持续改进机制

5　结论

工程教育专业认证背景下，为了能更好地与行业衔接，传统的工程专业人才培养模式亟须改进，使之更好地服务社会经济发展。本文以东北农业大学水利类专业为例，从学校、学院、专业各层面对人才培养模式进行改进，广泛征求各利益相关群体的意见，明确以学生为中心、产出为导向、质量持续改进的理念，重构培养目标、毕业要求、课程体系等之间的耦合关系，建立行之有效的人才培养模式的评价和改进措施。

参 考 文 献

［1］　靖东阁. "一带一路"倡议下地方大学定位调整，面临困境与推进策略［J］. 当代教育科学，2020（2）：47－51.

［2］ 蔡云. 产教融合背景下高校创新创业教育的路径探析［J］. 当代教育科学，2019（7）：92－96.

［3］ 马青，龚雪飞，盖文燕. 地方高校本科人才培养内涵的社会匹配性探究［J］. 当代教育科学，2017（6）：55－60.

［4］ 董志峰. 与实务部门联盟：普通高校人才培养模式的改革路径［J］. 当代教育科学，2018（1）：68－71.

［5］ 周玉容，张安富，李志峰. 中国高等工程教育改革现状，矛盾与转型：基于公立本科院校工科教师的调查分析［J］. 高教发展与评估，2020，36（3）：14－23.

［6］ 詹晶. 英国西苏格兰大学商科实践教学：特点及启示［J］. 当代教育科学，2016（7）：18－21.

［7］ 张凌云，曹露. 德国精英高等工程人才培养的继承与超越：以巴伐利亚州软件工程精英硕士项目为例［J］. 高教发展与评估，2019，35（1）：72－81，110.

［8］ 董泽芳. 高校人才培养模式的概念界定与要素解析［J］. 国内高等教育教学研究动态，2013（3）：30－36.

［9］ 林炜. 大学教学国际化：问题前瞻及未来展望［J］. 当代教育科学，2019（7）：30－35，42.

［10］ 张志文. 应用型人才培养模式的哲学思考［J］. 高等学校文科学术文摘，2019，35（2）：22－34.

［11］ 魏所康. 培养模式论［M］. 南京：东南大学出版社，2004：241.

［12］ 邬大光. 关于人才培养模式的若干思考：在"应用型本科院校人才培养模式改革与创新论坛"上的报告［J］. 广东白云学院学报，2010，17（1）：5－8.

［13］ 翟安英，石防震，成建平. 对高等教育创新型人才培养及模式的再思考［J］. 盐城工学院学报（社会科学版），2008，21（2）：64－68.

［14］ 朱宏. 高校创新人才培养模式的探索与实践［J］. 高校教育管理，2008，2（3）：6－11.

［15］ 杜才平，陈斌岚. 德国应用科技大学的实践教学及其启示［J］. 当代教育科学，2017（2）：80－83.

作者简介：刘德平，男，1983 年，讲师，东北农业大学，主要从事节水理论与新技术研究。Email：liuyu830518@163.com。

通讯作者：刘继龙，男，1981 年，教授，东北农业大学，主要从事农业水土资源高效利用研究。Email：liujilong@neau.edu.cn。

基金项目：黑龙江省教育科学"十四五"规划重点课题"基于工程教育专业认证理念的水利类专业持续改进研究"（GJB1422218）；黑龙江省高等教育本科教育教学改革重点委托项目"工程教育认证和新工科背景下水利类专业课程思政元素融入与教学方法体系创新研究"（SJGZ20220049）。

工程教育与特色教育融合下的水利类特色专业人才培养模式研究
——以水文与水资源工程专业为例

张洪波　任冲锋　巩兴晖　孙东永　车红荣

（长安大学水利与环境学院，陕西西安，710054）

摘　要

　　受全球环境变化和国家高质量发展需求影响，我国面临的新时期水问题日趋复杂，对行业人才的需求也呈现多元化特征，不仅要求水利工程学科领域的理论知识储备与能力养成，对社会、健康、安全、法律、文化以及环境等诸多领域的需求也日趋强烈。因此，如何探索一条培养背景宽厚、特色鲜明且能解决复杂工程问题的专业人才的有效途径已成为水利高等教育事业发展中需要迫切解决的问题。本文以长安大学水文与水资源工程这一传统行业特色专业为研究对象，通过梳理工程教育理念与传统特色培养模式之间存在的四大问题，提出了"构建工程教育骨架，输送特色教育血液"的专业发展思路，形成了"特色培养链引领工程教育课程体系"的渐进式专业培养思路、"明线-暗线"相耦合的教学环节考核思路以及融合型培养的持续改进与保障体系建设思路。在教育教学环节（培养目标、课程体系、教学环节、持续改进、支持条件等）的全过程改革中，逐渐形成了工程教育需求与特色培养思路的融合机制，强化了水文与水资源工程专业特色人才在地学、水环境以及国际视野背景方面的落地培养。

关键词

　　水利类；工程教育认证；特色教育；培养链；持续改进

1　引言

　　水利作为国民经济和社会发展的重要基础设施，其发展牵动国家战略部署和事业发展的全局。随着国家重大战略的持续推进，水利发展渐渐从传统的工程水利不断向现代生态水利与智慧水利转变，水资源的可持续管理也已成为保障国家水安全问题的关键问题之一[1]。因此，培养能胜任国家新时期发展需要的水利类卓越创新人才已成为落实习近平总书记"节水优先、空间均衡、系统治理、两手发力"治水思路、促进国家水利事业发展与生态文明建设、保障黄河流域生态保护和高质量发展等重大战略落地的重要任务，也是我国推进创新型国家建设过程中的重要组成部分。

　　众所周知，工程教育主要是以学生为中心，重点梳理并回答学什么、怎么学、学得如何的问题，并从学生、培养目标、毕业要求、持续改进、课程体系、师资队伍、支持条件等方面交叉支撑，从而实现人才培养的闭合回路[2]。近年来的实践表明，工程教育的三个基本理念（即成果导向、以学生为中心、持续改进）极大地引导并促进了工程教育专业建设水平的提升，有效提高了我国工程人才的培养质量[3]。然而，不可否认的是，工程教育发展的初始阶段确实对一些长期坚持特色教育培养模式的专业产生了一定的冲击与影响。以长安大学水文与水资源工程专业为例，将在此过程中产生的诸多矛盾总结如下：①有限课时下工程教育专业认证有效课程支撑与特色教育培养链之间的矛盾；②同一课程（或实践环节）工程教育专业认证毕业要求达成与特色培养实现之间的矛盾；③培养方式上工程教育全闭合与特色教育模块化之间的矛盾；④考核方式上工程教育能力硬实现与特色培养软渗入之间的矛盾。尽管不同学校、不同专业的历史积淀与发展特色有所差别，但所遇到的问题则大同小异，而这种现象也使得如何在工程教育与特色教育间做平衡，并实现相互促进，成为了大多数特色型专业在工程教育开展过程中必须面对并亟待解决的重大难题。

本文在调研、梳理特色专业工程教育认证中大量实际问题的基础上，提出了"构建工程教育骨架，输送特色教育血液"的新时期特色专业发展思路，在课程体系中坚持"明线"和"暗线"一起抓，强调以解决复杂工程问题为导向的明线，辅以行业特色及国际视野培育的暗线，在保留部分相关特色课程的基础上，构建以解决复杂工程问题为导向的渐进式特色培养模式，并将其落脚于长安大学水文与水资源工程专业。相比传统模块化特色培养，新的特色培养模式对学什么、怎么学、学得如何的问题有了更好的响应，将更有助于学生的能力建设与毕业要求达成。

2 工程教育与特色教育的冲突解析

工程教育与特色教育是人才培养的两种模式，其本质并无区别，因此两者并非取舍关系。尽管其在模式上略有差异或存在资源冲突，但只要通过耦合机制，实现共性发展、异性协调，便可实现具有解决复杂工程问题能力的特色人才的有效培养。而要实现两种模式的耦合，必须厘清工程教育与特色教育冲突背后的机制。

（1）模块化特色培养与全闭合工程教育的培养模式偏差。以往的特色培养中，多基于宽基础＋专模块的培养方式，即为应对学生毕业后的工作内容需求，开展特色模块教学。而在工程教育框架下，则强调以解决复杂工程问题为导向，并围绕问题需求，有序合理设置课程体系，完成专业知识逐点实现，统筹应用[4]，而这也催生了模块化特色培养与全闭合工程教育在培养模式上的偏差。

（2）工程教育毕业要求课程支撑与特色培育课程体系的有限课时冲突。工程教育专业认证提出了通用的 12 条标准和部分专业补充标准，要求专业课程设置中要实现课程支撑的全覆盖。而对于特色专业而言，受历史教学行为影响，其课程设置更偏重于特色内容的全面与深度表达，而对专业之外其他领域的内容则涉猎不足。同时，受当前高等学校课时整体缩减的影响，工程教育专业认证支撑课程需求与特色培养课程链之间会有所冲突，导致专业课程设置中常面临取舍问题。然而，任何的取舍又必然会导致培养模式的不完善或培养效果大打折扣，与专业实施工程教育的初衷有所背离。因此，要在特色专业实施工程教育，解决两种模式下支撑课程的课时冲突是必要前提。

（3）工程教育毕业要求实现与特色培养在课程教学目标上的"C 位之争"。课程教学是实现工程教育毕业要求达成的关键性环节。工程教育专业认证要求课程内容要充分体现达成毕业要求所需的教学内容，当课程支撑多个毕业要求时，其所能用于特色培养的教学时间常常无法达成特色培养目标的实现。同时，基于课程体系间的承转关系，不同课程之间存在较强的关联性，课时压缩条件下，有效时长所能实现的课程教学目标非常有限，很容易导致工程教育或特色培养在课程教学中的缺位。此时，一场工程教育毕业要求实现与特色培养在课程教学目标上的"C 位之争"则无法避免。

（4）工程教育能力硬实现与特色培养软渗入的考核机制之殇。工程教育在达成分析上主要基于分解指标点的逐点评价完成，要求在课程教学、实践训练、问题解决、能力培养等方面尽量能做到定量考核，即硬实现。而特色培养则部分有别于此，更多的是在教学中逐渐积累学生的特色背景，完善学生的特色知识，使学生在潜移默化中学会基于特色背景去思考、分析以至解决问题。关于这一点从水文与水资源工程专业"软"课程的比重可见一斑。

3 工程教育与特色教育的融合方法

综上所述，如何解决这些工程教育模式下特色专业教学改革中所产生的突出问题，提高学生分析、解决复杂问题的能力，达成卓越创新的特色人才培养目标，已成为目前特色本科专业在工程教育专业认证建设中需要解决的关键性问题。本节将结合长安大学水文与水资源工程专业的特色教育与工程教育专业认证发展实际，提出工程教育与特色教育的融合手段与方法，具体如下：

（1）建立工程教育与特色教育的耦合机制，解决教育模式的偏差问题。在传统特色专业中推广工程教育理念是一个循序渐进的过程，如果操之过急或者完全剔除特色，势必会给特色专业的持续发展带来不可挽回的损害。众所周知，特色专业实施工程教育的目标不是要消除特色，而是要消除耦合障碍，要恰当地处理好特色培养和工程教育之间的协整关系，从而有利于专业特色创新人才的培养。结合长安大学水文与水资源工程专业发展实际，提出"构建工程教育骨架，输送特色教育血液"的特色专业建设思路，通过分析工程教育认证的 12 条标准以及补充标准要求与特色培养目标之间的对应关系，在专业 2016 版大纲中对二者进行耦合机制的探索，即在课程体系中提出"明线"和"暗线"一起抓，强调以解决复杂工程问题为导向（12 条认证标准）的明线，辅以特色培养（水环境特色、地学特色、国际视野）的暗线，在保留部分地下水文与生态效应相关特色课程的基础上，对其他课程及内容进行适当调整，推行"暗润明达"的耦合模式（图 1）。

（2）梳理课程体系及承转关系，建立工程教育支撑课程体系下的特色培养链。改变以往模块化特色培养方式，创新性地提出了 3 条工程教育支撑课程体系下的暗线特色培养链，即水环境特色链、地学特色链和国际视野链。在培养计划中，充分考虑了课程"明线"与"暗线"的角色定位及与相关课程的承载或承转关系，通过系统编排，实现了整个培养期内地学特色、水环境特色以及国际视野培育的全过程响应及课程知识的有效衔接（有启蒙、有拓展、有巩固、有达成），并最终形成了以解决复杂工程问题为导向的渐进式特色培养模式。相比传统模块化特色培养，新的特色培养模式节点任务更加清晰，路线更加明确，教学合力更加凝实。

（3）实施课程改革，保障"明线"和"暗线"在教学环节上的有效落地。事实上，"明线"和"暗线"的布设不仅体现在课程体系上，不同课程也需采用差异性的措施。以长安大学水文与水资源工程专业生产教学实习为例，主要通过对课程内容的改革，保留水文地质工程地质测绘、地下水资源调查等特色内容，并通过操作技能（现场实验、数据分析、绘图）现场考核、野外工作能力现场评估以及报告编写等实现对工程教育专业认证指标点的有效支撑。

（4）硬软兼施，实现工程教育专业认证与特色教育的双线考核，保障耦合目标的有效达成。尽管在工程教育体系下，要求通过毕业要求达成实现学生技术能力培养目标的全面提升，但对特色培养而言，技术能力的考核并不足够。很多特色培养目标需要借助非技术指标进行表征。因此，专业在工程教育认证能力指标考核之外，增加了部分非技术评价内容，即软指标。具体而言，即通过第二课堂中的自主特色学习、特色学术报告、特色创新训练、特色学科竞赛等，以学习记录、学习笔记（报告）、创新实践学时以及竞赛成果等实施综合考核，考核不计分，仅做出等级评定，并与绩点成绩结合，作为学生评定与毕业（含升学）推荐的依据。

（5）推动持续改进与保障体系建设，保障特色专业工程教育耦合发展的持续贯彻。持续改进是工程教育的重要理念之一，也是工程教育得以持续引领本科教育发展的关键所在[5]，未来也将是本科教育改革过程中的常态。而受持续改进与培养目标调整的影响，"明线"与"暗线"之争、课程教学目标上的"C 位之争"等仍会困扰特色专业与工程教育的耦合发展，使其举步维艰。为此，本文提出了耦合培养的持续改进体系，即在保证特色培养链目标实现的前提下，依据工程教育持续改进需求，实施课程变更、教学内容调整、教学方式改革等，以实现持续改进的协同进行。同时，通过以引补需、以内补外、以虚补实、以研补教等方式，盘活现有资源，形成了有力的工程教育与特色教育支持条件。

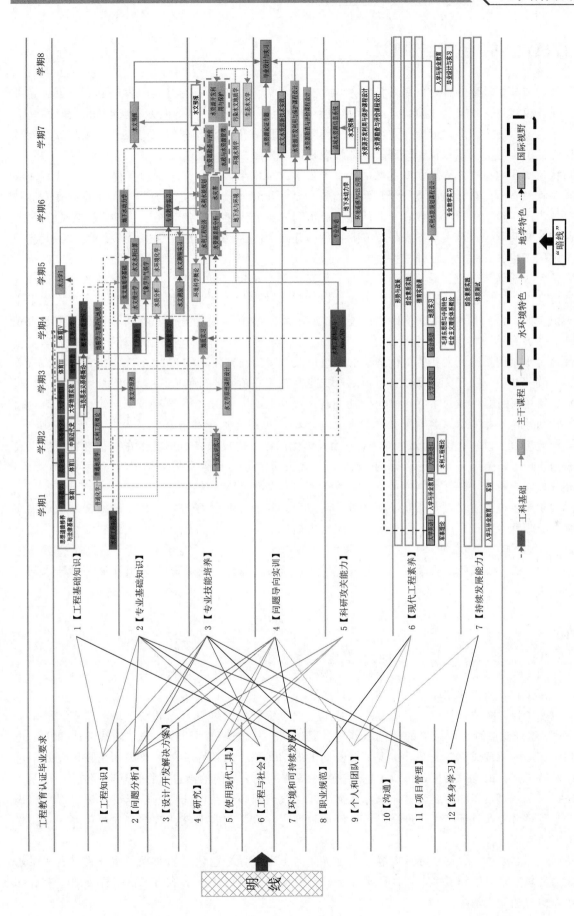

图 1　2016 版长安大学水文与水资源工程专业 "明线-暗线" 课程体系

4 融合模式下的专业建设成效

工程教育与特色教育的融合发展对长安大学水文与水资源工程专业的跨越式发展起到了至关重要的作用。在该模式下，水文与水资源工程专业学生的社会适应能力、创新能力和实践能力显著提高。一系列成果也被国内多所高校借鉴，并得到行业专家的高度评价，对我国特色专业开展工程教育专业认证工作起到了很好的示范与辐射作用。具体体现在以下方面：

（1）特色鲜明地通过工程教育专业认证。基于教学改革成果，水文与水资源工程专业于2017年9月向中国工程教育专业认证协会提交了工程教育专业认证申请书，2018年7月提交了工程教育专业认证自评报告，同年经过中国工程教育专业认证协会水利专业类认证委员会审核与专家组进校现场考查，认为专业特色鲜明，较好地实现了在保留专业特色的基础上，达成工程教育专业认证要求。2019年11月下发了中国工程教育专业认证证书。

（2）学生实践创新能力和特色培养质量明显提高。融合机制建设以来，通过工程教育专业认证主导的以解决复杂工程问题为导向的技术能力建设以及以第二课堂为辅的非技术特色能力培养，使学生在专业知识掌握、技术能力达成、实践创新能力凸显、特色背景养成等方面都有明显提高。主要表现在学生就业率、升学率（2020年升学率达到72%）以及参与全国和陕西省"挑战杯"、国家大学生创新训练计划、水利创新设计大赛等大型赛事的人数以及获奖比例方面，如2020—2021年专业获得特等奖3项、一等奖2项、二等奖1项，其中地下水文与生态效应领域的科创成果占比超过50%。

（3）立德树人目标达成效果好，毕业生社会认可度高。在"构建工程教育骨架，输送特色教育血液"的新时期特色专业发展思路的指引下，水文与水资源工程专业学生立德树人目标达成效果良好。近年来，毕业生就业率一直保持在93%以上，用人单位回访普遍反映专业毕业生在工程教育目标以及特色培养的达成上效果显著。同时，国内985、211院校所举办的夏令营提供给专业学生的推免offer数量也充分证明专业人才耦合培养模式及其成效已得到广大高等院校的认可。

（4）教学改革成绩斐然，专业建设水平步入新阶段。随着工程教育与特色教育的融合发展成果在水文与水资源工程专业推广应用，专业继入选陕西省名牌专业、国家特色专业和陕西省综合改革试点专业后，2017年顺利入选陕西省一流专业（培育），2019年入选国家一流专业。专业凝练的"教学链建模、多导向求解"水文与水资源工程专业人才柔性培养与实践教学成果获得2020年高等学校水利类专业教学成果二等奖。

5 结论

本文以长安大学水文与水资源工程专业为案例研究对象，提出了工程教育与特色教育融合模式下水文与水资源工程专业人才培养模式。具体成果如下：

（1）改变了以往模块化特色培养的方式，基于工程教育的能力培养目标和特色培养需求，提出了3条工程教育认证支撑课程体系下的特色培养链。通过充分考虑课程"明线"与"暗线"的角色定位以及与相关课程的承载或承转关系，实现了培养期内地学特色、水环境特色以及国际视野培育的全过程响应以及课程知识的有效衔接，形成了以解决复杂工程问题为导向的渐进式特色培养模式。

（2）提出了耦合培养的持续改进体系，并强调任何改进都必须在保证特色培养链目标实现的前提下，依据工程教育专业认证持续改进需求，实施课程变更、教学内容调整、教学方式改革等，以保障持续改进的协同进行。

（3）通过课程改革，保留了特色内容，优化了面向工程教育专业认证的课程考核方式。表现在通过技术能力考核实现对工程教育专业认证指标点的有效支撑，通过非技术能力评价指标反映学生对部分特色培养内容的达成情况。

（4）"明线"和"暗线"在教学环节上的耦合方法，为特色专业工程教育专业认证与特色教育的耦合机制提供了落地的行动方案，也为特色专业开展工程教育提供了一条可以参考的实施途径。

参 考 文 献

[1] 朱尔明. 中国水利发展战略研究 [M]. 北京：中国水利水电出版社，2002.

[2] 李志义，朱泓，刘志军，等. 用成果导向教育理念引导高等工程教育教学改革 [J]. 高等工程教育研究，2014（2）：29-34.

[3] 朱高峰. 中国工程教育发展改革的成效和问题 [J]. 高等工程教育研究，2018，66（1）：1-10.

[4] 林健. 工程教育认证与工程教育改革和发展 [J]. 高等工程教育研究，2015（2）：10-19.

[5] 靳遵龙，王珂，陈晓堂，等. 专业认证与工程教育的持续改进研究 [J]. 中国电力教育，2013（19）：3-4.

作者简介：张洪波，男，1979 年，教授，长安大学，现从事水文学及水资源领域的教学与科研工作。Email：hbzhang@chd.edu.cn。

浅谈南水北调校企深度合作促进人才培养
——南水北调工程线型管理建立长效机制

赵鑫海

（中国南水北调集团中线有限公司，郑州，450046）

摘 要

南水北调工程是迄今为止世界上规模最大的调水工程。南水北调中线是缓解黄淮海地区水资源严重短缺的重大战略性水资源配置工程，也是目前世界上调水距离最长、工程规模最大、受益人口最多的调水工程。中线一期工程于 2003 年 12 月正式开工建设，历经十载寒暑，于 2013 年 12 月主体工程完工，初步具备通水条件。

中线一期工程全长 1432km（中线总干渠长 1277km），贯穿长江、淮河、黄河和海河四大流域。工程建成通水后，每年可向京、津、冀、豫四省（直辖市）供水 95 亿 m³，2 亿多人受益。这条由水库、高坝、渡槽、隧洞、倒虹吸、明渠等多种建筑物构成的新时代大运河，将在北方大地上绘出一幅碧波荡漾、绿树成荫、气势恢宏、蔚为壮观的美丽画卷。

关键词

新阶段水利高质量发展；线型管理建立人才培养长效机制；校企深度合作促进人才培养

2014 年 3 月 14 日，习近平总书记在中央财经领导小组第五次会议上提出了"节水优先、空间均衡、系统治理、两手发力"治水思路，强调要把水生态、水资源、水环境和水灾害防治作为一个系统来考虑。

要把新发展理念贯穿到补短板、强监管的各项工作中，特别是要通过水利行业强监管调整人的行为、纠正人的错误行为，重塑人与水的关系，实现人水和谐。这是立足党和国家工作大局，结合"十四五"水利改革发展面临的新形势新要求，对推进水利高质量发展作出的重要部署。如何补短板、强监管、谋发展，确保输水任务圆满完成，实现运行管理提档升级，近几年，水利行业深入践行"水利工程补短板、水利行业强监管"的水利改革发展总基调，使水利建设管理面貌发生系统性、历史性变化，但在持久水安全、优质水资源、健康水生态、宜居水环境、先进水文化等方面，与高质量发展的要求仍有差距。

水质稳定达标，是不可动摇的军令，欲达目标，其必不可少的一环就是问题查改效果的提升。目前，面临运行维护管理模式的转变以及要求，自有人员技术技能、专研管理、发现、判断、处理问题的能力仍有待持续提高。未来，怎么发挥自有人员主观能动性，建立起问题查改长效机制，需要进一步探究和创新。

中线工程虽为全立交、全封闭线性布置，但沿线和城镇村庄多有交叉，与当地经济生活息息相关、不可分割，社会影响巨大，地方人文环境复杂，而且可以借鉴的国内外大型调水工程运行管理模式少之又少。运行管理工作如何起步？如何定位？需要我们坚持大胆探索，遵循政企分开、责权明晰的原则，本着建立现代化企业的管理机制和理念，内部管理机制建立企业化的运行管理机构，实现小管理、大养护的基本格局[1]。

例如，三级运行管理单位，代表上级履行现场管理工作，负责南水北调中线干线责任段工程的运行管理、工程维修维护、保障安全运行和按计划向地方配套工程供水等主要工作，办公地点就设在工程一线。结合工程特点，建立运行管理长效机制，明晰岗位，确定责任，按照"自有人员全员参与"的要求，一线工程推行责任段管理，才能取得更好的效果。

肩负历史重任，自当砥砺前行。三级运行管理单位结合辖区工程特点和现有人员实际情况，构建以"河长制""责任段""责任站"，"责任段查找问题—业务科整改问题—责任段督促整改"的全流程闭合的"查、改、认"的监督管理体系，逐步形成一套制度完备、措施有力的运行管理问题查改长效机制。

经过10年工程运行，提出人才培养长效机制几个探索观点。

1 以人力资源作支撑，从职能到效益创造

没有规矩，不成方圆。摆在我们面前的一项重大任务，就是要提供一整套完备的、更稳定、更管用的人力资源体系，要体现出对人力资源建设深邃的思考和高瞻远瞩的战略眼光。

事业发展需要有担当，员工在事业中成长。作为推动社会事业发展的"领头雁"，事业单位领导人员队伍和水利人才是一线运行管理队伍的重要组成部分。党的十八大以来，以习近平同志为核心的党中央高度重视事业单位领导人员队伍建设。

三级运行管理处，虽然部门小，人员少，但却涵盖着多种刚需专业和特殊人才，例如：电气自动化、机电金结、工程巡查、防汛应急、绿化维护、安全生产等专业，这些专业在南水北调工程运行管理一线发挥着它特有的功绩。运行近7年来，需要管理人员结合着南水北调特质来进行科学分工和岗位测算，制作出一套定制的人员制度体系，来进一步明确三级运行管理处每一责任段巡查监督的内容和要求，节省人力物力成本。

人力资源体系建成，需要一套完备的制度来支撑。体系的建成，粗略算来需要职责划分制度、考核制度、问题责任追究制度、通报制度等一系列考核管理和考核通报的规章制度，考核对象基本覆盖在编职工、借用人员、维护队伍、安全监测、金结机电、土建及绿化维护等协议单位，为运行管理问题检查和处置工作，落实责任人和单位，保证平稳有序开展日常运行管理提供了集成化的有力制度支撑。

"用一贤人则群贤毕至，见贤思齐就蔚然成风"。要树立鲜明用人导向，让敢担当善作为的干部有舞台、受褒奖。如何科学考核、奖励员工？就需要制定出科学的考核工作制度，改进年度考核，推进平时考核，构建完整的奖励考核工作制度。

新时代是奋斗者的时代。在工程一线，要着力增加员工适应新时代新改革要求的本领能力，帮助员工弥补知识弱项、能力短板、经验盲区，全面提高适应新时代、实现新目标、落实新部署的能力，推动员工不断更新知识、拓展能力，努力做到干一行爱一行、钻一行精一行。要加强员工专业知识、专业能力培训，提出明确要求和具体举措，本领的提升最基础的还是专业业务本领的提升，没有过硬的本领，就难以啃下硬骨头。

制度的生命在于执行。如何贯彻落实、发挥好人力资源制度的最大效力是关键。接下来，各段应因地制宜，制定实施细则和配套的制度办法，激励广大干部奋勇争先、担当作为，为实现新阶段水利高质量发展总目标汇聚磅礴力量。

2 强化人员岗位责任，提高管理工作效能

岗位责任制是指根据企业各个工作岗位的工作性质和业务特点，明确规定其职责、权限，并按照规定的工作标准进行考核及奖惩而建立起来的制度。

实现岗位责任制，有助于企业各项工作的科学化、制度化。建立和健全岗位责任制，必须明确任务和人员编制，才能以任务定岗位，以岗位定人员，责任落实到人，而非职务，各尽其职，达到事事有人负责的目标，改变以往有人没事干、有事又没人干的局面，避免苦乐不均现象的发生。

一是才能与岗位相统一的原则。即根据企业人员的不同才能及特长，分配相适应的岗位。企业由若干人员和不同岗位组成，每个成员的个体素质条件差异有时很大，这就要求充分考虑各种因素，在实际工作需要中，调整人员、量才授职、扬长避短，才能人尽其才，也使每个岗位上的工作卓有成效。

二是职责与权利统一的原则。职、责、权、利四项是每个工作岗位不可或缺的因素，责任到人，就必须权利到人，并使之与实际利益密切联系，体现分配原则。有责任无权利，难以取得工作成效；有权利无责任，将导致滥用权力。因此，建立岗位责任制，必须使企业中的每一成员都有明确的职务、权利和相适应的利益享受。

三是考核与奖惩相一致的原则。岗位责任制的建立，提供了企业员工考核的基本依据，而考核必须作为奖惩的基本依据，这样才能使两者相一致，论功行赏，依过处罚，岗位责任制就能起到鼓励先进、激励后进、提高工作效率的作用。这样的岗位责任制才能真正发挥作用。

进一步强化岗位责任，细化岗位工作职责，规定每天具体做什么工作，怎么做，什么时间内完成，做到什么效果。每周对各项工作进行二至三次的检查验收，做到有计划有检查。通过采取这些措施，建立有效的奖励机制，实现多干多得、少干少得、不干不得，大大提高每位员工的工作积极性，提高管理工作效能。

3 线型管理建立人才培养长效机制，提升公共服务水平

鼓励创新管理机制"河长制""段长制""站长制"等标准化试点项目。运行管理和人力资源管理是创新社会管理方法、提升公共服务水平的一项重要举措，旨在通过发挥标准化对加强和创新社会管理、提升公共服务水平的作用，促进社会管理和公共服务科学化、规范化，培育社会管理和公共服务标准化品牌。

南水北调中线按照管养分离的调水工程运行管理思路，关键岗位工作由自有人员承担，维修养护以及安全保卫等辅助岗位工作推行社会化。在维修养护方面，常态维护招标人员和零星快速处理人员，他们需要由现场管理人员来管理和下发维护养护的任务。

根据干渠管辖渠段的地域特点和运行人员的人数配置，将渠段科学划分为若干责任段，积极探索运行管理目标从集体落实向精细量化转变，任务责任到人，考核责任到人，并定期对各责任段目标任务的执行情况检查和考核，将工作业绩与评先树优挂钩，力求起到督促与鼓励的作用。

详细地说，结合辖区段工程特点，将工程划分为若干责任段（含渠段内的所有建筑物和设施设备），每段由若干小组成员组成，小组成员分别由不同的科室组织，例如工程科、调度科和综合科/合同财务科，分属不同的科室和专业特长，这样方便责任段问题处理，由不同专业和岗位人员，来一同兼顾处理，不用再来回反馈，可以在现场直接把问题和维护任务推到责任人面前，例如：合同管理人员，也要赶赴一线，了解现场更能方便快捷处理变更和合同结算问题，再从成员里任命一个业务骨干牵头，对责任段内的工程设施设备的状态和现场人员的工作行为进行排查和监督，并查找问题和缺陷，由业务科室根据职能负责问题整改，责任组负责跟踪督促整改情况。

长效机制主要针对探索创新、解决实际问题效果好且可复制、可推广的具体经验做法进行总结，特别是对三级管理首创亮点进行提炼人力资源专业人才。主要内容包括段长制组织体系建设、责任落实、履职能力建设、部门分工合作、联防联治、流域统筹协调、突出问题监督检查及整改落实、段长制考核及激励问责、宣传引导和长效机制建立、工程保护基础能力建设、养护体系和治理能力现代化建设等方面。

4 校企深度合作提升人才质量，助力战略工程长治久安

长效管理机制是一种新的管理机制，理解长效机制，要从长效、机制两个关键词来诠释。机制是使制度能够正常运行并发挥预期功能的配套制度。它的两个基本条件：一是要比较规范稳定、配套的制度体系；二是要有推动制度正常运行的动力源，即要有出于自身利益而积极推动和外界参与运行的组织和个体。

建立人才长效管理机制，提高战略工程管理水平。向有水利专业的各大院校输入水利（南水北调）实际需求课题，定期开展水利宣传周等公益活动。一是要提供水利人才实习岗位。各大院校向企业输送水利实习人员，为企业后期定岗输送中高端水利人才。可以基于水利行业的岗位职能反馈给学校水利专业，有目标定向地鼓励大批学生走上与自己学习相关的实习岗位。高校可以总结水利专业近年办学的基本模式、专业建设中存在的一些困境，企业给予定向的支持。企业方可以定期对各大院校实习生的表现给予反馈，制定校企深度合作方案，并不断地、与时俱进地修订提出了宝贵的意见和建议。二是遵照人力资源管理需求，提出标准，全过程进行跟踪。双方就水利专业如何培养人、需要培养怎样的人、企业需要怎样的员工进行了详细深入地探讨和研究。要致力于开展长期、深度、稳定的校企合作，推动水利产学研的进一步发展。机制是助推水利行业、企业与院校合作交流的一次体现，将继续助力人才培养，提升水利行业人才培养质量。

以"学生中心、产出导向、持续改进"的理念，推动高等教育高质量发展。一是以学生为中心，围绕培养目标和全体学生毕业要求的达成进行资源配置和教学安排，并将学生和用人单位满意度作为专业评价的重要参考依据；二是产出导向理念，强调专业教学设计和教学实施以学生接受教育后所取得的学习成果为导向，并对照毕业生核心能力和要求，评价专业教育的有效性；三是持续改进理念，强调专业必须建立有效的质量监控和持续改进机制，能持续跟踪改进效果并用于推动专业人才培养质量不断提升。

探索校企深度融合模式，提升新时代水利人才质量。一是探索定向专业订单班，由大型水利企业提前预订（签约）学生组成的班级。学生在校期间，水利企业提前一年左右，在相近或社会通用专业中选拔在校生组成"订单班"，然后学院按照企业提出的人才培养目标和知识能力结构，修订教学计划，组织教学，有效促进了毕业生就业率和就业质量的提高。二是通过现场研学或岗位实习，增加学生接触了解企业的时间，使学生在学习中熟悉企业工作的范围和环境，使企业在施工实践中培养、考查学生，融合学校的知识教育、动手能力培养和企业的技能教学、职业素质培养为一体，实现真正意义上的高校学生职业生涯发展教育，达到培养企业欢迎、学校放心的优秀人才的目的，建立校企合作机制助力战略工程长治久安[2]。

5 通过校企深度合作，建立线型管理工程人力资源长效机制

水利行业积极响应国家"产教融合"号召，成立水利产业学院，鼓励申报国家示范基地，同时，学院和水利企业建立良好的合作关系，通过签约，进一步深化合作，设立水利专业培养定制班，为水利企业输送更多高层次人才，推动水利行业高质量发展。

大力招才引智，筑牢人才高地。一是水利产业有需求，高校有资源，企业有内生动力，在产教融合背景下应运而生，经历企业调研、政策制定、高校走访、学生进企这个"从0到1"的过程。希望通过校企合作，不断加强产教深度融合、加快水利技术成果转化。未来，可着眼于扩大研究生联培规模，做好企业转型发展的"服务专员"，大力招才引智，筑牢人才高地。二是南水北调中线三级管理机构，成立于2014年，已经建立了完整的符合人力资源体系岗位，所有岗位职能和业绩绩效，都能够开启岗位实习平台，在水利企业和学院合作的基础上，带动本科硕士研究生联合培养计划，将推动合作

实现新突破。三是企业将进一步梳理行业需求，分层次建立"核心企业、重点企业、潜在需求企业"清单，项目化推进产教融合工作，以科创企业需求为导向，加强与研发机构对接，在做好研究生培养的同时，做大技术转移转化的项目成果，不断推动人才引培和产业攀高相互赋能、互利共赢，全力建设好人力资源管理，为水利高质量发展注入强劲动能。

参 考 文 献

[1] 李忠义，马建辉. 企业文化 [M]. 北京：清华大学出版社，2015.
[2] 王树荫，房玉春. 试论从"法制教育"到"法治教育"的转变 [J]. 甘肃社会科学，2017 (2)：48 - 52.

作者简介：赵鑫海，女，1984 年，经济师/工程师，中国南水北调集团中线有限公司，从事南水北调水利工程领域。Email：370073235@qq.com。

创新驱动的学业导师育人体系探索与实践

邱　勇　　张华群　　王福来　　孙海燕　　龚爱民

（云南农业大学水利学院，云南昆明，650201）

摘　要

专业认证的核心理念是产出导向、学生中心和持续改进所形成的闭环，本科人才培养正由以教为主的知识学习向为以学为主，知识学习、能力培养和价值塑造三融合，更注重德智体美劳全面发展的新时代社会主义育人观转变。通过本硕协同开放式学习平台，基于立德树人，依托创新创业课题研究、学术论文撰写和学科竞赛，创新驱动的下的学业导师制度和专职辅导员制度相辅相成，很好地实现对学生专业规划、创新能力和工程能力"以德居先"的全过程培养，充分实现"以学生为中心"。

关键词

学生中心；学业导师；创新驱动；立德树人；探索与实践

1　研究背景

专业认证通用标准[1]对学生提出如下要求："具有完善的学生学习指导、职业规划、就业指导、心理辅导等方面的措施并能够很好地执行落实"，同时要求"对学生在整个学习过程中的表现进行跟踪与评估"。

2004年8月26日，中共中央、国务院发布《关于进一步加强和改进大学生思想政治教育的意见》（中发〔2004〕16号），要求高校的院（系）在每个年级设置专职辅导员，并明确提出"努力解决大学生的实际问题"；配套文件《教育部关于加强高等学校辅导员班主任队伍建设的意见》（教社政〔2005〕2号）也指出："辅导员、班主任是高等学校教师队伍的重要组成部分，是高等学校从事德育工作，开展大学生思想政治教育的骨干力量，是大学生健康成长的指导者和引路人"，"专职辅导员总体上按1∶200的比例配备"。2017年2月27日，中共中央、国务院印发了《关于加强和改进新形势下高校思想政治工作的意见》（中发〔2016〕31号），提出"加强师德师风建设，加强教育管理和纪律约束，引导教师成为学高为师、身正为范践行者，推动形成崇尚精品、严谨治学、注重诚信、讲求责任的学术品格和优良学风"。

针对专职辅导员面对学生人数规模庞大，主要工作更侧重于日常管理和思想引导的实际情况，在推行辅导员制度的同时，以引导本科生专业能力提高为目标的学业导师制度也相应而生[2-3]。

学业导师是新时期高等学校在实行辅导员、班主任制度基础上，进行本科培养模式改革，进一步加强高校学生思想教育工作的有效途径。针对学生专业学习指导、思想政治教育和升学就业辅导等方面，以咨询、指导、言传身教为核心，兼具思想和意识形态辅导与引领职能，全力打造一支"知行合一、言传身教、亦师亦友"、符合现代高等教育理念的学业导师队伍。学业导师制是实施和完善学分制的一种辅助制度，在教师和学生之间建立一种"导学"关系。要求教师关注学生从入学到毕业整个教育过程和学生的思想、学习、生活等各个教育环节，实现因材施教和个性化培养，有效地提高学生的综合素质、创新精神和实践能力。

教育部调研发现："专业课老师对学生影响最大"。在自然班班主任完成日常管理的同时，云南农业大学水利学院 2013 年在全校率先遴选部分优秀的专业课老师探索本科生导师制，面向部分学有余力或者对课外学术科技活动有兴趣的同学进行创新能力培养探索；2019 年结合云南省推行的完全学分制改革，学校将已经行之有效并推广到其他学院的本科生导师制升级为覆盖全校所有本科生的学业导师制，并成立学生中心进行业务指导。

2 主要成果

依托 2013 年建立的"本硕协同"开放式学习平台[4]，构建了理论与实践相融合的专业学习、创新意识驱动的工程能力培养以及价值塑造引领的全员、全过程、全方位三结合育人体系。

专职辅导员由党员教师担任，管理学生 200 人左右，侧重日常活动组织和思想引导；学业导师管理的学生原则上不超过 20 人，和辅导员互相配合，侧重对学生的学业规划和专业引导。学业导师体系实现两个全覆盖：学生全覆盖、老师全覆盖。

该体系将"知识学习、能力培养和价值塑造"有机融合，坚持立德树人，着力培养学生的学习与思辨能力，知识应用与工程实践能力，科学研究、创新与开发能力以及沟通交流能力。通过探索与实践，作为边疆地方农业院校的云南农业大学水利学院在包括立德树人以及大学生创新创业课题研究、学术论文发表和学科竞赛等本科生学业导师育人体系方面取得了一系列的成效。"树人为根本、立德为核心""十年树木，百年树人"。多年来，水利水电工程专业始终坚持思政教育和课程思政同向同行。

2.1 价值引领的育人体系

作为学业导师，所肩负的第一项工作使命就是帮助刚刚步入大学校园的大学生树立正确的专业认知，明晰未来四年的专业规划，然后在此基础上实行全过程引导[5]。

基于多年的理论教学和实践指导，针对一、二年级学生专业目标不够清晰、学习动力不足，三、四年级学生理论学习和工程实践联系不够紧密，硕士研究生需要完成一定的本科教学工作情况，学院将本科低年级、高年级学生和硕士研究生组织在一起，结合云南省情，以工程实际为载体，通过案例教学、问题教学和项目教学，将提高工程意识、工程素养和工程实践能力的提高，贯穿学生的四年大学学习。该项成果在 2017 年荣获教育部水利类专业教学指导委员会教学成果二等奖，目前已在全院推广，同时引起了其他院系的效仿，形成了很好的示范效应。

结合新生入学教育、"水利水电工程专业导论"课程内容、专题讲座等介绍专业的基本情况、发展前景、专业背景，引导一年级新生规划合理的个人专业目标定位，并且利用主题班会走进教室回答学生关心的问题，对学生在"德"上提出明确要求。

针对"为谁培养人、怎样培养人、培养什么人"，学业导师制度始终坚持一流党建引领，落实立德树人根本任务，传承红色基因，扎根祖国边疆办大学，培养"留得住、干得成、能奉献"的新时代水利人。

通过探索与实践，水利学院获批"云南省兴滇英才-教学名师"2 人，学校"卓越教学名师"3 人，"师德标兵"1 人、"课程思政教学名师"1 人、"教学导师"1 人。学生焦萱 2019 年荣获团中央"中国大学生学习自强之星"称号，樊娜、杨坤分别于 2018 年、2021 年荣获全国水利院校"未来十佳之星"称号，阮合春、黄梓涵分别于 2018 年、2023 年荣获中国工程院院士"有勇奖学金"，这些都是对立德树人的最好诠释。

此外，水利水电工程专业于 2021 年率先在全校范围内组织教学大纲修订，将课程思政内容（思政元素、思政案例）予以明确，切实做到思政入脑入心，润物细无声。学校在 2022 版人才培养方案修订时全面采纳了上述举措（同时强化美育教育和劳动教育），有力助推新时代本科人才培养。

2.2　创新驱动的能力培养

学业导师对所指导的本科生进行专业引导、课程学习指导，培养其对科学研究的兴趣以及实践能力、创新能力，着力打造适应社会发展和满足用人单位需求的专业人才。同时结合正在进行的实践项目课题研究以及大学生创新创业训练项目、学科竞赛，不间断地给学生提供专业素养训练。

2.2.1　课题研究

依托云南省丰富的水资源开发条件和复杂多变的地形地貌条件，针对在建水利水电工程泄水建筑物复杂、多样的特点，组织学生认真选题，积极申报国家级、省级、校级创新训练项目课题。

所申报的课题，或者源于横向项目尚未完全解决的问题，或者是学长们已经结题的国创项目。每一项科技创新课题均来自未知问题，解决问题的过程充满探索乐趣，其成果也能够解决部分工程水力学实际问题。所有课题由本科生直接参与完成：自行设计、自行制作、自行安装、自行测试、自主分析。

本科生作为主要完成人直接参与了宾川县龙头山水库溢洪道、镇雄县苏木水库溢洪道、富源县补木水库溢流堰和放空洞等云南省在建水库水工模型试验研究。通过模型设计、模型制作、模型安装、试验测试、数据分析和方案讨论等环节，课本上的理论知识得到了很好的应用。研究课题直接服务于工程实践，解决实际工程水力学问题，没有固定模式求解。这就要求对泄水建筑物过流能力、沿程水面线（压坡线）、出口消能及水流流态等水力特性进行研究，课题组成员必须在融会贯通已学理论的基础上，仔细观察、认真分析、多角度讨论，通过解决问题，寻求理想的工程布置方案，达到创新能力的培养。

本科生直接参与云南省在建实际工程的课题研究，在践行"本科生早进实验室，本科生早进研究团队"理念，服务地方经济建设的同时，也很好地实现了创新驱动的能力训练。

2.2.2　学术论文撰写

结合课题研究成果，本科生积极撰写并以第一作者发表学术论文，进一步提升专业能力。近年来，本科生为第一作者在《水利与建筑工程学报》《水利规划与设计》《人民珠江》等期刊多次公开发表论文 20 余篇。

本科生还主动参与研究生的课题研究，并在《中国农村水利水电》《人民黄河》《长江科学院院报》《水电能源科学》等全国中文核心期刊合作发表学术论文，彰显创新意识在工程能力培养中的重要性。

2.2.3　学科竞赛

学科竞赛是大学生在理论学习基础上提升创新实践能力的最佳实践平台。

结合专业培养要求，通过学业导师组织本科生积极主动参与中国"互联网＋"大学生创新创业大赛、"挑战杯"全国大学生课外学术科技作品竞赛、"挑战杯"中国大学生创业计划大赛以及全国大学生数学建模竞赛以及全国大学生结构设计竞赛、全国大学生节能减排社会实践与科技竞赛、全国周培源大学生力学竞赛、全国大学生水利创新设计大赛等学科竞赛，并且取得了不错的成绩。特别值得欣慰的是，通过上述赛事，学生通过走出去和全国兄弟院校学子同台竞技、相互切磋，既在创新意识和工程能力方面得到了很好的提高，也锻炼了应用所学知识解决复杂工程问题的能力，更增强了自信。

本科生累计荣获省级及以上学科竞赛奖励 50 余项（参与人数近 200 人），校级奖励若干。

创新驱动的能力培养，德智体美劳和谐共生！已经取得的成果更有效带动了相关专业的同学参与课外学术科技活动积极性，学业导师引导本科生专业成长方兴未艾。

2.3　知行融合的专业学习

水利水电工程专业 2015 年首次通过工程教育专业认证，经过近十年的积淀，以能力为核心的课程目标成为教学大纲明确要求，也成为了任课教师的自觉行为：雨课堂线上线下、智慧树异时异地、翻转课堂对分讨论[6] 以及创意作业等过程性考核成为常态，专业知识的理论学习和基于立德树人的工程能力培养相辅相成，成效卓著。学业导师的专业"导学"作用渐趋规范。

参与创新能力训练的学生，其专业能力扎实，特别是基于创新意识的灵活应变能力往往能够在毕业季的用人单位遴选中，显示出不一样的优势，从而提早锁定心仪岗位，已逐渐形成品牌优势。部分学子能够在激烈的竞争中脱颖而出，进入云南省设计院、云南建投集团设计院、地州设计单位以及优质国有企业工作并成为技术骨干，专业就业率长期位居前列，已经成为云南省地方水利建设的中坚力量。

作为地处边疆的农业院校，学生入学成绩普遍偏低，但经过不懈的努力，水利学院荣获免试推荐研究生入学资格的同学，真正实现了"低进高出"——其专业知识和创新能力得到了包括中国科学院大学、天津大学、西北工业大学、河海大学、中国农业大学、西北农林科技大学、中国海洋大学、郑州大学等高校的认可。学业导师育人体系初显成效。

3 创新点及示范效应

3.1 创新点

学业导师聚焦本科生专业能力提升，和专职辅导员协同育人，传帮带的模式助力水利水电工程专业人才培养逐步走向课内与课外彼此支撑、知识和能力交互融合，培养新时代社会主义接班人。

（1）"为谁培养人"。党的二十大明确提出"中国式现代化"。中国式现代化是中国共产党领导的社会主义现代化，是全体人民共同富裕的现代化。乡村振兴是全面脱贫之后的国家重大战略，也是中国式现代化的必然体现，客观上要求农业高等学校勇立时代潮头，为新时代社会主义建设培养更多的高素质"三农"人才，从而实现高质量发展。以立德树人为己任的学业导师制度正好契合为党育人、为国育才的要求。

（2）"怎样培养人"。高等教育正在由"以教为主"向"以学为主"转变，基于OBE的教学理念以及新工科的内涵要求均在促使人才培养由知识学习向能力获得转化，而以课题研究、论文撰写、学科竞赛为载体的创新意识、创新能力培养正好符合人才培养的要义。基于知识学习之上的能力培养也必须聚焦立德树人，着力德、智、体、美、劳五育并举。

（3）"培养什么人"。通过理论知识的学习和专业能力的提升，未来的高级工程师不但应知晓"会不会做"，还必须结合社会、健康、安全、法律、文化以及环境等伦理要求，明白"能不能做"，亦即努力成为"以德育才，有信念、有梦想、有奋斗、有奉献的人"！

通过知行融合、创新驱动和价值引领，在"为谁培养人，怎样培养人，培养什么人"方面进行了有益的探索。

3.2 成果特色

（1）紧密结合新工科研究与实践、工程教育专业认证以及一流专业建设对创新意识和创新思维的要求，围绕专业人才培养方案中的培养目标，构建开放式的课外学术科技活动及学习平台，"以学生为中心"的学业导师本科生工程能力培养更加注重思政引领。

（2）结合云南省在建水利工程项目，通过国家级、省级以及校级创新课题的成功申报、独立完成试验研究和数据分析，依托所取得的研究成果第一作者公开发表学术论文，在努力弥补社会用人单位（产出导向）所关切的"创新能力不足"短板的同时，本科生"解决复杂（实际）工程问题的能力"得到有效提升。

（3）通过课外学术科技活动，在有效提高高年级本科生创新意识及工程能力的同时，依托本硕协同，切实实现了人才梯队的培养（持续改进）——引导低年级学生主动参与课题研究、论文撰写和学科竞赛，有效反哺专业知识学习！

3.3 示范效应

通过新生入学教育和学业导师专业引导及专题讲座，水利学院每年受益学生接近 2000 人次，"知行合一、言传身教、亦师亦友"的学业导师队伍正茁壮成长！

经过近十年的探索和实践，基于专职辅导员背景下的边疆地区农业院校本科生学业导师育人体系取得了良好的成效：以德居先成为全校共识，申报并获批国家级、省级、校级创新创业训练计划项目呈多点开花；本科生公开发表学术论文已成燎原之势（农科类本科生第一作者发表 SCI 论文）；参加学科竞赛等课外学术科技活动的学生人数及辐射面均大幅增长，校内竞争难度日益加大；学风建设蔚然成风！更涌现出一大批学农、知农、爱农的学子，为乡村振兴提供不竭的智力支持。

参 考 文 献

[1] 工程教育认证通用标准解读及使用指南（2022 版）[S]. 北京：中国工程教育专业认证协会，2022.
[2] 马静."立德树人"视角下高校本科生学业导师和辅导员协同长效育人工作研究——以江苏海洋大学为例 [J]. 产业与科技论坛，2022，21（20）：259－260.
[3] 陈建军，胡春龙，王琦，等."一流专业"建设视角下的本科生人才培养的学业导师机制构建 [J]. 高教学刊，2021（7）：27－30.
[4] 邱勇，龚爱民."本硕协同"开放式学习平台在边疆地方院校本科生创新能力培养中的应用 [C]//中国工程教育专业认证协会水利类专业认证委员会. 水利类专业认证十周年学术研讨会论文集. 北京：中国水利水电出版社，2018.
[5] 吴仰湘，全淑凤. 高水平研究型大学本科生学业导师的职责定位与工作方向——基于湖南大学岳麓书院本科生学业导师制的思考 [J]. 大学教育科学，2016（5）：22－27.
[6] 张学新. 对分课堂：中国教育的新智慧 [M]. 北京：科学出版社，2019.

作者简介：邱勇，男，1971 年，教授，云南农业大学，从事水利水电工程研究。Email：13108854817@126.com。

基金项目："兴滇英才支持计划"项目（202201788）。

工程教育认证背景下校企深度合作人才培养质量提升

——以土木水利施工课程为例

姜昊天　金辰华　苏　慧

（金陵科技学院，江苏南京，211169）

摘　要

以创新能力提升和职业素质养成为目标，突出产教融合实践性成果，建立"行企专家/课内教师/学生群体"三位一体的课程体系。采取师资体系建设、价值观建设和课程团队建设三种方法提升教师团队综合素养；引入新颖性、科学性和趣味性案例改进传统思政教育单一性问题；依据教学方法与内容设计教学思路，动态调整产教融合思路；以国家级一流本科课程体系为建设标准，建立完备的在线开放课程，深化课程教育教学改革，坚持动态反馈和定期整改，最终建立符合毕业要求指标点的人才培养模式。

关键词

工程教育认证；产教融合；人才培养；资源建设；改革

1　概述

土木水利行业近 20 年黄金发展时期，出现许多杰出从业人员，为行业为国家的贡献巨大[1]。截至目前，全国已开通土木工程专业的本科院校达到 600 多所，通过工程教育认证的院校超过 100 所[2]。作为一个交叉学科多的专业[3]，随着一场疫情，其受到的冲击非常大。直观体现在同济大学和东南大学土木工程专业高考招生遇到分数线断崖式下跌现象。作为普通院校的土木水利工程专业一线教育工作者，能够直观地感受到学生对本专业前景不认可。

综上所述，如何转变土木水利工程专业学生对于本专业认知，增加学生学习动力，提振学生信心，是本专业人才教育培养目前亟须解决的。疫情期间，任课团队采用更多的教学手段来增加学生获取知识的通道[4-5]。如中国大学生 MOOC、超星、腾讯直播或微课等形式。除了增加教学手段以外，团队成员也在不断提升自身的综合素质，以此满足教学需求。如何提升学生专业素养，满足社会需求，笔者认为主要从以下 3 个方面考虑：①校企合作，深化产教融合，提升团队素养；②课程建设；③课程教育教学改革。

2　团队素养建设

提升团队综合素质应从办学特色、办学定位、团队社会主义核心价值观等方面综合建设[6-7]。

2.1 师资体系建设

进一步加强教师队伍的建设与规划，使师资队伍的数量与质量能够跟上经济社会的发展、专业升级和技术进步的需要；实行"以老带新、听课指导、集体研讨"等方式，建设一支结构合理、人员稳定、教学水平高、教学效果良好的队伍梯队；继续鼓励教师向"双师双能"型发展，提高教师业务水平。

师资力量的产教融合是提升人才培养的关键，因而需要构建如图 1 所示的专职与兼职相结合的"创新创业教师＋专业教师＋实战导师"师资体系。

2.2 价值观建设

对于应用型本科院校土木水利专业施工课程而言，其团队教师核心价值观最直接的体现就是该门课程思政建设。其建设关键点在于专业教师，源泉点在于专业知识，落脚点在于课程的教学设计与组织。因此，在课程思政的建设过程中，应加强课程教师的思政修养建设，深度挖掘课程中的思政元素，构建融入课程思政的教学设计与课堂组织，如图 2 所示。

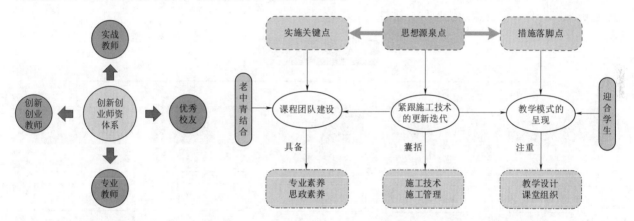

图 1 专职与兼职相结合的"创新创业
教师＋专业教师＋实战教师"师资体系

图 2 土木水利工程施工课程思政建设方法

2.3 课程团队建设

专业教师素养提升途径如图 3 所示。

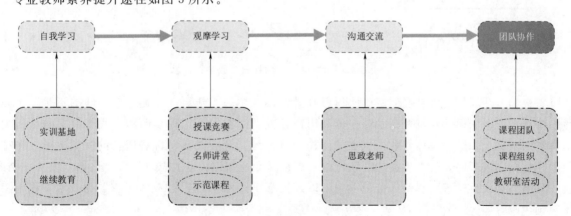

图 3 专业教师素养提升途径

为提高团队的思政素养，可从多条路径和多个角度进行实践：

（1）依托学院的产学研实训基地或继续教育平台，参加思政课程的再学习，提高个人的思想觉悟和认识。

（2）积极参加与思政教育有关的各项教学活动，锻炼课程思政的设计能力。

（3）加强与思政教师的沟通交流。

（4）依靠专业教研室、教学团队、课程组等基层教学组织，更新课程内容、保持课程先进性。

3 课程建设

3.1 方法与内容建设

施工课程的课程思政、创新创业教育、劳动教育、专业教育，最终的落脚点是课堂，课堂教学的好坏，主要体现在教育教学设计和课堂的现场组织。课前教育教学设计，应以授课教师为主体，完成专业知识传授中思政育人的显性设计；课堂现场组织应以学生为主体，帮助学生在掌握专业知识和提升能力的前提下，确立正确的世界观、人生观和价值观，实现专业课程思政的隐性教育。"土木水利工程施工"课程教育教学设计思路如图4所示。主要从教学方法和教学内容上阐述如何产教深度融合动态更新课程内容，保持课程内容的先进性。

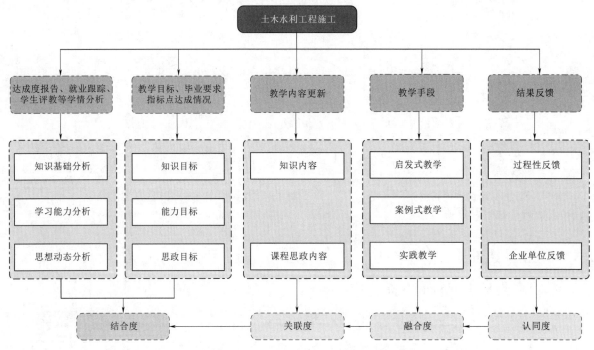

图4 "土木水利工程施工"课程教育教学设计思路

（1）教学方法。为了弥补当前专业课程思政教育模式单一、新颖性及趣味性欠缺的不足，按照科学性、新颖性及趣味性的特点，开发并充分利用视频教学。在优秀工程案例和工程事故案例剖析视频教学模式的基础上，结合具体专业知识点，制作新颖多样、有趣灵活、自然切入的视频教学，将"思政元素"整合到视频中，让学生在"春风化雨"中接受专业知识及专业思政教育。比如，模仿"档案"纪录片风格呈现的科学理论奠基人传记视频，以及纪录片"大国工匠""超级工程"与土木工程施工有关的视频片段等。

（2）教学内容。

1）价值引领：以习近平新时代中国特色社会主义思想为指导，将社会主义核心价值观、生态文明思想、可持续发展理念等融入课程教学，引导学生形成科学的世界观、人生观、价值观。

2）家国情怀：以中国传统建筑文化、大型工程建设所展示的大国自信以及土木工程项目建设中所表现出的家国情怀,激发学生爱国热情,树立甘于奉献的理想、信念。

3)道德培育:将土建类工程伦理、土建类工程师的职业道德、土建工程质量的底线思维等融入教学过程,培养具有良好的社会道德、个人道德和职业道德意识、知敬畏存戒惧的职业工程师。

4)精神塑造:融科学精神、工匠精神于课程教学,培养崇尚科学精神,不畏艰辛,追求卓越、勇于创新的新土建人。

3.2 教学资源建设

对标工程教育专业认证标准制定课程大纲,并根据产业技术发展和企业需求动态调整。参照毕业要求指标点,每学年对"土木水利工程施工"大纲进行微调,以达到持续改进的目的。具体教学资源建设如下:

(1)线上资源:自建在线开放课程并在中国大学 MOOC 平台开课,教学视频 511 分钟、多媒体电子课件 8 章、单元测验 8 份与中期考核 2 份、在线习题 80 道、期末考试题库 10 套。

(2)线下资源:在建工程项目参观学习、已有工程观摩、施工方案的编制(如:钢筋下料、混凝土浇筑养护、预应力工程、基础工程、土方工程等)。

(3)团队资源:基于实践性探索性的设计,学生分组自行设计工程案例、编制专项施工方案等。

(4)认真做好精品课程的建设,加大现代化教学设备的投入,加强现代化教学手段的应用,不断增加实际工程案例,提高教学内容质量。形成文字教材、电子教材、辅助教材和参考资料配套的教学用书和教学软件,优化教学内容。

(5)加大实践教学课时,实训基地全方位开放,以阶段考核作为实践教学的手段,实行"产教融合"。

4 课程教育教学改革

传统教学手段过于单一化,但是经过此次疫情以后,全国高校认识到多元化的教学方法的重要性。积极实行启发式教学、讨论式教学、开放式教学、探索式教学,因材施教,促进学生自主学习和研究性学习。作者团队同样在中国大学 MOOC 平台申请了在线开放课程。课程内容涵盖了视频学习、单元测验和单元作业,线下教学以慕课堂备课、签到、练习、点名和讨论,实现线上线下课内课外的全方位互动教学管理,强化学习效果。注重师生互动、团队协作,提升学习挑战度。

本课程以国家级一流课程的建设标准为参考,完备各项资源、规范教学过程、有序组织线上线下教学、熟练使用智慧教室。并且不断总结前期翻转课程的经验和不足,持续改进。学生通过学习在线视频、课件、习题,解决单纯线下教学不充分、学生掌握不平衡的问题。线下带着问题来听课,更有针对性,提高有效性。建立在线课程讨论区和微信课程学习群,实现线上全天候讨论,学生及时提问,教师随时掌握学生的学习程度。

5 结论

工程教育认证背景下校企深度合作人才培养质量提升应当结合全局考虑。在本专业受欢迎程度降低的情况下,如何提振本科生学习热情,增强专业认可程度成了高校土木水利工程专业教育工作者急需解决的问题,具体有以下几个方面:

(1)深化校企合作,加强团队综合素质提升,执教者教学水平的提升有利于当代大学生更好地理解专业知识,激发学生参与课堂讨论的热情。

(2)丰富教学手段,传统教学方法必须加以改进,丰富的教学手段更能激发学生(受众群体)的学习热情和兴趣。

（3）价值观引领是重中之重，任何时间培养本专业学生的爱国主义精神是必不可少的，作为基建强国、基建大国，每一位本专业毕业的学生在以后的工作中都应当具备工匠精神，家国情怀。

参 考 文 献

[1] 黄华，叶艳霞，吴涛，等. "新工科"视域下土木工程人才培养改革与实践 [J]. 西部素质教育，2022，8（1）：10－12.

[2] 林健，孔令昭. 供给与需求：高校工程人才培养结构分析 [J]. 清华大学教育研究，2013（1）：7.

[3] 黄进禄，陈列，冯川萍，等. 基于校企共建二级学院的土木工程人才培养模式探索与实践 [J]. 职业技术，2020，19（10）：59－63.

[4] 姚勇. 应用型转型背景下的土木工程人才培养模式研究与实践 [J]. 嘉应学院学报，2019，37（4）：121－123.

[5] 吴巧云，肖如峰. "新工科"时代背景下德才兼备型土木工程人才培养改革与实践 [J]. 高等建筑教育，2020，29（2）：8－15.

[6] 杨志和. 校企合作双导师制模式下的软件工程人才培养模式研究 [J]. 科学大众，2020（12）：309，311.

[7] 刘春宇. 高校土木工程专业创新创业课程体系建设：评《面向未来的土木工程人才培养与学科建设》[J]. 工业建筑，2021：6－7.

作者简介：姜昊天，男，1989 年，讲师，金陵科技学院，从事土木工程教学与科研工作。Email：jht687@jit.edu.cn。

基金项目：产教融合背景下钢筋混凝土结构与 BIM 技术融合教学改革研究。

工程教育认证视域下水利类专业新工科人才培养模式的探索与实践

全　栋　李　超　贾德彬* 梁　文

（内蒙古农业大学水利与土木建筑工程学院，内蒙古呼和浩特，010018）

摘要

基于国家对新工科人才培养的要求，在工程教育认证视域下，分析当前水利类专业在新工科人才培养过程中存在的主要问题，探索构建符合工程教育认证理念，以促交叉、求创新、重实践为出发点，实施多维度协同育人，并能持续改进的水利类专业新工科人才培养模式。该模式在学生理论教学、实践教学、创新培养和社会实践过程中更好实现了专业知识传授、创新实践能力培养和综合素质提升，对当前水利类专业开展工程教育认证工作及推进新工科人才培养具有重要意义。

关键词

新工科；OBE 理念；人才培养模式；水利类专业

我国专业认证工作始于 1992 年，最初遴选工科专业中土木工程和城市规划等 6 个工程类专业进行专业认证试点工作；2007 年，教育部成立专门的工程教育专业认证专家委员会，开启全面的工程教育认证工作；2016 年，中国加入《华盛顿协议》，成为第 18 个成员国，工科教育由此率先走向国际化[1]。新一轮科技革命和产业革命迅速发展，"一带一路"倡议、"中国制造2025"等重大战略的相继实施；教育部于 2017 年启动新工科研究与实践，奏响了"复旦共识""天大行动"和"北京指南"新工科建设三部曲[2]。在工程教育专业认证与新工科建设的双重背景下，以新技术、新产业、新业态和新模式为特点的工程人才培养目标对现有人才培养模式提出了新要求。

在推进新工科建设和工程教育认证工作时，国内高校开展了大量的新工科人才培养模式的改革探索与实践，取得丰富研究成果。刘松[3] 以新工科人才培养目标为导向，从设置合理人才培养目标、突出学生主体地位、培养学生的核心综合能力和加强产教融合发展等方面对实践教学人才培养模式进行合理重构与创新；王文君等[4] 整合政府、企业、行业等资源，面向新工科、面向社会需求、面向"互联网＋"推进专业建设，优化专业结构，推进课程体系改革，创新人才培养模式；金亚旭等[5] 聚焦于培养学生实践创新、工程认知、资源整合等能力，从课程体系、学习模式、管理制度等三个方面提出新工科人才培养的具体实施路径。综上所述，已有研究成果从不同角度开展新工科人才培养模式的探索和实践，但针对水利类专业新工科人才培养模式的探索研究较少。因此，内蒙古农业大学以新工科建设为契机，以工程教育认证为抓手，从理论教学、实践教学、创新培养和社会实践方面开展教育教学改革与创新，以期不断提升育人质量，探索形成一个适用于水利类专业的新工科人才培养模式。

1 水利类专业新工科人才培养存在的问题

1.1 学生创新创业能力培养不足

创新是经济发展和社会进步的第一动力，对学生创新创业能力的教育有助于培育学生创新思维和创新意识，提升学生创业素质和创业能力[6]。目前高校毕业生基数之大，社会和企业对人才需求的增强，加之就业形势严峻，因此，在人才培养过程中培育和快速提高学生创新创业的能力具有重要意义[7-8]。但目前关于学生创新创业能力培养仍存在不足：①创新创业教育意识淡薄，学校、家长、教师和学生均缺乏对创新创业教育的本质认识和深入系统的理论研究；②创新创业教育体系制度不健全，创新创业教育制度不完善，缺乏合理系统的创新创业人才培养机制，缺乏与新工科建设要求相匹配的创新创业教育体系；③创新创业教育的培育环境缺失，创新创业教育多为选修课或以融合学科竞赛活动开展，培养成效不明显。

1.2 跨学科交叉融合培养环节薄弱

新经济形态对培养创新型卓越工程科技人才提出了新目标，新工科"三部曲"的实施，指出人才培养要全面把握新工科人才的核心素养，促进工科学生的全面发展，要强化工科学生的家国情怀、全球视野、法治意识和生态意识，要培养具有设计思维、工程思维、批判性思维和数字化思维的工科人才，着力提升工科学生的创新创业、跨学科交叉融合、自主终身学习、沟通协商能力和工程领导力[9-10]。其中跨学科交叉融合就需要突破学生所学专业、打破学科壁垒，开展多学科交叉融合培养。然而，目前在跨学科交叉融合的培养过程中仍存在薄弱环节，主要表现在：实施跨学科交叉融合人才培养的资源有限；学生培养主要依托教师科研项目开展，培养模式较单一；多学科交叉融合平台的搭建与完善还需进一步加强。

1.3 工科教师欠缺工程实践能力

师资队伍作为专业建设与人才培养的核心要素，其自身的业务能力及综合素质与教育教学质量密切相关。新工科建设对于师资队伍的要求更为严格，任课教师既要有扎实宽广的专业理论知识和全面系统的教育教学能力，还要具备科研实践创新能力和相关行业领域的职业背景与工程经历[11]。但目前的师资队伍方面仍存在不足：①年轻教师所占比例较高，且主要为博士毕业后直接走上教学岗位，缺乏职业背景和工程实践经历；②学校重科研、轻教学的现状，教师更注重理论研究和论文发表，实践动手能力较差，在实践教学的指导中存在短板；③新工科建设需要大量具有实际工程经历的企业专家参与学校的人才培养，而目前人才培养中缺少具有工程实践经验的企业高级工程技术人才参与。

1.4 多主体协同育人模式不完善

多主体协同育人是实现新工科建设要求中培养具有"工匠精神"的高素质人才的必由之路。在多主体协同育人机制下，人才培养过程中促进理论教学与行业新技术有效融合，同时为学生科研能力、创新创业能力、专业技术能力的培养提供平台载体，促进学校人才培养和社会对人才需求的同频共振[12-13]。虽然多主体协同育人的培养理念已牢固树立，但目前的具体培养模式仍不完善，主要表现有：不同学科和专业间相互支撑不足，对校外的优质资源整合不足，校地企未能形成高效的协同育人合力，协同育人往往止于签订协议，而实际培养深度不够。

2 水利类专业新工科人才培养模式的探索

鉴于当前水利类专业新工科人才培养过程中存在的问题，内蒙古农业大学水利与土木建筑工程学院水利类专业在人才培养中立足培养目标，基于 OBE 教学理念，按照新工科建设要求和目标，探索工程教育认证视域下水利类专业新工科人才培养模式，该模式结构如图 1 所示。

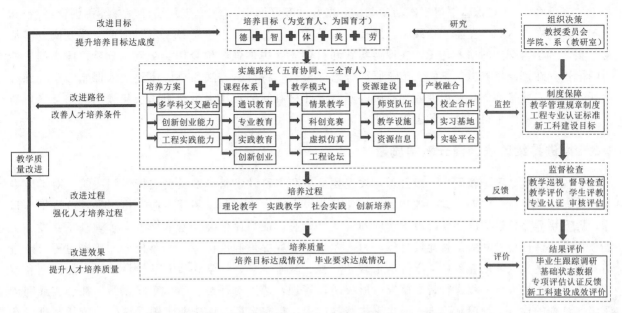

图 1 工程教育认证视域下水利类专业新工科人才培养模式结构

2.1 "促交叉、求创新、重实践"，塑造新工科培养模式

学院在水利类人才培养过程中，通过修订人才培养方案，强化专业基础，整合实践教学，形成了"通识教育＋专业教育＋实践教育＋创新创业"的课程体系。基于企业社会对人才的需求，融合大数据、人工智能和虚拟现实等新技术，设置跨学科课程和创新创业课程，着力促进多学科交叉融合，强化学生创新创业能力和工程实践能力。在教学模式上，学院重点夯实理论教学，着力强化实践教学，突出创新培养，推进多学科交叉融合，打造课程思政，实施虚拟仿真教学，开展"企业专家进课堂，学生实习进企业"的联合培养，深度融合现代信息化技术，构建多学科交叉融合培养的理论教学与实践教学体系。在创新创业教育模块和实践教育模块，依托实验中心、校企协同育人、社会实践活动、专业竞赛和科研训练等开展创新培养，培养学生具有良好的创新创业能力和解决复杂工程问题的能力，使学生具备科学思维和创新精神。

2.2 实施多维协同育人，推动多学科交叉融合

学院健全多维协同育人机制，推动多学科交叉融合培养。在理论教学上，打破传统授课模式，将企业专家请进课堂，组织工程论坛，实现企业与学生互动，提升专业知识培养的同时也加强学生与企业联系，为企业人才招聘与学生实习择业打下基础。在实践教学环节，学院着力塑造多学科交融的实践教学体系，推进智慧水利平台和水利土木综合实验中心建设，实施"校-地-企"共建共享实践教学基地，推动形成"产-学-研-用"协同育人机制；针对专业实习，摒弃"参观模式"，塑造"情景体验"，向企业征集实习岗位，学生根据专业培养目标和个人兴趣及未来职业规划，在校内导师指导下选择实习岗位，学生深入企业的实际工作岗位，配备相应企业导师，校企导师共同指导，强化学生的专业理论知识，提升学生工程实践能力；针对毕业论文（设计）环节，实施"一进一出、双导师制、就业直通车"的模式，企业根据正在开展的生产项目提供毕业论文（设计）题目，校内导师和企业导师联合指导，学生出校门入企业，融入生产实践一线，切实解决实际工程问题，企业导师进校园入课堂，组织学生开展集中指导，丰富学生专业实践知识；学生在完成毕业论文（设计）的同时，企业无形中

物色和培养了未来的员工，学生也深入了解了企业基本业务和环境，便于学生就业入职后迅速融入项目，降低企业的用人成本，有效缓解企业招人难的问题，打通了"毕业-就业"环节。在社会实践中，基于"三下乡""第二课堂"等实践活动载体，融合"互联网＋"、水利创新设计大赛等科创竞赛活动，让学生深入农牧区和企业生产一线，开展社会劳动实践、公益性志愿服务、发明创造、课题研究等活动，塑造多学科交融的培养环境，在社会实践和科创竞赛中加强学生合作、交流、分析、解决问题能力的培养。在创新培养上，学院实施科研训练培养模式，将科研方法和科研体验融入课堂教学、课程设计、课程实验等环节，开展专业性科研讲座，设计科研问题，让学生利用课余和假期时间开展科研实践活动，培养学生科研创新的思维和能力。

2.3 推进持续改进，提升教学质量

学院实行院、系、教研室三级管理，教授委员会和本科教学指导委员会进行组织决策，对学院专业设置、培养目标、培养方案、教学大纲、课程建设、学生培养和发展等方面进行指导，改进培养目标，提升培养目标达成度。学院教学管理办公室、专业认证与评估办公室依据教学管理规章制度、工程教育专业认证标准和新工科建设目标，为人才培养过程提供制度保障，并监控人才培养过程，改进培养路径，优化人才培养条件。学院基于教学巡视、教学督导、教学评价、学生评价、专业认证和审核评估对人才培养全过程进行督导检查，形成闭环管理，通过对理论教学、实践教学、社会实践和创新培养过程的检查、反馈和改进，强化人才培养过程。学院定期开展毕业生跟踪调研、依托基础状态数据、专项评估认证和新工科建设成效评价，对培养结果进行评价，依据培养目标达成情况和毕业要求达成情况，提升人才培养质量。通过多年的工程教育专业认证实践和新工科人才培养模式的实施，学院围绕教学组织决策、制度保障、监督检查、结果评价，构建符合学院教学实际情况的教学质量监控与评价体系，推动教学质量提升。

3 水利类专业新工科人才培养模式的实践成效

内蒙古农业大学水利与土木建筑工程学院自 2018 年开展水利类专业新工科人才培养模式的探索与实践，持续发力理论研究，注重实践检验成效，学院在 2019—2022 年累计立项研究校级教育教学改革项目、自治区级教育教学改革项目、"十四五"自治区规划课题、全区教育科研规划立项课题、产学合作协同育人项目等 57 项，理论成果获自治区级高等教育教学成果奖一等奖 1 项，成功入选中国高等教育博览会"校企合作，双百计划"典型案例 1 项。

水利类专业新工科人才培养模式实践以来，专业建设上成效明显，水文与水资源工程专业、农业水利工程专业和水利水电工程专业多次通过教育部工程教育专业认证，且三个专业均获批国家级一流本科专业建设点；学生创新创业能力明显增强，2019—2021 年，在全国高校大学生测绘技能大赛、全国大学生水利创新设计大赛、全国大学生农业水利工程及相关专业创新设计大赛等多项科创竞赛中获国家级和省部级奖项 35 项；学院陆续培养水利类专业新工科人才 1200 余人，为区域经济建设发展提供重要人才支撑；2021 届和 2022 届毕业生一次性总体就业率分别为 86.92％和 84.07％，学生就业前景呈现较好发展势头。

学院教师队伍逐渐建精做强，教师教学能力水平和工程实践能力全面提升，在 2019—2023 年，先后选派 6 名教师参加全国水利类专业讲课比赛、自治区高校课程思政教学大赛、高校教师教学创新大赛等赛事，获得 2 项一等奖、2 项二等奖和 2 项优秀奖。学院不断推动课堂教学改革，推进工科专业课程思政建设、虚拟仿真实验教学建设，加强课程内容对铸牢中华民族共同体意识和劳动教育的有效融合。学院自 2019 年开始先后修订教学管理方面的规章制度 17 项，成立本科教学指导委员会和专业认证与评估办公室，有效规范了教学管理过程，优化了教学服务。

4 结语

在工程教育认证视域下，内蒙古农业大学水利类专业以新工科建设为契机，以工程教育认证为抓手，围绕新工科人才的培养目标，融合工程教育认证理念，探索形成了多学科交叉融合，突出创新创业能力和工程实践能力培养，实施多维度协同育人的水利类专业新工科人才培养模式。新工科人才培养模式的有效实践，培养了满足新时代、新发展和新业态的新型水利类工程技术人才，切实提高了水利类专业人才的创新创业能力、实践能力、跨学科整合能力，为国家经济建设和区域经济发展提供了人才支撑和智力保障。

参 考 文 献

[1] 王宏燕，张晓静，陈超，等. 工程认证背景下复杂工程问题驱动的新工科人才培养模式探究 [J]. 高等建筑教育，2022，31 (5)：15 – 22.

[2] 田小敏，杨忠. 新工科建设背景下应用型高校人才培养模式探究 [J]. 教育教学论坛，2020 (50)：119 – 120.

[3] 刘松. 新工科实践教学人才培养模式的重构与创新 [J]. 湖北师范大学学报（哲学社会科学版），2023，43 (2)：113 – 117，133.

[4] 王文君，肖建辉，黎冬明，等. 新工科和工程认证背景下工科专业建设探索 [J]. 教育教学论坛，2023 (2)：7 – 10.

[5] 金亚旭，秦凤明，宫长伟，等. "新工科"背景下以学科竞赛培养学生创新创业能力：以材料类专业为例 [J]. 海峡科技与产业，2023，36 (1)：30 – 33.

[6] 郭玮. 教育现代化与大学生创新创业能力培养研究 [J]. 科教导刊，2023 (3)：4 – 7.

[7] 吴爱华，杨秋波，郝杰. 以"新工科"建设引领高等教育创新变革 [J]. 高等工程教育研究，2019 (1)：1 – 7，61.

[8] 尹毅，李思琦. 以"新工科"建设引领高等工程教育创新与变革 [J]. 高等建筑教育，2019，28 (4)：1 – 6.

[9] 宋亚男，宋子寅，徐荣华. 多学科交叉融合的工程人才培养模式探索与实践 [J]. 实验技术与管理，2020，37 (9)：23 – 25，31.

[10] 张东海，高蓬辉，黄建恩，等. 新工科背景下多学科交叉融合的建环专业人才培养模式探索与实践 [J]. 高等建筑教育，2021，30 (1)：1 – 9.

[11] 黄健，张华，张勇，等. 基于新工科建设和"卓越计划"目标下的师资队伍探索与实践 [J]. 赤峰学院学报（汉文哲学社会科学版），2019，40 (9)：141 – 143.

[12] 吴爱华，侯永峰，杨秋波，等. 加快发展和建设新工科主动适应和引领新经济 [J]. 高等工程教育研究，2017 (1)：1 – 9.

[13] 常海超，冯佰威，詹成胜. 面向新工科建设的校企协同育人模式探索 [J]. 教育教学论坛，2023 (9)：108 – 111.

作者简介：全栋，男，1992 年，内蒙古农业大学，主要从事河湖水环境与冰工程、河流泥沙运动力学及高等教育教学管理等领域的研究工作。Email：13644769625@163.com。

通讯作者：贾德彬，男，1968 年，教授，内蒙古农业大学，主要从事地下水科学与工程、同位素水文学及生态水文学等领域的教学与研究工作。Email：jdb@imau.edu.cn。

基金项目：内蒙古农业大学教育教学改革研究项目"基于 OBE 理念水利土木类专业教学质量评估体系的研究与实践"（KTJX202019）。

课程思政

课程思政与工程教育专业认证理念深度融合的课堂教学改革探索

——以"河流动力学"为例

刘曙光　娄　厦* 　周正正　钟桂辉　代朝猛　张　洪

（同济大学土木工程学院，上海，200092）

摘　要

立德树人课程思政已经成为广大教师的共识和遵循，工程教育认证是工科教育发展的必然趋势，如何将课程思政和工程教育认证的理念深度融合到课堂教学中是广大教师遇到的机遇与挑战。本文以港口航道与海岸工程教育专业"河流动力学"课程教学为例，通过凝练课程思政元素并将其与工程教育认证理念融入培养目标中达到"盐溶于水"以破解难点，通过案例教学法等多种形式做好课程思政元素与 OBE 理念充分融入知识点中达到"润物细无声"以破解痛点，通过课堂讨论、课外阅读、创新实验、读书报告等过程性全方位考核评价立德树人的成效以破解堵点，探讨如何破解课程思政与工程教育认证理念的融合，打造"金课"，实现立德树人的根本目标。

关键词

课程思政；工程教育认证；课堂教学；河流动力学

1　引言

习近平总书记在 2016 年 12 月全国思想政治工作会议上明确了高校培养什么人这个根本问题，他强调把思想政治工作贯穿教育教学全过程，其他各门课都要守好一段渠、种好责任田，使各类课程与思想政治理论课同向同行，形成协同效应。由此，中国高校课程思政改革进入了新的发展时期。2020年 5 月教育部颁布《高等学校课程思政建设指导纲要》，明确提出了结合专业特点分类推进课程思政建设，指明了课程思政建设的目标、方法和内容。全国高校的教师都在积极探索如何将课程思政融入课堂教学建设全过程。

工程教育认证是国际通行的工程教育质量保证制度，也是实现工程教育国际互认和工程师资格国际互认的重要基础。2016 年中国加入《华盛顿协议》，实现了国际认证。截至 2023 年年底，全国共有 321所普通高等学校 2395 个专业通过了工程教育认证。2022 年 7 月中国工程教育专业认证协会颁布了 2022版最新的《工程教育认证标准》（T/CEEAA 001—2022），这是中国高等教育人才培养质量评估领域第一个被纳入国家标准体系框架内的团体标准。工程教育专业认证已经成为工科专业教育发展的必然趋势。

2018 年 6 月 21 日，教育部陈宝生部长在新时代全国高等学校本科教育工作会议上第一次提出了"金课"概念，随后"金课"被写入教育部文件。2018 年 11 月 24 日，在第十一届"中国大学教学论坛"上，教育部高等教育司司长吴岩作了题为"建设中国金课"的报告，提出了什么是"金课"、打造什么样的"金课"和如何打造"金课"三大问题。当前，"金课"和"水课"成为高等教育领域的两个热词，深受高教战线和社会媒体所关注。

课程是最微观的教育问题，是人才培养的核心要素，课堂教学是大学教师传授知识的主要方式。上述所有这些重要理念和举措都给高等学校的教师带来了极好的机遇（图1），同时也对教师在打造"金课"的具体教学工作中如何实现带来了新的挑战。如何将课程思政和工程教育认证的理念（OBE）深度融入教学知识点里（难点）？用什么样的教学方法手段使得学生在掌握知识的同时又能够在精神上得到升华（痛点）？怎样考核课程思政的效果（堵点）？这些成为摆在任课教师面前的三大难题和困惑（图2）。

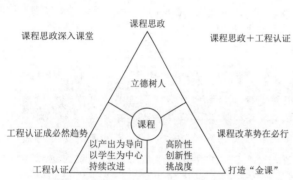

图1　课程思政和工程教育认证给课堂教学带来的机遇　　图2　课程思政和工程教育认证给教师带来的挑战

本文以港口航道与海岸工程专业"河流动力学"课程教学为例，通过将课程思政元素、工程教育认证理念融入培养目标中达到"盐溶于水"破解难点，通过案例教学法等多种形式做好课程思政元素与 OBE 理念充分融入知识点中达到"润物细无声"以破解痛点，通过课堂讨论、课外阅读、创新实验、读书报告等过程性全方位考核评价立德树人的成效以破解堵点，探讨如何破解课程思政与工程教育认证理念的融合，打造"金课"，实现立德树人的根本目标。

2　对课程思政、工程教育认证和课程知识传授的理解

2.1　课程思政建设是落实立德树人根本任务的战略举措

课程思政就是要求专业课程的授课教师，深入挖掘、凝练所讲授课程中所蕴含的育人元素，寻找其与各知识点相结合的契合点，将这些元素有机地融入所讲授的知识点之中，在对学生的教育教学中实现思想引领，将正确的价值观、世界观、人生观和理想信念传达给每一位学生，润物细无声。

同时，课程思政不是思政课程，不能把思政课程的内容简单照搬到专业课程中，需要教师深刻凝练、有机融合，盐溶于水。课程思政与思政课程应是同向同行。

课程思政是中国特色社会主义高等学校办学理念的具体举措，是保证培养什么人的具体实践。

2.2　工程教育认证是一种以培养目标和毕业出口要求为导向的合格性评价，也有工程伦理、价值取向的要求

工程教育专业认证的核心理念是"学生中心，产出导向，持续改进"，就是要确保工科专业毕业生达到行业认可的既定质量标准要求。《工程教育认证标准》（T/CEEAA 001—2022）毕业要求中的第8条职业规范就是有关于工程伦理方面的规定[1]。

国际实质等效的专业认证正在有力地推动着基于 OBE 的工程教育专业改革，进而推动中国工程教育专业认证从"形似"向"神似"的转变。

2.3 三者的关系

(1) 培养什么人、怎样培养人、为谁培养人是教育的根本问题。必须有高度的认识和自觉的行动。

(2) 课程思政与工程教育认证都有价值引领的要求。课程是体现"以学生发展为中心"理念的"最后一公里"。

(3) 课程是落实"立德树人"根本任务的具体化、操作化和目标化。

(4) 教育部《高等学校课程思政建设指导纲要》为高校工科专业开展工程教育专业认证指明了方向。

2.4 难点、痛点与堵点

(1) 课程思政如何融入教学目标中,避免出现"两张皮"这是难点[2];OBE 进课堂,这是中国工程教育专业认证的"最后一公里",这是难点。

(2) 用什么样方法将课程思政和 OBE 结合到知识点中,学生愿不愿意听,接受不接受,这是痛点。

(3) 如何考量课程思政和 OBE 的成效,沿用传统的方法,将会出现堵点。

3 "河流动力学"课堂教学的教学改革探索

通过课程思政与 OBE 教学目标的确立、课程思政与 OBE 内容体系重构、课程思政与 OBE 教学组织与实施、课程思政与 OBE 考核与教学效果评价 4 个方面来开展课堂教学的改革探索。

3.1 如何做顶层设计

3.1.1 梳理凝练出与课程知识点契合的 15 个课程思政元素,修订教学大纲

参考土木工程专业课程思政教育改革指导委员会梳理的课程思政元素,结合港口航道与海岸工程行业、学科和专业的特点,从"天下意识与全球视野""家国情怀与责任担当""文化传承与价值引领""工匠精神与职业素养""工程思维与创新能力""学院归属与专业自豪"等 6 个方面不同维度梳理了港口航道与海岸工程专业相关课程蕴含的 30 个课程思政元素,再从中凝练 15 个与"河流动力学"课程知识点相契合的 15 个元素作为具有课程思政内涵的课程教学大纲编写依据。

3.1.2 全面修订教学大纲,融入课程思政和 OBE 内涵

在教学目标设置上:

(1) 课程目标 1——知识传授。介绍不同课程的知识点。

(2) 课程目标 2——能力培养。通过该课程的学习,使学生能够学会自主查阅国内外学科研究动态的方法,掌握分析国内外研究现状的能力;通过学习学科知识,结合今后的工作学习开展自主虚拟实验,培养独立开展研究的能力。

(3) 课程目标 3——价值引领。通过该课程的学习,以课堂测验、专题讨论、课外阅读、创新实验等形式,使学生对本课程涉及的中国古代重要的水利工程其科学价值和应用意义有深刻的了解,增强学生民族自豪感和自信心;使学生对新中国成立 70 多年以来水利工程取得的巨大成就其科学问题和应用价值的了解,激发学生建设祖国的责任感,把自己的人生追求与国家的发展紧密结合在一起。

通过修订课程教学大纲,将凝练的思政元素和毕业要求融入课程教学大纲中。

充分利用课堂教学内容,将课程思政的元素与专业知识或学科发展历史、工程建设中的重大技术问题结合在一起,用生动的工程实例来体现思政元素。工程是"骨架",思政是"血液",两者有机结合,密不可分。

与工程教育认证紧密结合,建立基于 OBE 理念的课程思政目标与达成机制。

3.2 如何做方法改革

3.2.1 模块化教学

（1）线上-线下教学模块。通过线上、线下教学相结合，增强学生参与感、拉近师生距离，提高教学效果。

由刘曙光教授、钟桂辉教授和娄厦副教授参编的全国水利行业规划教材港口航道与海岸工程专业用的《河流动力学》（第三版）2020年由人民交通出版社出版，该书新的特色就是融入了立德树人的课程思政元素，增加了很多立德树人的内容。

由刘曙光等5位老师开设的"河流动力学"在线课程于2019年11月在中国MOOC网上常年开设，同时也是同济大学第一批优质在线课程。学生可以在课前、课后自己上网学习。

（2）专题学习模块。对课程中的重点理论、方法目前最新的发展动态，开设学生自主学习模块，倡导学生自主查阅资料、分析研究，培养独立学习的能力，指导学生如何开展自主学习。

通过结合课程知识点凝练课程思政元素"盐溶于水"，采用案例教学法[3]的形式将课程思政元素融入知识点中，做到"润物细无声"。通过这个专题，准备在两年时间里建成10～14个案例，形成课程思政案例资源库（表1）。

表1 "河流动力学"课程思政案例资源库——思政元素与知识点对应表

思政元素（6大类）知识点（7个方面）	天下意识与全球视野	家国情怀与责任担当	文化传承与价值引领	工匠精神与职业素养	工程思维与创新能力	学科归属与专业自豪
水利工程建设中的泥沙问题概述		水利——把人民的利益放在最高位置	郑国渠			
水流的紊动	南水北调		京杭大运河	灵渠		
泥沙的特性					埃及阿斯旺大坝	
推移质泥沙运动				港珠澳大桥		
悬移质泥沙运动		长江三峡工程				太湖流域骨干工程
异重流				泰晤士河防潮闸	黄河三门峡水库	
河床演变			都江堰			
河口海岸泥沙运动	长江口深水航道工程	荷兰三角洲挡潮闸工程				洋山深水港

1）通过案例1"水利——把人民的利益放在最高位置"、案例2"都江堰"著名水利工程的建设，凝练"为国自豪""大国胸怀"和"兼济天下"等几个元素，增强学生的民族自豪感。

帮助学生深刻理解中国共产党确立"为中国人民谋幸福，为中华民族谋复兴"的初心和使命的历史必然性、科学性、实践性，激发学生担负起中华民族伟大复兴历史使命的自觉性和责任感。

2）通过泥沙运动和工程中的泥沙问题，凝练"工程使命""精益求精"和"勇于担当"等几个元素，通过突出重大水利工程建设中的河流动力学关键技术问题，培养学生爱岗敬业、精益求精的工匠精神。

3）通过"一带一路"倡议和"长江大保护""长三角一体化"等国家和区域战略，凝练"全球格局""责任意识"和"专业归属"等几个元素，从解决学生的问题着手，以问题导引教学，将人生追求与人生困惑结合起来，在学生的困惑中植入正确的人生观，让他们深刻认识到个人的价值是与祖国的发展紧紧结合在一起的，激发学生的学习动力与热情。

每一个案例都按照下列内容来安排：

1）工程背景（为什么要修建这个工程）。

2）工程的布置（包括的主要组成部分）。

3）工程中所包括的科学技术问题（重点）。

4）工程解决了什么问题（取得的成效）。

5）工程的启示与思考。

6）当代水利工程师的责任和历史使命（家国情怀、责任担当、工匠精神、价值引领、专业归属；结合习近平总书记的长江经济带、黄河绿色发展、生态保护等一系列重要讲话指示精神）。

（3）专题讲座和讨论模块。就目前学科发展的动态、世界及中国重大工程建设中遇到的关键理论和技术问题，通过线上、线下方式开设讲座和讨论，由教师和学生共同参与。从中增强学生对专业的认同感、学习这门课程的兴趣和投入。水利工程系每学年都开设了"水利工程案例分析"和"水利工程前沿"课程，邀请国内企业的管理人员来给学生做讲座，学生就感兴趣的问题进行讨论，既了解国内外工程建设关键技术问题，又增强了他们热爱专业的动力。

3.2.2 科研反哺教学，培养学生独立开展研究的能力

按照教学内容和学生今后可能的研究方向或他们感兴趣的问题，依托承担的国家重点研发计划和国家自然科学基金项目，科研反哺教学，支持学生通过虚拟仿真实验开展所学课程内容基本规律的研究，利用水利工程系水利港口综合实验室的水槽开展实验，自主设计研究内容和设计方案，培养学生独立开展研究的能力。从中增强学生对专业的认同感、学习这门课程的兴趣和投入。学生通过这些科研项目的支持先后获得国家、上海市和学校的大学生创新设计项目，参加全国大学生水利创新设计大赛，取得了优异的成绩。

3.3 如何考量及工作成效

3.3.1 注重过程性全方位评价

设计合理的课程思政和OBE考核体系，注重过程性评价[4]，利用评价工具，全过程评价学生的思想政治素质的发展，引导学生进行自我评价、生生互评，立足专业课程、思想政治教育和OBE三个维度，对教育教学效果进行评价，及时反思和改进教学工作（持续改进）。

3.3.2 课程整体成绩构成

（1）清晰列出成绩构成比例（平时成绩40%，期末成绩60%）（图3）。

（2）包括课堂内外、线上线下学习的评价。

（3）强化拓展阅读量和阅读能力考查，提升课程学习的广度。

（4）包括研究型、项目式学习、丰富自主实验探究式、论文式、专题讨论报告式等作业评价方式，提升课程学习的深度。

（5）加强非标准化、综合性等评价，提升课程学习的挑战性。

（6）评价有标准、有记录、可回溯。

3.3.3 实现高效评价、状态保持和持续改进信息平台

有了课程思政与工程教育认证深度融合的理念，有了相应的教学方法和考核方法的改进，如何实现对立德树人成效评的高效评价、状态保持和持续改进？是教学管理人员和广大教师翘首以待的。同济大学土木工程学院通过信息平台建设（图4），固化流程（图5），提高了工作效率。

3.3.4 工作成效

（1）学生思想觉悟提高，积极向党组织提交申请书。以2019级、2020级两届学生为例，在"工程水文学"和"河流动力学"两门课程中进行课程思政建设，通过课堂讲授以及班主任、辅导员和学工办老师其他各种途径提高学生的思想政治素质，他们这一年发生了明显的变化。

据统计，2021—2022年两届本科生有34人提交了入党申请书，占比比上一年有了提高。学生的成绩有了很大的提高，2022年共有24人获得各类奖学金49项。在新冠肺炎疫情期间，同学们表现出积极奉献的事迹层出不穷。

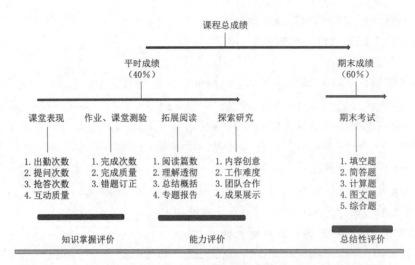

图 3　课程整体成绩构成

图 4　同济大学土木工程学院工程教育质量分析诊断系统平台

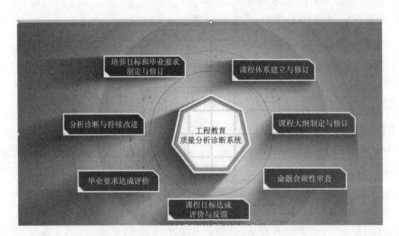

图 5　工程教育质量分析诊断系统流程构成

（2）教学团队整体素质提升。鉴于教学团队 6 位老师在教书育人方面的突出表现，2022 年 6 位老师都获得了相应的表彰或奖励；"河流动力学"课程分别获得了 2017 年上海市精品课程、2019 年上海市高校课程思政领航课程、2020 年同济大学"立德树人"示范课程、2021 年同济大学"名课优师"（第八期）和 2022 年同济大学课程思政示范课程的立项建设。

通过这几年课程思政与工程教育认证理念的融合开展课堂教学的实践，实现了学生学习成绩与品德修养共成长，教师教学研究与立德树人齐飞跃的局面。

4 体会与展望

4.1 体会

课程思政与工程教育认证在课堂教学中的深度融合需要抓住重点，攻克难点。要真正做到课程思政与工程教育认证理念及知识传承的深度融合，特别是课程思政"盐溶于水"和"润物细无声"，其重点是凝练课程思政元素，难点是找到合适的切合点将知识的传授与课程思政的元素和毕业要求的指标紧密结合，让学生在学习知识的同时，思想境界也得到升华。

4.2 展望

课程思政、OBE 理念应该成为一种文化。

（1）每一位教师都要把立德树人作为行动的准则，充分认识课程思政在培养社会主义接班人和建设者中的重要作用，提高自己将教书与育人结合的自觉性。

（2）每一位教师都要把工程教育认证的理念落实到具体的教学每一个环节，自觉创新教学方法。

参 考 文 献

[1] 谢娜，刘杰. 工程教育认证背景下土木工程专业课程思政建设的思与行 [J]. 高教学刊，2022（S1）：167-171.
[2] 李剑光，王霞，孙双双，等. 工程教育专业认证背景下课程思政的审视 [J]. 化工高等教育，2020（4）：49-53.
[3] 张凯，李红娇，王亮亮，等. 工程教育专业认证的计算机网络课程探索与实践：基于课程思政背景下的讨论 [J]. 教育教学论坛，2020（29）：34-36.
[4] 张丽芳，程晔. 关于课程思政与工程教育认证融合的思考 [J]. 高等建筑教育，2022（31）：181-185.

作者简介：刘曙光，男，1962 年，教授，同济大学，现从事港口航道与海岸工程专业教学与研究工作。Email：liusgliu@tongji. edu. cn。

通讯作者：娄厦，女，1986 年，副教授，同济大学，现从事港口航道与海岸工程专业教学与科研工作。Email：lousha@tongji. edu. cn。

基金项目：同济大学 2022 年课程思政示范课程建设项目"河流动力学"。

面向专业认证的水文分析与计算的课程思政元素挖掘与教学融合探讨

刘登峰　周　融　杨元园　黄领梅　黄　强

（西安理工大学水利水电学院，陕西西安，710048）

摘　要

面向专业认证的要求，如何在专业课中挖掘课程思政的元素并有机融合到专业课的教学过程中，是新时代背景下授课教师需要深入思考和探索的问题。在新形势下的教育评价中必须注重专业课程的课程思政建设。"水文分析与计算"是水文与水资源工程专业的专业课，也是水利类专业的"工程水文学"课程的主要内容之一。"水文分析与计算"的教学内容密切联系工程实践和水资源开发利用过程。在水资源开发利用历史、历史洪水调查、设计洪水推求、推理公式法的应用、海绵城市的作用、年径流量的影响因素、河流水沙变化等方面，具有丰富的课程思政元素，可以培养学生对国情的认知，激发学生科技报国的家国情怀和使命担当，促进学生牢固树立法治观念，强化学生的工程伦理教育，培养职业责任感和使命感，锻炼爱岗敬业开拓创新的职业品格，引导学生理解和践行科学精神。建议采用"三个结合"的教学方法，实现丰富的课程思政元素与专业知识点的融合教学，达到课程思政的育人目的。

关键词

专业认证；水文分析与计算；课程思政；教学方法

1　引言

工程教育专业认证有力地促进了新时代水利人才培养和教育教学的改革，也是教学改革的重要契机。在新时代背景下，课程思政是落实立德树人根本任务的战略举措，是专业教师承担育人责任、完成全员全程全方位育人大格局的重要环节。面向专业认证的要求，如何在专业课中挖掘课程思政的元素并有机融合到专业课的教学过程，就是授课教师需要深入思考和探索的问题。

"水文分析与计算"课程是水文与水资源工程专业的核心课程，主要讲授推求设计洪水过程线和设计年径流量的各种方法，为水利工程、生态工程的建设提供水文依据，这些内容也是水利水电工程、农业水利工程等专业"工程水文学"课程的主要内容之一，同时有些环境工程、给排水科学与工程专业也开设这门课程。在已经完成的两轮专业认证和定期修订本科生培养方案的过程中不断优化了课程体系[1]，将"水文水利计算"调整为"水文分析与计算"，课程的主要内容包括水文频率分析理论与方法、由流量资料推求设计洪水、由暴雨资料推求设计洪水、小流域及城市设计洪水、可能最大暴雨与可能最大洪水、设计年径流分析与计算、设计泥沙量的分析与计算[2]。

这门课程的知识服务于水利、生态等工程的设计与运行。党的二十大报告指出，中国式现代化是人与自然和谐共生的现代化。在工程规划、设计、建设、运行、维护中，如何实现人与自然的和谐共生，特别是人与水的和谐共生，也是课程教学中需要思考和回答的重要问题，是深度融合课程思政的切入点。

《高等学校课程思政建设指导纲要》中明确指出了课程思政建设内容要系统进行中国特色社会主义和中国梦教育、社会主义核心价值观教育、法治教育、劳动教育、心理健康教育、中华优秀传统文化教育。对于专业教育课程，要深度挖掘提炼专业知识体系中所蕴含的思想价值和精神内涵，增加课程的知识性、人文性。

各高校已经开展了课程思政内容建设，根据某校的调查结果，受调查的大部分教师已经认识到课程思政非常重要且应该投入大量时间精力安排思政元素，但也认为由于课时限制而在把握课程思政元素量方面存在困惑，特别是挖掘相关思政元素支撑素材和案例存在困难[3]。目前，许多高校已经开展了课程思政教学创新大赛等教学比赛，以赛促教，逐步认识到了课程思政专题培训的重要性[4]。一般专业课都设置绪论或者课程导论，回顾行业的发展历程，总结国内外的发展进程，引导学生树立正确的世界观和人生观[5]，客观认识科学技术史，培养家国情怀。在教学实践中，每门课程的课程思政元素尚需要不断挖掘凝练。需要通过融入教材、论文交流、会议分享、网络宣传等形式，将优质的课程思政元素传播到广大专业课的授课教师。鉴于教材更新的周期长，会议交流范围有限，所以有必要及时总结和共享课程思政元素，推进课程思政的内容与方法交流，及时应用于课堂教学实践，从而推进课程思政建设。

2 专业知识关联的思政元素挖掘

水文分析与计算的课程内容密切结合了水利工程建设的实际，反映了社会发展中满足用水需求、应对水灾害各类实践。历史上各类水利工程设计与建设的实践就体现了人类不断适应自然变化的过程，需要用全面的、发展的眼光正确认识各个时期遇到的水问题、应对水问题的措施和工程运行效果。

2.1 水资源开发历史悠久且成效显著

认识我国水资源短缺的国情，特别是长期存在的洪水、干旱等自然灾害的威胁，结合教学当年的水旱灾害事件，介绍水旱灾害过程，讲解在生态文明建设中水工程依旧需要继续建设，从专业责任的角度增强学生的职业责任感，培养爱岗敬业、开拓创新的职业品格和行为习惯。从历史上陕西郑国渠、四川都江堰、内蒙古河套灌区等世界灌溉工程遗产引入，讲解我国应对水旱灾害和利用水资源的悠久历史，激发学生科技报国的家国情怀和使命担当。

2.2 历史洪水调查的资料丰富

讲授设计洪水频率计算时，结合洪水资料三性审查中的可靠性审查，培养学生诚实守信的职业品格，结合一致性审查中分析人类活动对河道流量的影响强化学生的工程伦理教育，结合历史洪水调查和古洪水调查，讲解《水经注》、《行水金鉴》、地方志等历史文献的价值，教育引导学生传承中华文脉。在历史洪水痕迹、灾害的讲解中培养学生从专业责任的角度增强职业责任感。在资料审查和频率曲线适线的教学过程中，引导学生深刻理解并自觉实践客观公正的职业精神和职业规范，强化学生工程伦理教育。不断引导学生认识水灾的危害和水利工程对社会经济的重要作用，培养学生增强职业责任感。

2.3 设计洪水依法依规并密切联系社会经济

讲解防洪标准时，学习《中华人民共和国防洪法》等相关法律和《防洪标准》（GB 50201—2014）等技术标准，促进学生牢固树立法治观念，坚定走中国特色社会主义法治道路的理想和信念，深化对法治理念、法治原则、重要法律概念的认知，培养遵纪守法的品格。

讲解暴雨特性分析时，通过对"63·8"暴雨、"75·8"暴雨、"21·7"暴雨、"23·7"暴雨等事件及其影响的讲解，促进学生认识特大暴雨对可能最大暴雨计算的影响，引导学生理解《防洪标准》（GB 50201—2014）、《水利水电工程等级划分及洪水标准》（SL 252—2020）等技术标准中要求使用可能最大洪水的原因。理解中国统计估计法的思路，认识到计算方法的地区适用性问题，培养学生精益求精的大国工匠精神。

2.4 推理公式法的应用条件扩展

讲解小流域设计洪水时，强调小型水库占我国水库总数的绝大多数，对于农业灌溉和农村用水发挥了重要作用，引导学生认识国情，增强学生对专业的情感认同。小流域设计洪水就是为小型水库提供防洪设计依据。推理公式法是小流域设计洪水中推求设计洪峰流量的主要方法[6]。

陈家琦等[7] 提出的水科院推理公式在我国设计洪水规范中推荐使用，并广泛应用于工程设计。为了配合生产建设的需求，原水利部北京水利科学研究院（现中国水利水电科学研究院）水文研究所从1956年开始小流域暴雨洪水的研究，在1958年正式出版了《中国科学院水利电力部水利科学研究院研究报告七：小汇水面积雨洪最大径流计算图解分析法》，即水科院推理公式法，这个公式在很多地区得到成功应用。为了适应生产实践的需要，先后出版了《小流域暴雨洪水计算问题》（1966年）、《小流域暴雨洪水计算》（1985年）。

这些著作对推理公式法的发展历史做了详细综述，指出原推理公式法中产流历时对应的产流面积无法进行客观检验，难以在推理公式中概括，所以经过分析后把产流面积曲线概化为全流域汇流历时为底边的矩形，改写了推理公式法的公式形式。但是部分汇流条件下推理公式的形式仍然存在不严密的地方。根据洪峰径流系数的定义，在部分汇流情况中，径流采用汇流时间内的降雨形成全部径流深，得到部分汇流条件下的最大流量计算公式，并给出了公式的求解方法。水科院推理公式法的研究和应用充分践行了爱岗敬业、开拓创新、钻研进取的科学精神，做到了"把论文写在祖国的大地上"，通过回顾研究过程，引导学生理解和践行科学精神、立志解决实际问题服务社会。

2.5 海绵城市建设是缓解城市内涝的重要途径之一

海绵城市是对中国城市水系统的综合治理，也是城市人居环境的重构[8]。海绵城市是指城市能够像海绵一样，在适应环境变化和应对自然灾害等方面具有良好"弹性"，下雨时吸水、蓄水、渗水、净水，需要时将蓄存的水"释放"并加以利用[8]。这是住房和城乡建设部的海绵城市建设指南中对海绵城市的解释，虽然没有系统回答海绵城市的定义，但是指出了海绵城市的主要功能及特征。现在海绵城市已经成为城市水系统治理模式的热点，是城市减缓和降低水灾害影响的有效途径。在课程教学中引导学生了解海绵城市的理论基础和主要措施，探讨发展方向，将专业知识与日常生活联系，增强学生的职业认同和职业自豪感。

海绵城市建设是针对中国城镇化过程中的水问题而提出的。城镇化对城市水文过程有复杂的影响，结合频发的城市内涝问题、城市设计暴雨和设计流量的计算，提高学生正确认识问题、分析问题和解决问题的能力，培养开拓创新的职业品格和行为习惯。

2.6 年径流量受到变化环境因素的影响

年径流量受到气候变化和人类活动的影响，人类活动包括了下垫面条件的变化和大型水利工程的调控。长期以来，推进植树造林和退耕还林的过程中会强调和宣传森林的水源涵养功能[9]，但是森林的水源涵养功能的确切含义在生态学和水文学研究中一直存在差异[10]。随着研究的深入，学者发现森林水源涵养服务功能或效益与森林水文调节作用关系密切，但这是不同的概念，造林或再造林不一定会产生补充地下水、提高枯水期径流及增加年径流总量的效益，不合理的造林可能产生不利的水文影响[9]。分析森林的水文效应时需要区分时间尺度、空间尺度、区域、位置等。在讲解年径流量的影响因素时，应该引导学生采用实事求是的态度认识植树造林的作用。

在讲解我国年径流量的年际变化特征和年内变化特征时，需要强调我国的来水和需水不匹配造成的供需矛盾，认识到水利工程对保证生活生产用水的重要作用，引导学生认识国情，增强学生对专业的情感认同。讲解径流资料的可靠性审查时，培养学生从专业责任的角度增强职业责任感，认识到面广量大的中小型水利工程的设计是在缺乏资料的情况下设计的，培养爱岗敬业、开拓创新的职业品格和行为习惯。

南水北调工程是国家水网建设的重要组成，后续工程的建设将进一步提升我国水资源南北调控配置的能力，优化水资源的布局，体现大国重器的基础作用。以点带面的讲解可以促进学生认识国情。

2.7 水沙变化依然是北方河流需要应对的重要课题

鉴于我国河流泥沙的特点，泥沙问题是工程设计中必须研究和考虑的问题，需要对设计泥沙量进行分析和计算。基于我国河流挟沙量大的国情，讲解黄河输沙量大的重要特征，联系三峡工程、小浪底工程中泥沙的设计问题，引导学生理解河流泥沙给蓄水、航运、供水等造成的复杂影响，分析影响泥沙量的因素，引导学生了解国情，提高学生正确认识问题、分析问题和解决问题的能力，认识到水利工程对支撑社会经济发展的重要作用，培养学生从专业责任的角度增强职业责任感，培养爱岗敬业、开拓创新的职业品格和行为习惯。

结合国家在长江、黄河流域的重大战略，引用《黄河流域生态保护和高质量发展规划纲要》，强调黄河流域生态保护和高质量发展是重大国家战略，要让黄河成为造福人民的幸福河。黄河是全世界泥沙含量最高、治理难度最大、水害严重的河流之一。《黄河流域生态保护和高质量发展规划纲要》第4章对加强中游水土保持做出规划，综合治理水土流失，改善生态面貌。同时要在教学中关注近年来黄河年入河沙量大量减少的新现象。引导学生关注和了解国情，在教学中让国家政策和重大战略融入专业知识。

3 基于"三个结合"的课程思政元素与专业知识点的融合教学

丰富的课程思政元素与专业知识点的融合教学要从"三个结合"开始，即课上教学与课下扩展相结合、教材知识与习题训练相结合、过程学习与考核评价相结合。新时代背景下，水利人才培养更要强调"培养什么样的人，怎么样培养人，为谁培养人"，落实全过程育人，践行专业认证中产出为导向的理念，实现教学效果的持续改进。在课上教学中结合现有教学资料引出课程思政元素，把课下知识扩展与课程思政元素融合，通过文献阅读、自学报告等进行扩展巩固，实现课上教学与课下扩展相结合。教材突出知识的系统性，习题训练突出知识的应用性，以课后作业、习题集等形式补充思政元素点，实现教材知识与习题训练相结合。在过程学习中贯穿思政元素，在日常考核、阶段考核、综合评价中展现和体现思政元素，实现过程学习与考核评价相结合。通过"三个结合"，努力促进课程思政元素与专业知识点的多维度全过程融合。通过对历史典籍、法律法规、极端事件、技术进步、国家战略等方面的思政元素挖掘与逐步深化融合，潜移默化促进了学生职业责任感和使命感的培养。

4 结论

"水文分析与计算"是水文与水资源工程专业的专业课，在人才培养过程中承担着重要的立德树人的责任，是衡量毕业要求达成度的重要观测点。在工程教育专业认证中，情感素养目标的达成也要求通过课程思政元素的设置、传授、内化而实现，所以在新时期认证评价中必须注重专业课程的课程思政建设。水文分析与计算的教学内容密切联系工程实践、密切联系社会发展中水资源开发利用过程，这些是课程思政元素的广泛来源。本研究结合课程中在水资源开发利用历史、历史洪水调查、设计洪水推求、推理公式法的应用、海绵城市的作用、年径流量的影响因素、河流水沙变化等专业知识点，挖掘了代表性的课程思政元素，可以作为教学实践的参考，结合课程的学习过程培养学生的家国情怀和使命担当，引导学生理解和践行科学精神。在教学中建议采用"三个结合"的教学方法，实现丰富的课程思政元素与专业知识点的融合教学，不断根据新的时代精神和新涌现的优秀事迹更新思政内容，与时俱进，达到课程思政的育人目的。

参 考 文 献

［1］ 宋孝玉，鲁克新，罗军刚，等. 水文与水资源工程专业工程教育专业认证的实践与思考［C］//中国水利学会. 中国水利学会 2019 学术年会论文集. 北京：中国水利水电出版社，2019：101－105.

［2］ 梁忠民，李国芳，王军. 水文分析与计算［M］. 北京：中国水利水电出版社，2019.

［3］ 周融，刘登峰，黄强. 高校专任教师对课程思政教学认知的现状分析与思考：以某大学为例［J］. 高教学刊，2022，8（27）：37－40.

［4］ 周融. 高校开展课程思政专题教师培训的必要性分析［J］. 教育教学论坛，2021（11）：65－68.

［5］ 杨丹，徐彬，闫欣. "新工科"背景下自动化专业"模拟电子技术"课程思政教学初探［J］. 工业和信息化教育，2020（5）：53－57.

［6］ 刘光文. 水文分析与计算［M］. 北京：水利电力出版社，1989.

［7］ 陈家琦，张恭肃. 小流域暴雨洪水计算［M］. 北京：水利电力出版社，1985.

［8］ 张建云，王银堂，胡庆芳，等. 海绵城市建设有关问题讨论［J］. 水科学进展，2016，27（6）：793－799.

［9］ 孙阁，张橹，王彦辉. 准确理解和量化森林水源涵养功能［J］. 生态学报，2023，43（1）：9－25.

［10］ 高红凯，刘俊国，高光耀，等. 水源涵养功能概念的生态和水文视角辨析［J］. 地理学报，2023，78（1）：139－148.

作者简介：刘登峰，男，1984 年，教授，西安理工大学，现主要从事水文学及水资源的研究与教学工作。Email：liudf@xaut. edu. cn。
基金项目：2022 年西安理工大学教育教学改革研究项目（xsz2206）。

专业认证背景下的课程思政改革探索
——以"工程水文学"为例

刘艳伟　唐振亚*　杨启良

（昆明理工大学现代农业工程学院，云南昆明，650500）

摘　要

"工程水文学"是一门水利类专业基础课程，主要为水资源开发工程和其他有关工程的规划、设计、施工、管理、运用提供水文依据。在工程教育专业认证背景下，结合课程教学目标、课程思政建设内容进行思政改革，把思政元素融合进去，提高学生的学习积极性，让他们对自己的专业产生浓厚的兴趣。进而提高新形势下工科专业人才培养质量，实现课程思政育人的目的。

关键词

课程思政；专业认证；工程水文学；持续改进

1　引言

2016 年我国成为《华盛顿协议》的第 18 个正式会员，标志着我国工程教育质量标准达到了国际工程教育质量要求，实现了由跟跑者向领跑者的角色转换[1]。工程教育专业认证的核心理念是成果导向，突出学生中心、产出导向和持续改进[2]。课程思政的本质在于立德树人，实现知识传授、能力培养和价值引导的有机结合。课程思政不仅是我国高等教育发展的需要，是实施"人才强国"战略的需要，更是为国家培养一批又红又专、德才兼备、全面发展的社会主义合格的建设者和可靠接班人的需要。

我国近些年来对工程教育专业认证的研究逐渐加强，对工程教育专业认证持续改进的研究也日益增多。目前高等教育课程正在进行课程考核改革和思政建设，注重对学生考核过程的管理和思想政治教育。课程思政是指在各级各类课程中，都要践行思想政治教育，与思政课同向同行，形成立德树人的协同效应[3]。在教学实操的过程中，教师将会言传身教，以身作则，对学生的价值观、人生观、世界观等加以引导。课程的内容往往将成为学生以后日常工作的重要内容，学生们也将在学习过程中扎实地掌握知识，将思政元素与之结合，使思政内容牢固地刻在学生们的心中。本文以"工程水文学"为例，探索了工程教育专业认证背景下该课程思政的教学改革。

"工程水文学"是一门水利类专业基础课程，该课程知识基础性、综合性、关联性和应用性较强。教学内容包括基本概念，水文信息观测、采集和统计，产流机制与汇流模式，设计洪水的推求四个部分。基于此，"工程水文学"立足于学科特色积极推动课程思政体系的建设和发展，注重"术""道"相结合，从思想、行动和政策三方合力推进，将社会主义核心价值观和中国传统水文化内容融入教学中，构建满足工程教育专业认证条件下工程水文基础课的教学模式，建立了一套适合于工程水文基础课的教学体系。

2 "工程水文学"课程思政建设背景

党的二十大报告，立足于民族复兴，立足于百年大变局，就新时代坚持和发展中国特色社会主义所牵涉的重大理论和实践问题进行了较为系统的论述，对今后一段时间内党和国家事业发展的目标与大政方针进行了科学的规划，指明了党和国家事业的前进方向。党的二十大精神是推进一切工作的行动指南，是教育与塑造大学生的思想武器，也是课程思政的根本遵循与不竭养分。习近平总书记强调，"青年强，则国家强"。青年大学生是影响党和国家永续发展的关键力量，我们要"用党的科学理论武装青年，用党的初心使命感召青年"，将党的二十大精神融入课程思政，教育引导大学生"坚定不移听党话、跟党走"，这也是保证党和国家妥善应对"两个大局"、实现永续发展的重要环节[4]。

习近平总书记在考察三峡工程时说："真正的大国重器，一定要掌握在自己手里"，这是站在三峡大坝上发出的世纪最强音。都江堰、京杭大运河等都代表了中国古代人的智慧，三峡水利工程、南水北调工程等也都是水文学知识成功运用的典型案例。在当今，水文化建设也是涉水行业的焦点问题。2022 年，为了深入贯彻落实习近平总书记对文化工作的一系列重要讲话和指示，水利部办公厅发布了《"十四五"水文化建设规划》，为"十四五"水文明建设提供了一个顶层设计的框架。《规划》指出，作为发展水文化主体的水利产业，要认真贯彻"节水优先、空间均衡、系统治理、两手发力"治水思路的思想，以"保护""传承""弘扬"和"利用"为主线，突出黄河文化和长江文化，以"大运河文化"为核心，大力弘扬水文化，为新时期水利事业的高质量发展提供强大的精神动力。这也给"工程水文学"课程思政改革带来了新挑战。

3 基于专业认证的课程教学目标

3.1 知识目标

学生应该对水文现象的基础知识有一定的了解，对水文现象的普遍规律有一定的了解，还能对水文测验的基本方法有一定的了解，还能掌握在不同数据条件下进行水文分析和计算的方法。具备由流量资料推求设计洪水、由暴雨资料推求设计洪水并编写设计说明书和绘制图表的一般能力，为继续学习专业课程，并为毕业后在涉水工程领域解决水文情况问题或进行有关科研工作奠定基础。

3.2 能力目标

全方位持续贯通，建立"评价—反馈—改进"良性循环的培养质量外部评价机制。将以学生为中心、产出为导向的理念贯彻到人才培养的每一个过程中，并不断完善，让学生拥有解决复杂工程问题的能力，提升研究生的实践创新能力。建立健全外部反馈与评价体系，组织校内外和企业专家充分论证，深入分析原因，制定相应的改进措施，有针对性地进行教学改革，实现人才培养质量的提高。

3.3 素质目标

全员持续参与，加强教师队伍自身建设，提升教师的工程能力。鼓励教师深入企业积累实践经验，引导教师逐步更新教学观念，将课前、课中和课后三个教学环节有机地结合起来，引进了"三位一体"的课堂教学方式，涉及教学形式、教学方法和教学资源等方面的多种变革，明确各课程在毕业要求指标点支撑上的要求，以学生为中心改革教学方式方法，达成育人的最终目标。

4 "工程水文学"课程思政建设内容

4.1 提升教师素质

党的二十大报告指出，要加强师德师风建设，培养高素质教师队伍，弘扬尊师重教社会风尚。教师是人的灵魂，是文化的继承者，他们肩负着传播知识、传播思想、传播真理、塑造灵魂、塑造新的生命的使命。"传道"要先"闻道"，"造物主"要有"高洁"的品格，"师者"既要有"高学问"，也要有"德"的品格。教师个人素质的完善，群体素质的提高是学校取胜的关键。通过组织教师参加各级思政培训，并进行定期充分的交流研讨，邀请专业思政教师开展专题讲座等方式，提高教师对课程思政建设重要性的认识。因时而进、因势而新，不断地提升教师队伍的思想政治教育意识，以高质量师德师风建设推动高质量教育体系的建设，着力打造一支高素质、专业化、创新型的为党、为国育才的教师队伍。

4.2 深入挖掘"工程水文学"课程思政元素

"工程水文学"教学团队在集体备课和教学研讨时，充分挖掘"工程水文学"课程各知识点的思政元素，完善现有"工程水文学"课程教学大纲，整合教学内容，将知识传授和价值引领有机融合。表1列举了"工程水文学"部分课程要点中思政要素的融入。

表1　　　　　　　　　　　"工程水文学"部分课程要点中思政要素的融入

课程要点	思政要素的融入
水文学发展史	人类社会的发展史就是水资源利用发展史。重点介绍我国古代成效卓著的水利工程，如都江堰、郑国渠、新疆坎儿井灌溉工程；现代典型案例三峡水利工程、南水北调工程等。在《"十四五"水文化建设规划》中也预示着水利建设进入新阶段。激发学生的专业使命和社会责任感
河流和流域	结合"城市看海"现象频繁发生、海平面上升、陆地湖泊萎缩等，引导学生懂得维护水生态、人水和谐。培养学生对自然的敬畏感
水文信息采集与处理	课程的实践环节，包括水文要素的采集、计算、整编与刊载。结合工作者先进事迹、防汛抗旱的典型案例，激发学生对于个人努力和拼搏精神的认同，激励他们在学习和未来工作中勇往直前、追求卓越
设计年径流量计算	结合极端气候变化和人类活动对年径流的影响以及小型水利设施对生态流量的保证，综合国家提出的"双碳"目标，培养学生的专业使命感
洪峰流量与设计洪水过程线	洪水过程线是符合一定设计标准的洪水流量随时间变化的曲线。无论处理任何事情都要按照事物发展的客观规律，在解决问题时要有整体与局部的概念，对学生进行激励，在关键时刻，要将民族大义放在第一位，树立爱国情怀
洪水调查与特大洪水处理	融入中国治水史、大禹治水的故事以及黄陵庙特大洪水的历史记录，引导学生明白洪水调查的目的是弥补实测水文资料的不足，以便合理可靠地确定工程的设计洪水数据
暴雨资料推求设计洪水	通过相关新闻报道，如河南"75·8"洪水溃坝事件、2021年郑州特大暴雨洪水灾害等，明确暴雨资料在流量资料不全时对推求特大洪水的重要作用，培养学生的工匠精神和爱国精神

4.3 突出课堂教学过程中学生的主体地位

高校的思政教育要突出以学生为中心，充分发挥学生主体的作用。运用知识讲解、课堂讨论、案例教学、任务驱动等方式，来实现课堂的翻转。在学生课堂讨论的过程中，可以将课程的学习内容扩展到课本之外，在此基础上，进一步增强了学生自主学习的能力，增强了学生的分析与解决问题的能力。其次，把科学素养、工匠精神和人文素养与课程整合到一起，使其更好地发挥作用。

在由流量资料推求设计洪水教学中，采用研究性教学的方法，以"提出问题—分析问题—总结结论"为主线进行教学。课前"提出问题"可以帮助学生做好充分的准备工作，课堂"分析问题"能够引导学生梳理知识点，课后"总结结论"可有效地提高教学效率[5]。围绕课前布置的问题可以采用提问的方式使学生迅速进入课堂；课中涉及计算的问题可分组进行思考与讨论，邀请学生上台讲解；课后教师要做好总结与反思，取长补短。培养学生发现问题、分析问题、解决问题的能力。

在暴雨资料推求设计洪水教学中，采用案例分析法，结合河南"75·8"洪水溃坝事件、2021年郑州特大暴雨洪水灾害等，教师主要讲解相关的水文计算知识。要求学生分组查阅书籍、资料，完成案例分析报告并进行课堂演讲，使学生明白暴雨资料在流量资料不全时对推求特大洪水的重要作用，培养学生的工匠精神和社会责任感。

通过多种教学方法实现"工程水文学"课程的翻转课堂，将学习内容从课内延伸至课外，拓展学习的广度和深度。在此过程中，学生进行分组讨论提高了学习积极性的同时也培养了学生团结合作的精神。

4.4 完善教学评价，实现持续改进

教学评价是依据教学目标对教学过程及结果进行价值判断，分别占40%和60%，采用加权平均法计算学生最终成绩。过程评价根据学习的全过程，包括课前的提问情况，课中的考勤、雨课堂答题、课堂讨论等情况，课后作业及案例分析讨论汇报情况进行评价，其中考勤占10%、课堂表现占15%、课后作业占15%。结果评价采用期末考试的方式进行考核。在课程结束后采用问卷调查的方式，充分了解学生对本门课程的反馈情况，并指出在教学过程中出现的问题及改进的方法，进而调整教学内容、教学方法。实现教学的持续改进，构建线上线下、课内课外、理论实践融合的新型学习模式和教学模式全面激发学生的学习积极性和主动性。

5 结语

"工程水文学"作为水利类专业的基础课程，在工程教育专业认证的背景下，结合习近平总书记关于"其他各门课都要守好一段渠、种好责任田"的指示精神[6]，旨在培养学生具备对自然的敬畏和社会责任感，以实现各类课程与思想政治理论课的协同效应。该课程进行了课程思政建设，从水文学发展史、河流和流域、设计年径流量计算等课程要点中挖掘水文明、水文化、水丰碑等思政要素，让专业要素和思政要素在潜移默化中与教学过程的各个环节相融合。通过提升教师素质、翻转课堂和改进教学考核方式来培养学生分析问题和解决问题的能力，进而激发学生对专业的热爱，为中国特色社会主义事业培养合格的接班人。

参 考 文 献

[1] 李亚猛，张志萍，路朝阳，等. 工程教育专业认证背景下热工基础课程教学改革探索 [J]. 中国现代教育装备，2022 (23)：74-76.

[2] 王鹏全，苏志伟. 基于工程教育认证和OBE理念的课程教学创新：以"工程水文学"课程为例 [J]. 甘肃高师学报，2022，27 (2)：62-67.

[3] 郝德永. "课程思政"的问题指向、逻辑机理及建设机制 [J]. 高等教育研究，2021，42 (7)：85-91.

[4] 蒲清平，黄媛媛. 党的二十大精神融入课程思政的价值意蕴与实践路径 [J/OL]. 重庆大学学报（社会科学版）：1-13 [2022-12-31].

[5] 胡龙颂. 研究型教学在《工程水文学》中的应用：以"由流量资料推求设计洪水"为例 [J]. 教育教学论坛，2019，431 (37)：192-193.

[6] 黄领梅，鲁克新，莫淑红. "工程水文学"课程中的思政元素挖掘 [J]. 教育教学论坛，2021，527 (28)：80-83.

作者简介：刘艳伟，女，1981 年，副教授，昆明理工大学，主要从事节水灌溉理论与新技术研究。Email：20110170@kust. edu. cn。

通讯作者：唐振亚，男，1987 年，讲师，昆明理工大学，主要从事灌溉排水理论与新技术研究。Email：zytang@kust. edu. cn。

项目支持：昆明理工大学 2022 年课程思政教改项目 "《"十四五"水文化建设规划》指导下《工程水文学》思政改革探索"，中国水利学会基于工程教育专业认证背景下水利高等教育教学改革研究课题 "基于持续改进的农水专业核心课程群教学改革实践探索"，昆明理工大学一流本科建设课程 "工程水文学"。

抓住工程教育认证契机，促进水文专业课程体系改革

——以山东科技大学为例

冯建国　尹会永　高宗军　王　敏　陈　桥　张伟杰　邓清海

（山东科技大学地球科学与工程学院，山东青岛，266590）

摘　要

根据国际上关于工程教育专业认证的思路，高等学校工科人才培养以培养目标为核心、以毕业要求为基准、以课程体系为重点，实行反向设计、正向实施的策略，课程体系的设置对于专业人才培养的质量和效果至关重要。随着用人单位及社会对毕业生知识与能力需求的变化，水文与水资源工程专业的课程体系也在不断地调整、修订之中。其中，行业专家和用人单位、校内专家、往届毕业生的意见和建议对于课程体系的完善具有重要意义。论文从山东科技大学水文与水资源工程专业 2018 版课程体系出发，结合问卷调查结果，分析了课程体系的合理性，并以此为基础，通过深化认识，完成了 2020 版课程体系的修订，可为其他院校同类专业的课程体系改革提供参考。

关键词

课程体系；合理性；问卷调查；工程教育专业认证

我国开展工程教育专业认证试点始于 2006 年，水利类专业自 2007 年启动认证试点，至今已先后开展了水文与水资源工程、水利水电工程、港口航道与海岸工程及农业水利工程 4 个专业的认证工作，通过认证的专业点占全国水利类专业点总数的 23.7%[1]。在工程教育专业认证过程中，抓住面向产出教学的"主线"和面向产出评价的"底线"，实现从"形似"到"神似"的转变[2]。工程教育专业认证工作对实现《教育部高等教育司 2021 年工作要点》中提出的深入推进"四新"建设、优化整体结构具有重要的促进作用。

随着国内工程教育专业认证工作的逐步推进，教育理念和教育管理方法正在发生转变，分析和研究工程教育认证的成果不断涌现，内容涉及国内外工程教育认证对比及进展[3-4]、工程教育专业认证对专业建设影响[5-6]、教学质量评价[7-8]、课程与实践教学管理[9-11]、修订培养方案[12-13]、达成情况评价[14-16]、持续改进[17-19] 等，研究成果丰硕。

随着我国国民经济建设的快速发展和涉水工程建设、基础水文数据测验和调查需求增加，水文与水资源工程专业人才需求有较大的缺口。提高水文与水资源工程专业人才培养质量对满足社会需求和促进国家的发展具有重要意义。

1　总体设计思路

教育的目的是培养人才，提高人才培养质量。培养目标是影响人才培养质量的决定因素，课程体系是围绕人才培养目标而设计的，它反映了培养目标，决定了所培养人才的规格、质量与水平，是实

现培养目标的载体与重要手段。

课程体系是教育教学的重要依据，与教育者的知识、能力、素质结构和其所学专业的课程体系有着密切的联系，合理的课程体系能培养出素质全面的人才。课程体系是人才培养质量的关键因素，在人才培养的过程中起着重要作用。

2020版培养方案中专业课程体系的设计以适应国家新工科和一流本科专业建设新形势，满足《工程教育专业认证标准》和《普通高等学校本科专业类教学质量国家标准》为要求，以构建具有地质矿产特色的水文与水资源工程专业一流本科人才培养体系为总目标；以山东科技大学第三次党代会提出的"一二三八十"目标任务为导向，坚持"厚基础、精专业、重实践、强创新、高素质"的人才培养定位；坚持目标引领，推动专业特色发展；坚持立德树人，不断提高人才培养质量；坚持强基筑峰，大力提升学科建设水平；坚持增量提质，打造高水平人才队伍；坚持协同创新，提升服务社会能力；坚持扩大开放，提升国际化办学水平。以培养具有明显地学背景、具备较强工程实践能力、服务地方和行业发展需求的高素质工程应用型人才为目标。

在课程体系设计中，遵循以下五条原则：①强调专业知识的重要性，抓住水文与水资源工程专业主干课程不动摇；②着重培养学生的实践动手能力、创新意识、科学思维和主动获取知识、分析解决问题的能力；③强调课程设置与教学设计，将科学素养与人文精神（特别是思想政治教育）贯穿人才培养的始终；④以综合实践促进设计、实践和创新能力的培养，特别突出工程分析、设计、实践和归纳总结能力培养[20]；⑤面向地方和行业需求，通过加强与企业的沟通与合作，及时更新教学内容，紧跟时代发展要求。

2 具体做法

山东科技大学水文与水资源工程专业学生主要学习水文学、水资源及水环境等方面的基本理论和基本知识，接受工程测量、科学运算、实验和测试等方面的基本训练，掌握水文学、水资源及水环境等方面的专业基础知识与基本技能，并具备运用所学知识与技能分析解决实际问题、开展科学研究和从事管理工作的基本能力。

（1）明确课程体系的设计目标。以学生专业知识和能力培养为中心，满足用人单位和学生发展需要。基于专业知识掌握和应用能力培养，优化课程体系的设计和课程设置，将专业知识和素质融入能力培养过程，为以下三个层面服务：专业知识的了解与基本运用[21]；专业知识的熟练掌握与灵活运用；专业知识的发展学习及创新运用。

（2）建立以能力提升为导向的核心课程体系。专业核心课程是打造优质教学资源、全面提高人才培养质量的有效途径。要想提升人才培养质量，突显专业特色，必须巩固和加强专业核心课程在人才培养过程中的支撑作用。在核心课程体系构建中，根据专业培养目标对知识、能力、素质的具体要求，分析每一门课程在专业综合能力培养中的地位、作用，进而科学设置专业核心课程。

（3）课程体系体现学校学科特色。在课程的设置上，根据水利学科的发展趋势，结合学校特色及定位，以拓展学生的知识面和满足学生的个性需求为目标，打破学科专业壁垒，推动多层次学科交叉融合。增加选修课的课程数量，让学生根据自己的兴趣选择课程[22]，提升学生的学习积极性。

3 2018版课程体系合理性的问卷调查

针对水文与水资源工程专业2018版课程体系合理性问题，向行业与企业专家、用人单位、校内专家、往届毕业生发放了调查问卷（表1）。

表 1   调查问卷发出及反馈情况

调查问卷人群类型	发出问卷数量/份	反馈问卷数量/份	回收率/%
行业与企业专家＋用人单位	28	20	71.4
校内专家	10	10	100.0
往届毕业生	50	41	82.0

统计行业与企业专家和用人单位、校内专家、往届毕业生对问卷中每个选项的得票数以及"基本合理"及以上的得票占比（图1）。

问卷调查结果表明，2018版课程体系总体合理，但也存在不足，如水文测验知识方面没有单独设课、实践环节相对而言有些薄弱等。

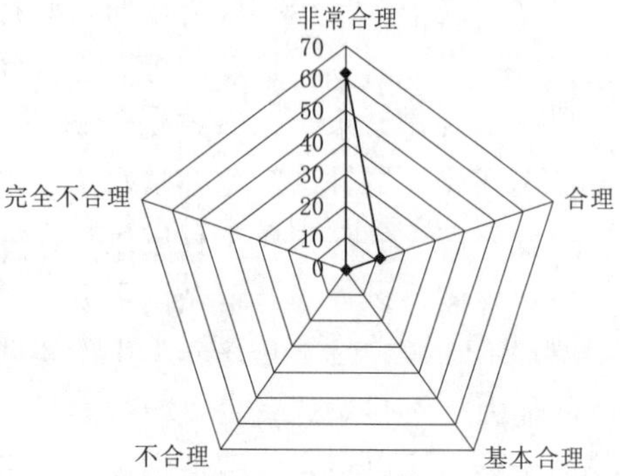

4　课程体系修订结果

根据持续改进理念、课程体系修订思路及问卷调查结果，完成2020版课程体系修订。其中，持续改进主要反映在以下八个方面：

图 1　课程体系合理性综合评价
调查结果雷达图

（1）结合工程教育认证的要求，调整了课程体系设置，学科基础课、专业基础课、专业核心课及实践环节对各指标点的支撑更加清晰化，每个指标点3～5门课程，专业课程2～3个指标点。加强课程教学内容，实现课程内容对课程目标的有效、全面覆盖，促进非技术能力的养成。

（2）结合行业需求、地域特点和学科优势，进一步优化专业模块方向，在2018版地热资源、生态环境2个模块的基础上，进一步调整为资源利用与管理、环境与生态保护2个模块，有针对性地设置不同课程专业必修课和专业拓展课，兼顾学生的兴趣培养和行业需求。

（3）按照工程教育认证标准，增加了水文测验与水文统计、水文分析与计算等课程，强化了对相关毕业要求的支撑。

（4）强化专业课程实践教学，增设计算机课程设计、水文与水资源综合实验、水文分析与计算课程设计，着力提高学生的工程实践能力。

（5）新增工程概论、劳动教育、军事理论、思想政治理论课、综合实践等课程，提升学生非技术能力，加强对学生综合素质的培养和训练。

（6）在专业课程内容建设和教学大纲中增加了创新创业元素，强化了创新创业实践，着力培养学生的创新思维与创新能力。

（7）加强"课程思政"教育，结合课程自身特点增加相关课程思政案例，通过专业课程学习潜移默化塑造本专业学生的家国情怀、社会主义核心价值观、人文素养、创新思维、科学精神、民族信仰等方面的软实力。

（8）改革课程考核方式，强化过程考核环节及所占比重，其中专业必修课过程考核占总成绩的50%。

水文与水资源工程专业的课程体系主要按两条线设计，即理论教学和实践教学体系。其中，理论部分包括"人文社会科学类通识教育课程""数学与自然科学类课程""工程基础类课""专业基础类课程"和"专业类课程"，实践教学部分包括实验、实习、课程设计、毕业设计（论文）等工程实践类课程（图2）。

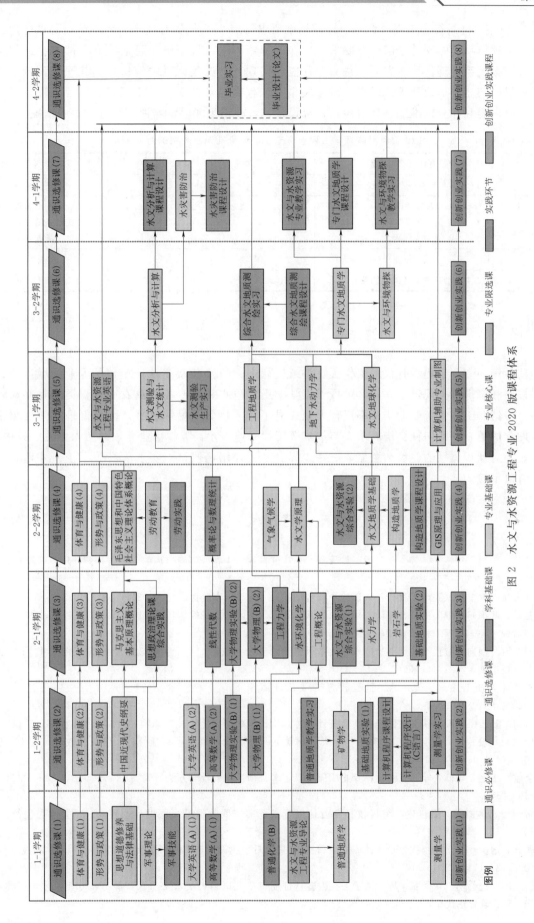

图 2　水文与水资源工程专业 2020 版课程体系

2020 版课程体系符合工程教育专业认证标准要求（表2），能够有效支撑相应毕业要求的达成，一方面整个课程体系能够支持全部毕业要求，即在课程矩阵中，每项毕业要求指标点都有合适的课程支撑，并且支撑关系合理；另一方面，每门课程能够实现其在课程体系中的作用，其课程大纲中明确建立了课程目标与相关毕业要求指标点的对应关系，课程内容与教学方式能够有效实现课程目标，课程考核方式、内容和评分标准能够针对课程目标设计，考核结果能够证明课程目标的达成情况。

表 2   **2020 版课程体系与工程教育专业认证标准课程类别的对应关系**

序号	工程教育认证课程类别	学分占比要求	实际学分占比	2020 版课程体系
1	数学与自然科学类课程	15%	15.99%	学科基础课
2	工程基础类课程、 专业基础类课程、 专业类课程	30%	32.85%	学科基础课 专业必修课 专业拓展课
3	工程实践与毕业设计	≥20%	23.26%	实践环节
4	人文社会科学类通识教育课程	≥15%	27.90%	通识教育课

5 结语

当前，国内专业工程教育认证工作正在持续进行中。2022 年接受认证申请的专业领域达 20 大类。其中，按照教育部有关规定设立的，可授予工学学士学位水利类专业以及农业工程类的农业水利工程专业均可申请。工程教育专业认证不仅较大地提升了人才培养质量和水平，而且促进了学校和教师人才培养理念的更新。面向社会培养水文与水资源工程专业人才，吸收行业专家和用人单位、校内专家、往届毕业生对课程体系的建议和意见，进一步提高了人才培养质量，实现了高等学校人才培养与社会需求的有效衔接。

<h1 style="text-align:center">参 考 文 献</h1>

[1] 王琼，程锐，刘咏峰，等. 水利类工程教育专业认证自评报告在线答疑培训的实践与探索 [J]. 科教文汇（中旬刊），2021（2）：99-100.

[2] 李志义，赵卫兵. 我国工程教育认证的最新进展 [J]. 高等工程教育研究，2021（5）：39-43.

[3] 王颖，叶雨晴. 中美工程教育认证标准中的素质教育研究 [J]. 高教学刊，2021，7（21）：1-4，10.

[4] 陈嘉俊. 英国高等工程教育专业认证研究 [D]. 长春：东北师范大学，2021.

[5] 姜弘道. 面向新时代水利新形势的水利类本科专业的建设与改革：基于工程教育专业认证的思考 [J]. 水利水电科技进展，2021，41（1）：1-8，15.

[6] 刘秀平，胡新煜，徐健，等. 工程教育专业认证体系下专业特色建设的探析 [J]. 中国现代教育装备，2020（15）：89-91.

[7] 盛婧. 基于工程教育认证的课程教学质量评价体系构建策略研究 [D]. 哈尔滨：哈尔滨理工大学，2021.

[8] 李德溥，晏祖根，陈江. 工程教育专业认证背景下课程质量评价体系构建 [J]. 黑龙江教育（理论与实践），2021（4）：49-50.

[9] 余航，王龙，杨蕊，等. 工程教育专业认证背景下水文预报课程教学方法研究 [J]. 教育教学论坛，2020（52）：256-257.

[10] 席剑辉，蒋丽英，朱琳琳. 工程教育专业认证背景下的实践教学模式探讨与改革 [J]. 中国现代教育装备，2020（17）：39-41.

[11] 顾涵，房勇. 基于工程教育专业认证标准和 OBE 理念对毕业设计环节的创新探索与实践 [J]. 实验技术与管理，2020，37（11）：209-212.

[12] 门宝辉，纪昌明，张尚弘，等. 基于工程教育认证制定华北电力大学水文与水资源工程专业人才培养方案的实践 [J]. 教育现代化，2018，5（46）：67-68，156.

［13］ 李光，陶发荣. 基于工程教育认证的人才培养方案修订与思考［J］. 广州化工，2020，48（21）：184－186.

［14］ 马丽生，王正山，程辉，等. 面向工程教育认证的课程目标达成评价探索与实践［J］. 滁州学院学报，2020，22（5）：112－115.

［15］ 沙金，郑斯斯. 工程教育认证背景下毕业要求达成度评测研究［J］. 湖北师范大学学报（自然科学版），2021，41（3）：50－57.

［16］ 杨璐，周海波，李彬，等. 工程教育专业认证中"毕业要求达成度评价与反馈体系"的研究与实践［J］. 中国现代教育装备，2021（3）：80－84.

［17］ 孙晶，张伟，崔岩，等. 工程教育专业认证的持续改进理念与实践［J］. 大学教育，2018（7）：71－73，86.

［18］ 伊向艺，杨斌，张浩，等. 工程教育专业认证背景下培养目标的持续改进研究：以成都理工大学石油工程专业为例［J］. 成都理工大学学报（社会科学版），2021，29（3）：112－118.

［19］ 张舰. 工程教育专业认证标准下持续改进运行机制与评价体系研究［J］. 黑龙江教育（理论与实践），2021（5）：52－53.

［20］ 杨容浩，李少达，秦岩宾，等. 测绘工程专业新工科课程体系改革实践［J］. 高教学刊，2023，9（12）：124－127，131.

［21］ 王亚玲. 基于OBE教育理念下的表演专业实践课程体系改革：以河南工程学院服装表演专业为例［J］. 鞋类工艺与设计，2023，3（13）：125－127.

［22］ 闫东锋，代莉，周梦丽，等. "新林科"建设背景下林学专业课程体系改革与实践［J］. 西部素质教育，2022，8（11）：27－29.

作者简介：冯建国，男，1976年，副教授，山东科技大学，从事水文与环境方面的教学与研究工作。Email：feng_jg@sdust.edu.cn。

基金项目：教育部高校学生司供需对接就业育人项目（20230113519）；基于工程教育专业认证背景下水利高等教育教学改革研究课题（20237215、20237228）。

基于 OBE 理念的课程思政教学效果评价体系构建
——以水文与水资源工程专业为例

刘玉玉　付永斐　刘鲁霞　武　玮　傅　新　潘维艳

（济南大学水利与环境学院，山东济南，250022）

摘要

专业课程是课程思政的基本载体，在思政元素有效融入专业课程达到润物细无声的同时，如何评价课程思政教学效果是课程思政研究的重要课题。本文基于 OBE 理念构建了专业教学与课程思政融合体系基本框架，厘清了专业课程课程思政教学体系设计逻辑；采用德尔菲专家函询法，建立了以学生为中心的课程思政教学效果评价指标体系，共 22 个指标；以水文与水资源工程专业为例，运用组合赋权和综合模糊评价法进行探索和应用；综合评价结果为"良"，目标层中接受知识、塑造价值和培养能力评价结果分别为"良""优""中"。评价结果能够客观反映水文与水资源工程专业课程思政教学现状，可为后续专业课课程思政教学建设提供参考。

关键词

课程思政；OBE 理念；教学效果评价；水文与水资源工程专业

2014 年，《上海高校课程思政教育教学体系建设专项计划》首次提出课程思政概念，并遴选了一批试点学校。2020 年，教育部印发的《高等学校课程思政建设指导纲要》指出，高校要结合各专业学科特点分类推进各专业课程思政建设，将课程思政融入教学全过程，该纲要将课程思政研究推向高潮[1]。"课程思政"是将思想政治教育融入各类课程教学的各环节，将"隐性思政"与"显性思政"的思想政治理论课相结合，形成协同效应，共同构建全课程育人格局[2]。当前课程思政已成为教育研究的热点问题，主要涉及课程思政的核心要义、课程思政的实施路径、课程思政教学体系改革以及课程思政与思政课程的关系等内容，在理论探索和实践经验上均取得了相应研究成果，但对于课程思政教学评价的定量研究较少，尚未形成课程思政"目标—实施—评价—改进"的闭环。水文与水资源工程专业课程中蕴含着大量的思政元素，其课程思政教学对未来卓越工程师的能力培养和价值引领起到重要作用，而教学评价是其课程思政教学体系中构成闭环的关键环节，也是当前专业课程思政实践探索的薄弱环节。且课程思政教学效果评价体系能够推进课程思政的全面实施，不仅是检验课程思政教学质量的衡量标准，还是提升课程思政育人成效的反馈机制[3]。因此，亟须构建一套科学有效的水文与水资源工程专业课程思政教学效果评价指标体系，为本专业课程思政教学评价提供有效的量化工具。

OBE（outcome based education）理念是一种以学生为本的成果导向教育理念，指教学设计和教学实施的目标是学生通过教育过程最后所取得的学习成果[4]。当前国内许多高校已将 OBE 理念运用在工程教育专业认证和师范类专业认证工作中，形成了较为完善的理论体系和实践模式。而融合 OBE 理念的课程思政评价研究还处于初步探索阶段，倪晗等[5] 和窦新宇等[6] 分别构建了 OBE 视野下的课程思政教学效果评价模型和评价体系；蔡其伦和李芳芳[4] 阐述了大学英语课程思政教学效果评价融入 OBE 理念的重要性；何芸[7] 建立了基于 OBE 理念的大学英语专业课程思政培养目标达成度评价体系。将 OBE 教育理念融入水文与水资源工程专业课程思政建设中,在评价课程思政建设成果时以学生的达成度为依据,是实施课程思政评价的重要思路,是探索工程教育认证与课程思政相结合的应用型人才培养新模式,可不断提高工程类人才培养质量。

本文以水文与水资源工程专业为例,针对本专业的教学质量评价中缺乏思政教育定量评价的问题,建立了基于 OBE 理念的课程思政教学效果评价指标体系。运用组合赋权和综合模糊评价法进行科学量化和综合评价,为水文与水资源工程专业课程思政教学效果评价提供借鉴,同时为理工科其他专业提供参考。

1 基于 OBE 理念的专业教学与课程思政融合体系

OBE 理念遵循"反向设计、正向实施"的原则,通过目标学习成果的逆向设计来构建课程体系和实施教学过程,持续改进和优化课程与教学,形成反馈调节,最终达到期望成果[8]。基于 OBE 理念的专业教学与课程思政融合体系如图 1 所示,校内反馈与校外反馈相结合,不断修正和优化培养目标,使系统处于动态调整状态,以达到专业课程与课程思政融合的最优效果。校外反馈包括专家及同行评价、毕业生评价、工程专业认证及就业创业成果。校内循环及反馈包括六个部分:培养目标、毕业要求、课程体系、教学方法、教学实施及评价体系。培养目标不仅要综合考虑校内和校外反馈,更要取决于国家及社会发展需求、行业产业发展需求、学校需求和家庭需求等因素,从而为"三全育人"机制的建立奠定基础。

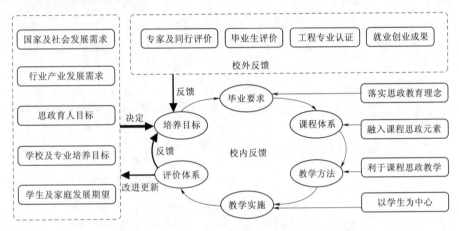

图 1 基于 OBE 理念的专业教学与课程思政融合体系

基于 OBE 理念,课程思政的融入对专业课程教学的各环节均提出了相应要求,培养目标要融入思政育人目标;毕业要求要落实思政教育理念;课程体系要植入课程思政元素;教学方法要利于课程思政的顺利开展;教学实施要聚焦学生学习效果,突出学生主体地位;教学评价重点应由教师"教得如何"转变为学生"学得如何",强调学生预期学习效果的确定。在相应要求下,专业课程教学系统按以下步骤进行:首先,通过水文与水资源工程专业核心价值体系构建课程思政目标,与专业人才培养目标相融合;其次,确定该专业毕业要求,进一步细分为不同的毕业要求指标点,各指标点中思政能力的有效达成应与课程思政目标相互支撑;然后,在课程体系设计中寻找课程思政的切入点,选取利于融入课程思政的教学手段和策略,实施以学生为中心的教学活动,使开展的教学活动服务于"培养目标"有效达成这一根本目的;最后,通过教学效果评价来反映培养目标达成度情况,评价结果的运用要远大于评价结果本身,主要用于持续改进教学设计、反馈调整课程思政与专业教学相融合的成果导向目标。遵循以上过程,即完成了专业课程思政教学"目标—实施—评价—改进"的闭环。

2 课程思政教学效果评价体系

2.1 拟订评价指标体系

基于 OBE 理念的课程思政教学效果评价的核心是课程目标达成度评价，评价主体为学生，评价对象为学生所取得的学习成果。结合本专业课程思政课堂学习效果，通过查询和分析相关文献，参考本专业教学管理条目、学生评教系统相关标准以及《高等学校课程思政建设指导纲要》相关要求，整理归纳初步形成评价指标条目池。采用德尔菲专家函询法，对初步拟订的各评价指标设置的科学性、规范性、合理性和全面性等征询专家意见。正式函询调查前，选择了 5 名专家进行预调查，根据其反馈意见形成了第 1 轮专家函询调查问卷，包括研究内容及目的介绍、专家基本情况和征询指标条目情况三部分内容。通过微信和电子邮件发放函询问卷，每轮专家函询均限定在 7 天内完成。第 1 轮专家函询结束后，根据专家对指标的建议和意见进行修改完善，设计形成第 2 轮专家函询问卷，再次请专家进行二次评判。完善过程中的指标删除标准为"指标条目重要性赋值均数<4、变异系数>0.25"。最终构建了以学生为中心的课程思政教学效果评价指标体系，由"目标层—准则层—指标层"3 个层次构成，共包括 22 个指标（表 1）。

表 1   课程思政教学效果评价指标体系

目标层	准则层	指 标 层
接受知识（A_1）	学习态度（B_1）	课堂出勤率及课堂参与度较高，按时完成作业（C_1）
	理解知识（B_2）	理解所学知识中的思政教育元素（C_2）
	识记知识（B_3）	描述所学知识中的思政教育元素（C_3）
	运用知识（B_4）	在实际生活中运用和践行相关专业思政知识（C_4）
塑造价值（A_2）	课程思政认同感（B_5）	对专业课课程思政的必要性和重要性有较高认识（C_5）
	道德素养（B_6）	理解、尊重和宽容他人，与他人友好相处（C_6）
	自身价值观（B_7）	自觉践行社会主义核心价值观，增强对党的认同感（C_7）
	社会责任感（B_8）	积极向党组织递交入党申请书和接受党课培训（C_8）
		主动关心国家发展动态，全面客观地关注社会问题（C_9）
培养能力（A_3）	高级思维能力（B_9）	运用辩证的眼光分析、比较、评价、预测事物（C_{10}）
	就业创业能力（B_{10}）	运用新的思考方法解决问题的思维（C_{11}）
	个人发展（B_{11}）	职业素养得到培养和提升，如职业信念、职业认同感（C_{12}）
	文化传承（B_{12}）	在专业实践中践行水利专业精神（C_{13}）
		能与他人共同开展工作，如沟通能力、团结协作能力（C_{14}）
		具有采用科学方法开展工作和研究的能力（C_{15}）
		提升有效利用时间的能力（C_{16}）
		提高表达与沟通交流能力（C_{17}）
		提升持之以恒坚持学习的能力（C_{18}）
		提高身体机能与心理健康水平（C_{19}）
		理解与认同中华优秀文化（C_{20}）
		鉴赏与辨别外来文化（C_{21}）
		坚定"四个自信"，践行文化自信，弘扬民族精神（C_{22}）

2.2 数据获取

以济南大学 2018 级水文与水资源工程专业 30 名学生为研究对象，与评价指标相对应，采取多种方式获取评价指标数据。

（1）考查考试相结合的知识接受效果评价。针对 A_1 目标层各指标，教师通过考查学生本学期的出勤率、课堂表现以及作业完成情况给出平时成绩，综合考试成绩得出"接受知识"得分。

（2）形成性价值塑造效果评价。课程思政价值塑造效果各指标可用形成性评价进行考量，一方面，设计评价表格，教师每月评价学生的价值观塑造情况；另一方面，学生定期开展自评，写下自身优势与不足，学生群体内进行互评，相互指出需改进之处。

（3）档案袋能力培养效果评价。充分发挥校内校外多元评价主体作用，从生活、学习和工作等不同角度考察、记录和描述学生理解运用课程思政教学内容的行为，形成档案袋记录，最终结合其他途径综合评判学生的行为养成和能力培养情况。

（4）问卷调查综合效果评价。根据评价指标体系设计课程思政教学效果评估问卷，分为学生自我评估版和他评版；充分发挥多元评价主体的积极性，利用"问卷星"向 30 名学生发放自我评估版调查问卷，向每个学生的室友、辅导员、班主任以及任课教师发放他评版调查问卷。并通过半结构式访谈的方式向辅导员、班主任以及任课教师了解本专业学生的知识接受、价值塑造和能力培养综合情况。

整理归纳各评价考量结果，咨询专家意见对指标值进行打分，打分区间为 $[0，100]$。设置"非常符合、比较符合、一般性符合、不符合、非常不符合"5 个等级，分别对应分值区间为 $(80，100]$、$(60，80]$、$(40，60]$、$(20，40]$ 和 $[0，20]$，统计 30 名学生各指标的综合得分情况。

2.3　权重确定

2.3.1　层次分析法

分别构造准则层各要素之间和各准则层下相应指标层各要素之间的判断矩阵 A，采用 1～9 标度法通过专家咨询对同一层次内 n 个要素的相对重要性进行打分，通过 MATLAB 进行一致性检验和归一化处理，最后得到权重向量 W。计算公式为

$$AW = \lambda_{\max} W \tag{1}$$

式中：W 为各项指标的相应权重；$\lambda_{\max}$ 为判断矩阵最大特征根。

2.3.2　熵权法

熵是一个系统的状态函数，是系统无序度的一种度量工具。熵权法可以考虑到指标现状值对评估结果的影响，更贴合客观实际，采用熵权法对主观权重结果进行修正可使权重结果更加科学。计算公式为

$$y_{ij} = \frac{1 + r_{ij}}{\sum_{j=1}^{n}(1 + r_{ij})} \tag{2}$$

$$H_i = -\frac{1}{\ln n}\sum_{j=1}^{n} y_{ij}\ln y_{ij} \tag{3}$$

$$\omega_i = \frac{1 - H_i}{m - \sum_{j=1}^{m} H_i} \tag{4}$$

式中：r_{ij} 为指标值；H_i 为第 i 个指标的熵；ω_i 为第 i 个指标的权重；n 为指标个数。

2.4　评价方法

采用模糊综合评价法进行隶属度计算。建立目标层和各准则层评价指标集，确定代表具体评价指标"优、良、中、差、劣"5 种状态的评判集，分别对应指标的 5 个等级。采用柯西分布函数为隶属度函数计算隶属度矩阵 R，与权重向量 W 进行模糊乘运算，得到综合评价向量 D。根据最大隶属度原则，最终确定目标层所属等级状况，公式为

$$r(x) = \frac{1}{[1 + a_2(x - a_1)^2]} \tag{5}$$

$$D = WR \tag{6}$$

式中：$r(x)$ 为隶属度函数；x 为指标现状值；a 为函数参数。

3 评价结果

3.1 指标权重结果

采用层次分析法计算各指标主观权重，借助熵权法进行客观赋权，采用加权平均的方法得到综合权重，结果见表 2。目标层中，培养能力所占比重最大，为 0.5407；其次为塑造价值，权重为 0.2641；接受知识所占比重最小，为 0.1952。准则层中，就业创业能力和个人发展的权重值最大，二者均为培养能力指标；识记知识的权重值最小。指标层各指标相对于目标层的权重范围为 0.0231～0.0763，各指标间权重差异较大。

表 2　课程思政教学效果评价权重结果

目标层	综合权重	准则层	综合权重	指标层	层次分析法	熵权法	综合权重
A_1	0.1952	B_1	0.0430	C_1	0.0543	0.0317	0.0430
		B_2	0.0763	C_2	0.0619	0.0907	0.0763
		B_3	0.0231	C_3	0.0148	0.0314	0.0231
		B_4	0.0528	C_4	0.0417	0.0638	0.0528
A_2	0.2641	B_5	0.0714	C_5	0.1143	0.0285	0.0714
		B_6	0.0419	C_6	0.0838	0.0000	0.0419
		B_7	0.1005	C_7	0.0324	0.0884	0.0604
				C_8	0.0247	0.0555	0.0401
		B_8	0.0503	C_9	0.0501	0.0505	0.0503
A_3	0.5407	B_9	0.0809	C_{10}	0.0417	0.0448	0.0433
				C_{11}	0.0324	0.0428	0.0376
		B_{10}	0.1828	C_{12}	0.0681	0.0325	0.0503
				C_{13}	0.0489	0.0536	0.0512
				C_{14}	0.0684	0.0301	0.0492
				C_{15}	0.0220	0.0422	0.0321
		B_{11}	0.1604	C_{16}	0.0478	0.0491	0.0485
				C_{17}	0.0572	0.0391	0.0481
				C_{18}	0.0321	0.0382	0.0352
				C_{19}	0.0208	0.0365	0.0286
		B_{12}	0.1166	C_{20}	0.0402	0.0744	0.0573
				C_{21}	0.0148	0.0346	0.0247
				C_{22}	0.0276	0.0415	0.0346

3.2 综合评价结果

目标层中，接受知识评价向量为 $D_1 = (0.3346, 0.4004, 0.0782, 0.0533, 0.1335)$，据最大隶属度原则，评价结果为"良"，表明 2018 级水文与水资源工程专业学生能较好地接受、理解和运用课程思政知识；塑造价值评价向量为 $D_2 = (0.3924, 0.2637, 0.0573, 0.023, 0.2637)$，评价结果为"优"，体现出学生在接受课程思政知识后能够转化为自身思政素养的提升，具有正确的价值观和强烈的责任意识；培养能力评价向量为 $D_3 = (0.0601, 0.2433, 0.3908, 0.1819, 0.0639)$，评价结果为"中"，表明学生以课程思政知识促进自身高级思维能力和就业创业能力的提升、个人发展水平的提高和文化传承能力的加深还有待提升。

水文与水资源工程专业课程思政教学效果的综合评价向量为 $D = (0.2014，0.2794，0.2417，0.1148，0.1303)$，根据最大隶属度原则，综合评价结果为"良"，表明水文与水资源工程专业学生课程思政学习成果较好，反映出教师教学效果较好，专业教学质量较高，初步实现了该专业的专业培养目标和思政育人目标。

4　结语

基于 OBE 理念的课程思政建设是一项系统工程，需要人才培养目标、毕业要求及指标点、课程体系等一系列教学环节的有效参与，才能达到润物细无声的育人效果，更离不开教学效果评价这一重要衔接点。本文构建了基于 OBE 理念的专业教学与课程思政融合体系框架，以学生为中心设计了课程思政教学效果评价指标体系，并在水文与水资源工程专业进行了实践探索，为课程思政教学效果评价的发展与完善提供参考。在后续研究中，还应继续完善：一方面，加大问卷收集，丰富完善评价考量方式方法，在后期对学生进行动态跟踪，了解学生长期学习效果；另一方面，综合考虑课堂内外对学生学习效果的影响，保证研究的全面性。

参 考 文 献

[1] 教育部关于印发《高等学校课程思政建设指导纲要》的通知 [EB/OL]. (2020 - 06 - 03) [2023 - 05 - 15]. http://www. gov. cn/zhengce/zhengceku/2020 - 06/06/content_5517606. htm

[2] 孙亚伦，倪晗. 高校课程思政评价指标体系构建研究 [J]. 牡丹江教育学院学报，2022 (3)：91 - 93.

[3] 王岳喜. 论高校课程思政评价体系的构建 [J]. 思想理论教育导刊，2020 (10)：125 - 130.

[4] 蔡其伦，李芳芳. 基于 OBE 教育理念的大学英语课程思政教学评价研究 [J]. 邯郸学院学报，2022，32 (2)：107 - 111.

[5] 倪晗，刘彩钰. OBE 理念下的课程思政教学效果评价探索 [J]. 黑龙江教育（高教研究与评估），2022 (2)：54 - 57.

[6] 窦新宇，王建龙，王玉娜. 基于 OBE 理念的课程思政评价体系的构建 [J]. 工业技术与职业教育，2022，20 (2)：65 - 68.

[7] 何芸. OBE 导向下大学英语"课程思政"培养目标达成度评价体系构建与实施 [J]. 湖南科技学院学报，2021，42 (2)：106 - 108.

[8] 张建勋，朱琳，武志峰. 基于学习产出导向的专业课程思政评价研究 [J]. 黑龙江教师发展学院学报，2022，41 (6)：25 - 28.

作者简介：刘玉玉，女，1984 年，副教授，济南大学，从事水文学及水资源领域研究。Email：stu_liuyy @ujn. edu. cn。

基金项目：济南大学教学改革研究项目 (J2147，JZC2128)。

工程教育认证背景下农业水利工程专业思政教育创新路径探析

——以甘肃农业大学为例

黄彩霞　齐广平　张　芮　赵　霞　王引弟　马彦麟
王泽义　李福强　贾　琼

（甘肃农业大学水利水电工程学院，甘肃兰州，730070）

摘　要

在教学过程中实施工程教育专业认证和课程思政深度融合是培养学生在思想上爱党爱国爱人民、拥护社会主义道路的途径之一，也是实现在专业水平上达到国际工程教育认证培养优秀人才要求的重要保障。工科专业教学重理论知识和实践能力培养、轻德育教育，重课堂思政教育、轻教学过程性考核和考试环节的思政教育等问题突出。本文以甘肃农业大学为例，在综合考虑学校办学定位和学院学科专业特点基础上，从学院层面的改革视角出发，围绕立德树人的根本任务，探索分析了工程教育认证和新工科的教育理念下如何从课程思政制度建设、人才培养德育目标、课程建设、教师素养、思政教学评价体系、激励机制等方面全面开展专业课程思政建设，为培养具有新时代水利精神的全面发展的农业水利工程专业高素质人才提供新路径。

关键词

课程思政；工程教育认证；新工科；农业水利工程，发展路径

2018 年 5 月 2 日，习近平总书记在北京大学师生座谈会上强调："教育兴则国家兴，教育强则国家强。高等教育是一个国家发展水平和发展潜力的重要标志。"高校作为人才培养的主阵地，其根本任务是立德树人。全面推进高校思政教育及课程思政建设是落实高校立德树人根本任务的战略举措，只有把立德树人融入思想道德教育、文化知识教育、社会实践教育各环节，才有利于培养德智体美劳全面发展的社会主义建设者和接班人。

2004 年以来，中央一号文件连续 18 年聚焦的"三农"问题，体现了"三农"问题在中国社会主义现代化时期重中之重的地位。高校农业水利工程专业作为培育农业工程领域创新人才的重要平台，已由传统服务农业生产逐渐扩展到服务土地整治、土壤生态修复、水土资源保护、农村饮水安全、农村污水处理等多领域、多学科交织的综合性专业，在人才培养方面主要瞄准国家发展战略和"补短板、强监管"对水利人才的需求，旨在推动人才培养使用与国家发展战略和重大水问题深度融合。因此，高校加强课程思政与专业课程的深度融合，将新时代水利精神合理融入教学各环节，嵌入人才培养全过程，才能落实立德树人，培养出合格的水利人才。

1　农业水利工程专业课程思政建设的背景及意义

我国是农业大国，农为立国之本，水为兴邦之源。水利是农业的命脉，兴修水利是保障农业安全的重要举措。农业水利工程是研究利用灌溉排水工程措施调节农田水分状况、采用调蓄水工程等措施

改变和调节地区水情以及通过山水田林路村综合整治，以达到消除水旱灾害，科学利用水资源，为发展农业生产和改善生态环境服务的综合性学科，是人类求生存、谋发展过程中形成的古老而又与时俱进的科学技术。随着现代社会发展，农业水利工程的内涵已经发生了深刻的变化，由传统的以服务农业生产为中心，扩展到服务乡村振兴、新型城镇化战略等国家重大需求，涉及土地整治、土壤生态修复、水土资源保护、农村饮水安全、农村污水处理等关乎国家粮食安全、乡村振兴和生态文明建设的大事。新工科背景下，本专业学生除学习农业水利工程方面的基础理论、基本知识和专业技能外，必须注重学生思想道德、社会责任感培养，做担当进取的水利人[1]。

本专业拟通过将思想政治工作贯穿于人才培养目标、课程体系建设、师资队伍、教材体系、管理机制等教育教学全过程之中，在传授课程知识的基础上引导学生将所学到的知识和技能转化为内在德行和素养，注重将学生个人发展与社会发展、国家发展结合起来，有助于帮助学生解答思想困惑、价值困惑、情感困惑，激发其为国家学习、为民族学习的热情和动力，帮助其在创造社会价值过程中明确自身价值和社会定位，最终培养适应社会主义现代化建设需要，德智体美劳全面发展，有社会责任感、创新精神和终身学习能力，具有国际视野、团队合作精神和沟通交流能力，掌握农业水利工程领域的基础理论和专业知识，具备人文社会科学素养和工程实践能力，能够在水利、国土、水保、农业等部门从事与农业水利工程有关的勘测、规划、设计、施工、管理和科学研究等方面工作的复合型高级工程技术专业人才。

2　农业水利工程专业课程思政建设现状

专业课程思政是以构建全员、全程、全课程育人格局的形式将各类专业课程与思政课程同向同行，形成协同效应，把"立德树人"作为教育的根本任务的一种综合教育理念，起源于 2005 年上海市教委在中小学课程建设领域实施的"学科德育"，经过 9 年逐步发展，2014 年正式在上海市高校率先开展试点。2018 年 12 月在北京召开的全国高校思想政治工作会议正式拉开了高校思政工作的序幕。农业水利工程专业于 1952 年在华东水利学院组建成立，是我国最早开办农业水利工程专业的学校，经过多年的发展，全国现有 40 所高校开办本专业。2018—2022 年，中国知网收录农业水利类专业课程思政建设论文 116 篇，由 2018 年 1 篇增加到 2021 年 41 篇，课程包括专业基础课和专业课程，建设内容有从课程思政的设计原则、实施路径及存在的问题探讨，也有从教学理念、教学手段、思政元素挖掘等诸多方面进行课程思政创新性改革的探索与实践，这些探索与实践为农业水利工程专业课程思政建设提供了良好的借鉴和启发。然而，高校农业水利工程专业课程思政建设也存在一些问题，如专业教师课程思政知识缺乏、教学能力不足，课程思政与专业课程存在"两张皮"现象严重；重理论课轻实践环节课程思政建设问题突出；忽视教学过程性考核和考试环节的思政教育，同时缺乏课程思政培养效果与评价、激励机制等[2-5]。因此，针对全国高校农业水利工程专业课程思政存在的问题，本文以甘肃农业大学农业水利工程为例，在综合考虑学校办学定位和学院学科专业特点基础上，围绕课程思政制度建设、课程建设、教师思想意识和能力提升、思政教学评价体系、质量保障等方面，采用要素分析与整体分析、假设与实证的方法深入系统地推进课程思政建设，旨在为培养具有新时代水利精神的全面发展的水利类高素质人才提供路径和策略。

3　农业水利工程专业课程思政建设与探索

3.1　课程思政制度建设

充分挖掘和拓展专业课程的育人价值，推动专业课程走向课程思政，有赖于相关制度的健全。本专业在遵守学校现有规章制度基础之上，结合专业思政德育目标，有针对性地制定了相关制度，以期推动构建课程思政的育人大格局。

3.1.1　以教研室为核心，建立集体教研制度

教师是实施课程思政的主体，教师思政意识、教学能力的提升是解决课程思政与专业课程出现"两张皮"现象的主要措施。课程思政集体教研制度建设是提高师资教学能力的关键，是打造思政教育高效课堂的前提，是创造优良教风的保证。农业水利工程系以系主任为组长，系副主任为副组长，1名教授、2名副教授为组员组成集体教研领导小组，不定期检查教学思政课程授课情况，对教学思政内容严格审查，避免走进思政教学的误区。同时定期在召开教研室活动后进行优秀典型案例评选与分享，鼓励教师最大化地发挥思政教学潜力，打造高水平的课堂教学。

3.1.2　以提升教学能力为中心，建立相关培训制度

课程思政要求专业教师不止于传授专业知识，还需要做思想道德品质的引领者，对教师思想水平、业务知识、业务能力提出了更高的要求，因此，通过定期组织教师系统学习思想政治理论知识、走进企业领会专业思政元素、邀请相关专家学者解读课程思政等方式提高教师思政水平；也可以借助教研室活动、党支部活动、专业建设等系列活动组织课程思政教学观摩、教学研讨及教学竞赛等专题研讨，通过专题培训和专题研讨制度促进教师教学能力提升。

3.2　课程思政人才培养方案和教学大纲修订

人才培养方案是保证一个专业教学质量和人才培养规格的基本教学文件，是组织教学过程、安排教学任务、确定教学编制的基本依据。教学大纲是每一门课程的教学纲要，是教师进行教学的主要依据。农业水利工程专业实施课程思政教育建设，就要从国家意识形态战略高度出发，将"忠诚、干净、担当，科学、求实、创新"新时代水利精神作为思想内容融入本专业人才培养方案和教学大纲。即依托人才培养方案和教学大纲，先确定本专业的总体德育培养目标和要求，再将目标和要求分解到5个课程群（测绘与制图课程群、水文与水资源课程群、水工与结构工程课程群、水利经济与工程管理课程群、土壤与灌排课程群），然后每个课程群再将内容细化分配到每一门课程，最后由课程负责人或团队深入挖掘思政元素，并写入教学大纲，由学院成立的以专业教师代表、系主任、分管教学领导、党委书记组成的督导组审核教学大纲，审核通过后任课教师按照课程特点分阶段分类实施。

3.3　思政课程内容建设

农业水利工程专业课程体系结构由通识教育平台（27.9%）、专业教育平台（51.5%）、实践教育平台（18.2%）、个性化发展教育平台（2.4%）构成。因此，要针对不同类型课程挖掘课程思政元素的切入点和侧重点，课程思政不是思政课程，不能生搬硬套地将思政内容简单地移植到专业课中，如专业教育平台（专业必修课、选修课）的课程就要注重科学思维方法的训练和科学伦理的教育。"灌溉排水工程学"是农业水利工程专业的一门核心课程，主要围绕灌溉与排水两个主线提出解决农田水分不足与过多问题采取的工程措施，包括土壤水分状况、作物需水量计算、灌溉制度确定、灌溉水源选择、灌溉系统规划及排水原理与工程设计等，是一门逻辑性和实践性很强的课程，在培养学生运用理论来指导实践的同时，需充分考虑水利工程在利国利民方面的重要性，如水源工程、输水工程等，其功能不仅仅体现在服务农业生产上，对于保障国家粮食安全、维护社会稳定和助力乡村振兴等方面均具有重要的作用，本课程的德育内容就这样自然而然被引出。实践教育平台包括认识实习、生产实习、专业综合实验课以及部分课程的课程设计。课程设计是工科专业加深对课程内容的理解，提高学生综合应用能力和创新能力的主要途径之一，是课程思政不可缺少的环节。而要达到思政课程与课程设计的有机衔接，必须先明确课程设计应该达到的教学要求，然后按照要求融入思政元素，如灌溉排水课程设计的课程教学目标是巩固课堂所学内容并能应用于实践，此时授课教师就要从选题和课程设计拟定解决的问题两方面着手融入思政元素。选题上侧重于国家大力推广的节水灌溉新技术，这既是新时期国家乡村振兴战略主题涉及的内容，也是"十四五"水利发展规划的重要内容，有利于培养学生的

职业道德、价值观以及为国奉献的精神等；在课程设计拟定解决的问题上可以就相关知识点延伸，比如利用水量平衡方法确定灌溉制度时一些关键参数选择对准确灌水至关重要，这时候引导学生进行问题探究从而培养学生的思维能力及探究精神。总之，专业课程思政融入要根据课程特点有效融入，应由近及远、由表及里、引人入胜地引导学生理解专业发展与国家命运的关系，把家国情怀自然渗入课程方方面面，实现润物无声的效果。

3.4 课程思政实效评价体系构建

构建课程思政评价体系是全面实施课程思政的保障措施、衡量标准和反馈机制。农业水利工程专业课程思政评价体系构建是以量化评价和质性评价、形成性评价和总结性评价、诊断性评价和发展性评价相结合的原则通过对思政评价的主体、客体进行全面分析形成的评价指标体系（图1），各评价指标说明如下。

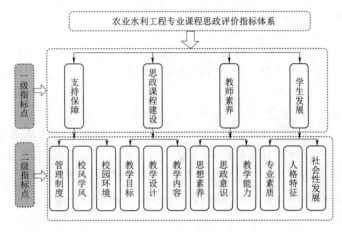

图1 农业水利工程专业课程思政评价指标体系

3.4.1 支持保障方面

课程思政要取得成效，必须要建设长期的支持保障措施。课程思政实施主体是教师，客体是学生，无论主体还是客体，都需要制度的约束和激励。教师教学能力提升除了教师主动学习，还需要被动地接受，因此需要将课程思政建设成效纳入本专业个人绩效考核范围，也通过设立专项教改经费、教学团队经费等方式加大对课程思政优秀成果的支持力度，同时明确激励机制，将教师建设成果纳入岗位聘用、评优评先的优先条件。

此外，学校环境、学习氛围都可能对师生产生潜移默化的影响，好的环境给予师生希望、信心，是课程思政实施的基础保障。

3.4.2 思政课程建设方面

思政课程建设内容主要包括教学目标、教学设计、教学内容。思政教学目标是在专业课程教学目标基础上融入思政教学目标，从而实现知识传授与价值引领的有机统一，因此任课教师必须要制定准确的思政教学目标。

教学设计是思政教学质量提高的关键，一个合理的教学设计首先应该找对思政教学目标，然后在遵循教书育人规律前提下，找准思政元素，通过无缝对接和无痕融入的系统性设计，实现思想政治教育理论贯穿专业教育全过程目标。教学内容可以用专业知识和思想政治理论知识的关联度衡量，避免生搬硬套的思政教育和灌输。

3.4.3 教师素养

教师素养包含思想素养、思政意识和教学能力。思想素养既包括个人修养，也包括思想政治素养、师德师风水平及"三观"，是教师能够胜任工作的基础；思政意识是无须他人提醒便能够将教育人的意识融入头脑中，进而落实到专业教学过程中的一种思想和行动自觉，只有意识到课堂是为党育人，为国育才的重要阵地，清楚把握课程思政与育人的关系，才能主动实施课程思政，做到专业课与思政课同向同行，这是任课教师胜任思政教育的前提。

教学能力是从事教书职业应具有的专门能力，既包括教师的智慧能力、表达能力、审美能力等基础能力，也包括教师的教育能力、管理能力等职业能力，反映教师是否善于胜任课程思政教学。良好的教师素养才能激发学生学习的热情和思想的共鸣。

3.4.4 学生发展

课程思政教育助力学生全面发展，不仅指专业素质的提高，也包括学生表现出的学习兴趣与态度、合作学习、团队意识、自我认知与自我价值感等个体人格特征提升，同时也包括学生的社会责任感、法制观念、道德品质、国家认同、文化认同等社会性发展的增强。只有思想政治教育与专业课程深度融合才能培养出德才兼备、全面发展的水利类人才。

3.5 课程思政评价和激励机制

课程思政评价采用坚持量化评价和质性评价相结合、形成性评价和总结性评价相结合、诊断性评价和发展性评价相结合、教师自评和专家评价相结合的方式进行评价，其中教师自评和专家评价是所有评价措施的基础，教师通过授课目标达成度和学习效果达成度计算完成自我评价，专家评价是对教师的德育水平和价值引领作为主要观测点，通过打分的方式考查教师素养。为了课程思政长期有效发展，必须有明确的激励机制和监督检查制度。课程思政激励机制是通过评选课程思政标杆课程、示范课堂、典型案例及申报思政课题等方式进行不同程度的奖励以激发教师课程思政的能动性和积极性。监督检查制度是以教研室为核心，专业层面教学督导（高级职称）定期通过走进课堂听课或与任课教师课下交流等方式作为评判教师课程思政教学能力的依据，并将这些成效纳入教师绩效考核、职称晋升、教研室教学组织评价中。

4 结束语

课程思政建设是高校思想政治教育工作的重点，高校作为立德树人的主体、育人的主力军，必须坚持全面实施课程思政，构建课程思政育人方案，有利于专业学科育人成效的提升和完善。农业水利工程专业涉及水利工程建设、城镇供水工程建设、农业生产等大事，在保障国家粮食安全、维持水资源可持续发展、服务乡村振兴、维护社会稳定等方面占有重要地位。农业水利工程专业课程思政建设探索与实践以专业课程为载体，以培养新时代水利精神人才为核心，按照工程教育认证和新工科专业发展要求，在课程思政制度的约束下，将思想政治教育理论融入人才培养目标、分解在教学大纲、融入理论教学和实践教学全过程，注重知识传授与价值引领的有机统一，以期达到三全育人的目标。

参 考 文 献

[1] 张强，吴思思. 论新时代水利精神与水利高校"五个思政"的融合途径 [J]. 湖北经济学院学报（人文社会科学版），2020，17（11）：11-13.

[2] 窦超银. 工科专业课课程思政元素的挖掘与融合：以农田水利学为例 [J]. 高教学刊，2022（24）：193-196.

[3] 王红旗. "水利水电工程概论"课程思政元素的挖掘与应用 [J]. 广东水利电力职业技术学院报. 2022，20（1）：56-58.

[4] 郭晓静. "1243"实践教学模式将水利精神融入高校课程 [J]. 湖南工业职业技术学院学报. 2022，22（4）107-109，114.

[5] 廖红建，黎莹. 工科专业课程思政教学探索：以《土力学》混合式教学为例 [J]. 水利与建筑工程学报. 2022，20（1）：195-198.

作者简介：黄彩霞，女，1980 年，教授，甘肃农业大学，主要从事农业水利工程专业的教学与科研工作。Email：xlish2008@163.com。

基金项目：甘肃农业大学课程思政示范专业项目"农业水利工程"（甘农大教发〔2021〕52 号）；甘肃农业大学研究生重点课程建设项目（GSAU‑ZDKC‑2108）。

工程教育专业认证导向的遥感水文
课程思政教学设计

刘鲁霞　潘维艳　傅　新

（济南大学水利与环境学院，山东济南，250022）

摘　要

　　针对专业认证背景下的专业教育与思政育人融合问题，提出课程思政与人才培养目标、课程体系以及课程教学设计有效融合的实施路径。以水文与水资源工程专业"遥感水文"课程为例，从明确课程思政教学目标、开发课程思政案例库、构建课程思政全过程融合的教学体系和教学思政实施路径方面开展了有益的教学改革实践，为同类课程的课程思政改革提供参考。

关键词

专业认证；课程思政；思政元素；实施路径；教学改革

1　引言

　　近年来，我国在高等教育中提出了一种新的理念，要求大学所有课程都能够发挥思政教育的作用，在课程知识传递过程中体现思想政治教育元素，在所有教学活动中发挥立德树人的功能，实现全课程育人[1]。课程思政是把思想政治教育贯穿教学全过程的有效方法。近年来，国内各高校对课程思政改革的研究给予重大关注，各级教学工作者针对各类课程的教学开展了课程思政的探索与实践，并取得了巨大成效。

　　由于专业认证具有成果导向（OBE）、体现以学生为中心和持续改进的核心理念，强调对学生的知识、能力与素质三方面的具体要求，这与"课程承载思政，思政寓于课程"的课程思政理念不谋而合[2]。目前，随着课程思政建设和成果导向等专业认证理念的不断推广，更多的高校日益重视工程相关专业评估（认证），并尝试开展专业认证标准要求与课程思政建设的融合。我校水文与水资源工程专业"遥感水文"课程组一直致力于提升教学效果的课程改革与实践，将思政教育元素深入融入专业课程的教学体系，并在教学过程中进一步进行"课程思政"教学方法的探索，贯彻习近平总书记使专业课程与思政教育同向同行、形成协同效应的思想。

　　"遥感水文"是水文与水资源工程专业的一门专业拓展课。课程融合了遥感原理与应用、地理信息系统、水文学原理等多种学科，是一门多学科交叉课程，具有以下特点：具有较强的理论性、涉及课程内容覆盖面广、对选课学生的综合能力要求较高。"遥感水文"课程自开设以来，先后经历过多次教学改革实践，在教学内容和教学方法上面进行了探索，取得了较为显著的教学效果。但是针对课程思政的教学改革还未在该课程中实施，"遥感水文"课程组针对如何进行课程思政教学改革开展了深入研究，其中最重要的工作是挖掘课程中的思政元素并融入课程教学全过程。

2 "遥感水文"课程思政德育目标

课程思政德育目标是将课程专业目标与德育目标有机结合，"遥感水文"课程思政教学的总体目标为立德树人。"遥感水文"课程的德育目标着力于培养水文与水资源工程专业学生的道德观和社会价值观，激发其对遥感技术和遥感水文模型的学习兴趣，引导学生灵活运用遥感技术和水文模型开展我国四个现代化建设应用与实践创新。

"遥感水文"课程的专业目标是要求学生掌握遥感技术的发展历程，能够深入了解遥感原理和遥感数据特点，能够把遥感数据处理、遥感信息提取和遥感水文模型耦合技术应用于水文与水资源工程行业。针对上述课程专业目标中蕴含的思政元素进行解析，我国遥感技术的进展及在水文与水资源领域中的应用是遥感领域科学家家国情怀、使命担当、精益求精和建设生态文明的集中表现。

基于上述出发点，本课程确立的思政德育目标具体如下：①通过本课程教学，要求学生掌握地物电磁波特性、遥感成像原理、遥感影像处理与解译、遥感水文应用和水文模型耦合等内容，培养学生优秀的道德素养、正确科学的做事态度、肩负责任与担当的家国情怀等社会主义核心价值观；②针对遥感水文领域面临的问题与挑战，培养学生自主选用遥感数据和水文模型构建遥感水文模型并应用，使其具备利用实践创新的能力；③通过水污染遥感教学内容，熏陶学生的社会责任感和生态文明理念，引导学生将所学知识与当前面临问题相结合，激发学生学习动力。

3 "遥感水文"课程思政元素

3.1 从教学案例中提取思政元素

教学案例是课程思政元素的重要来源之一，因此需要建设优质教学案例库，提炼有价值的思政元素。"遥感水文"课程讲授过程中有关水资源遥感的应用案例较多（表1），在讲授这些案例时可以体现案例背后的专业精神、家国情怀、拼搏和创新精神、环境教育等思政元素，充分发挥思政元素对学生人生观、世界观、价值观的培养。

表 1   "遥感水文"课程思政典型案例

案例编号	案例名	主 要 内 容	思政元素
1	水污染遥感监测	选择合适遥感数据和反演模型，对污染水体进行监测	环境保护、专业精神
2	土壤水遥感监测	结合主被动遥感获取土壤水分并监测农田墒情，预估农作物产量	专业精神、拼搏精神、家国情怀
3	土壤侵蚀遥感监测	结合遥感产品和土壤侵蚀模型，获取土壤侵蚀等级	环境保护、专业精神
4	石油泄漏遥感监测	利用遥感影像，选择合适波段获取石油泄漏面积和位置	环境保护、专业精神
5	洪涝灾害遥感监测	利用遥感影像提取洪涝灾害发生前后的水域面积，及时获取受灾面积，为防灾减灾提供政策支持	社会责任

3.2 从授课内容中提取思政元素

课程章节的授课内容是课程思政元素的另外一个重要来源。通过对课程章节的教学内容进行汇总，提炼对学生成才具有重要教育意义的思政元素。课程各章节思政元素提炼情况见表2。课程思政育人注重对学生人文精神的渗透和对科学精神的追求。从提炼的授课内容中加入我国相关事例，让学生充分了解我国在遥感技术发展过程中所做的努力和体现出的民族精神。通过把思想政治教育的理念融入课堂教学中，同时实现对学生的知识传授与价值观引导。

表 2   从教学内容中提炼思政元素

章	内 容	知识模块	提炼的思政元素
第一章	绪论	遥感技术历史发展	时代精神、解决"卡脖子"问题意识
第二章	遥感原理	遥感地面试验与物理基础	科教兴国、崇尚科学
第三章	遥感数据	航片及卫片的特点及获取	自主探索、创新精神
第四章	遥感数据处理	遥感影像校正及数据预处理	严谨规范、求真务实
第五章	遥感图像解译与制图	目视解译与计算机解译	严谨规范
第六章	遥感应用	遥感在水资源领域中的应用	环保意识、科教兴国
第七章	遥感水文模型	遥感水文模型应用	提升专业及综合素质和成为新时代人才的使命担当

3.3 实践课程中的思政元素

在讲授"遥感水文"课程相关理论知识的过程中，穿插上机实践，开展遥感数据处理与应用相关试验，旨在培养和提升学生的动手能力、实践创新和团队合作能力。上机内容有遥感数据预处理、遥感解译与制图、太湖叶绿素反演、遥感水文模型运行。在完成上机实验的过程中，让学生形成了独立思考并解决问题的能力，树立了自主学习、终身学习的意识，培养了诚实守信和团队协作的素养。

4 "遥感水文"课程思政实施路径

4.1 提升教师课程思政教学素养与能力

2019 年 3 月 18 日，习近平总书记在全国思想政治课座谈会专门强调："办好思想政治理论课关键在教师，关键在发挥教师的积极性、主动性、创造性。"[3] 在课程思政实施之前，需要提升任课教师对课程思政的认知，消除可能存在的认知误区。任课教师要深刻认识到不仅要做好专业知识的传授，还要积极承担培养学生思想政治素养的责任。任课教师需加强对国家大政方针及政策的学习，提升政治理论水平以适应课程思政的教学，主动提高个人的课程思政教学的意识。在授课过程中自行推行思政意识，自觉学习课程思政的方法和技巧，提升思政教育能力，结合本课程特点设计课程思政实施路径。任课教师在教学设计中应充分选用多种题材素材，充分调动学生的学习兴趣，潜移默化地引导学生树立正确的价值观。任课教师应合理安排个人时间，平衡分配教学与科研精力，不能仅仅停留在"教书"层面，更要积极做好科学研究，保持对个人研究小领域的敏感性，从而更能从科学前沿领域挖掘课程思政元素。除此之外，任课教师还可以通过旁听、讲座、讨论等形式参与思政课程学习，以提高思政教学素养。

4.2 将课程思政融入人才培养方案，完善课程目标

坚持立德树人根本任务，出台课程思政实施方案，健全课程思政研究体系。将课程思政纳入人才培养方案和教学大纲，明确课程思政培养目标、培养规格、教学任务，实现思政教育融入课程。根据水文与水资源工程专业岗位要求和人才培养方案制定课程目标，将思政元素和专业知识联系起来，使思政教育贯穿整个过程。培养学生扎实的专业技能，提高学生在专业精神、爱国情怀、创新精神、遵纪守法、团结协作等方面的素养。作为传统工科类专业，水文与水资源工程专业具有较强的工程实践性和综合应用性。为了满足课程思政新时代育人要求，"遥感水文"课程目标需完善并达到以下目标：

（1）知识目标：具有扎实的数学和自然科学基础知识，掌握遥感科学技术基本理论和水文与水资源工程的专业基础知识，基本掌握遥感在水文与水资源工程等方面应用的技术与方法，了解遥感水文应用领域，能够熟练运用遥感软件。

（2）能力目标：能运用基础知识、工程知识以及现代工具，对水文、水资源、水环境、水生态等方面的实际问题进行分析和研究，具有一定的创新意识。具备工程师的专业技术能力和职业素养，能够有效地与同行及社会各界沟通。

（3）素养目标：具有良好的职业道德和社会责任感，身心健康，爱国守法，富有人文精神，能积极投身国家建设。能够通过继续教育和终身学习持续拓展知识和提高专业能力，紧跟相关领域的知识更新，适应未来行业和经济社会发展需求。

4.3 充分挖掘课程思政元素

为了更好地挖掘课程思政元素，须深入梳理课程的教学内容，充分挖掘课程中蕴含的思政元素。结合思政元素，增加案例教学比重，提高学生全面认识问题、辩证分析并解决问题的能力。为了更好地挖掘课程思政元素，根据课程教学目标和教学内容，通过修改教学大纲的方式，在教学大纲中明确指出思政元素的融入点，并体现在教学设计中。

4.4 将课程思政融入课堂教学过程

教师在教学过程中融入课程思政，不能生搬硬套、切忌牵强附会，否则会引起学生的反感[4]。结合当今学生的思想特点，遵循因材施教原则，把课程育人目标、德育元素和思政点列入教学计划和课堂讲授的重点思考内容，进行教学设计。采用隐形融入法将德育元素润物细无声地融入课堂教学内容中。在讲授专业知识的同时，教师需注意挖掘课程思政元素，采用由浅入深的原则，逐渐灌输思政元素。如以水污染遥感监测为例，向学生介绍国家环境治理、生态文明建设的大环境，使学生在学习专业知识的同时又接受了环境保护、生态文明教育。

本课程采用"线上、线下"混合式教学，全过程引入思政教育。课前发布线上资源，包括课程知识点、课程案例解析视频、章节测验、文档资料、期中期末考试、题库资源等，培养学生自主学习能力，同时将思政元素融入课程视频、阅读材料中。课程中以案例教学为主，收集相关案例，围绕知识点应用展开授课内容，在授课过程中实现师生互动、团队互动的交互学习。整个过程中以教师引导为主，将分析与讨论过程交给学生，以学生为中心，提高学生学习积极性与主动性。课后发布作业、项目，以综合实践为主，围绕课程目标，引导学生利用课上所学知识解决专业实际问题。鼓励学生积极参加老师的科研项目，加强对课程知识的应用，锻炼创新能力。

5 结语

"课程思政"以课程为主要载体，通过将"遥感水文"的专业知识与思政元素的融合教学，在课程思政探索方面取得一定成效。课程思政作为教学改革的内容，具有很强的创新性和探索性。本文从"遥感水文"课程思政的目标、思政元素提取、课程思政实施路径等方面对课程思政改革进行了思考和探索。然而如何将思政元素有效融入课程教学仍然是需要长期深入研究的一项重要工作。

参 考 文 献

[1] 刘怀鹏. "3S"技术集成及应用课程思政体系建设研究 [J]. 高教学刊，2022，8（26）：174-177.

[2] 宋宇名，王恩茂，方建，等. 专业认证背景下工程管理专业课程思政教学改革：以嘉兴学院为例 [J/OL]. 嘉兴学院学报：1-7.

［3］ 邢茜. 新时代高校思政课教学改革路径思考［J］. 黑龙江教育（高教研究与评估），2020（10）：26-27.

［4］ 郑艳，吴春华，杜向锋. 测绘类专业课程思政探索与实践［J］. 地理空间信息，2022，20（11）：161-164.

作者简介：刘鲁霞，女，1988年，讲师，济南大学，从事水文与水资源遥感领域的研究。Email：liuluxiaok@126.com。

基金项目：济南大学教学改革研究项目（JZC2128，J2246）、山东省本科高校教学改革研究项目面上项目（M2022247）。

基于 OBE 理念的课程思政探索与实践
——以"水文地质勘察"为例

冯建国　常象春　尹会永　高宗军*　王　敏　邓清海

（山东科技大学地球科学与工程学院，山东青岛，266590）

摘　要

课程思政是发挥专业课程育人功能、促进专业教育与人文教育融通的重要渠道。本文以"水文地质勘察"课程为例，介绍了课程性质及对毕业要求的支撑作用；从课程教学内容及专业特色出发，总结了课程思政元素案例；以 2018 级教学及课程考核结果为依据，分析了课程思政的教学效果。本次课程思政探索与实践可为其他专业课程开展课程思政建设及改革提供借鉴。

关键词

课程思政；水文地质勘察；OBE 理念；探索与实践

全面贯彻落实"课程思政"教育，是我国教育理念的重大改革。2004 年以来，中央先后出台关于进一步加强和改进未成年人思想道德建设和大学生思想政治教育工作的文件，现在教学改革的重心由以往的只注重基础教育德育课程建设向德育课程连贯性一体化建设转变，该过程清晰地展现出构建全员、全课程育人格局的理念[1]。"课程思政"是思政教育从"显性思政"到"隐性思政"的重要方式[2]。在地学领域，目前已经形成了从专业基础课[3-5]、专业理论课[6-9] 的课程思政改革和实践环节的课程思政改革[10-13] 到专业类课程思政改革[14-16] 再到专业"课程思政"研究的格局[17-18]。不过，文献多以课程思政理论研究或案例为主，开展课程思政教学效果分析的较少。

山东科技大学连续多年设置本科和研究生两个层次的课程思政教学改革项目。2020 年 12 月 11 日，学校下发了《关于加强和改进新形势下青年教师思想政治工作的实施意见》（山科大党发〔2020〕51 号），加强和改进青年教师思想政治工作，使青年教师成为先进思想文化的传播者、中国共产党执政的坚定支持者、广大学生健康成长的指导者和引路人。在不断加强以学生为中心、强调面向产出培养高素质人才的大环境下，实施课程思政具有重要意义。

1　课程思政的设置

1.1　课程简介

山东科技大学地质工程专业依托地质资源与地质工程一级学科，是国家级一流专业、教育部卓越工程师教育培养计划专业、工程教育专业认证通过专业。学校、学院一直秉承以学生为中心的办学理念，精心制定专业人才培养目标和毕业要求，以社会需要和自身特色为出发点，不断修改和完善课程体系，努力实现人才培养质量的持续改进。

"水文地质勘察"是地质工程专业在水文地质方面较为重要的一门专业拓展课程。其主要内容包括水文地质测绘、地球物理勘探、水文地质钻探、水文地质试验、地下水动态观测、实验室分析、编制水文地质报告和图件。是为查明水文地质条件、开发利用地下水资源或其他专门目的，运用各种勘探手段而进行的水文地质工作。

在地质工程专业设置"水文地质勘察"课程的目的是通过该课程的学习，使学生了解、理解和掌握水文地质勘察的基本原理、基础知识和基本技能，培养学生分析和解决一些简单的水文地质实际问题的能力，为今后开展水文地质勘察工作奠定基础。

"水文地质勘察"课程授课学时为32学时，2学分。

1.2 课程目标对毕业要求的支撑

"水文地质勘察"课程支撑地质工程专业3个毕业要求指标点，根据毕业要求指标点和课程特色，设置了3个课程目标（表1）。

表1　　　　　　　　　　　　　课程目标对毕业要求的支撑

毕业要求指标点	课 程 目 标
2.3 能够通过文献检索与分析，认识到解决方案的多样性，并能够正确地描述和表达复杂地质工程问题	目标1：掌握水文地质勘察方法，通过对所搜集资料及开展的实物工作的分析，提出水文地质勘察工作方案或地下水资源开发利用方案；通过对调查、试验等结果的分析，以图、表、文字报告等方式描述和表达工作区水文地质问题。通过不断地学习和实践，以充实的水文地质工作成果为国家经济社会发展服务
4.1 能够基于科学原理，针对复杂地质工程问题提出合理的研究方法、掌握地质工程有关的基本实验、测试技术方法	目标2：掌握物探、化探、钻探、调查、试验等不同类型水文地质勘察方法的工作原理、工作特点，依据上述工作内容进行多源信息综合分析，评价工作区水文地质条件。建立多元思维，培养多手段条件下的综合分析与评价能力
5.2 能够针对复杂地质工程问题，使用现代地质工具和技术，完成地质信息获取、数据处理、精度评定、成果表达及产品输出等工作	目标3：通过物探、化探、钻探、调查、试验等水文地质勘察手段，获取工作区的水文地质条件信息，在此基础上开展综合分析研判，评价工作区水文地质条件，评价地下水资源量和开发利用过程中可能产生的环境地质问题，为企业生产及国民经济建设服务。建立科学严谨的工作作风和实事求是的工作态度

1.3 课程思政元素案例

结合"水文地质勘察"多年授课实践，以课程思政为切入点，从以下几个方面重点培养学生的思想政治素质：①正确的人生观和价值观，良好的职业道德、遵纪守法；②创新意识、较高的科学素养、人文情怀和工匠精神，具有良好的协作精神；③职业自豪感和专业报国思想；④环境保护意识，一切工作均要综合考虑技术、经济和生态环境等诸方面问题；⑤能够辩证地分析和解决问题（表2）。

表2　　　　　　　　　　　　　课 程 思 政 元 素 举 例

课 程 内 容	课 程 思 政 元 素	所属章节
水文地质勘察工作是一项长期性、公益性的工作，与经济发展和居民生活密切相关	让学生了解水文地质勘察工作与经济社会发展的关系，树立职业自信和职业自豪感，逐步建立专业报国思想	第一章　第一节 水文地质勘查概述
水文地质勘察工作是分阶段进行的，不同阶段的工作目的和任务不同	培养学生树立大局意识，抓住大学学习的黄金时期，打牢专业基础，不能好高骛远	第一章　第一节 水文地质勘查概述
水文地质勘察工作具有一套成熟的、完整的工作程序，是实践经验的总结	培养学生考虑问题的严整性，安排工作的科学性，树立大局意识	第一章　第一节 水文地质勘查概述
水文地质图和文字报告是一个整体，二者相辅相成，都是水文地质成果的重要组成部分	培养学生的专业思维，认识到水文地质图和文字报告在工作中的重要性，不能偏重一方，两手抓、两手都要硬	第一章　第三节 水文地质勘查成果的编制
水文地质化探是水文地质勘察工作的重要组成部分，具有成本低、效果好的特点	培养学生利用水文地质化探资料，分析解决专业问题的能力	第二章　第二节 水文地质化探

课　程　内　容	课 程 思 政 元 素	所属章节
水文地质钻探是水文地质勘察工作的重要组成部分，是直观了解水文地质条件的重要手段	培养学生复杂水文地质条件下钻探的设计能力，做到科学、灵活。培养创新意识和工匠精神	第二章　第三节 水文地质钻探
抽水试验是水文地质试验中最复杂、最重要的一项工作内容，必须准确设计、严格实施	培养学生抓大局、重细节、合理安排工作进程、处理专业问题的能力。建立良好的协作精神	第三章　第一节 抽水试验
地下水动态和地下水均衡是一个问题的两个方面，学生应正确认识二者之间的区别与联系	培养学生的辩证思维能力，既认识到事物的表面现象，也认识到实物发生变化的本质（内在原因）	第四章　第一节 概述
地下水动态类型是地下水各影响因素共同作用的结果	培养学生依据资料，分析问题，进行类型划分的能力	第四章　第三节 地下水的动态特征及类型
依据资料、分析资料，结合区域水文地质条件，在分析地下水均衡要素的基础上，建立地下水均衡方程	培养学生依据资料，分析问题，区分主要因素和次要因素，并用数学手段表达的能力	第四章　第四节 地下水均衡要素与均衡方程
地下水质量评价是表征地下水水质适用性的定量指标，评价方法不同，评价结果也会存在一定的差异	培养学生树立正确的人生观和价值观及良好的职业道德	第五章　第一节 地下水质量综合评价
地下水资源量评价是水文地质工作的重要组成部分，评价方法不同，评价结果的精度会存在一定的差异	通过分析区域水文地质条件，采用多种方法进行地下水资源量评价，并做比较分析，以便得出符合技术、经济和生态环境要求的结论	第六章　第三节 地下水资源量评价的方法
不合理的地下水资源开发会带来地面沉降、海水入侵、土壤盐碱化等一系列的环境问题	培养学生在今后的工作中以较高的科学素养注重环境保护，以良好的职业道德从事生产和研究工作，遵守国家法律和行业规范，实现专业报国	第七章　第三节 地下水资源的管理与保护

2　课程思政的实施效果

2.1　教学效果

2020—2021 学年第二学期，地质工程专业 2018 级 95 名学生中，有 71 名学生选修"水文地质勘察"课程。通过课程教学，学生较好地掌握了水文地质测绘、水文地质试验、地下水动态观测、水质与水量评价等相关知识。与往年不同的是，在课程考核中尝试性地增加了一项开放性的简答题，题目是"在学习选修课程'水文地质勘察'的过程中，哪些授课内容与提升个人素养的'课程思政'具有紧密联系，请结合个人情况分别列举两处（5分）"。

统计每一名选课学生在该题目的得分情况，具体分布是 57 人得 5 分，6 人得 3 分，2 人得 2 分，1 人得 1 分，5 人得 0 分。由此得到平均得分 4.34 分，最高得分为 5 分，最低得分为 0 分。可以看出，绝大部分学生能够将课程内容与其中的课程思政结合起来，获得一定的认识；同时也有少数学生不能将两者有机结合，甚至试卷上的三个问号可能表示学生不了解"课程思政"为何物，由此也反映出在思政课程以外的其他课程中加强课程思政教育的必要性和紧迫性。

2.2　典型案例

以地质工程专业 2018 级 2 班部分学生的作答为例来说明学生对于授课内容的思考及取得的课程思政教育效果。

学号 201801030204，在学习地下水动态类型时，了解到不同地区的动态类型，教会我要根据实际情况、不同条件仔细分析。生活中也是如此。

学号201801030216，允许开采量与个人自制力的关系。尽管过量开采地下水提供更大效益，但对环境的危害是可怕的。一个人沉迷于游戏能获得短暂快乐，但后患无穷，故应提高自制力。

学号201801030224，地下水污染与防治这一章节，不仅加深了我对地下水污染的理解，同时让我体会到"绿水青山就是金山银山"这一时代课题的内涵和意义，对我的思想产生很大的触动。

学号201801030228，讲授水文地质勘察时，让我懂得做人做事要细致，每一个参数都要明确，认真严谨，要吃苦耐劳坚持做好每一项工作。

学号201801030233，地质学家们为了测定一座山的各种物理参数，连续几十年多次尝试，在经历了多次打击后仍未放弃，最终成功的案例深深触动了我。案例告诉我只要不放弃、坚持住，胜利就在前方。

3　总结

"课程思政"对落实以目标为导向的人才培养具有重要意义。只有全体教师和教育管理部门统一行动起来，形成合力，既做理论研究，又做实践研究，才能从根本上处理好"思政课程"与"课程思政"的关系，解决好专业教育和思政教育脱节的问题，实现习近平总书记提出的"其他各门课都要守好一段渠、种好责任田，使各类课程与思想政治理论课同向同行，形成协同效应"育人目标。

参 考 文 献

[1] 王秋瑾. "课程思政"德育教育改革理念在农业水利专业教育中的应用：评《灌溉排水新技术》[J]. 灌溉排水学报，2021，40（2）：156-157.

[2] 王顺晔，杨志芳，王彦华，等. 国内高校"课程思政"研究现状及对策分析 [J]. 高教学刊，2020（36）：193-196.

[3] 郑德顺，石梦岩，李云波，等. "地质学基础"课程思政育人元素知识体系构建 [J]. 中国地质教育，2020，29（4）：39-42.

[4] 赵志根.《地球科学概论》课程思政的探索与实践 [J]. 创新创业理论研究与实践，2021，4（13）：13-15.

[5] 李加好，牛漫兰，李强. "课程思政"的实践与探索：以"构造地质学"课程为例 [J]. 教育教学论坛，2021（24）：121-124.

[6] 冯建国，高宗军，王敏，等. 资源环境（地质工程）硕士专业学位案例库建设的认识与实践：以"水工环地质进展"为例 [J]. 教育研讨，2022，4（1）：113-120.

[7] 张科，纳学梅. 课程思政融入《土力学》教学的探索与实践 [J]. 高教学刊，2021（8）：113-116.

[8] 冯烁，张硕，韩长城，等. 课程思政下的"古生物学"教学探索 [J]. 教育教学论坛，2021（5）：89-92.

[9] 孟素云，赵国庆，侯世伟. 岩体力学课程思政要素及其实践路径探析 [J]. 高教论坛，2020（11）：37-39.

[10] 陈宁华，鲍雨欣，程晓敢，等. 新时代地学野外实践课程思政育人模式思考 [J]. 中国地质教育，2018，27（4）：28-31.

[11] 封志兵，聂逢君，邓居智，等. 地学野外实践课程思政教学设计与案例分析 [J]. 中国地质教育，2021，30（2）：82-86.

[12] 陈艳，程志国，申俊峰，等. 地质学实验室课程思政基地建设的探索：以中国地质大学（北京）岩石与矿物实验室为例 [J]. 中国地质教育，2021，30（2）：87-91.

[13] 马国庆，李丽丽. 地球物理实践性课程思政内容建设的思考 [J]. 教育教学论坛，2021（26）：117-120.

[14] 冯建国，孙涛，常象春，等. 育人于教的地学类专业课程思政教学实践 [J]. 教育研讨，2022，4（1）：94-101.

[15] 李桂花，林年添，常象春，等. 新工科背景下地学类专业"课程思政"教育问题分析 [J]. 教育现代化，2021，8（91）：108-111.

[16] 柳林. 地学类通识课程立德树人元素挖掘与课程思政实施路径探索 [J]. 地理教学，2021（13）：10-13.

[17] 孙海涛，王贵文，钟大康. 在资源勘查工程专业开展"课程思政"的研究 [J]. 中国地质教育，2019，28（1）：37 – 39.

[18] 程超，范翔宇，刘诗琼，等. 勘查技术与工程专业课程思政内容的探索 [J]. 中国地质教育，2020，29（4）：47 – 51.

作者简介：冯建国，男，1976 年，副教授，山东科技大学，从事水文与环境方面的教学与研究工作。Email：fengjianguo20316@sohu.com。

通讯作者：高宗军，男，1964 年，教授，山东科技大学，主要从事水工环地质方面的教学与研究。Email：gaozongjun@126.com。

基金项目：基于工程教育专业认证背景下水利高等教育教学改革研究课题（20237215、20237228）；教育部高校学生司供需对接就业育人项目（20230113519）。

课程体系研究

基于专业认证标准的"工程经济"课程教学改革研究

吴 岩 周 莉

（天津农学院，天津，300392）

摘 要

以工程教育专业认证理念为指导，探讨了"工程经济"课程的教学内容、教学方法、课程考核方式等方面的改进措施，旨在促进本课程教学水平和教学质量的提升，为培养高素质应用型人才奠定基础，为"工程经济"课程教育教学改革提供一定的思路。

关键词

工程教育专业认证；工程经济；教学改革

1 问题提出

《华盛顿协议》于 1989 年由美国、英国、加拿大、爱尔兰、澳大利亚、新西兰 6 个国家发起和签署，用于各国本科学历资格之间的互认。2013 年 6 月 19 日，中国加入《华盛顿协议》，属于预备成员[1]，并于 2016 年 6 月成为《华盛顿协议》也就是国际本科工程学位互认协议的正式会员[2]，这标志着我国通过认证的专业的质量达到了国际同等水平[3]。"工程经济"是水利水电工程、工程管理等水利类专业的专业课，通过教学使学生掌握工程经济分析的基本原理、方法，注重培养学生的基本工程素质，使其具备解决工程问题时所需的考虑可行性、经济性、可靠性等能力，为学生毕业后从事相关领域工作打下理论和实践基础。

当前"工程经济"课程教学还较多地采用传统教学方法，教师将课本中的知识点按章节通过 PPT、板书等方式传授给学生，学生根据老师的思路，被动地接受知识，基本上是"满堂灌"，留给学生进行其他知识点探索性思考的时间较少。课程注重公式的推导和结果计算，由于课程内容较多而课时较少，课堂上缺少师生互动，学生对课程学习的主动性和积极性不高。专业认证的核心理念之一是以学生为中心，而课堂教学中的问题都是以教师为中心，所以无论是教学设计、教学过程还是教学评价，都有待于向以学生为中心转变。

"工程经济"课程教学总体上重理论轻实践，注重公式的理解和推导，并配套简单计算题，涉及完整的工程案例较少，并且多是对已有的可行性研究报告和财务分析案例进行学习，没有自己编制可行性研究报告或进行财务分析，对知识的掌握并不深刻，难以真正了解该课程在工程实践中的作用和地位。工程教育专业认证遵循的另一基本理念是成果导向理念，这里所说的成果是学生最终取得的学习成果，是学生通过某一阶段学习后所能达到的最大能力[4]，成果不仅是学生对学习内容的记忆，更是能将其应用于实际的能力，以及可能涉及的价值观或其他情感因素。成果越接近学生真实的学习经验，越可能持久存在。因此重理论轻实践的教学方法有待于基于专业认证的成果导向理念做进一步的改变。

除此之外还要加强对课程思政元素的融入，除了要让学生掌握知识，学习本领，应用于实践，更要培养学生正确的世界观、人生观和价值观，让教师承担好育人责任，让课程发挥好育人作用，将专业课程与弘扬真善美结合，让"干巴巴的说教"向"热乎乎的教学"转变。

为了达到工程专业认证的水平，向社会输送高素质应用型人才，有必要根据工程教育专业认证的标准调整课程教学改革。

2 基于工程教育认证标准的"工程经济"课程教学改革

2.1 课程性质与任务

工程经济教学可使学生掌握资金的时间价值概念，经济效益评价的基本方法和准则，多方案评选的基本方法，水利各部门的经济分析等基本知识；结合实践使学生能运用工程经济分析的基本方法，在水利建设项目可行性研究阶段和初步设计阶段进行技术经济评价，以确定水利建设项目在经济上是否可行，并能对多方案进行优选。

2.2 课程目标的制定

"工程经济"课程目标包括以下 3 个方面。

课程目标 1：掌握时间价值计算基本公式，熟悉各计算公式的使用范围。

课程目标 2：掌握水利经济分析国民经济评价指标、财务经济评价指标、风险分析计算。熟练运用评价指标的分析计算。

课程目标 3：熟练运用各项指标对水利专项工程进行经济分析评价，对建设项目进行综合分析评价的能力。

"工程经济"课程目标对毕业要求的支撑关系见表 1。

表 1　　　　　　　　　　"工程经济"课程目标对毕业要求的支撑关系

毕业要求	毕 业 要 求 指 标 点	课程目标对毕业要求的支撑关系	课程对毕业要求指标点支撑程度
2. 问题分析	2.3　能运用基本原理，借助文献研究，分析过程的影响因素，获得有效结论	课程目标 1	M
6. 工程与社会	6.2　能分析和评价工程管理专业工程实践对社会、健康、安全、法律、文化的影响，以及这些制约因素对项目实施的影响，并理解应承担的责任	课程目标 2	H
11. 项目管理	11.3　能在多学科环境下（包括模拟环境），在规划设计开发解决方案的过程中，运用工程管理与经济决策方法	课程目标 3	H

注　H 表示强支撑；M 表示中支撑。

2.3 课程教学内容、教学方法及对课程目标的支撑

2.3.1 教学内容

"工程经济"课程教学内容主要分为 4 个模块：基础知识模块，费用、效益、影子价格模块，建设项目评价模块，案例分析模块。具体内容见表 2。

表 2　　　　　　　　　　　　　教 学 内 容

模　块	内　　　容
基础知识模块	我国水利工程建设概况，水利建设项目的建设程序及其内容，国内外水利经济发展概况，价格与价值定义，不同价格的适用范围，资金时间价值内涵，资金流程图绘制，资金等额、等差、等比计算公式，经济寿命期计算，课程思政引入内容增强学生学习的兴趣，提高学习的主动性，引入社会主义核心价值观，核心意识和大局意识

模　块	内　容
费用、效益、影子价格模块	水利建设项目的费用和效益，固定资产、无形资产及递延资产、流动资金和流动资产，建设期和部分运行期的借款利息，年运行费和年费用，主要投入物、特殊投入物、主要产出物的影子价格测算，综合利用水利工程的投资费用构成，现行投资费用的分摊方法，对各种投资费用分摊方法的分析，课程思政内容引入新时代水利精神如何在水利工程中更好体现出来、树立正确的社会主义核心价值观、水利人的担当精神
建设项目评价模块	经济评价的目的、任务与要求，经济评价方法，经济方案比较方法，不确定分析，宏观论证分析，水利建设项目社会评价的内容，水利建设项目社会评价指标体系，水利建设项目社会评价方法，综合评价的内容与方法，单项指标的评判，指标权重的确定
案例分析模块	防洪工程、治涝工程、灌溉工程、水力发电工程的效益计算

2.3.2　教学方法

借助现代化教学设备和虚拟仿真实验室等资源，采用启发性教学与互动性教学[5]相结合的教学方法，鼓励学生查阅资料、制作PPT并进行课上讲解，培养学生自主探索和创新能力，提升学生的学习效果，在每一个具体案例教学当中，均采用以实际工程形式的Seminar教学法[6]，注重学生的主体地位，提高学生在教学活动中的参与度，增强了学生的自学能力和独立思考能力。课程教学内容、教学方法对课程目标的支撑见表3。

表3　　　　　　　　　　　课程教学内容、教学方法对课程目标的支撑

教　学　内　容	学时分配	教　学　方　法	支　撑　目　标
基础知识模块	8	启发性、互动性教学	课程目标1
费用、效益、影子价格模块	6	启发性、互动性教学	课程目标1、2
建设项目评价模块	10	启发性、互动性教学	课程目标2
案例分析模块	8	Seminar教学法	课程目标3

2.4　课程考核与目标达成度评价

课程的考核以考核学生能力培养目标的达成为主要目的，以检查学生对各知识点的掌握程度和应用能力为重要内容，包括平时考核和期末考核两部分。平时考核包括课后作业、随堂测验和课堂表现。相应地，课程总评成绩由平时考核成绩和期末考核成绩两部分加权而成，平时成绩、期末成绩及总评成绩均为百分制。在总评成绩中，平时成绩所占的权重为30%，期末成绩所占的权重为70%。各考核环节所占分值比例可根据具体情况进行调整，建议值及考核细则见表4。

表4　　　　　　　　　　　　　　课　程　考　核　细　则

课程成绩构成及比例	考核环节	建议分值	考核/评价细则	对应的课程目标
平时成绩100分占总评成绩的30%	课后作业	30	（1）主要考核学生对知识点的复习、理解和掌握程度； （2）每次作业按30分制单独评分，取各次成绩的平均值作为书面作业成绩	1、2、3
	随堂测验	30	（1）主要考查应用所学知识，解决工程问题的实践能力、口头和文字表达能力，以及团队合作能力等； （2）每次测验按30分制单独评分，取各次成绩的平均值作为随堂测验成绩	1、3
	课堂表现	40	根据学生出勤情况和课堂互动进行评分，满分40分	2、3
期末考试100分占总评成绩的70%	开卷笔试	100	卷面成绩100分，按比例计入课程总评成绩	1、2、3

课程目标达成度评价包括课程分目标达成度评价和课程总目标达成度评价，具体计算方法如下：

$$课程分目标达成度 = \frac{总评成绩中支撑该课程目标相关考核环节平均得分}{总评成绩中支撑该课程目标相关考核环节目标总分}$$

$$课程总目标达成度 = \frac{该课程学生总评成绩平均值}{该课程总评成绩总分(100 分)}$$

课程评价考核基本信息表见表 5，字母 A、B、C 和 D 分别表示学生课后作业、随堂测验、课堂表现和期末考试的实际平均得分，平时成绩所占的权重为 30％，期末成绩所占的权重为 70％。根据 3 个课程目标，分别从相对应的平时成绩和期末考试中找到对应的知识点，计算课程分目标达成度和课程总目标达成度（其中 $A = A_1 + A_2 + A_3$，$B = B_1 + B_2$，$C = C_1 + C_2$，$D = D_1 + D_2 + D_3$）。

表 5　　　　　　　　　　　　　　　课程评价考核基本信息表

课程目标评价内容	课后作业	随堂测验	课堂表现	期末考试	课程总评成绩
目标分值	30	30	40	100	100
学生平均得分	A	B	C	D	$0.3(A+B+C)+0.7D$

课程目标达成度评价值计算具体说明见表 6。

表 6　　　　　　　　　　　　　　课程目标达成度评价值计算方法

课程目标	考核环节	目标分值	学生平均得分	达成度计算示例
课程目标 1	课后作业	10	A_1	课程目标 1 达成度 $= \dfrac{A_1 + B_1 + D_1}{50}$
	随堂测验	20	B_1	
	期末考试	20	D_1	
课程目标 2	课后作业	10	A_2	课程目标 2 达成度 $= \dfrac{A_2 + C_1 + D_2}{70}$
	课堂表现	20	C_1	
	期末考试	40	D_2	
课程目标 3	课后作业	10	A_3	课程目标 3 达成度 $= \dfrac{A_3 + B_2 + C_2 + D_3}{80}$
	随堂测验	10	B_2	
	课堂表现	20	C_2	
	期末考试	40	D_3	
课程总体目标	总评成绩	100	$0.3(A+B+C)+0.7D$	课程总目标达成度 $= \dfrac{0.3(A+B+C)+0.7D}{100}$

在课程考核的过程中，注意要优化各项考试成绩的占比，在课后作业的设置上多一些理解性、应用性强的题目，随堂测验既要考已学的基础理论知识，也要适当加入一些灵活的综合性题目，主要考查学生的实际应变和解决实际问题以及在此过程中的团队协作能力，另外通过学习通等大数据平台，可以将学生的课前预习成绩、课堂表现成绩、在线测试成绩、课题完成情况等都纳入学生评价。

3　结论

工程教育专业认证对于推动我国高等工程教育的发展、培养具有高素质的工程技术人才具有重要意义。"工程经济"课程的教学以学生为中心、遵循学生职业理论培养的基本规律，理论与实践相结合，针对课程的重点和难点，在多种教学方法及多元化的考核方式方面进行教改初探，并持续改进，为高素质应用型人才的培养奠定基础。

参 考 文 献

[1]　蒋宗礼. 工程专业认证引导高校工程教育改革之路 [J]. 工业和信息化教育，2014 (1) 1-5，12.

［2］ 李文娟．面向工程教育专业认证，提升高校教学管理水平［J］．高教学刊，2017（1）130-131.

［3］ 陈春晓，于东红．我国工程教育专业认证的发展历程及现状分析［J］．中国电子教育，2014（3）：4-7.

［4］ 张金珠，王振华．专业认证背景下"水利工程经济"教学改革和探索［J］．教育教学论坛，2023（24）：48-51.

［5］ 熊勇林，高游．工程教育专业认证背景下土木工程专业课程教学改革探索——以宁波大学为例［J］．林区教学，2022（11）：75-79.

［6］ 吴岩，杨路华．基于 Seminar 教学法的立体化教学模式改革与实践［J］．教育教学论坛，2018（23）：137-139.

作者简介：吴岩，女，1985 年，讲师，天津农学院，主要从事河流动力学研究。Email：wuyan@tjau.edu.cn。

新工科背景下水利类专业"材料力学"教学改革与实践

王海 卢龙彬 武玮 郭谦 刘玉玉 徐征和 刘素

(济南大学,山东济南,250024)

摘要

在工程教育专业认证与新工科建设背景下,围绕水利类专业基础课"材料力学",基于双线教学模式,对教学内容、教学手段与考核体系进行优化调整。以2020级水利水电工程专业学生为实践对象,有效调动了学生学习主观能动性,增强了知识长效记忆质量与实践能力。实践结果为提高学生实践能力、探索精神与综合学习能力,塑造高素质工程人才提供有益借鉴。

关键词

材料力学;双线教学模式;新工科建设;教学改革

1 引言

随着我国"一带一路"倡议与"海洋强国"战略的提出,大量水利、土木工程的上线与能够适应技术革新、引领行业进步的新型工科人才稀缺的矛盾日渐凸显[1-3]。作为应对举措,自2016年我国成为《华盛顿协议》会员国家以来,工程教育专业认证在各大高校如火如荼地展开。在水利与土木等专业基础课程中,力学类课程能综合反映学生基础知识的扎实程度与科学思维运用能力,自然成为课程改革创新的重要阵地。

"材料力学"作为水利类专业的基础力学课程之一,以理论力学的静力学部分为基础,从高度抽象的研究对象与假设上升到实际工程构件简化模型的力学分析,重点解决构件与简单结构的强度、刚度与稳定性问题,与实际工程联系更加紧密。然而其系统而严密的知识体系所带来的逻辑推理特性和数学应用的抽象性,与当下学生群体的"务实"学习倾向、课时的严重压缩等现状产生直接冲突,严重影响教师授课与学生学习质量[4-5]。

鉴于此,在工程教育专业认证与新工科建设的双重背景之下,笔者以2020级水利水电工程专业学生为实践对象,充分运用双线教学模式的灵活性,围绕教学内容、教学手段与考核体系三方面进行了改革与探索,并取得良好成效。

2 "材料力学"教学现状及问题

2.1 学习课时与容量

目前针对大二学生开设的"材料力学"课程的常用教材为刘鸿文主编的《材料力学Ⅰ》。目前绝大多数高校的"材料力学"课时安排 64 学时，其中理论课 48 学时，实验课 16 学时；部分高校为提高理论知识掌握程度，会将实验课时压缩至 8 学时。在学习容量不变的情况下，课时的高度压缩使得教学节奏过快、重点知识讲不透、作业任务繁重、学生不能接受等问题逐渐显现。此外，课时的压缩导致后续章节（如应力应变分析与强度理论、组合变形）推进速度过快，而此部分恰为前半部分章节之集大成，这对学生思维的拓宽，以及与结构力学等后续课程的衔接均造成不良影响。

2.2 教学模式与手段

鉴于"材料力学"是一门经过长时间发展，具有较为完整知识体系的课程，使用教材的架构较为固定，难以推陈出新，且部分知识与先修课程（大学物理等）内容存在重复或方法相左；教材范例内容的过度简化，与前沿新材料新工艺等存在断档；实验内容单一、设备数量不足、以理论验证为主，实验探索性差、实操性不强。对于置身于飞速发展的科技与极其便捷的互联网、大数据洪流中的当代大学生来说，过于陈旧的知识体系与教学和实验内容安排、以教师为主的授课模式与以学生为中心的专业认证核心要求相悖，与当代学生活跃的思维以及追求实效、前沿的意愿存在矛盾，导致学生的学习热情无法保持，实践操作与探索创新等新工科人才必备能力的培养严重受限。

2.3 课程考核与评价

线上授课因其具有不受场地与时间限制，能够充分利用课余碎片时间等优势，逐渐成为众多课程改革实践的首选。但是教学模式的快速转变却暴露了线上教学系统建设滞后、线上教学经验不足等方面的劣势。加之原本线下授课的现场控制及约束能力消失，使得无论线上听课还是线下自学过程主要依靠学生自制力，学生听课效果与课后学习质量难以把握。即使使用线上听课监测手段，但学情控制效果也不尽如人意。此外，传统的学习评价指标体系过于简单，且期末成绩权重较大，无法满足工程教育专业认证对于全过程评价和目标导向的要求。

3 教学改革探索

鉴于前述"材料力学"教学过程存在的问题，从以学生为中心的原则出发，笔者在传统线下教学模式的基础上，适度调整教学内容，灵活运用双线教学与虚拟仿真教学手段，改革考核评价体系，以实现学生知识记忆能力和实践创新能力的深度挖潜，匹配目标导向、全过程评价的专业认证要求。

3.1 内容改革

将传统章节知识点模块化，将强度、刚度、稳定性三大核心内容与工程计算能力、建模实操能力、创新应用能力三大教学目标相匹配，形成目标导向的知识架构，与后续评价体系相结合。为解决传统内容与当前工程应用需求不匹配的问题，首先，受力分析是材料力学特性分析的基础，因此作为与理论力学静力学部分的衔接，绪论部分除材料力学基本任务与概念介绍外，额外添加静力学受力分析重点知识回顾内容，而在第二章至第四章授课过程中挑选典型受力分析例题让学生巩固该部分知识的运用熟练度，为后续章节提速打好基础；对于水工专业来说，非圆截面扭转与密圈螺旋弹簧受力问题较少接触，可略讲，重点放在弯曲、应力应变分析与组合变形部分。其次，充分考虑初高中及大学物理相同知识的剔除与做题习惯的更正，例如摒弃大学物理平衡力系绘制习惯，受力图应严格按照材料力学平衡力系表示形式绘制，从而让学生理解设正法的真正意义。再次，广泛搜集国内外工程案例，添加水工与土木相关教学案例，如图 1 所示，在案例分析过程中提高学生简化实际结构，建立受力模型的能力；同时尽可能在授课过程中融入思政元素，如科学家故事、大国工程等，培养学生树立家国情怀、工匠精神与行业自豪感。最后，基于中国大学慕课、爱课程与雨课堂（图 2）等线上平台建立自学库，利用双线模式转换的灵活优势，在线下主导授课期间，核心知识点通过课堂传授，课后将学习主动权交给学生，外围知识点通过课下线上平台自学库学习。

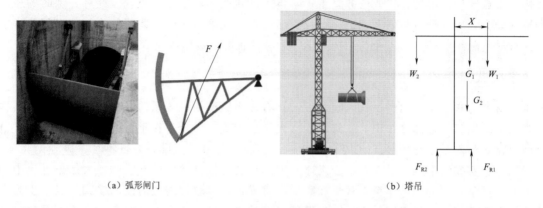

（a）弧形闸门　　　　　　　　　　　（b）塔吊

图 1　工程实例与抽象模型

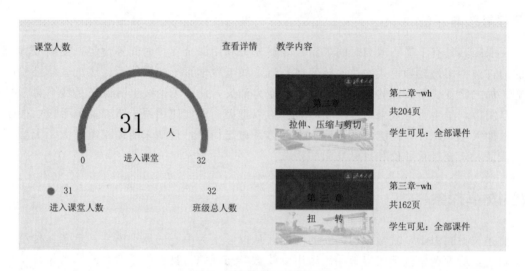

图 2　雨课堂学习过程监测

3.2　手段优化

首先，将知识归纳权归还给学生。班级以每 4 人为一个学习小组，通过抽签排序形式确定一组成员，在下节课用 5min 时间，通过 PPT、思维导图等形式带领大家回顾知识点，由其他组成员点评补充，并形成期末复习纲要。同时，一学期要求上传 3 次预习报告，与平时成绩挂钩。其次，将学习渠道选择权交给学生。利用双线教学优势，将非课上讲授内容以及相关视频上传至自学平台供学生课后复习之用，并将观看记录作为平时成绩依据之一。再次，针对不同类型知识点选取最优教学手段。例如对于重要知识点推导过程，依然选取幻灯片＋板书的形式，而对于部分稍微复杂的结构或受力类型则借助 abqus、SMSolver 或 UG 等 CAE 软件（图 3）进行形象化讲解，进而激起学生对数值模拟的兴趣；为解决实验设备数量与学生实验分组的矛盾，充分利用虚拟仿真实验条件，与实物实验有机结合，通过虚拟仿真（图 4）演练、实机检验的形式，让学生有更多亲自上手操作的机会。最后，将出题主动权分给学生。学生分组搜索学习资料并查找相关习题，建立试题库。老师在对试题库进行检查与整理后，根据每一组所选题目的数量与质量进行评分，记作平时成绩加分项。期末考试题目均来自题库。

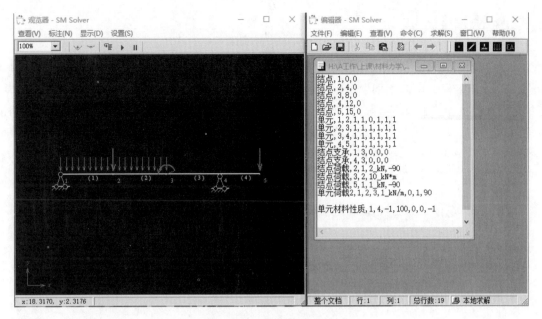

图 3　CAE 软件计算辅助教学

 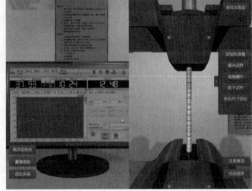

图 4　虚拟仿真实验平台

3.3　考核革新

为实现全过程评价效果，充分利用线上平台进行学情监测，围绕学生课前、课上、课后与期末几部分学习过程建立相应的考评系统架构，见表1。平时成绩占期末总成绩60%，包括课前、课上、课后三部分；期末成绩占比40%，考核形式为考试。

表 1　　　　　　　　　　　　　　　　理论力学考核评价体系

平时成绩（60%）						期末成绩（40%）	
课前（15%）		课上（30%）		课后（15%）		项目	分值
项目	分值	项目	分值	项目	分值		
平台登录次数	40	复习汇报	30	课后作业	50	考试	100
观看视频次数	30	回答问题	20	资料阅览	30		
观看视频时长	20	随堂测试	30	课下答疑	20		
预习报告成绩	10	题库编写	20				

4 教学改革实践效果

选取 2020 级水利水电工程专业 64 名同学作为教学改革实践对象，采用改革后教学模式与考核规则。选择 2019 级水利水电工程专业 65 名同学作为传统授课模式与考核规则对照组，平时与期末成绩比例为 3∶7，平时成绩以随堂测验、课堂表现与课后作业打分为主。对水利水电工程专业 2020 级平台资料的利用情况进行统计如图 5 所示。相关学习资料点击次数较多，章节相关视频点击次数相对较少；点击率较高章节分别为 2、3、6 章；各章节关键学习资料如课件下载次数均超过班级总人数，说明线上资料总体利用率较高。

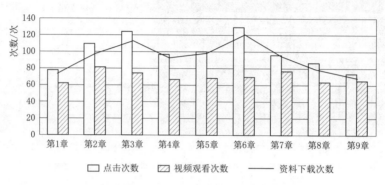

图 5　2020 级平台资料的利用情况

对两届学生期末考试成绩与总成绩进行统计对比结果如图 6 所示。由图可知，无论期末考试成绩还是期末总成绩，不及格人数均有所下降，其中 2020 级期末总成绩不及格人数比 2019 级下降 38%；2020 级较 2019 级及格、中等与良好人数均有所增加，就期末总成绩来看，良好人数增长 62%，中等人数增长 56%，及格人数增长 14%。

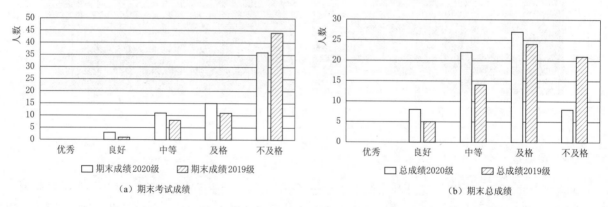

（a）期末考试成绩　　　　　　　　　　（b）期末总成绩

图 6　两届学生期末考试成绩与总成绩对比

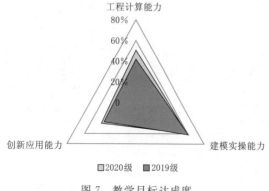

图 7　教学目标达成度

通过阶段性测试、实验课表现与期末考试题型设置，将不同知识点与工程计算能力、建模实操能力、创新应用能力三个教学目标建立关联，工程计算能力以计算题和选择题为评价因子，建模实操能力以画图题和实验表现为评价因子，创新应用能力以简答题和判断题为评价因子。基于分析统计各题正确率，建立教学目标达成度统计结果如图 7 所示。2019 级与 2020 级学生的建模实操能力较强，达成度均为 60% 以上，工程计算能力与创新应用能力仍较弱，均未超过 60％，实施教学改革措施后，2020 级的工程计算能力较 2019 级有较大提升。

5 结语

在工程教育认证与新工科建设要求下，双线教学灵活的优势得以凸显。通过合理地安排线上与线下知识点，采用适宜的激励手段开展教学工作，使得学生的自主学习积极性得到一定的提升，学习效果与质量得到了有效保证。虽然本次教学改革取得了一定的实质性成果，但仍需在教学模式、教学内容与评价方法等方面持续改进。

参 考 文 献

[1] 汪道兵，许月梅，张向东. 基于工程问题驱动的"材料力学"教学改革实践与探索 [J]. 教育教学论坛，2023（10）：97－100.

[2] 魏凤春，徐三魁，彭进，等. 新工科背景下材料力学性能课程"线上线下＋课程思政"教学改革与实践 [J]. 高教学刊，2023，9（5）：129－132.

[3] 吴坤铭. 新工科背景下"材料力学"改革与实践研究 [J]. 池州学院学报，2022，36（6）：127－129.

[4] 陆静，袁丽芸. 新工科背景下地方院校"材料力学"混合式教学模式的探索 [J]. 科技与创新，2022（17）：34－36.

[5] 康颖安，程玉兰，夏平，等. 新工科背景下的材料力学实验教学改革 [J]. 教育教学论坛，2022（18）：73－76.

作者简介：王海，男，1989 年，讲师，济南大学，主要从事水利工程学科领域教学研究。Email：xiao-haimi2014@126.com.

基金项目：山东省本科教学改革研究重点项目（Z2023018，Z2022064）；济南市市校融合发展战略工程项目（JNSX2023016）。

工程教育认证背景下"水资源规划及利用"课程教学改革与实践

张钰娴[1,2]　牛振华[3]　陈　斌[1,2]　黄冬菁[1,2]

(1. 浙江水利水电学院水利与环境工程学院，浙江杭州，310018；

2. 浙江省农村水利水电资源配置与调控关键技术重点实验室，浙江杭州，310018；

3. 中国电建集团华东勘测设计研究院有限公司，浙江杭州，310014)

摘 要

工程教育专业认证是国际上对工程类专业毕业生具备工程师能力的公认标准，通过专业认证是我国各大高校水利类专业发展的必然趋势。文中以"水资源规划及利用"课程为例，结合水利类专业工程素养培养要求以及课程对毕业要求的支撑，通过建立课程教学目标、优化教学内容、设置考核评价方案等教学改革措施，分析了2017—2019级浙江水利水电学院水利水电工程专业课程目标达成度情况。结果表明：三年来课程目标1~3的达成度都有提升，其中课程目标3的达成度提高最为显著，从0.78提高到0.86，说明课程改革有效地调动了学生学习积极性，大幅提升了学生的工程实践素养能力。

关键词

工程教育认证；水资源规划及利用；教学目标；课程达成度分析

工程教育认证已成为我国工科教育质量和人才培养的重要制度保障。在工程教育认证大背景下，确保毕业生素质产出是我国高校本科工程专业亟须解决的重要问题之一[1]。我校于2021年通过了水利水电工程专业工程教育认证，对水利工程类专业人才培养提出了更高要求，对水利类课程教学提出了新要求、新挑战。"水资源规划及利用"是水利水电工程专业一门专业必修课程，在本科生培养体系中占有重要地位[2]。课程内容包括水资源评价、水库综合利用、防洪减灾规划、水能利用规划、河流综合利用规划、水库调度与水资源管理等。近年来，"水资源规划及利用"课程教学改革研究较多，取得了较好成效[3-7]，但基于工程教育认证背景下的课程教学改革研究寥寥无几。鉴于此，本课题研究以工程教育认证背景下"水资源规划及利用"课程改革与实践，主要对教学目标、教学内容、创新实践条件、教学方法与手段、考核方式等方面进行探索性改革，以期为工程教育认证下水利类课程改革探索提供经验参考。

1 教学改革前存在的问题

在课程改革前，课程以教师"教"为主，课程内容重理论知识，与实际工程结合少，无法培养学生解决实际工程问题的能力；教学手段单一，虽结合了现代化教学手段网络视频等，仍难以调动学生学习积极性与主动性；课程目标则要求掌握教学大纲内容为主，强调掌握知识，忽视学生能力培养，同时课程目标对专业整体培养目标和毕业要求没有紧密支撑关系；考核方式以结课考试与平时成绩总评，却不能体现对学生能力的考察，且课程考核结果没有定量分析和持续改进的要求。这与"应用型工程师"所具备的"工程意识、工程素质、工程实践能力和工程创新能力"偏离较大。上述问题均与工程教育专业认证三大核心理念不符，自然达不到工程教育专业认证基本要求。因此，基于工程教育专业认证背景下"水资源规划及利用"课程教学改革势在必行。

2 基于工程教育认证的课程教学改革

2.1 教学目标改革

与传统课程教学大纲相比，工程教育认证课程教学大纲要求课程应根据人才培养计划中所支撑的12条毕业要求二级指标点，结合课程内容制定课程目标。浙江水利水电学院水利水电工程专业2019版人才培养计划中，要求"水资源规划及利用"课程支撑的毕业要求二级指标点7.1、7.2和3.4。根据课程在人才培养方案中对毕业要求二级指标点的支撑要求，设定以下3个课程目标。

课程目标1：培养学生了解各部门水资源综合利用矛盾，帮助学生正确认识水资源利用与保护的关系、水利建设与社会经济及生态环境的关系，强化学生对可持续发展理念的认识与理解。

课程目标2：要求学生掌握水库兴利调节与洪水调节计算，结合工程实际掌握与水利有关的经济及其相关评价；掌握水能计算及水电站在电力系统中的运行方式；掌握水电站水库主要参数的确定方法，掌握水库调度的方法及应用，使其具备可从事水资源利用的计算能力。

课程目标3：培养学生应掌握水资源评价、水资源规划、水资源优化配置等方面知识，帮助学生理解环境与可持续发展的新时期水利建设理念。课程目标及对应支撑的毕业要求和毕业要求二级指标点见表1。同时，结合"水利精神"还设置了该课程思政目标为忠诚。

表1　　　　　　　　　　"水资源规划及利用"课程目标及对应毕业要求

毕业要求	毕业要求指标点	课程目标
7. 环境和可持续发展	7.1　知晓和理解环境保护和可持续发展的理念和内涵，理解生态环境工程的基本知识，正确认识专业领域发展现状，并熟悉国家政策对专业领域发展的引导	课程目标1
	7.2　能够站在环境保护和可持续发展的角度思考专业工程实践的可持续性，评价产品周期中可能对人类和环境造成的损害和隐患，正确评价水利行业与生态环境保护的关系	课程目标3
3. 设计/开发解决方案	3.4　在水利水电工程设计中能够考虑安全、健康、法律、文化及环境等制约因素，分析和论证方案的合理性并进行方案决策	课程目标2

2.2 课程内容与方法改革

为了充分支撑课程目标，培养学生的工程素养能力，对该课程的教学内容与方法进行重构，详见表2。具体如下。

2.2.1 结合实际工程项目，增加教学案例，虚拟仿真试验模拟等教学内容

以实际工程项目案例作为理论与实践之间的衔接，主要章节包括水资源评价、水资源规划、兴利计算、防洪计算、水能计算和河流综合利用规划，结合虚拟仿真试验模拟，分析工程案例所涉及的理论知识点，进而学会如何剖析具体工程项目，培养了学生的工程实践能力。详见表2。

2.2.2 采用线上、线下混合教学，解决教学方法与手段单一性

课程使用超星智慧课堂平台，采用线上、线下混合教学模式。课程相关的课件、视频、作业、测试、参考文献等资源整合上传到智慧课堂平台。上课前学生可选择资源进行预习，部分教学活动也可在平台完成，比如课堂练习、测试、回答问题等。课后学生可使用线上资源进行课后复习与测试，测试结果反馈有助于教师掌握学生学习情况，及时对教学进度等进行适当调整。因此，通过线上、线下混合教学，将知识单向传输变为双向交流反馈，将学习时间从课堂内拓展到课堂外，增强了学生课堂

参与感和学习兴趣，培养了学生主动学习能力。

2.2.3　增加人文水利情怀教育内容，融入课程思政元素

以往教育过程中多注重知识的灌输，忽略了人文水利情怀教育与爱国主义教育，难以激发学生无私奉献、勇于创新及开拓进取的精神。本课程以水利人物故事和水利事业发展为主线，提炼所蕴含的国家战略思维、爱国情怀、社会责任、文化自信、人文精神等价值理念，将价值引领融入专业知识传授中，逐步摆脱了传统教育方式，不断增进教学内容的知识性、学理性以及方法的多样性，全面提升专业课程思政育人的吸引力和感染力，培养学生"献身、负责、求实"的水利精神和职业道德，以此实现了课程思政目标"忠诚"。详见表2。

表2　　　　　"水资源规划及利用"课程内容、支撑的课程目标及学时分配

教　学　内　容	课　程　目　标	学时分配
绪论（思政）	课程目标1、课程目标3	2
水资源评价（典型案例）	课程目标1、课程目标3	4
水资源供需平衡分析与配置（思政）（典型案例）	课程目标1、课程目标3	4
综合利用水库（思政）（兴利计算）	课程目标2	6
防洪减灾规划（思政）（调洪计算）	课程目标2	6
水能利用（水能计算）	课程目标1、课程目标2、课程目标3	4
河流综合利用规划（典型案例）	课程目标1、课程目标3	4
水库调度与水资源管理（调度图）	课程目标1、课程目标2、课程目标3	2

2.3　课程考核评价方式改革

改革前，课程考核方式由平时成绩、期末结课考试等两部分组成。这种考核方式无法满足工程教育认证要求，不能准确衡量课程目标达成度，不能准确展现学生学习产出情况。基于工程教育认证要求，课程考核评价要具有多元化和过程性的特点，要能反映学生的实际学习产出情况。因此，该课程考核方式调整为过程性评价与终结性评价相结合，过程性评价占总成绩50％左右，主要包括课堂讨论、章节测试、线上学习情况、课程设计等4部分，线上学习情况和章节测试主要以知识性内容为主；课堂讨论和课程设计主要考察任务导向的知识应用能力；终结性评价采用期末闭卷考试，占总成绩的50％左右，不同类型题目均支撑相应的课程目标1～3，以便计算课程目标达成度。详见表3。

表3　　　　　考核内容与课程目标及支撑毕业要求二级指标点对应关系

考核内容	考核结果	占总成绩比	对应课程目标	毕业要求二级指标点
课堂讨论	成绩	10％左右	课程目标1	7.1
章节测试	成绩	10％左右	课程目标1、2、3	7.1、3.4、7.2
线上学习情况	成绩	10％左右	课程目标1、2、3	7.1、3.4、7.2
课程设计	成绩	20％左右	课程目标2	3.4
期末试卷	成绩	50％左右	课程目标1、2、3	7.1、3.4、7.2

2.4　课程质量评价

"水资源规划及利用"课程教学质量评价以课程目标达成度作为评价标准。依据各考核内容的考核结果，计算不同课程目标达成度，达成度大于0.6表示该课程目标达成，达成度小于0.6表示该课程目标未达成。依据课程目标达成度结果，任课教师进行有针对性的教学反思和总结，对存在的问题做出改进，不断提升教学质量，实现了工程教育专认证对课程教学质量持续改进的要求。

3　改革成效

以我校 2017—2019 级水利水电工程专业为例，课程达成度分析情况见图1。由图可知，3 年来课程目标 1～3 都有明显提升，其中课程目标 3 提高最为显著，从 0.78 提高到 0.86，说明课程改革有效地调动了学生学习积极性，提升了学生的工程实践能力。同时为了研究学生个体课程目标达成情况，以 2019 级为例，分析了学生个体课程目标达成情况见图2～图4。由图2～图3 可知，课程目标 1 有 7名同学没有达成课程目标要求，说明对课程基础知识掌握不牢固；课程目标 2 有 10 名同学没有达成课程目标要求，课程目标 2 是培养学生兴利计算、洪水计算、水能计算能力，说明部分学生的计算能力有待提高，针对这种情况，在未来教学过程中，应适当增加计算能力的大作业，以此提高课程目标 2的达成度。由图4 可知，课程目标 3 平均达成度在 0.8 以上，说明课程教学改革大大提高了学生工程素养能力，这与培养"应用型工程师"的核心理念高度一致。

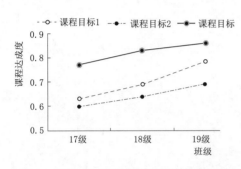

图 1　2017—2019 级课程目标达成度情况

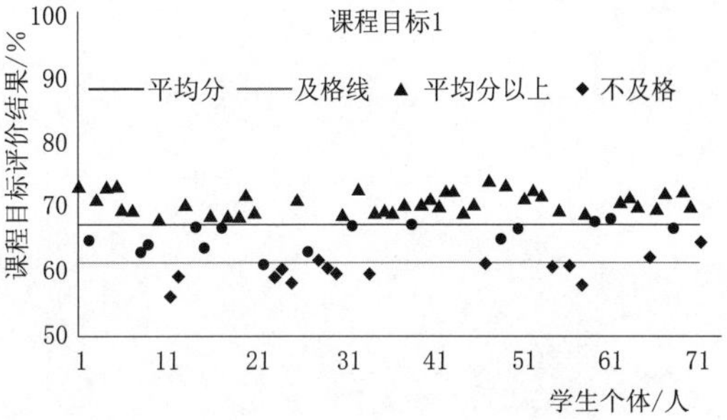

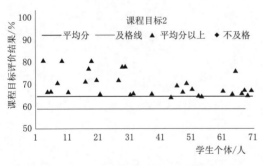

图 3　2019 级学生课程目标 2 达成度情况

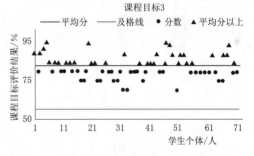

图 4　2019 级学生课程目标 3 达成度情况

图 2　2019 级学生课程目标 1 达成度情况

4　结论

基于工程教育认证基本要求，对课程目标、教学内容、教学方法、考核方式等方面进行教学改革与探索。结果表明，基于工程教育认证背景下水资源规划及利用课程教学改革是可行的、有成效的。只有通过持续不断地改进，才能不断提高课程的教学质量，才能有效推动教育事业的高质量快速发展。

参 考 文 献

[1]　宗欣露，徐慧. 基于成果导向教育的人工智能专业教学模式 [J]. 软件导刊，2020，19 (11)：1 - 3.

[2]　方国华，黄显峰."水资源规划及利用"课程教学改革与实践 [J]. 绿色科技，2020 (23)：196 - 198.

[3]　石月珍."水利水能规划"课程教学的体会与思考 [J]. 中国电力教育，2010 (4)：53 - 54.

［4］ 张静，何俊仕，付玉娟.“水资源规划及利用”专业课教学方法研究与思考［J］. 中国科技信息，2011（9）：270.

［5］ 巨娟丽，向友珍.“水利水能规划”课程教学现状分析与思考［J］. 中国电力教育，2013（282）：51-52.

［6］ 戴丽媛，张诚. OBE 教学模式在课程“水资源规划及利用”中的运用研究［J］. 山东工业技术，2019（10）：207-211.

［7］ 吴灏，操信春. 新时代水资源规划及利用课程教学改革和实践举措［J］. 科技视界，2022（22）：212-213.

作者简介：张钰娴，女，1978 年，讲师，浙江水利水电学院，主要从事生态水文与水土保持研究。Email：zhangyx@zjweu.edu.cn。

基金项目：浙江省教育厅一般项目（Z20160058）；浙江水利水电学院校级重点课程建设项目（2023）；浙江水利水电学院校级教学改革研究项目（2023）。

成果导向的应用型本科高校专业课程
全过程教学新模式
——以"工程造价管理"课程为例

宋　蕾[1]　盛明强[2]

(1. 南昌工学院 建筑与环境工程学院，江西南昌，330108；
2. 南昌大学 工程建设学院，江西南昌，330031)

摘　要

　　针对应用型本科高校部分专业课程教育中教学全过程设计存在课程目标偏离毕业要求等问题，以面向水利土木类专业"工程造价管理"课程为例，从专业毕业要求与课程教学目标的关联性出发，构建了基于反向教学设计思路的课程教学活动内循环体系，设计了对应教学目标的课堂子目标和线上线下教学资源运用方式，形成了以学生为中心、以成果为导向的专业课程全过程教学设计-实践-反馈-持续改进的良性循环教学新模式，实践证明该教学模式具有良好的效果与示范效应。

关键词

　　成果导向；应用型本科；专业课程；教学设计

1　引言

　　在高等教育实现跨越式发展，迈入普及化的新时期，应用型本科高校在我国高等教育体系中起着承上启下的重要作用，已成为建设高等教育强国不可或缺的重要力量。针对当前应用型本科高校在专业人才培养方面展现的不同特点及短板问题[1]，随着工程教育认证理念的不断深入，从其专业培养目标、毕业要求、课程体系、教学达成、评价机制、持续改进等方面仍存在着较大的提升空间，有关应用型本科高校的 OBE 教学设计相关研究相对匮乏；相比以往教学改革文献[2]，专门就应用型本科高校专业课程教学目标与课程内容体系如何有效支撑及达成评价方面研究偏少，课程教学实践中多过于依赖教材设置教学内容以生搬硬套式地支撑课程目标[3]，导致课程教学效果难以实现预期。

　　本文以应用型本科高校"工程造价管理"课程为例，从水利土木类专业毕业要求和专业课程教学目标的关联性出发，以课程反向教学设计思路，围绕课程教学目标，设计课堂子目标，进而对课程大纲、授课计划、教案等进行针对性地修订并完善，构建既切合课程要求又融入产业发展的课程知识体系，并运用网络教学资源及其平台，探索以学生为中心、以成果为导向的专业课程全过程教学设计-实践-反馈-持续改进的良性循环教学新模式。

2　"工程造价管理"课程反向教学设计思路

　　成果导向教育能够衡量学生能做什么，而不是学生知道什么，课程设计与教学要清楚地聚焦在学生完成学习过程后能达成的最终学习成果，并让学生将学习目标聚焦在学习成果上。教师必须清楚地阐述并致力于帮助学生发展知识、能力和境界，使学生能够达到预期成果[4]。

2.1 反向教学设计与传统教学设计对比

成果导向是以最终目标（最终成果或顶峰成果）为起点，反向进行教学设计，开展教学活动。教学的出发点不是教师想要教什么，而是要达成顶峰成果需要什么。反向教学设计是针对传统的正向教学设计而言的。正向设计是课程导向的，教学设计从构建课程体系入手，以确定实现课程教学目标的适切性。课程体系的构建是学科导向的，教育模式倾向于解决确定的、线性的、静止封闭问题的科学模式，知识结构强调学科知识体系的系统性和完备性，在一定程度上忽视了专业的需求。

而反向设计从需求开始，由需求决定培养目标，由培养目标决定毕业要求，再由毕业要求决定课程教学设计。由于正向设计是从课程体系开始，到毕业要求，到培养目标，再到需求，教育结果一般很难满足要求。因此，传统的正向教育对国家、社会和行业、用人单位等外部需求只能"适应"，而很难满足。成果导向教育则不然，它是反向设计、正向实施，这时"需求"既是起点又是终点，从而最大限度保证了教育目标与结果的一致性[5]。

2.2 反向教学设计过程主要思路

反向教学设计过程及主要环节如图1所示。其关键步骤如下。

（1）依据成果导向教育，考虑应用型本科高校的人才培养特点，从知识、能力、技术三个方面，从专业毕业要求指标点和专业课程教学目标的关联性出发，确定课程教学目标，根据每个课程目标对毕业指标点的支持程度，设置权重，权重大小在0～1之间。

（2）围绕课程教学目标，构建课程知识体系，学习成果代表一种能力结构，这种能力结构与课程体系结构应有一种清晰的对应关系，能力结构中的每一种能力要有明确的课程内容来支撑。

（3）基于"工程造价管理"课程知识体系，确定课堂目标，并进行以学生为中心的教学设计，确定教学策略，按照不同的要求，制订不同的教学方案，提供不同的学习机会，特别强调关注学生的学习过程。

（4）根据课程目标要求，本课程将从理论基础、专业素养、创新能力、综合应用四个层面出发，对课程目标达成各环节指标进行赋权分析，建立课程目标达成度评价体系，通过对学生达成度结果的掌握，为教师改进教学提供参考依据[6]。

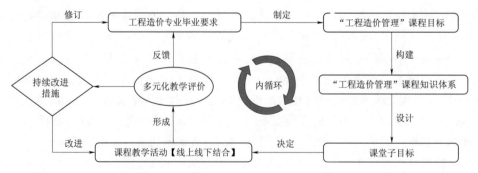

图1 反向教学设计过程及主要环节

3 "工程造价管理"课程全过程教学设计改革模式

"工程造价管理"是水利土木类专业中一门理论结合实践的专业必修课，本课程与工程项目实践联系极为密切，站在宏观的角度，从建设项目全过程角度出发，诠释各阶段造价计价及控制工作，其原理及方法可以应用于解决工程造价控制的实际问题，对加强学生理解工程造价管理的重要性及全局性具有重要的作用及意义。

3.1 确定以成果为导向的"工程造价管理"课程目标

通过本课程的教学，使学生对全过程工程造价管理思想具有明确的概念、掌握建设工程各阶段工程计价的内容及控制造价的方法，并为进一步学习相关的后续课程打下扎实的专业学科基础。通过本课程的学习，学生应达到的知识和技能见表 1。

表 1 根据毕业要求确定课程目标

课程目标	目 标 内 容	权重
目标 1	认识工程造价管理对于工程项目管理的价值，理解工程造价管理的内涵及发展方向，了解工程造价管理理论知识在工程实践当中的运用，并理解造价工程师应承担的责任	0.15
目标 2	具备从事工程造价管理工作所需的基本专业技能，掌握工程造价的构成内容及计价方法，熟悉定额计价与清单计价的基本原理，理解清单计价与定额计价的关联	0.25
目标 3	掌握工程造价管理在建设项目各阶段的计价内容及其造价控制方法；能够在项目实践中针对工程造价专业问题与业界同行或团队合作伙伴进行有效沟通和交流	0.30
目标 4	具备综合运用工程造价管理方面的理论、知识和方法从事工程造价管理，能够基于工程造价背景知识进行合理分析，并采用科学方法针对复杂工程造价问题进行研究，提出解决方案	0.30

3.2 建立围绕"工程造价管理"课程教学目标的知识体系、课堂目标及教学模式

在确定"工程造价管理"课程目标的基础上，利用网络教学资源及平台，以工程建设项目全过程造价管理内容为主导，围绕决策阶段投资估算策划、设计概算优化、发承包合同价格的确定、施工阶段动态成本管理、竣工结算难点等课程内容，细化其课内每个教学单元目标，同时在每个教学单元导入实际工程项目，根据每课课堂目标，设置教学单元任务，结合多渠道层次化的教学环节设计，采用学习通平台进行线上问卷、配套视频学习、线上练习、任务分组等教学活动；线下课堂结合课程内容讲授、分组讨论、专题汇报等多种形式，从课前、课中、课后全方位构建出以学生为中心、以成果为导向、理论结合实践的课堂内外教学模式。教学内容对课程目标的支撑见表 2。

表 2 教学内容对课程目标的支撑

课程目标	课 堂 目 标	教 学 内 容	教 学 模 式
目标 1	1.1 了解工程造价管理的内涵	工程造价管理发展历程	探讨式教学：师生共同探讨，启发学生思考
	1.2 认识工程造价管理的价值	工程造价管理的研究意义	
目标 2	2.1 掌握工程造价的构成内容	工程造价的构成	示范性教学：由教师示范教学，再由学生分组学习，分组共享知识点，教师点评、解惑
	2.2 掌握工程造价的计价方法	工程定额计价	
		工程量清单计价	
		定额计价与清单计价的关联	
目标 3	3.1 掌握决策阶段的计价内容	投资估算编制	案例合作教学：通过引入实际工程案例，在分析实际案例过程中强调知识学习与实际应用的有机结合，启发学生会自己学、会思中学、会做中学，注重实际技能的提升
	3.2 决策阶段造价控制的应用	投资估算策划案例分析	
目标 4	4.1 掌握设计阶段的计价内容	设计概算编制	
	4.2 设计阶段造价控制的应用	设计概算优化及案例分析	
	5.1 掌握招投标阶段计价内容	招标控制价、投标报价	
	5.2 发承包合同确定的策略	招标策划、投标策略及案例分析	
	6.1 掌握施工阶段的计价内容	合同价款变化管理及实现管理	
	6.2 施工阶段造价控制的应用	项目动态成本管理及案例分析	
	7.1 掌握竣工阶段的计价内容	项目竣工结算的内容及流程	
	7.2 竣工阶段造价控制的应用	竣工结算的难点及质保金预留	

4 工程造价管理课程教学实践

4.1 教学评价体系

根据"工程造价管理"的课程目标要求，本课程将从理论基础、专业素养、创新能力、综合应用四个层面出发，对课程目标达成中各环节指标，进行隶属度及层间赋权分析，建立基于多源信息融合的形成性评判模型，进而完善其不同层面的目标完成情况反馈结果。

1. 确定评价内容

根据课程目标分解的指标点，确定评价内容，按照评价内容对每个课程目标的支持程度设置权重，权重大小在0~1之间。课程评价内容将根据课程内容及课堂目标确定，包括课前线上习题得分、课内任务分组汇报、每课程单元书面作业、期末考试及期末学习总结报告等进行设定。

课程评价周期为年，即为每年评价1次，设置达成度目标值为0.70，采用成绩分析法进行评价，评价结果用于持续改进。课程目标达成度评价包括课程分目标达成度评价和课程总目标达成度评价[7]，公式见图2。

$$课程分目标达成度 = \frac{总评成绩中支撑该课程目标相关考核环节平均得分}{总评成绩中支撑该课程目标相关考核环节目标总分}$$

$$课程总目标达成度 = \frac{该课程学生总评成绩平均值}{该课程总评成绩总分(100 分)}$$

图 2 课程目标达成度

2. 确定评价方式及评价主体

根据评价内容并结合课程授课方式，确定每一评价内容的评价方式。按照教学模式的特点，评价方式同样可以采取线上与线下相结合的方式，比如：任务讨论、问卷等可在线上完成，线下采取课程成果展示、期末综合测试等。而评价主体根据不同的评价内容及评价方式，可以有不同的评价主体，有老师评分、学生自评以及学生互评[8]。

4.2 教学反馈及持续改进

通过在课程教学设计与实践中引入成果导向理念，教学过程注重以学生为中心，教与学结合更加密切，教学模式与评价方法更加多元化。学生在分组讨论中学习兴趣、主动性、协作性都有了显著的提高；在主题汇报研讨过程中，学生通过查阅相关文献资料，文献调研能力得以提高；在案例式教学过程中，通过对实际案例问题的分析、讨论，学生将理论知识应用于实际问题的能力得到了提高[9]。课程目标达成度评价表见表3。

表 3 课程目标达成度评价

课程名称：工程造价管理		选课人数：138 人，三个班级授课			课程目标达成度：0.758		达成课程目标：是□ 否□
课程目标	毕业要求指标点	评价内容	目标值	权重	学生平均得分	各指标点达成度	各课程目标达成度计算示例
目标 1	指标点 6	分组讨论	6	0.4	4.08	0.680	0.680×0.4＋0.840×0.6＝0.776
		期末考试	9	0.6	7.56	0.840	
目标 2	指标点 1	线上练习	6	0.2	5.15	0.858	0.858×0.2＋0.880×0.2＋0.740×0.6＝0.792
		线下作业	8	0.2	7.04	0.880	
		期末成绩	11	0.6	8.14	0.740	

续表

课程名称： 工程造价管理	选课人数：138 人， 三个班级授课			课程目标达成度： 0.758		达成课程目标： 是□ 否□
目标 3	指标点 11	线上练习	8	0.2	6.88	0.860	$0.860 \times 0.2 + 0.77 \times 0.2 + 0.680 \times 0.6 = 0.734$
		线下作业	10	0.2	7.86	0.770	
		期末考试	12	0.6	8.13	0.680	
目标 4	指标点 3	案例汇报	8	0.2	5.32	0.665	$0.665 \times 0.2 + 0.867 \times 0.2 + 0.730 \times 0.6 = 0.744$
		期末汇报	10	0.2	8.67	0.867	
		期末考试	12	0.6	8.76	0.730	
课程总目标达成度	$0.776 \times 0.15 + 0.792 \times 0.25 + 0.734 \times 0.3 + 0.744 \times 0.3 = 0.758$					

本课程目标总达成度为 0.758，为达标课程，该达成度是通过对多元化的考核指标进行层间赋权分析得出，考核情况不仅反映了学生能综合应用专业理论知识，具有较好的工程造价管理思维，能够针对建设项目各阶段的工程造价问题进行分析并提出解决方案，更重要的是能反映学生在全过程的学习情况，针对各课堂目标达成度的分析，有利于教师为后续教学提供重要且有针对性的改进依据。

通过分析课程目标中各课堂目标指标点达成度，有高有低。比如目标 3 期末考核的达成度为 0.680，通过分析对应的课堂目标的达成度，发现该目标达成度偏低的原因是由于课堂目标 5.1、6.1 达成度偏低，仅为 0.618 和 0.625，表明学生对此部分内容掌握尚有欠缺，需进一步加强（表 4）。因此，通过对各课程目标分解的课堂目标达成度进行分析反馈，针对对应的课堂制定相应的持续改进措施[10]。

表 4　　　　　　　　　　　教学反馈及持续改进（以部分未达成目标为例）

课程目标	课 堂 目 标	教 学 反 馈	持 续 改 进
目标 3	5.1　掌握招投标阶段计价内容	达成度为 0.618，较低	1. 在课堂中设置前后测试。并在此基础上，结合番茄钟原则，每 25min 开展一次课堂活动 2. 课后同步创建课程 QQ 群，发放阶段性问卷和作业，及时追踪学生在各知识点学习中可能存在的问题
	6.1　掌握施工阶段的计价内容	达成度为 0.625，较低	
目标 4	4.2　设计阶段造价控制的应用	达成度为 0.624，较低	
	6.2　施工阶段造价控制的应用	达成度为 0.602，较低	

（1）案例内容提前发布至线上学习通平台。针对案例合作教学，将在案例教学课前一周提前发布，以便给学生留有足够的分析及调研时间，各小组学生在案例教学课前整理完成案例分析报告，课堂当中进行报告的展示，再由各组进行互评，教师根据各组汇报内容及组间互评情况综合点评。

（2）根据课堂目标，安排课堂入门测及课堂出门测。针对每次课堂目标，在该课堂开始后 5min 或者结束前预留 5min 安排入门测试及出门测试，测试方式通过在学习通线上发布，学生通过线上平台完成测试并自动生成测试结果，测试情况能够第一时间直观地反映学生对上堂课程及本堂课程内容的掌握情况。入门测结果可作为学生对上次课程内容的复习，为新课程内容进行很好的铺垫；出门测结果可作为学生课后复习的指导依据，也可作为教师下次教学备课的考虑因素。并在此基础上，结合番茄钟原则，为保证学生的学习专注力，每 25min 开展一次课堂活动。

（3）总结工程造价管理的知识体系，界定课程学习的深度和广度，注重课堂知识传授的形式，增强知识传播过程的趣味性。针对某一个综合性的专题，组织班级辩论赛，通过线上平台分组，由各组推举组长，由组长确定辩手顺序并抽签确定辩论主题，通过以赛促学，以学促行，期望将课程各知识点打通，提高学生综合能力。并在课后同步创建课程 QQ 群，发放阶段性问卷和作业，及时追踪学生在各知识点学习中可能存在的问题。

5 结论

本文对照工程教育专业认证相关标准，就部分应用型本科高校工科专业教育中教学设计存在课程目标偏离毕业要求等问题，以面向土木水利类专业的"工程造价管理"课程教学为例，从专业毕业要求与课程教学目标的关联性出发，设计了对应教学目标的课堂子目标，通过本门课程知识体系的重构，合理配置并运用线上线下教学资源予以实践，建立了融合多源考证信息的课程目标达成情况形成性评判模型，据此形成了以"工程造价管理"课程教学设计为范式的应用型本科高校专业课程全过程教学新模式。

参 考 文 献

[1] 项长生，李喜梅，乔雄，等. 基于工程教育认证理念的专业导论课教学改革研究与实践——以道路桥梁与渡河工程导论为例 [J]. 高等建筑教育，2022，31（3）：142-148.

[2] 康怀彬，陈俊亮，费鹏，等. 基于成果导向的课程教学设计——以国家级精品在线开放课程食品工艺学为例 [J]. 高教学刊，2021，7（32）：4.

[3] 初红艳，程强，昝涛，等. 基于成果导向与学生中心的教学设计及学习效果评价 [J]. 教育教学论坛，2018（25）：5.

[4] 龙威，王辉虎，夏露，等. 基于成果导向的铸造工艺及装备设计课程教学设计与实践 [J]. 教育教学论坛，2020（51）：2.

[5] 杨慧，江学良，孙广臣，等. 基于OBE-PDCA理念的特设专业实践教学体系的重构与运行——以城市地下空间工程专业为例 [J]. 高等建筑教育，2022，31（3）：181-187.

[6] 王仪，朱凯. 毕业要求达成度模糊综合评价方法研究——以土木工程专业为例 [J]. 高等建筑教育，2021，30（1）：151-160.

[7] 林拥军，李彤梅，潘毅，等. 线上与线下融合的土木工程专业课混合式教学研究 [J]. 高等建筑教育，2020，29（1）：91-101.

[8] 王达诠，陈朝晖. 面向工程教育认证的结构力学课程混合式教学设计 [J]. 高等建筑教育，2020，29（1）：110-118.

[9] 鲁正，乔婧. 基于工程教育专业认证理念的建设工程法规课程教学改革 [J]. 高等建筑教育，2020，29（5）：61-66.

[10] 陈庆军，季静，左志亮，等. 基于国际工程教育认证的混凝土结构理论课程教学改革探索 [J]. 高等建筑教育，2019，28（6）：77-83.

作者简介：宋蕾，女，1983年，讲师，南昌工学院，主要从事工程结构安全控制与造价管理研究。Email：songleincu@163.com。

基金项目：南昌工学院校级教学改革研究课题（NGJG-2021-04）。

"水工钢结构"教学创新

闫毅志 刘 波 王文雄 史明航 王文勇 张 豪 赵远杰

（昆明理工大学电力工程学院，云南昆明，650500）

摘 要

"水工钢结构"是水利水电工程专业的主要课程之一；在水工结构教学中占有突出的地位，但长期教学实践效果较差，有些教学还需要改进。它是一门理论性强、实践性强的学科，很多人认为这是一门"无聊的课程"。在教学中应结合本课程的特点，运用"翻转课堂"教学模式，提高教学效果，从而为促进教学提供良好的技术支持。在具体的课堂教学中，激发学生的学习兴趣，提高学生的创新能力和实践能力，提高学生的技术素质，使他们真正地掌握课程。

关键词

水工钢结构；翻转课堂；课程设计；教学方法

引言

近年来，随着中国国民经济的发展，中国早已经成为世界上最大的钢铁生产国，同时也是世界上最大的钢铁消费国。钢材料具有良好的综合力学性能，质量好、价格低廉，资源丰富，遍布世界各地等特点，所以它得到了广泛的应用。钢结构具有诸多综合优势，如：自重轻的同时强度高、塑性和韧性较好、抗震性能好、施工安装方便、施工速度快、投资回报率快、有利于环境保护，与钢筋混凝土结构相比，钢结构具有"高、大、轻"三个方面独特的发展优势。

在过去十年轻钢结构是发展最快的，美国的非住宅建筑应用轻钢结构的比例已经超过50%。研究和开发辅助轻钢结构软件，是轻钢结构的主要发展方向之一。它因为跨度大，空间灵活，施工速度快，效率高，有利于抗震等特性，将对中国传统的格局和住宅结构产生较大的影响。随着科学技术的发展和人们对环境问题的认识，建筑钢材越来越受到人们的关注。在很长一段时间内，混凝土和砌体结构在产品结构方面的主导地位正在改变，钢结构凭借自身在钢铁行业的优势，已经快速合理地应用到这个项目中。钢结构的发展现状需要对钢结构的教学模式进行探索创新[1]。

1 "水工钢结构"课程描述

"水工钢结构"是水利水电工程专业一门必学的专业课程，非常注重理论与实践相结合，直接影响着学生的专业水平。本课程的主要任务和基本要求是：通过学习，学生应该掌握水工钢结构的基本的概念、理论、设计方法、计算方法和解决方案，了解水工钢结构的特点，能对实际工程进行基本的初步分析，解决一些难题。提高学生的综合素质和开拓能力，培养学生独立思考的能力和科技创新的勇气，为毕业后的工作打下坚实的基础。[1]

在课程实际的教学情况中，仍存在一些待解决的问题。"水工钢结构"课程内容多、信息量大、符号多、体系庞杂，还强调理论和实践并重，再加上规范的限制性、公式的经验性和复杂性、问题的多样性，对于学生来说，很多知识都从未接触并且难以理解，使同学们在此课程中缺乏积极主动性，给教学带来了一定的困难。学生习惯于了传统的力学分析方法，在对复杂的钢结构构件性能进行研究和分析的时候，会出现多个近似答案，与传统力学分析方法的单个答案相比，他们有时难以接受这样的结果，这些问题在不同程度上都增加了此课程的教学难度。因此，如何把握"水工钢结构"课程的主线，如何在教学中让学生灵活贯通地运用之前所学过的专业课知识，如何让他们深刻地理解计算理论和设计方法，以及如何让这门课程成为生动的教学实践，如何提高这门课程的教授水平，如何激发出学生的学习兴趣和积极性，如何让他们能够真正掌握这门课程，都是这门课程教学过程中值得探索和思考的问题。

2 "水工钢结构"课程运用翻转课堂互动教学

对于高等教育，特别是工程教育，实践教学是一个薄弱环节，这往往导致学校教育与社会的实际需要脱节。结合我国高校扩招后学生的实际情况，以及学生培养目标的具体要求，从精英教育转向为大众教育，教学生打下扎实的知识基础，为学生毕业后今后的工作做适当的准备。教师需要采用指引式、积极向上的教学方法，提高学生的学习兴趣和积极性，了解学生对课程所掌握的程度，营造生动活泼的课堂气氛，促进学生集体性和个性的发展。翻转课堂的教学模式，能达到想要的教学效果，翻转课堂是一种混合使用技术和学生自己动手活动的教学环境。以往教师的课堂讲解时间由实验和课内讨论等活动替代，而传统课堂的课下作业和学习则以线上视频的形式来呈现，由学生在课下自行完成学习。跟以往的教学方式不同，翻转课堂并不受课时的限制，学生可以利用自己的时间去重复学习课堂中讲解的视频资料和课程 PPT，学生所掌握的课程知识的深浅由他自己掌握[3]。

2.1 课前准备阶段

教师在第一节课就给学生们讲解翻转课堂的概念和教学模式，让他们能有所认知，方便之后的教学，使学生能够完全参与进来。根据课程每章的章节制定相应的教学方法，根据章节的需要制作 PPT 课件、视频资料，以及准备相应的结构模型，以便给学生更加直观的感受。关于课前准备工作，首先思考要达到什么样的教学目标和如何达到教学目标。带着这样的问题制作视频和 PPT 时，要思考课件要表达些什么，如何呈现出课程的重点，学生从课件中能学习到什么。将一些问题简单化，要带有问题地引领学生进入到整个学习当中。将视频和 PPT 课件提前上传到雨课堂中，让学生提前观看学习。在讲解课程时，准备实验模型和结构模型，将学生的注意力吸引到上面来，使理论知识直接从模型上表现出来。在课前、课中、课后布置思考题目，调动学生的思维并且发挥学生的主观能动性[4]。

学生在上课之前自主学习雨课堂中老师所上传的课件，完成老师所布置的思考问题。学会应该利用好在线图书馆这个庞大的数据库，直接用在线图书馆找到相应的学习资料，提高自主学习的能力。让学生带着问题进入课堂，在课程中进行提问，让学生在课堂中讨论解决，最后老师再给予解答，让学生深刻理解知识点，同时让学生准备学习心得进行课堂分享。

2.2 学习教学阶段

2.2.1 增加实践

对高校而言，要主动求变，培养学生理论与实践相结合的能力，以及动手能力。实践是检验真理的唯一标准，只有学生们真正参与实践，他们才能更好地掌握这门学科。准备模型就是最简易的实践，对于翻转课堂教学中，已经准备了一些典型的钢结构模型，将书本中原本非常抽象的概念和公式变成图形和模型，模型可以更加直接地展现一些复杂钢结构构件具体形状。在教学中可以将书本中抽象的图形与实际模型结合，去进一步讲解钢结构构件的性能和受力情况，并结合多媒体综合立体效果，最大限度地激发学生形象思维和空间想象力，从而提高学生学习知识的效率和效果。

对于一些有条件的学校，如果能直接带领学生们进行实地考察就更好了，那将是对学生思维的冲击。实地考察比模型就更加直观，学生能够直接接触到实际的工程实例，使很多在课堂中难以理解的问题在施工现场得以解决。这是一场理论和实践的思维碰撞，让学生们对这门课程产生一系列的问题，进一步激发学生的思维，提高学生对本门课程的掌握程度。甚至可以与一些企业进行合作，介绍一些学习好的或者对本门科目很感兴趣的同学，在假期中去这些公司进行实习，将理论知识与实际相结合，让学生能够真正参与实践。在实习中弥补专业知识的空缺，提升自己思维能力，在毕业后能尽快适应工作。

2.2.2 课程设计

本门课程中将课程设计与翻转课堂相结合，运用课程设计，适时翻转。将全班同学划分为 3~4 人的小组，选好小组长，由小组长统筹安排小组成员的工作。在相应的章节中发布课程设计任务，如课本中柱脚设计、焊接钢屋设计、露顶式平面钢闸门设计，每一章节完成一次课程设计。各小组根据自身的情况，通过手机对教师在雨课堂中所上传的视频、PPT、课本以及参考书籍进行学习。课后各小组为单位，自行讨论，结合理论知识完成课程设计。最后，各个小组将自己组所做的课程设计进行展示，分享学习收获和心得，各组间互相评价、互相吸取对方经验，最后教师再进行总结点评。学生们在展示时，可巩固所学知识，还能练习小组合作能力、组织能力、沟通能力，对于综合素质的培养起到了重要作用，最大限度发挥翻转课堂的作用[5]。

"水工钢结构"课程设计是教学的重要组成部分，在设计实践中可以提高学生对所学知识的理解，提高学生的综合能力。因此，我们在与翻转课堂相结合时必须注意以下几个方面：第一，课程设计专题，课程设计的专题应尽可能与实际工程紧密结合，最好使用现有实际工程的课题，培养学生工程设计能力和思维方式；第二，水工钢结构教材内容是有限的，因此在设计中需要阅读相关规范、设计手册和工程资料，鼓励学生使用各种规范和查阅文献资料，培养学生独立获取知识的能力；第三，使用计算机进行设计，随着计算机软件的普及，设计单位都采用结构设计软件进行计算和计算机绘图，从而提高了工作效率；第四，教师应定期检查和指导，以掌握学生在课程设计中的进步速度，发现学生的设计是否存在问题，解决学生们在设计中遇到的一些瓶颈，这有利于及时纠正错误，提供正确的引导；第五，教师应鼓励学生敢于思考和运用自己的创新方法，不要盲目局限于前人所使用的方法。

3 翻转课堂预期学习效果及反思

翻转课堂模式的教学中，教师更多的是做一个组织者和引导者，而学生才是翻转课堂模式的主体。整个学习过程分为三个阶段：课前准备、课中教授和课后课程设计，课前准备是教师教学能力的体现，只有做出一个好的教学视频和 PPT 才能真正发挥出"翻转课堂"的作用，通过课前准备，老师的教学能力也会得到相应的提升。而学生课前准备，在提升学生自主学习能力的同时，也可以让教师对学生们的基础知识水平有一个大概了解。"翻转课堂"让学习从被动学变为主动学，在课堂中老师与学生之间互动学习，学生与学生之间互相讨论学习，从以前的老师撵着走到现在的学生自己跑，相比于传统的教学，"翻转课堂"整个过程让学生的自主学习能力和学习兴趣得到了很大的提高。通过实践将理论和实际相结合，这对于理论知识的掌握提供了很大的帮助。最后再结合课程设计更是增加学生们的实践能力和创新思维能力，所以在"翻转课堂"教学过程中，能提高学习成效，增加学生们的专业知识，提升学生的积极性、自主学习能力和实践能力。

4 结语

水工钢结构在各种水利工程建设中有着极其广泛的应用，如钢厂厂房、钢闸门、钢桥、高层建筑、大型管道、塔桅结构，因此"水工钢结构"的教学效果非常重要。"翻转课堂"在各大高校其他课程中也都有所使用，是经得起考验的一种教学方式。根据"水工钢结构"课程的特点结合"翻转课堂"，教师应想方设法简化复杂的内容，引领学生进行自主学习，使学生易于理解和掌握。深入细致地讲授"水工钢结构"课程的同时，在教学过程中运用"翻转课堂"教学模式，运用视频和PPT引入教学，同时发挥雨课堂终端的作用，最后结合课程设计，使本课程在教学实践中更加精彩，激发学生的学习积极性，注重培养学生的分析能力和解决问题的能力，使他们真正掌握本课程。根据每个学校不同的教学基础和教学条件，如何把"翻转课堂"的作用最大限度发挥出来，是教师亟待解决的问题。

参 考 文 献

[1] 姚惠芹，彭朝福."水工钢结构"课程教学探讨 [J]. 中国电力教育，2009，8（下）：100-101.
[2] 范崇仁. 水工钢结构 [M]. 4版. 北京：中国水利水电出版社，2008.
[3] 赵斐. 美国迈阿密大学翻转课堂教学模式的启示 [J]. 科教导刊-电子版（下旬），2016（7）：53.
[4] 牛晓丽，马天成，王一博，等. 基于新工科背景的农业水利工程专业课程 [J]. 农业工程，2021，11（5）：128-131.
[5] 殷丽玲. 翻转课堂在中职物流专业课教学中应用反思 [J]. 物流技术，2019，38（10）：158-160.

作者简介：闫毅志，男，1968年，教授，昆明理工大学，主要从事水工结构分析。Email：yanyizhikm@163.com。

基金项目：云南省高校水生态与水流结构工程重点实验（241620190055）。

产出导向的课程教学设计
——以"环境生态学"课程为例

范春梅　张刘东　宁东卫　张　川　龚爱民[*]

（云南农业大学水利学院，云南昆明，650201）

摘　要

产出导向的课程教学设计是推动"课堂革命"从"形似"走向"神似"的助推器。为此，笔者以云南农业大学水利水电工程专业的"环境生态学"为例，从面向产出的课程目标凝练，支撑课程目标达成并与之相匹配的教学内容与方法整合，易观测、易衡量的课程教学评价构建三个方面介绍了产出导向的课程教学设计，以期能很好地规范课堂教学，以产出为导向来提升人才培养质量。

关键词

工程教育认证；产出导向；课程教学设计

工程教育专业认证的三大核心理念"产出导向、以学生为中心、持续改进"[1-2]已成为本科专业类教学质量国家标准、国家一流专业建设、新一轮本科教育教学审核评估等方面专业人才培养的质量要求。自 2015 年以来，云南农业大学相继启动了水利水电工程、农业水利工程等几个专业的国家工程教育认证，以及其他专业的校内专业认证工作，以此来提高学校本科专业人才培养质量。我校水利水电工程专业于 2015 年、2018 年两次通过中国工程教育专业认证，2019 年获批省级一流本科专业建设点，"环境生态学"是该专业开设的一门工程基础类课程，对学生在工程与社会、环境和可持续发展等方面的知识、能力和素质的培养起着重要的作用。为进一步推进该专业的工程教育认证工作从"形似"走向"神似"，夯实专业人才培养质量，成果导向教育进课堂是实现这个转变的关键[3-4]，而实现上述转变的前提在于建立产出导向的课程教学设计并予以执行。笔者以我校水利水电工程专业开设的"环境生态学"为例，介绍如何进行产出导向的课程教学设计。

1　课程目标的凝练

面向产出的课程目标的凝练，必须以人才培养方案中面向产出的毕业要求（观测点）及课程体系矩阵为起点，并遵循课程目标决定于毕业要求（观测点）、同时又支撑毕业要求（观测点）达成[4]这一原则。表 1 为我校水利水电工程专业人才培养方案中"环境生态学"课程与毕业要求的关联情况，即本课程支撑四条毕业要求（毕业要求 1. 工程知识、毕业要求 6. 工程与社会、毕业要求 7. 环境和可持续发展和毕业要求 11. 项目管理），其中毕业要求 1 和 11 的支撑程度为中度（M 支撑），毕业要求 6 和 7 的支撑程度为高度（H 支撑）；同时人才培养方案指明了该课程支撑这四条毕业要求的观测点分别是 1.3、6.1、6.2、7.1、7.2 和 11.2。为此，笔者根据前述面向产出的课程目标凝练须遵循的原则设计了该课程的目标（表 2），其与专业毕业要求观测点的对应关系具体查阅表 3。

表 1　　　　　　　　　　　　　　课程体系与毕业要求关联度情况

课程名称	毕业要求关联度					
	1. 工程知识	6. 工程与社会		7. 环境和可持续发展		11. 项目管理
环境生态学	M	H		H		M
	1.3	6.1	6.2	7.1	7.2	11.2

表 2　　　　　　　　　　　　　　"环境生态学"课程目标

课程目标	课 程 目 标 内 容
目标 1	获得人为干扰下生态系统内在影响因素、变化机理、规律、负效应,及受损生态系统恢复、重建、保护对策和相关法律法规,能指导水利工程项目的规划、设计、施工和管理
目标 2	通过生态环境保护相关法律法规等学习,理解水利工程师应承担的环境保护责任,具备合作、沟通交流能力
目标 3	针对水利工程中的环境问题,具备分析、评价和解决其工程实践对环境、社会、健康、安全、经济、可持续发展等方面影响的能力

表 3　　　　　　　　　　　　"环境生态学"课程目标与专业毕业要求的对应关系

课程所支撑的毕业要求指标点	课 程 目 标		
	目标 1	目标 2	目标 3
指标点 1.3 能够将工程基础专业知识和数学模型方法用于推演、分析水利水电工程问题	√		
指标点 6.1 熟悉国家关于水利工程建设和管理的方针、政策、法规和行业标准,理解水利工程师应承担的责任		√	
指标点 6.2 能够客观评价水利工程项目实施对社会、健康、安全、法律以及文化的影响,能够采取合理的技术措施避免或降低其不利影响			√
指标点 7.1 理解工程建设项目对生态环境保护和社会可持续发展的内涵和意义,了解环境保护的相关法律法规	√		
指标点 7.2 能够分析评价水利工程活动与环境和可持续发展的关系,判别水利工程项目可能对生态环境造成的损害			√
指标点 11.2 能够通过管理原理、技术经济方法对水利工程解决方案进行优化			√

由表 2 和表 3 可知:毕业要求 1(工程知识)指标点 1.3 的核心要素是"用工程基础知识推演、分析问题",毕业要求 7(环境和可持续发展)指标点 7.1 的核心要素是"工程建设对环境、社会可持续发展、法律法规",而支撑这两个观测点的课程目标 1 的核心要素是"工程基础知识——环境生态学的基础知识、法律法规、指导工程项目";毕业要求 6(工程与社会)指标点 6.1 的核心要素和支撑该观测点的课程目标 2 的核心要素均有"方针、政策、法律法规和行业标准,责任";毕业要求 6(工程与社会)指标点 6.2 和毕业要求 7(环境和可持续发展)指标点 7.2 的核心要素均有"评价影响、降低不利影响、判别损害",毕业要求 11(项目管理)指标点 11.2 的核心要素是"优化水利工程方案",支撑上述三个观测点的课程目标 3 的核心要素是"水利工程的环境问题,分析、评价和解决能力"。由上面的分析可看出,通过面向产出课程目标的凝练,我校水利水电工程专业"环境生态学"课程的教学使命就明晰了。

2　课程内容的整合

构建了面向产出的课程目标后,接下来就是整合能支撑相应课程目标达成的教学内容,以及以学生为中心,体现以学为主的教学方法。

为达成表 2 所述的课程目标,在整合教学内容的同时,应该匹配与其相适应的教学方法(表 4)。课程教学目标 1 主要通过课堂理论与案例相结合讲授、过程性测试、课外作业的方式实现。如在讲述生态系统的功能之一——物质循环中的水循环时，结合水利水电工程专业所涉及的水库修建、地下水开采、河道渠道化或硬质化、施工场地废水的排放等，分析讲述这些人类活动对水循环过程蒸发、径流、下渗等过程及水的分布、运动状态和水质等方面带来的影响；在介绍生物群落结构理论时，以传统裁弯取直的硬质河道与基于自然修复的生态河道分析讲解不同的水利工程设计方案对生物群落的生活型、物质数量、垂直结构、水平结构、时间格局及边缘效应等产生的影响。

表4　　　　　　　　　　　　　　　　　　　课程目标落实的教学方法

课程目标	课程学习要求	思政案例	思政元素	教学方法
目标1：获得人为干扰下生态系统内在影响因素、变化机理、规律、负效应，及受损生态系统恢复、重建、保护对策和相关法律法规，能指导水利工程项目的规划、设计、施工和管理	1. 掌握生物与环境间相互作用的规律和机制、主要生态因子对生物的影响及生物的适应。 2. 掌握种群的基本特征与动态、种间关系、群落的基本特征、结构及演替等。 3. 掌握生态系统的概念、结构、基本功能及生态平衡。 4. 掌握受损生态系统的恢复重建。 5. 掌握生态工程设计的原则、生态修复的机制与基本方式	1. 世界八大公害。 2. 长江保护法和黄河保护法的颁布。 3. 纪录片《地球四季》。 4. 都江堰水利工程、红旗渠、塞罕坝机械林场。 5. 金沙江干热河谷和某河道的生态修复	生态环境道德、地球生命共同体、人与自然和谐共生、责任共担、社会责任感、生物多样性、人文关怀、可持续发展、绿水青山就是金山银山	课堂理论与案例相结合讲授、过程性测试、课外作业
				课堂理论与案例分析、课外作业
目标2：通过生态环境保护相关法律法规等学习，理解水利工程师应承担的环境保护责任，具备合作、沟通交流能力	1. 学习《中华人民共和国环境保护法》《中华人民共和国环境影响评价法》等法律法规。 2. 掌握水体自净作用及水环境容量、水环境污染的生态修复	1. 太湖、滇池、巢湖、三峡库区蓝藻水华暴发。 2. 抚仙湖流域山水林田湖草生态修复工程。 3. 华北河湖生态补水案例。 4. 云南的"湖泊革命"	人水和谐、绿色发展、人居环境、乡村振兴、山水林田湖草沙生命共同体	课内课外专题讨论
				课堂理论与案例相结合讲授、专题讨论
目标3：针对水利工程中的环境问题，具备分析、评价和解决其工程实践对环境、社会、健康、安全、经济、可持续发展等方面影响的能力	1. 掌握水资源开发利用的主要环境问题及防治措施。 2. 掌握水利工程对自然环境、生态环境及社会环境的影响和环境保护措施。 3. 掌握生态监测与评价的内容、方法、原则	1. 案例：城市生态水系规划与构建关键技术。 2. 澜沧江支流基独河水电站的拆除、滇池长腰山违建别墅拆除。 3. 南水北调工程、滇中引水工程	水生态文明、一分为二或批判的精神、可持续发展、客观科学、环境保护	课堂理论与案例相结合讲授、课内课外专题讨论
				案例分析、课内课外专题讨论

　　在课程目标1的教学过程中，通过对关键知识点基本概念和理论、基础知识进行雨课堂在线限时测试，一方面督促和提醒学生注意听讲，另一方面通过测试结果的反馈及时调整教学进度及讲授方式。同时为了加强学生理论知识与专业实际相结合，提高课程目标1的学习效果，还需要通过课外作业来强化，例如：在讲解了水的生态作用及生物的适应后，引入并介绍面临的水问题：水多（洪涝灾害频发）、水少（人均、亩均水资源量少）、水脏（水污染严重）和水浑（水土流失，泥沙淤积），随后让学生课后查阅资料完成作业：从水的生态作用及生物的适应入手，基于水多、水少、水脏和水浑各举一例来分析阐述如何实现人水和谐。

　　课程目标2和目标3主要由课堂讲授、案例分析和专题讨论这些教学方法来实现。如在学习环境保护相关法律法规时，将学习的提纲课件通过雨课堂发送给学生，让他们自主学习后在小组内开展讨论，并以小组的形式提交讨论成果：阐述如何理解环境保护法中的"无规矩不成方圆"和"建章立制"？并查阅资料结合专业实际举例说明。学生该部分成绩由个人表现（雨课堂记录的课件查阅时长、页码数和讨论时的痕迹材料等评判）60％和小组讨论成果40％构成。还可以通过参与雨课堂老师预设的主题讨论助力目标的达成，即要求学生在雨课堂课程讨论区内有效回复主题帖方可得分，不得复制粘贴他人的回复；对他人回帖的评论不计分；在其他讨论区内发言也不计分。

同时，为了更好地支撑课程目标2和目标3的达成，还通过课内外研讨与课程知识点及专业相关的辩题，如跨流域调水利弊之论，具体规则是：①辩题由抽签确定，即每个小组派代表抽签确定具体的辩题；②课前小组成员查阅资料并做好讨论，课上小组成员分工协作，计时计次（有效发言次数）进行辩论展示，师生点评；③根据课上的有效发言次数、表现及师生的点评来综合评定，即某同学在这个环节的成绩包括个人课前参与小组讨论中痕迹材料的情况、辩论时有效发言次数等占60%，小组提交的辩题痕迹材料及辩论表现占40%。这样的专题辩论既能培养学生的团队合作意识、沟通交流和当众表达的能力，还能培养学生应用所学知识分析、评价和解决复杂工程问题的能力，以及坚持己见、敢于质疑和挑战他人观点的能力。

3　课程评价的设计

产出导向的"环境生态学"教学设计，除了包括面向产出课程目标的凝练、能支撑相应课程目标达成的教学内容以及体现以学为主教学方法的整合外，还要构建达成课程目标的考核内容、评价方式与评分标准（详见表5），要求考核方式易于评价，考核对象能够覆盖全体学生，及格标准反映课程目标达成的"底线"[1]。如：课程目标1采用期末考试、过程性测试和课外作业来评价。为了提高课程目标达成评价的"三性"（可衡量性、可操作性、可评价性），分析各薄弱项的原因，提供课程持续改进建议，课程目标1的考核内容分为5个考核点，各考核点对应不同的考核范围及评价方式，考核点及评分标准详见表6。随后赋予各考核点一定的权重值，权重值是各考核点对应考核内容的数量和支撑程度高低的体现。

表5　　　　　　　　　　　　　　　　课程目标达成评价方式

课程目标	支撑毕业要求指标	考核评价方式				成绩比例/%
		期末考试	过程性测试	课外作业	专题讨论	
课程目标1	1.3、7.1		√	√		30
课程目标2	6.1	√			√	22
课程目标3	6.2、7.2、11.2	√			√	48

表6　　　　　　　　　　　　　　　课程目标1的考核点及评分标准

考核点	评分标准				权重
	100～86（优秀）	85～70（良好）	69～60（及格）	小于60（不及格）	
考核点1：生物与环境	熟练掌握生物与环境间相互作用的规律和机制、主要生态因子对生物的影响及生物的适应，全面并灵活应用于指导水利工程项目的规划、设计、施工和管理	掌握生物与环境间相互作用的规律和机制、主要生态因子对生物的影响及生物的适应，能够用于指导水利工程项目的规划、设计、施工和管理	基本掌握生物与环境间相互作用的规律和机制、主要生态因子对生物的影响及生物的适应，基本能够用于指导水利工程项目的规划、设计、施工和管理	不能完整掌握生物与环境间相互作用的规律和机制、主要生态因子对生物的影响及生物的适应，不能正确用于指导水利工程项目的规划、设计、施工和管理	0.15
考核点2：种群与群落水平上生物与环境的关系	全面理解种群的基本特征与动态，种间关系，群落的基本特征、结构及演替等，并能因地制宜地指导水利工程项目的规划、设计、施工和管理	理解种群的基本特征与动态、种间关系、群落的基本特征、结构及演替等，并能够指导水利工程项目的规划、设计、施工和管理	基本理解种群的基本特征与动态、种间关系、群落的基本特征、结构及演替等，基本能够指导水利工程项目的规划、设计、施工和管理	不能完整理解种群的基本特征与动态、种间关系、群落的基本特征、结构及演替等，不能指导水利工程项目的规划、设计、施工和管理	0.15

考核点	评 分 标 准				权重
	100～86（优秀）	85～70（良好）	69～60（及格）	小于60（不及格）	
考核点3：生态系统及平衡	全面理解生态系统的概念、结构、基本功能及生态平衡，并能全面灵活地指导水利工程项目的规划、设计、施工和管理	理解生态系统的概念、结构、基本功能及生态平衡，并能指导水利工程项目的规划、设计、施工和管理	基本理解生态系统的概念、结构、基本功能及生态平衡，基本能够指导水利工程项目的规划、设计、施工和管理	不能完整理解生态系统的概念、结构、基本功能及生态平衡，不能正确指导水利工程项目的规划、设计、施工和管理	0.2
考核点4：受损生态系统的恢复重建	熟练掌握退化生态系统的成因及特征；恢复生态学及其基本理论、受损生态系统的恢复重建，并能因地制宜地指导水利工程项目的规划、设计、施工和管理	掌握退化生态系统的成因及特征；恢复生态学及其基本理论、受损生态系统的恢复重建，并能指导水利工程项目的规划、设计、施工和管理	基本掌握退化生态系统的成因及特征；恢复生态学及其基本理论、受损生态系统的恢复重建，基本能够指导水利工程项目的规划、设计、施工和管理	不能完整掌握退化生态系统的成因及特征；恢复生态学及其基本理论、受损生态系统的恢复重建，不能正确指导水利工程项目的规划、设计、施工和管理	0.25
考核点5：生态工程与生态修复	熟练掌握生态工程设计的原则、生态修复的原则、过程、途径和手段，并能全面灵活地指导水利工程项目的规划、设计、施工和管理	掌握生态工程设计的原则、生态修复的原则、过程、途径和手段，并能指导水利工程项目的规划、设计、施工和管理	基本掌握生态工程设计的原则、生态修复的原则、过程、途径和手段，基本能指导水利工程项目的规划、设计、施工和管理	不能完整掌握生态工程设计的原则、生态修复的原则、过程、途径和手段，不能正确指导水利工程项目的规划、设计、施工和管理	0.25

　　一言以蔽之，产出导向的课程教学设计必须坚持"以学生为中心、成果导向、持续改进"的OBE核心理念，抓住"以产出为核心的毕业要求（观测点）、课程目标和课程教学"主线，守住"面向产出的课程目标、课程质量评价和持续改进"这一底线[5]。在日常的教学中，我们只要按各课程目标的考核点、考核方式和考核标准要求，就很容易得出学生个体和学生整体对各课程目标的达成情况，然后对各考核点的考核情况与课程目标达成进行相关性分析，即可找出各薄弱项的原因及针对性的改进措施，作为下一年度该课程持续改进的建议，助力专业人才培养提质增效，而产出导向的课程教学设计会随着课程教学实践的深入而不断优化，推动"课堂革命"从"形似"走向"神似"。

参 考 文 献

[1] 赵岩松. 面向产出的课程实施与质量评价机制 [J]. 上海教育评估研究，2022（4）：1-5.
[2] 马松梅，李桂英，孙昌梅，等. 面向产出的高分子化学课程教学大纲的构建 [J]. 化学教育（中英文），2021，42（20）：10-15.
[3] 李志义. 中国工程教育专业认证的"最后一公里"[J]. 高教发展与评估，2020，36（3）：1-13.
[4] 李志义，土泽武. 成果导向的课程教学设计 [J]. 高教发展与评估，2021，37（3）：91-98.
[5] 李志义，赵卫兵. 我国工程教育认证的最新进展 [J]. 高等工程教育研究，2021（3）：39-43.

作者简介： 范春梅，女，1979年，讲师，云南农业大学，主要从事环境生态学课程教学及评价。Email：376166560@qq.com。

通讯作者： 龚爱民，男，1962年，教授，云南农业大学，主要从事教学改革及工程教育专业认证研究。Email：yauslsd@163.com。

基金项目： 教育部产学合作协同育人项目"基于Simapps仿真云平台提升水利土木类学生核心素养的实践"（220506517091500）；云南农业大学教学改革项目"新文科与新工科'双脑'融合助推新时代水利类人才培养研究"（YNAU2021XGK24）。

工程教育认证背景下"水力学"课程课堂教学改革探讨

刘　楠　　王日升

（山东交通学院交通土建工程学院，山东济南，250357）

摘　要

传统的教学方式以课堂讲授为主，若学生高等数学、力学基础薄弱，无形中会增加授课难度，另外，工程教育认证背景下，专业要以学生为中心，以成果为导向，并要做到持续改进。分析了传统"水力学"教学方式的弊端，如教学模式远远落后于当今社会的发展，无法做到以学生为中心等，提出了新的教学改革思路：深化课堂教学改革，构建高效课堂、改进学业评价方式，推行全过程学业评价，完善课堂教学管理，确保改革成效。学生参与度、专注度明显增强，课堂气氛非常活跃，授课效果显著提升。

关键词

水力学；课堂教学；教学改革；工程教育认证

"水力学"课程涉及的知识面广，它以高等数学、力学等课程为理论基础，是工程力学的一个分支。水力学的任务是研究液体（主要是水）平衡和机械运动规律及其实际应用，主要内容包括水静力学和水动力学。通过本课程的学习，使学生掌握水流运动的基本概念、基本理论与分析计算方法，了解不同水流的特点，掌握常见涉水工程中的水力计算问题，并具备初步的试验量测技能，为专业课的学习、解决工程中水力学问题、获取新知识和进行科学研究打下必要的基础[1]。"水力学"是水利类专业的专业基础课之一，也是许多高校硕士研究生录取必考专业科目。

工程教育认证以学生为中心，以培养目标和毕业要求为导向，通过足够的师资队伍和完备的支持条件保证各类课程教学的有效实施，并通过完善的内外部质量保障机制保证质量的持续改进和提升，最终使学生培养质量满足要求，强调合格评价与质量持续改进。"水力学"在工程教育认证的基本理念指导下开展了课堂教学改革。将全过程学业评价作为课堂教学改革的抓手，试点先行，循序渐进，统筹推动教学理念、教学内容、教学模式、教学评价、教学管理和现代教学技术应用等一体化改革，激发学生的学习热情，提高教学效果。

1　传统教学方式

传统的"水力学"课程教学以课堂讲授为主，教师在课堂上满堂灌，学生学起来感觉十分枯燥，这种教学模式远远落后于当今社会的发展，无法做到以学生为中心，总结起来有以下几点。

（1）学生基础知识应用能力不强导致授课难度增加。"水力学"课程知识点较多，包含许多复杂的计算问题，公式推导尤为重要，要求学生具有扎实的高等数学、力学基础。一方面，很多同学学习完高等数学后，对一元函数求导、二元函数求导、微积分方程求解、级数展开等基础知识掌握不牢固，运用能力不强，推导新公式无从下手；另一方面，课程涉及力学受力分析，基础薄弱的同学无法顺利完成，所以无形中增加了授课难度。

（2）教学方法单一。"水力学"这门课涉及内容广泛，包括水静力学、水动力学、有压管流、明渠等，知识点较多。教师通过系统、细致的讲解使学生掌握大量知识的教学方法，形式比较单一，一般都是老师站在讲台上讲，学生在下面被动接受，这种教学方式教师自由度比较大，而学生只有拼命努力听，鉴于这一点，传统教学法也常常被戏称为"填鸭式"教学。在学习"水力学"时，学生往往会感到知识点、公式太多，难以理解，教师采用"填鸭式"教学，学生过多依赖老师，课堂气氛沉闷，造成学生的学习兴趣降低，产生厌学情绪。

（3）学生上课精力不够集中。由于课时较紧张，教师上课时无法顾及每位同学，以致对学生学习能力的差异性关注不够，整体推进的教学方式导致接受能力强的学生对知识点的掌握较好，而接受能力弱的学生会跟不上教师的思路，导致学习注意力分散。

所以，教师应转变教学理念，积极探索符合学生发展的教学思路，做到以学生为中心，充分发挥学生的主观能动性和潜能，将部分课堂交给学生，让学生成为课堂的主体[2]。

2 教学改革思路

2022年，我省教育厅有关文件要求，大力推进各专业核心课程课堂教学改革。我校积极响应省教育厅的号召，将课堂教学改革作为人才培养质量的突破口，统筹推动教学理念、教学内容、教学模式、教学评价、教学管理和现代教学技术应用等一体化改革，实现教学模式从注重知识传授的"以教为中心"到"知识＋思维方式＋想象力"并重的"以学为中心"的转变，培养方式从"灌输式"到探究式、个性化的转变，学业评价从死记硬背、"期末一考定成绩"到独立思考、"全过程学业评价"和"非标准答案考试"的转变，学生行为从被动学习、"考试型"学习到主动学习、"创新型"学习的转变，引导教师潜心教书育人，培养基础知识扎实、富有创新精神、堪当大任的高素质人才。本文根据工程教育认证的OBE理念，结合多年"水力学"教学经验与体会，提出以下几项改革措施，以获得更好的教学效果。

（1）优化教学内容。"水力学"课程以"三多一难"为特色，"三多"是指概念多、公式多、系数多，"一难"是指计算繁难。学生普遍感觉"水力学"课程难学，教学改革中，我校教师重新对课程的教学目标做了梳理，优化了教学内容，打造"高阶学习"课堂。

1）重新梳理课程教学目标。工程教育认证的OBE理念贯彻以学生为中心，以成果为导向，做到持续改进，整个评价过程包括培养目标、毕业要求、课程体系等内容，而每门课的课程目标又是支撑课程体系的重要保障（图1）。

"水力学"有四个教学目标，分别涉及知识、能力、素质及思政方面，课程小组经过多次走访用人单位、请教企业行业专家，开会研究、讨论，总结出适合本校学生发展的教学目标：要求学生掌握水力学基本知识，能够应用水力学基本理论，解决港口航道与海岸工程相关计算问题、港口航道与海岸工程中的复杂工程问题，能够运用水力学原理建立相适应的物理模型，具备水力学试验和研究的基本能力，能分析实验数据，获得合理有效的结论，能够正确认识自我探索和学习的必要性，具有一定创新意识。

2）优化课堂教学内容。以提升学生的创新创业能力为目标，优化教学内容和课程体系，推进我校应用型人才培养方式改革。教师在教学过程中，及时将行业内前沿成果、现实案例等有机融入课堂教学内容；另外，教师在授课过程中对学生在校期间课业完成情况及时进行跟踪、评估和预警，并在课程学习过程中对学生学习情况开展形成性评价，针对不同学生的学习情况，将教学内容进行优化，课下结合练习题考查学生对教学内容的掌握情况，设计练习有梯度、有层次，并且将学生的困惑诱发出来，把学生容易出现的错误消灭在萌芽状态，产生"未发先抑"的效果，做到先"打基础"、后"上台阶"、最终"见成效"。

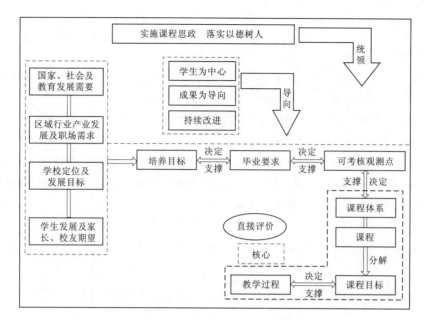

图 1　工程教育认证的 OBE 教学理念

（2）改革课堂教学方法。授课初期将学生划分小组，每节课课上教师提出问题，学生以小组为单位讨论，并派代表抢答，答对者全小组加分；课后布置小组讨论学习任务，让学生主动思考问题，为即将学习的课程内容做准备；教师授课时针对学生遇到的普遍性问题重点讲解，真正做到有的放矢。另外，充分利用现代信息技术手段，采用混合式教学、翻转课堂等灵活先进的教学方法，进行启发式讲授、互动式交流、探究式讨论，做到教学相长[3-5]。

（3）改进学业评价方式。

1）打破"一考定成绩"考核方式。课程学习成绩至少由三部分构成：平时考核（包括课堂表现、随堂测试、课后作业、课程实验、个人演示等）、单元测试（含期中考试，考核形式包括知识测验、主题论文、调研报告、案例分析等）、期末考试等。原则上期末考试成绩权重不超过 50%，单元测试次数根据学分情况和教学内容合理确定，一般每门课程每学期 4 次左右。平时成绩和单元测试成绩应有明确的赋分标准，且具有足够的区分度，不流于形式。

2）推行"非标准答案"考核方式。根据课程内容和教学需要，采取标准答案与非标准答案相结合的方式进行考核。也可通过创新小论文、开放课题、案例分析等方式，探索开放式命题、创作型考试的"非标准答案"考核方式。

（4）完善课堂教学管理，确保改革成效。科学设计学业评价标准和程序，建立健全教学质量评价管理机制，稳妥推进，务求实效。完善全过程学业评价制度。授课教师研究制定科学严谨的全过程学业评价大纲，明确课程考核方式、考核内容、考核规程等，并于开课前向授课学生传达。教师在授课过程中，对发现的问题和学生提出的建议，不断改进和完善，确保全过程学业评价结果的准确和公平[6]。

3　实践效果

本次教学改革依托学校教改项目，充分利用"科技＋教育"手段，积极采取线上线下相结合的方式，让学生带着任务进课堂，让课堂活起来，充分发挥学生能动性，开展教学深度互动，学生参与度、专注度明显增强，并运用基于能力的多角度教学评价等办法进行课程建设。"水力学"课程现为山东省高等学校在线开放课程平台 2020 年第一批课程建设项目；自改革创新以来，"水力学"考核平均分由 69 分（本校港航专业 2016 级）提高到 76 分（本校港航专业 2021 级），教学效果稳步提升（图 2）。

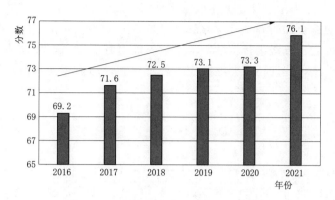

图 2 本校港航专业"水力学"考核成绩

另外，教师分别于课程中期和结束后设置了调查问卷，学生、学校及学院督导是评价主体，课程教学效果优秀（图 3、图 4）。

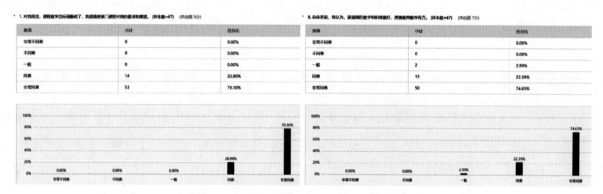

图 3 "水力学"课程部分学生评价结果

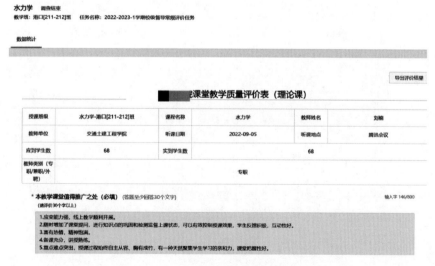

图 4 "水力学"课堂教学质量评价表

4 结语

"吾生也有涯，而知也无涯"。学生对知识的探究永无止境，教师教学不仅能传授知识，更重要的是教会学生思考、创新。"水力学"课堂教学改革工作实施后，学生的学习方式和教师的教学方式都发生了很大的变化：教学目标更加明确，教学方法更加多样化，学生的角色由被动学习转变为主动探索，教师也能更好地运用新的教学方法进行教学，学生学习能力有了提高，教师的整体教学质量也得到了提升。在未来的教育改革中，我们还需要继续完善教育体制，加强教师队伍建设，确保教学工作的质量和效率。

<h2 style="text-align:center">参 考 文 献</h2>

[1] 徐翘，龚淼. 水力学教学创新改革探索 [J]. 黑龙江科学，2022 (13)：113 – 115.

[2] 王文娥，吕宏兴，张新燕. 水力学课程教学方法改革探索 [J]. 黑龙江教育（高教研究与评估），2013，4：31 – 32.

[3] 徐翘. 基于信息化的水力学课程思政建设 [J]. 黑龙江教育，2022，13 (17)：156 – 158.

[4] 李雪，刘羽婷，齐化龙. 基于工程教育专业认证的水力学课程目标达成度分析 [J]. 现代农机. 2023 (1)：94 – 97.

[5] 韩淑新，付敦. 基于"专创融合"的"水力学"教学改革与研究 [J]. 创新创业理论研究与实践，2022，5 (18)：47 – 49.

[6] 高彦婷，张芮，张彦洪，等. 基于 OBE 理念的水力学"两模块、三方程、四应用"模式设计研究与实践 [J]. 陇东学院学报. 2022，33 (5)：126 – 130.

作者简介：刘楠，女，1984 年，讲师，山东交通学院，主要从事海洋工程结构动力分析与断裂机理研究。Email：752826457@qq.com。

基金项目：山东交通学院教学改革研究项目资助"2022YB07 工程教育认证背景下'水力学'课堂教学改革研究"。

基于 OBE 理念的"河流动力学"课程教学改革探索

肖柏青

（安徽理工大学地球与环境学院，安徽淮南，232001）

摘 要

"河流动力学"课程是安徽理工大学水文与水资源工程专业的一门重要的专业课程，本课程涉及的概念多、理论流派多、计算公式多，教学难度大。如何在教学过程中结合工程教育专业认证要求，提升学生解决复杂工程问题的能力，值得研究和思考。结合多年教学实践，本文针对河流动力学课程自身的特点、学生学习特点以及授课中存在的问题，基于 OBE（成果导向教育）理念，提出问题解决思路，并从教学内容、教学方式、考核方式三方面阐述了具体的课程改革措施。本文的研究可为河流动力学以及相关课程的教学改革提供一定的参考。

关键词

河流动力学；教学改革；工程教育，OBE 理念

1 引言

工程教育认证是国际公认的有效保障工程教育质量的制度之一。2016 年我国加入《华盛顿协议》标志着我国高等工程教育将进入一个新的发展阶段。工程教育专业认证体系强调 OBE（outcome based education）理念，即成果导向教育理念，突出以学生为中心，强调培养学生解决复杂工程问题的能力[1-2]。

在工程教育认证的大背景下，确保毕业生素质产出是我国高校本科工程专业面临和需要解决的重要问题。安徽理工大学水文与水资源工程专业以"持续改进"的工程教育专业认证理念为引导，持续推进教育教学方法改革，通过各门课程的教学实施促使毕业要求达成。本文以我校水文与水资源工程专业的"河流动力学"课程为例，探讨如何利用 OBE 理念改进教学模式。

2 课程基本情况

"河流动力学"课程是水文与水资源工程专业的主干课程，也是我校水文与水资源工程专业的必修课程，其前修课程主要为"水力学"和"高等数学"课程。河流动力学是研究河道水力学、河流中的泥沙运动及河道演变的科学。该课程既是一门专业基础课程，为今后学习相关课程提供铺垫，又是一门专业应用课程，课程理论可以应用于航道整治、河道管理等相关工作。安徽理工大学水文与水资源工程专业在大二下学期开设"河流动力学"课程，总课时为 40 学时（包括 8 学时的课内实验）。课程教材选用邵学军、王兴奎编著，清华大学出版社出版的《河流动力学概论》。教学内容主要包括：泥沙颗粒的基本特性、床面形态与水流阻力、泥沙起动、推移质运动、悬移质运动、水流挟沙力、河道演

变基本原理、冲积河流的河型。实验教学内容包括：泥沙颗粒分析实验、泥沙密度测量实验、弯道水沙运动特性实验。课程考核方式以期末闭卷考试为主，过程考核为辅，在总评成绩中，期末考试占比 60%，平时成绩占比 25%，实验成绩占比 15%；平时成绩主要根据课堂表现和作业完成质量进行评分。

3 传统教学模式的问题

河流动力学是研究河道水力学、河流中的泥沙运动及河道演变的科学，系统论述水流、泥沙与河床三者在自然及人类活动影响下的相互作用及其规律。"河流动力学"课程有两个主要特点：①课程的知识点比较分散，没有一条明显的主线。课程中除了"泥沙颗粒的基本特性"这一章与其他章节联系较为紧密以外，其他各章的教学内容相互之间关系不太密切。②本课程的研究对象通常是一个十分复杂的物理过程，导致本课程涉及的概念多、理论流派多、计算公式多。同时目前河流动力学的理论不完善、经验性强，导致计算公式既蕴含一定理论性，又带有较强经验性。在这种课程特点下，要教好、学好"河流动力学"课程都很不容易[3-4]。

传统的课堂教学以讲授理论为主。"河流动力学"课程公式多、概念多、各种理论或方法多，学生在学习本课程庞杂的理论知识时，很难完全理解和掌握，自然而然会觉得本课程枯燥无味，最终只能疲于应付。传统的教学模式注重计算公式的推导，追求理论的严谨性。本课程有大量的理论和经验公式推导涉及水力学、高等数学、概率论等相关的知识，理论性、逻辑性强，要求学生对相关基础知识和力学模型都有较好掌握，这使得很大一部分同学在学习过程中望而却步，没信心、没兴趣，数学、力学基础薄弱的学生容易产生强烈的抵触甚至厌学情绪。还有部分同学纠结于个别公式的推导和理解，对课程的知识体系和整体研究思路不清，进而对课程失去学习兴趣。在面对工程实际时，学生解决工程实际问题的能力普遍不高，很难将所学理论灵活运用，从而使得学生面对实际问题时常常感到无从下手，不能很好地做到理论联系实际，学习效果较差。

4 OBE 理念的引入

成果导向教育的 OBE 理念是工程教育专业认证的核心理念，它是以学生预期的学习结果为中心来组织、实施和评价教育的一种理念。学生预期学习结果包括学生应该知道和理解的知识、学生应该能具备的能力以及学生应该具备的价值观和态度等。在此理念下，本课程的课程目标按照知识记忆、理论理解、工程应用和实践锻炼 4 个层面，设定为：课程目标 1，掌握泥沙特性、水流阻力、推移质运动、悬移质运动、河床演变等方面的基础性知识，能够将相关知识用于表述、分析水文与水资源工程问题；课程目标 2，掌握泥沙运动、河渠水流运动、河床演变的基本原理和基本规律，能够运用专业知识分析实际中的河流泥沙问题；课程目标 3，掌握泥沙沉速、泥沙起动流速、悬移质输沙率、水流挟沙力和河床演变等方面的计算方法，能够应用理论公式对基础的河流泥沙问题进行定量计算；课程目标 4，通过课程实验熟悉常规的泥沙测验仪器的结构、性能和使用方法，掌握泥沙测验的基本技能，能够针对实际的泥沙问题进行实验研究。

为了在极为有限的学时内达到上述的课程目标，要求教师放弃传统的重理论轻应用的教学模式，而要始终树立工程应用的理念，针对解决工程问题所涉及的知识点进行讲解，并精心选择工程案例，让学生在工程实例分析与讨论中能进一步加深对理论知识的理解，将抽象难懂的概念、模型与直观形象的工程联系起来，从而提高学生的学习兴趣、积极性，以及解决工程实际问题的能力。

5 教学改革措施

5.1 以工程案例为引导，优化教学内容

教师在每一章设计至少一个工程案例，通过对这些工程案例的分析与计算，将各个章节的重点内容提炼出来，突出对重点内容的讲解和工程应用，对于一些不太重要的知识点，要求学生自学。本课程设计了 5 个综合性较强、计算难度较大的重点工程案例。第一章"泥沙颗粒基本特性"的重点案例为"动床河工模型设计"，对应的知识点包括河工模型相似原理、泥沙粒径、泥沙沉速等。第二章"床面形态与水流阻力"的重点案例为"引水渠道水深计算"，对应的知识点包括灌区渠系设计、床面形态、河渠断面平均流速等。第三章"泥沙的起动与推移运动"的重点案例为"水库中推移质运动距离计算"，对应的知识点包括沙莫夫公式、起动流速与水深关系、水库淤积与影响分析等内容。第四章"悬移质运动与水流挟沙力"的重点案例为"某河段某一粒径泥沙能否起悬判断"，对应的知识点包括劳斯公式、悬浮指标、剪切流速等。第五章"河道演变的基本原理"的重点案例为"引水分流口下游河道水深变化计算"，对应的知识点包括挟沙力公式、均衡河道理论和河床演变原理。

5.2 以学生为中心，强化互动式的教学方式

课上教学采用互动式的教学方法，改变学生被动学习的思维模式，鼓励学生发现和提出问题。在工程案例引入时，询问学生一些简单的基础性知识，例如，弗劳德数的定义和含义是什么？渠道水深跟哪些因素有关？什么叫推移质？等等。通过这些问题，回顾与复习相关的理论知识，提高学生的参与意识。在提出需要解答的工程问题时，先介绍相关的工程背景，让学生讨论水利工程对人们生产生活和自然环境的影响，展示我国在水利建设中取得的巨大成就，在潜移默化中培养学生的社会责任感和专业自豪感，激发学生的学习热情[5]。注意从网上收集与教学内容相关的多媒体资料，通过视频演示，使抽象的问题具体化，易于学生掌握与理解。对一些重点的公式计算问题进行问题分解，化繁为简，理论分析之后让个别同学上台演算，其余同学台下尝试解答，最后由教师进行点评分析，讲授解答思路。提倡课上的讨论与互动，打破教与学之间交流的壁垒，增强学生对专业知识的掌握及应用。

5.3 以综合应用能力的考核为重点，改革课程考核方式

评价教学效果是 OBE 理念中的重要环节之一，对课程的持续改进有十分重要的作用。本门课程的考核评价聚焦课程目标的达成情况进行设计，采用多元化综合考核评价体系，贯穿学生的课程学习全过程，重点考查学生解决工程问题的能力。本课程的考核分为期末考试成绩、平时成绩和实验成绩三部分。在期末考试中，针对课程目标 1，设置填空题、名词解释等简单的记忆性试题，严格控制这类试题的总分不超过 30 分（百分制）；针对课程目标 2，设置约 30 分的简答题和分析题，凸显对合理分析与推断河流动力学工程问题能力的考查；针对课程目标 3，设置超过 40 分的计算题，考查学生的专业知识应用能力。平时成绩针对课程目标 1 和课程目标 2 进行考核评价，采用多元化的考核方式，从学生作业完成质量、课堂回答问题表现、上课座位是否靠前、平时测验成绩等多个方面分别进行打分，再综合给出平时成绩。实验成绩针对课程目标 4 进行考核评价，在 8 学时课内实验的教学与考核过程中，注重培养学生的动手实践能力和理论知识运用能力。要求学生掌握 3 个实验项目：泥沙颗粒分析实验、泥沙密度测量实验、弯道水沙运动特性实验。这 3 个实验项目都具有一定的综合性和设计性，要求学生用多种方法测量并分析泥沙粒径、密度和弯道内水沙运动轨迹，在教师给出大体的解决问题思路后，学生需要综合应用本课程和水力学课程中的多个知识点，自行设计实验方案细节，再动手得到实验结果，最后提交实验报告。教师根据学生在实验中的表现和实验报告质量综合给出成绩。

6 结语

在工程教育专业认证和"新工科"建设的大背景下,提高学生解决复杂工程问题能力成为各工科专业的一个重要教学目标。"河流动力学"是水利类专业一门重要的专业课,该课程兼具力学理论性和工程应用性,如何将该课程打造成锻炼学生工程应用能力的金课是一件具有重大意义且较大难度的工作。本文从"河流动力学"课程特点和存在问题出发,基于 OBE 理念提出问题解决思路,并从教学内容、教学方式、考核方式三方面阐述了具体的课程改革措施,很好地激发了学生学习潜能,有效提升了课程教学质量。本文研究可为工科专业相关课程改革提供参考借鉴。

参 考 文 献

[1] 孙桓五,张琤. 基于工程教育专业认证理念的地方高校工科专业建设实践 [J]. 中国大学教学,2017 (11):39-42.
[2] 李想,王振,高凌霞,等. 基于土木工程专业认证的"桥涵水文"课程教学改革研究践 [J]. 高教学刊,2019 (14):141-143.
[3] 荆海晓,王雯,王义民,等. 面向工程应用能力培养的"河流动力学"课程教学改革思考 [J]. 教育教学论坛,2020 (29):161-163.
[4] 张俊宏,陈璐. 提高河流动力学教学效果的有力措施研究 [J]. 教育教学论坛,2016 (19):181-182.
[5] 肖柏青,刘启蒙. 理工科专业"课程思政"实践路径探索 [J]. 菏泽学院学报,2020,42 (5):130-133.

作者简介:肖柏青,男,1980 年,副教授,安徽理工大学,主要从事水力学及河流动力学研究。Email:baiqingx@126.com。

基金项目:安徽省 2023 年度省级质量工程项目"水文与水资源工程专业课程体系优化研究"。

基于工程教育认证的"工程制图"课程改革探索

吴明玉　徐　婧*　徐冬梅

（西北农林科技大学水利与建筑工程学院，陕西杨凌，712100）

摘　要

　　基于工程教育认证的基本理念，构建课程目标对毕业要求的支撑关系及课程内容和考核环节对课程目标的支撑关系。通过课程思政建设、线上线下混合教学、学科竞赛拓展等一系列课程改革的探索和实践助力课程目标达成和持续改进。

关键词

　　关键字：工程教育认证、课程目标、课程建设、课程改革

　　工程教育认证的基本理念是以学生为中心，以目标为导向，持续改进。《工程教育认证标准》（T/C EEAA 001—2022）中共有 7 项，分别是学生、培养目标、毕业要求、持续改进、课程体系、师资队伍和支持条件。其中，学生是中心项，其他项都是围绕着学生要达到的毕业要求而设置的[1]。毕业要求应完全覆盖工程知识、问题分析、设计/开发解决方案、研究、使用现代工具、工程与社会、环境和可持续发展、职业规范、个人与团队、沟通、项目管理和终身学习 12 个方面[2]。工程制图课程组基于工程教育认证理念，结合学校的教学质量保证体系，探索保证课程目标达成的教学改革。

1　课程目标对毕业要求的支撑关系

　　工程制图是研究阅读和绘制工程图样及解决空间几何问题的理论和方法，使学生掌握投影法基本理论，培养学生空间想象能力、阅读和绘制工程图样的能力，同时为后续专业课程、课程设计、毕业设计、从业读图和绘图打下基础，是工程技术人员必须掌握的专业基础，也是培养工程素养的重要课程。

　　西北农林科技大学农业水利工程将 12 个毕业要求又细化成 30 个二级指标点，其中 4 个二级指标点与"工程制图"的课程目标有关联，课程目标支撑毕业要求的强度关系见表 1，其中 H 表示强支撑、M 表示中支撑。

　　结合毕业要求和课程大纲要求，确定新的课程目标，分别如下：

　　课程目标 1：掌握投影法的基本理论和方法；掌握工程制图的基本知识和绘图方法。

　　课程目标 2：掌握并贯彻执行国家制图标准的规定；具有标准意识，爱岗敬业、精益求精的素质。

　　课程目标 3：培养清晰的空间思维能力、对建筑结构创造性构思能力、对工程建筑物图形准确表达能力；培养发现、分析、解决复杂问题的综合能力；养成自主学习、精勤进取、团队协作的素养，成为国家的专业人才。

　　课程目标 4：掌握阅读和绘制水利工程图的方法与技能，培养学生工匠精神，社会责任感，爱农爱水、甘于奉献的情怀。

表 1 课程目标支撑毕业要求的强度关系

毕业要求（指标点）	课程目标			
	课程目标 1	课程目标 2	课程目标 3	课程目标 4
1-2：掌握力学、工程制图与 CAD、工程测量、地质等工程基础知识，能将其用于农业水利工程的规划、勘测、设计和施工等	H			
3-1：掌握满足特定需求的农业水利工程设计方法			M	
8-1：具有身体素质、人文素养和科学素养，以及和谐健全的人格				M
10-2：针对农业水利复杂工程问题，能通过口头或书面形式清楚表达自己的看法，与同行及社会公众进行有效沟通，并做出合理解释		H		

2 课程内容和考核环节对课程目标的支撑关系

"工程制图"的课程内容分为投影的基本知识、点、直线、曲线、平面、曲面、立体、组合体、标高投影、制图的基本知识、建筑形体的表达方法和水利工程图等，分别明确各课程内容对课程目标的支撑关系，具体见表 2。

表 2 课程内容对课程目标的支撑关系

章节顺序	内 容	对课程目标的支撑关系
第 1 章	投影的基本知识	课程目标 1、2
第 2 章	点、直线、平面	课程目标 1、3
第 3 章	直线、平面的相对关系	课程目标 1、3
第 4 章	投影变换	课程目标 1、3
第 5 章	曲线与曲面	课程目标 1、3
第 6 章	平面立体及表面交线	课程目标 1、3
第 7 章	曲面立体及表面交线	课程目标 1、3
第 8 章	轴测投影	课程目标 1、3
第 9 章	标高投影	课程目标 1、3
第 10 章	制图的基本知识	课程目标 1、2、3、4
第 11 章	组合体	课程目标 1、2、3
第 12 章	建筑形体的表达方法	课程目标 1、2、3、4
第 13 章	水利工程图	课程目标 2、4

课程采用多元化考核方式，总评成绩＝平时考核成绩×40％＋考试成绩×60％，平时考核成绩＝平时作业平均成绩×40％＋工程大图×10％＋随堂测试×20％＋慕课学习×30％。各考核环节对课程目标的支撑矩阵见表 3。

表 3 考核环节对课程目标的支撑矩阵

课程目标	考 核 方 式 占 比				
	平时作业	工程大图	随堂测试	慕课学习	期末考试
	16％	4％	8％	12％	60％
课程目标 1	0.25	0.1	0.25	0.25	0.25
课程目标 2	0.15	0.1	0.15	0.15	0.20

课程目标	考核方式占比				
	平时作业	工程大图	随堂测试	慕课学习	期末考试
	16%	4%	8%	12%	60%
课程目标 3	0.5	0.1	0.5	0.5	0.45
课程目标 4	0.1	0.7	0.1	0.1	0.1
总和	1.0	1.0	1.0	1.0	1.0

3　课程目标达成分析与持续改进

课程考核结束后，由任课教师根据考核环节得分计算课程目标达成度，并提出具体的持续改进措施，为学生的毕业要求指标点达成分析提供支撑数据。督导专家根据课程质量标准及相关教学工作规范，通过随堂听课、期中教学检查、试卷分析、教学档案检查等环节监控课程质量，提出有针对性的改进措施并督促改进，提升课程质量，保障目标达成。课程目标达成度计算公式为

$$课程目标(i)达成度 = \sum(考核支撑项等分/目标值) \times 各支撑项权重$$

课程目标达成值最低设为 0.6，一般要求高于 0.7，对课程目标达成值低的课程环节提出持续改进意见。

4　课程改革措施

课程团队遵循以学生为中心、以目标为导向的教育教学理念，从课程思政建设、教学内容优化、教学方法创新等方面进行课程改革。

4.1　课程思政建设

工程制图课程肩负着引导和教育学生培养民族自信、专业自豪感、精益求精、报效祖国等素养的育人任务，课程思政建设尤为重要。通过确定课程育人目标、设计教学过程、确定实施方案、丰富教学资源、改进考核方法等课程思政建设措施，在全课程各环节中融入思政教育，不断实践和改进，引领学生树立正确价值观。

4.2　课程资源信息化，助力提升自主学习能力

团队建成课程视频资源累计约 5000min、网络自测题累计约 1000 道等，2018 年在中国大学 MOOC 平台上线并应用，2020 年在爱课程平台上线英文课，至今已累计上线 17 期，选课人数累计 4 万余人，获评 2019 省级精品在线开放课程。建设新形态立体教材和中国水利水电出版社数字教材。丰富的网络信息资源，还配合着采用过程考核手段：强化对教学过程的监管、反馈与指导，实施多元考评方法。相较于传统单一纸质教材和考核方法，能有效促成学生的自主学习能力大力提升。

4.3　线上线下混合式教学

根据课程目标，重构课程内容，紧随行业前沿，引入最新工程案例，优化知识体系，梳理重难点，根据不同知识模块设计不同教学方案，应用"慕课堂"小程序实践线上线下混合教学，取得了良好的教学效果，课程获评国家级线上线下混合式一流课程。

对于基本理论与方法、制图标准规定等易学易懂的知识，采用线上学习：以问题为导向、以任务为驱动，实行过程监督，掌控学习效果。针对空间构思想象、空间复杂应用等问题，采用翻转课堂：

学生线上学习并带着内化后的问题进入线下课堂，进行汇报、提问、讨论、质疑，形成问题清单；教师对重点、难点和清单问题，进行答疑和讲解并引导学生深度思考。

4.4　拓展第二课堂

开设三维建模、BIM 技术课外辅导班，帮助学生拓展课程知识和提升空间想象能力；开展图学技能竞赛，选拔和培训学生参加全国先进成图创新大赛、3D 大赛、BIM 创新等大赛；带领参赛学生参加科创项目及校水利水电建筑设计院工程设计项目，进一步创新应用竞赛中的最新成图技术，培养学生创新能力和挑战精神。竞赛将最前沿的技术与理念引进课程，比赛培训过程中的模型作品和图纸还促成了数字教材案例资源的建设，提高了课程的教学质量和建设水平。

5　小结

通过工程教育认证理念的深入理解，"工程制图"课程团队将课程各环节对学生知识能力素质的培养置于培养目标-毕业要求-课程体系-课程目标整条培养链上，以学生发展为中心，以课程建设为抓手，以师资队伍建设为根本，以学科竞赛为促进，以各类项目为带动，探索突出新工科特色的课程教学改革新路径。

参 考 文 献

[1] 李志义. 对我国工程教育专业认证十年的回顾与反思之二：我们应该防止和摒弃什么 [J]. 中国大学教学，2017 (1)：8-14.

[2] 中国工程教育专业认证协会秘书处. 工程教育认证通用标准解读及使用指南：2022 版，试行 [DB/OL]. (2022-11-18).

作者简介： 吴明玉，女，1984 年，副教授，西北农林科技大学，现从事工程图学教学和教研工作。Email：303923840@qq.com。

通讯作者： 徐婧，女，1983 年，西北农林科技大学水利与建筑工程学院教学秘书，从事本科教学管理工作。Email：714466498@qq.com。

基金项目： 中华农业科教基金课程教材建设研究项目"'画法几何与工程制图'一流课程持续建设对应教材建设研究"（NKJ202103017）；教育部 2023 年产学合作协同育人项目"'计算机绘图'课程的国产软件应用替代探索与实践"；西北农林科技大学教学改革项目"工程图学教学团队教师教学创新能力提升研究"（JY2304023）。

基于专业认证理念深化水务"工程经济学"课堂教学改革

潘　意　朱木兰　王吉苹

（厦门理工学院环境科学与工程学院，福建厦门，361024）

摘　要

"工程经济学"在厦门理工学院水务工程专业培养方案中是一门有 32 个学时的专业基础必修课，支撑 3. 设计/开发解决方案和 11. 项目管理两项毕业要求。本文针对该课程当前课堂教学面临的问题，基于专业认证理念，进一步深化课堂教学改革，围绕优化课程目标和毕业要求达成情况，持续改进课堂教学质量，试行以工程学案例实践牵引经济学课堂教学，增加翻转课堂教学及评价方式，利用网络教学资源将重点知识学习延伸到课外等措施，以期为学生投身水务工程事业打好基础。

关键词

专业认证；水务；工程经济学；教学改革

1　背景

工程经济学作为一门交叉学科，既是对学生工程技术方案设计能力的补充和强化，又侧重于经济分析能力的形成和培养，是培养学生工程项目管理能力的主要课程，因此在工程教育专业认证的背景下承担着支撑 3. 设计/开发解决方案和 11. 项目管理两项毕业要求的重要任务。对于水务工程专业（以下简称水务），又特别强调水工程领域内水利工程、给水排水工程和水环境保护工程的技术经济分析实践。2017 年以来，教育部逐步推进"新工科"建设，如何充分发挥工程经济学交叉性、综合性的优势并增强其实用性更加受到各地高校的重视[1]。同时，近年来围绕如何通过强化课程思政推进课堂教学改革，各地高校进行了大量探索，工程经济学中的国民经济评价、社会评价等内容事关学生对国家利益、公共利益的理解，往往采用三峡工程、南水北调工程等重大项目作为案例，是贯彻落实思想政治教育与教育教学全过程融合的高效载体[2-3]。

落实到"工程经济学"课堂教学的具体方法上，诸多教师开展了多种多样的改革实践：刘珊珊等基于 OBE 工程教育理念[4]、陈平延伸到 SPOC＋TBL 理念[5]、白银从"互联网＋教育"模式出发开展了线上线下混合式教学改革[6]，刘春来尝试了基于 CDIO 的教学模式改革[7]，代洪亮等进行了工程应用与考证实训和项目驱动式教学两项水工程经济课程改革与优化[8-9]，上述实践成果对水务"工程经济学"课堂教学改革提供了有益的参考。本文以水务"工程经济学"课堂教学现状为基础，在专业认证理念引导下，立足于实现水务"工程经济学"课程目标和毕业要求达成情况的进一步优化，分析讨论持续改进课堂教学的方式方法，为其后续课程的开展及学生投身水务工程事业打好基础。

2　水务"工程经济学"课堂教学现状

"工程经济学"在厦门理工学院水务工程专业培养方案中是一门专业基础必修课，要求学生在学习水务工程专业技术基础课程的同时，树立工程与社会、经济密切相关的意识，形成将已掌握的数学知识用于技术经济分析的能力，为后续学习工程项目管理与工程伦理和工程概预算等管理类课程做好准备。该课程共 32 学时，需要对毕业要求指标点 3.4 形成中等支撑，对指标点 11.1 和 11.2 起到强支撑作用，如表 1 所列。目前，本课程基于专业认证理念的课程教学、考核和持续改进机制已成型，但仍存在一系列问题，如何在有限的课堂教学时间中高效达成对毕业要求的支撑，将专业认证理念落实到满足学生需求、改善评价效果、强化学习成果上，是本轮课堂教学改革的重点。

表 1   **课程目标对毕业要求的支撑关系**

毕业要求	毕业要求指标点	课程目标对毕业要求的支撑关系
3. 设计/开发解决方案	3.4 能够设计针对城市水务相关复杂工程问题的解决方案，能够在上述设计环节中，考虑社会、经济、健康、安全、法律、文化以及环境等因素	课程目标 1：使学生在设计城市水务相关复杂工程问题的解决方案时，能够考虑国民经济、财务因素的影响
11. 项目管理	11.1 理解并掌握工程管理原理与经济决策方法	课程目标 2：使学生掌握工程项目通过投资估算、经济效益评价和国民经济评价对设计方案进行比选，作出经济决策的方法
	11.2 理解水务工程项目中涉及的工程管理与经济决策问题，并能够在水利、土木、环境科学与工程等多学科背景下，设计解决复杂工程问题方案的过程中，运用工程管理与经济决策方法	课程目标 3：使学生具备针对水务工程涉及的多学科背景下的复杂工程问题，在工程管理和经济决策过程中，运用经济效益评价和国民经济评价进行方案比选，对设计方案进行财务分析的能力

2.1 学生实践技能需进一步增强

本课程所培养的实践技能即学生在水务工程项目中进行经济效益评价、财务评价和国民经济评价的能力，对应毕业要求指标点 11.2。与侧重于理论教学的指标点 11.1 不同，实践教学需要学生充分理解用于演示和练习的工程案例，准确把握比选方案的技术差异。由于本课程开设于大三第一学期，已完成的工程技术课程仅"水泵与水泵站"一门，同步进行的仅"给水排水管网系统"一门，学生对工程项目的理解程度尚浅，缺乏课程设计和实习经验。因此，在没有设置后续工程经济学课程设计的情况下，需要在"工程经济学"课堂教学过程中结合学生其他专业课程的学习进展，突出对复杂工程问题解决方案的技术经济分析、练习和复盘，增强对学生实践技能的培养，提高学习成果。

2.2 过程评价体系存在优化空间

本课程目前考核方式包括作业、小测、课堂表现和期末考试，由于工程经济学作业计算题数量大，小测时间短、知识点覆盖范围有限，难以及时准确反映学生是否真正理解了公式、概念背后的原理、原则，面对期末考试更为灵活的试题时才暴露出问题，难以保障学生毕业后到用人单位面对更为复杂的环境时的适应能力。为此，需要优化过程评价体系，调整考核方式，考查学生对知识点的理解深度，尽早暴露问题，以利于持续改进课堂教学内容，及时且有针对性地加强对难点的讲解。

2.3 课堂容量有限，不利于充分拓宽学生视野

有限的课堂容量要求课堂教学除必要的案例引入外更聚焦于工程经济学理论及其实际应用，而实际工程所处环境复杂、各有特点，需要安排大量的案例阅读才能使学生充分认识到工程技术经济分析的重要性和实用性，切实建立工程项目全过程的社会意识、经济意识。同时，课堂教学讲授的内容面向全体学生，知识水平较为基础，难度中等，需要引导学生将学习过程延伸到课堂外，以学生为中心，鼓励学生厘清自身需求，自主学习、拓宽视野、深入思考，提前了解各类职业资格考试等信息，真正具备顺利开启职业生涯的能力。

3 水务"工程经济学"课堂教学改革措施

针对本课程课堂教学面临的上述困难，以专业认证理念为指导，围绕通过课堂教学改革优化课程目标和毕业要求达成情况，特别是提高学生实践技能，同时突出新工科背景下工程经济学作为交叉学科的优势，并且充分挖掘课程思政潜力，本课程逐步试行以一系列课堂教学改革措施，如图1所示。

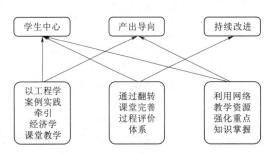

图1 基于专业认证理念深化水务"工程经济学"课堂教学改革的措施

3.1 以工程学案例实践牵引经济学课堂教学

为有效提高学生学习产出成果质量，以给水排水管网系统工程实践牵引课堂教学。考虑到本课程与"给水排水管网系统"课程的教学工作同时开展，同时给水排水工程的财务评价、国民经济评价和投资估算是本课程的重要组成部分，借鉴项目驱动式教学法的理念，以给水排水管网系统工程实例，如"某再生水厂建设工程技术经济分析"贯穿课堂教学，将实例对应工程经济学主要章节进行分解，生成如等值计算、成本费用计算、经济效益评价、财务评价、国民经济评价和投资估算等前后联系的项目任务，牵引学生逐步完成各项任务，实际上完成一次课程设计，最后进行分析总结，从而强化对学生实践技能的培养。

3.2 通过翻转课堂完善过程评价体系

为及时考查学生对主要知识点的理解程度，持续改进教学质量，增加翻转课堂教学及评价方式。具体做法是以上堂课的难点或下堂课的重点作为汇报内容，将学生分组，每组5人左右，每人明确任务，每组制作汇报PPT，教学时选取一组进行汇报，然后开展课堂讨论。汇报主题包括"如何计算三峡工程建设投资资金的时间价值""如何进行南水北调工程国民经济评价"等，激励学生在准备过程中深入思考，在讨论中暴露问题，最终加深学生对主要概念的理解和对重要原理的掌握。同时对小组成员及参与课堂讨论的学生的表现进行评价，作为课堂表现的主要评价依据，完善过程评价体系。

3.3 利用网络教学资源强化重点知识掌握

围绕学生关注的、感兴趣的问题以及与学生职业发展相关的需求，充分利用网络教学资源将重点知识学习延伸到课外。网络教学资源不受课堂教学时间限制，有助于学生根据自己的需要灵活支配时间展开学习，也可用作翻转课堂汇报内容或作业的辅助资料。因此选择的网络教学资源主要有两类：一是教材提及但难以展开讲授的南水北调工程、上海黄浦江上游引水工程、苏州河污染治理工程等案例，利用这些社会关注度高的大型工程、重要经典工程案例的网络资源引导学生加深对重点知识的理解的同时，也将思政元素延伸到课堂之外，增强学生的工程责任感和维护国家利益、公共利益的意识；二是一级建造师、注册工程师等考试涉及的工程经济学考试资源，鼓励学生在课堂以外根据自己的需要和未来规划提前了解、拓宽视野。需要强调的是，网络教学资源不应与网络视频教学资源画等号，工程案例相关论文、报道同样可以起到提供数据、引导思考的作用。

4 结语

为充分发挥工程经济学交叉学科优势，完成课堂教学改革面临的增强学生实践技能、优化课程评价体系和扩展教学容量等任务，以专业认证理念引导深化水务"工程经济学"课堂教学改革，试行以下措施：以工程学案例实践牵引经济学课堂教学，提高学生学习产出成果质量，加强实践技能培养；增加翻转课堂教学及评价方式，及时考查学生对主要知识点的理解程度，持续改进教学质量；利用网络教学资源将重点知识学习延伸到课外，鼓励学生自主学习，了解与其职业发展相关的知识。

参 考 文 献

[1] 李莹，黄贞，叶灵珍，等. 新工科背景下应用型本科高校"工程经济学"教学方法的创新 [J]. 黑河学院学报，2022，13 (2)：106-108，136.

[2] 程正中. 工程经济学课程案例教学中的思政元素研究：以某公共工程经济评价为例 [J]. 教育观察，2022 (34)：57-59，78.

[3] 王秀莲. 课程思政融入工程经济学教学的实践探索 [J]. 天津职业院校联合学报，2022，24 (11)：71-75.

[4] 刘姗姗，闫倩倩，王宁. 基于 OBE 工程教育理念的工科类课程混合式教学改革：以"工程经济学"为例 [J]. 科技风，2022 (30)：95-97.

[5] 陈平. 基于 SPOC＋TBL 的"工程经济学"混合式教学模式的研究 [J]. 黑龙江教师发展学院学报，2022，41 (11)：58-60.

[6] 白银. "工程经济学"课程教学模式探索与实践 [J]. 辽宁科技学院学报，2023，25 (1)：64-66.

[7] 刘春来. 基于电子信息化特色的专业课程 CDIO 教学模式改革研究：以"工程经济学"课程为例 [J]. 科技风，2023 (4)：125-128.

[8] 代洪亮，王新刚，陈芳艳，等. 基于工程应用与考证实训的水工程经济学课程改革与优化 [J]. 科技视界，2022 (27)：143-145.

[9] 代洪亮，王新刚，陈芳艳，等. 基于项目驱动式教学的水工程经济学课程教学建设与改革 [J]. 科技视界，2019 (36)：14，55-57.

作者简介：潘意，男，1985 年，讲师，厦门理工学院，从事水务工程专业教学与研究。Email：2022000116@xmut. edu. cn。

基于工程教育认证的"工程地质与土力学"课程改革与实践

王艳芳　姜彦彬

（金陵科技学院建筑工程学院，江苏南京，211169）

摘　要

"工程地质与土力学"是水利工程专业重要的专业基础课，涵盖了工程地质和土力学内容，具有知识面广、概念抽象、工程问题复杂多变的特点。本文基于工程教育认证视角编制"工程地质与土力学"课程教学大纲，构建"线下-开放课-微课"三位一体教学方式，并基于OBE理念建立了课程考核方式及评价标准。以课程目标达成情况建立课程评价反馈机制，实现课程教学效果的定性、定量、实时跟踪考评，有效保障课程目标的达成，培养水利工程专业学生达成毕业要求能力。

关键词

工程教育认证；工程地质与土力学；课程目标；评价标准；达成情况

工程教育认证是一种国际通行的工程教育质量保障制度，也是实现工程教育和工程师资格国际互认的重要基础[1-3]。2016年中国正式加入《华盛顿协议》以来，国际工程教育认证在国内实现了跨越式发展。截至2019年年底，全国共有241所普通高等学校21个工科类1353个专业通过了工程教育认证[4-6]。工程教育专业认证的核心理念是以学生为中心（student centered，SC）、以成果为导向（outcome based education，OBE）、持续改进（continuous quality improvement，CQI）[7-10]。本文以"工程地质与土力学"为例基于工程教育专业认证理念开展专业课程教学改革实践。首先根据毕业要求指标点重构课程目标并进行支撑性分析。再从课程目标出发实施改革举措，构建"线下-开放课-微课"三位一体教学模式，制定多样化课程考核方式及评定标准，定性考核和定量考核相结合，考核课程目标达成情况，对课程中期及终期教学效果进行阶段评价，实时反馈课程教学效果，帮助师生更有针对性地教与学。本课程的教学方式及评价标准要求学生具有扎实的专业知识，较强的实践能力和创新能力，从而达到解决复杂工程问题能力的目标，体现了工程教育专业认证宗旨，供水利工程专业同类专业课借鉴及参考。

1　课程介绍

1.1　课程内容及目标

"工程地质与土力学"是水利工程专业的一门专业基础课程。基于工程教育认证理念建立的课程教学流程图如图1所示。针对课程教学内容概念抽象、庞杂繁多的特点，基于OBE理念梳理课程教学内容，将其分为三大模块，分别为工程地质模块、土力学模块及工程应用模块。工程地质模块旨在介绍工程地质基本知识，使学生熟悉掌握工程中常见地质问题及各种地质因素对水工建筑物的影响，能识别常见的地质构造和地质现象,会阅读地质资料和地质图。土力学模块旨在使学生学习土的物理力学性质,掌握地基承载力与地基稳定的概念及土压力的计算方法,了解地基应力和沉降量计算方法,学会土工试验基本技能,并能编写试验报告等。工程应用模块教学重点转向能力培养,使学生通过课程学习具备理解工程与地质的关系,对地质条件作出正确评价,并解决工程中遇到的工程地质问题的能力,同时更深入理解土的性质、应力、变形、强度和地基承载力等土力学原理,能用有关原理分析和解决相关问题。最后,课程教学过程中注重价值引领。工程地质灾害及特殊土工程地质问题的解决强调融入"道法自然"的哲学思想,培养学生正确的世界观和方法论,并融入工程伦理教育,培养学生具有敬畏意识和责任担当。

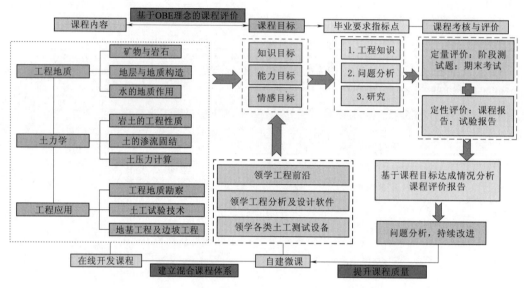

图 1 "工程地质与土力学"课程教学流程图

1.2 课程支撑毕业要求指标点的分析

根据课程三大模块的教学内容,课程制定了三大课程教学目标分别支撑水利工程专业三大毕业要求指标点。

课程目标 1 为掌握工程地质条件的内涵及对工程建设的影响,能够运用工程地质学基础知识,考虑地质条件对上部结构体系及其建造过程的影响,为复杂工程问题的解决方案比选提供地质论证与建议。对应支撑毕业要求指标点为"1——工程知识"中的第三项,即指标点 1.3:能够运用数学、自然科学、水利工程基础和专业知识以及工程软件,对设计、施工及维护过程中的复杂工程问题提出初步解决方案并进行比较与综合。

课程目标 2 为掌握土的物理力学性质,能够运用土的渗透理论、变形理论、强度理论计算分析水利工程建设活动中的渗透问题、沉降问题、地基承载力问题、挡土结构稳定性及边坡稳定性问题,并提出防治措施,具备准确表达水利工程中复杂工程问题的能力。课程目标 2 对应支撑的毕业要求指标点为"2——问题分析"中的第一项,即指标点 2.1:能够应用数学、自然科学和工程科学原理,准确表达水利工程中复杂工程的设计、施工及技术经济问题。

课程目标 3 为能够依据实验规程实施实验、采集数据,并能基于统计与分析原理处理数据,获得有效结论,具备设计实验方案、调试及操作设备、分析数据、整理实验成果及合理应用参数的能力。课程目标 3 对应支撑的毕业要求指标点为"4——研究"中的第二项,即指标点 4.2:能够根据实验方案构建实验系统,掌握水利工程实验设备调试、操作方法,安全实施实验,采集实验数据,并基于科学原理合理地分析与处理数据。

2　课程教学与评价

2.1　教学方法

"工程地质与土力学"是水利工程专业一门重要的专业课程，水利工程流域规划、可行性研究、初级设计、施工图设计各阶段乃至整个施工过程都需要根据建筑场地的工程地质条件进行。跟其他的课程相比，"工程地质与土力学"所涉及的知识体系较枯燥、基础性概念多，并且工程实践性较强。因此，在教学过程中必须讲究教学方法，要充分调动学生的学习兴趣，建议采用互动式、研究式、线上线下混合式教学方法，避免传统填鸭式教学。如图 1 所示，课程团队建成了"工程地质与土力学"在线开放课程，并上线优课联盟课程平台。在线开放课程将工程地质模块中相对抽象的矿物与岩石、地层与地质构造等教学内容进行重构，基于三维地质建模软件讲解该部分内容，在重现重构三维地质环境的过程中，使学生理解工程地质条件的内涵及与工程的相互作用关系。另外，课程团队自建微课，从领学工程前沿、领学工程分析及设计软件、领学各类土工测试设备等方面，延伸课程教学视角，强调师生互动，弱化工程地质勘察试验原理及操作部分内容，在设计方案及试验方案比选中使学生体会岩土体物理力学性质及工程性质指标选用的重要性。线下理论教学＋线上开放课程＋自建微课，三项措施并举，进一步具象、丰富教学资源，保证教学质量。

2.2　考核方式

工程教育认证重视过程考核。"工程地质与土力学"在传统课程期末考试的基础上，丰富平时成绩的考核方式，并增加课程阶段性考核。具体为课程平时考核包括课堂作业、单元测试及课堂研讨等多种方式。课堂作业主要在线下理论课程教学过程中进行重难知识点的复习和巩固。单元测试主要承担对线上开放课程内容的掌握程度的考核。课堂研讨则放在微课堂中进行，培养学生正确表达及分析工程问题的能力。平时成绩里有对课程内容的定量考核，也有对课程内容的定性考核。考核形式的多样与课程教学方式的多样性相匹配。从图 1 中可知"工程地质与土力学"课程可以分为三大模块，故课程的阶段考核在三大模块教学内容结束后分批进行，同样地设置了阶段测试、课程报告等不错的过程考核方式；最后期末考试题型设置不少于 5 种，做到主客观题型相结合、难易相结合。每道题型分值上限为 30 分，下限为 10 分，分别支撑课程目标 1、2、3，如表 1 所列。

表 1　　　　　　　　　　　　课 程 考 核 方 式

课程目标	平时考核方法	阶段考核方法	期末考核方法
课程目标 1	课堂作业、单元测试、课堂研讨	阶段测试；课程报告	试卷考核（选择题、判断题、填空题、识图题、案例分析题）
课程目标 2	课堂作业、单元测试、课堂研讨	阶段测试；课程报告	试卷考核（选择题、填空题、简答题、计算题、识图题）
课程目标 3	课堂作业、单元测试、课堂研讨		试卷考核（案例论述题）

2.3　评价标准

平时成绩中的课程研讨及阶段考核中的课程报告成绩等采用表 2 中的定性考核评分标准。

表2 定 性 考 核 评 分 标 准

评分段	90～100分	80～89分	70～79分	60～69分	0～59分
评价等级	优	良	中	及格	不及格
课程目标达成情况	完全掌握，并有能力的提高	掌握，并具备目标能力	掌握，并目标能力一般	掌握，并目标能力尚可	未完全掌握，并目标能力欠缺

课程作业、单元测试、阶段测试及期末考试均采用百分制，并赋课程目标权重分值来评定课程目标的具体达成情况，具体为：平时成绩＝课程作业（30％）＋单元测试（30％）＋课堂研讨（40％）；阶段成绩＝阶段测试（50％）＋课程报告（50％）。最后期末总成绩的评定方法为总成绩＝30％（权重 Q_1）×平时成绩＋20％（权重 Q_2）×阶段成绩＋50％（权重 Q_3）×期末成绩。Q_1、Q_2、Q_3 分别为平时成绩、阶段成绩、期末成绩占课程总成绩的比重。根据各项综合成绩定量描述课程目标的达成情况，如表3所列。

表3 定 量 考 核 评 分 标 准

目 标	平时成绩占比/％	阶段成绩占比/％	期末成绩占比/％
课程目标1	50	50	60
课程目标2	30	50	30
课程目标3	20		10

课程目标达成情况计算方法：

课程目标1、2达成情况＝$\dfrac{Q_1}{Q_1+Q_2+Q_3}$×（课程目标平时成绩平均值）/课程目标平时成绩分值＋$\dfrac{Q_2}{Q_1+Q_2+Q_3}$×（课程目标阶段成绩平均值）/课程目标阶段成绩分值＋$\dfrac{Q_3}{Q_1+Q_2+Q_3}$×（课程目标期末成绩平均值）/课程目标期末成绩分值

课程目标3达成情况＝$\dfrac{Q_1}{Q_1+Q_3}$×（课程目标平时成绩平均值）/课程目标平时成绩分值＋$\dfrac{Q_3}{Q_1+Q_3}$×（课程目标期末成绩平均值）/课程目标期末成绩分值

3 反馈与改进

任课教师可以根据表1、表2对课程目标各项分值进行统计分析，获得课程目标达成情况，对课程目标进行过程评价和终期评价，出具终期课程自评报告；课程负责人出具终期课程评价报告并将评价结果反馈给任课教师。任课教师根据过程评价和终期课程评价结果，总结分析课程目标达成的短板、学生对教学内容的掌握程度、教学环节对课程目标的支撑效果，进而改善教学方法，持续改进课程质量；根据课程过程评价结果，发现学习困难的学生，开展针对性帮扶，促进学生相关能力的达成，帮助学生达成课程目标，以便更好地支撑学生毕业要求达成。图2为课程目标1在期中和期终达成情况分析。由图2（a）可知，课程目标1达成情况良好，大部分学生课程内容掌握情况良好，部分学生达成情况接近预警线达成值0.65。经过后期针对性帮扶，20号、21号、35号、58号学生成绩提高明显，如图2（b）所示。对比图2（a）与图2（b）还可看出，期中课程平均达成情况为0.78，学生达成情况差异性较大。任课教师通过调整教学方法，如引入微课，在课堂上分析经典工程案例，领学知名学者前沿成果等，既增加课程趣味性，也培养学生分析及解决工程问题能力，进一步强化和巩固课程知识，故在期终的课程达成情况差异较小，课程目标平均达成情况也接近0.85。

为检验课程目标达成情况用以评估课程教学效果及问题反馈的合理性。课程采集2020级水利工程专业60名学生的课程学习调查问卷。调查问卷主要针对课程教学方式及考核标准的认可度进行调查，以了解学生对教学效果的感受及其真实需求。调查采用匿名方式，收回有效问卷58份，如图3所示。由图3可知，本课程的教学方法及评价标准被大多数学生认可，学生在课程学习过程中收获颇多。

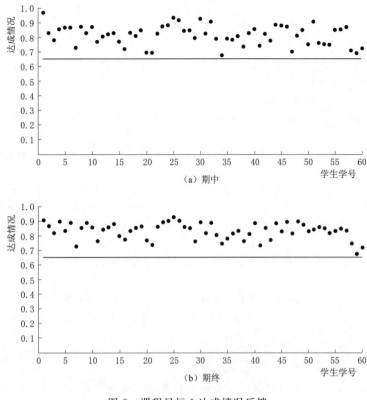

（a）期中

（b）期终

图 2　课程目标 1 达成情况反馈

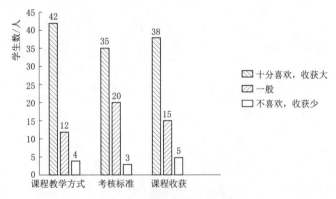

图 3　课程调查问卷反馈情况

4　总结

"工程地质与土力学"课程教学团队在工程教育专业认证的背景下，基于 OBE 理念，分析课程教学内容，重构课程教学模块，并紧密联系工程实际，改革课程教学大纲，建立了完善的课程教学体系，并确定了课程目标及课程对毕业要求指标点支撑的适配性；进一步明确了课程目标教学方法、考核方式、评价标准，实现了"线下-开放课-微课"三位一体教学方式的改革，建立了定性＋定量的课程考核评价标准，形成了课中及课终的评价机制；并以课程调查问卷的形式调研学生修学本课程的心理感受和真实收获。调查问卷表明，基于工程教育认证视角的"工程地质与土力学"教学改革成功，并可为同类专业课程的建设提供参考。

参 考 文 献

［1］ 周红坊，朱正伟，李茂国. 工程教育认证的发展与创新及其对我国工程教育的启示：2016 年工程教育认证国际研讨会综述［J］. 中国大学教学，2017（1）：88-95.

［2］ 王金旭，朱正伟，李茂国. 成果导向：从认证理念到教学模式［J］. 中国大学教学，2017（6）：77-82.

［3］ 孙晶，张伟，任宗金，等. 工程教育专业认证毕业要求达成度的成果导向评价［J］. 清华大学教育研究，2017，38（4）：117-124.

［4］ 向定汉，陈国华. 基于工程认证的材料科学与工程专业"生产实习"教学质量评价的研究与实践［J］. 高教学刊，2021，7（12）：101-104.

［5］ 赵静，魏天路，李培，等. 基于工程教育认证 OBE 理念的工程力学课程教学［J］. 武汉轻工大学学报，2021，40（2）：104-107.

［6］ 王立宪，吴长. 基于 OBE 理念的土力学课程教学改革研究［J］. 创新创业理论研究与实践，2021，4（10）：37-39.

［7］ 陈保国. 创新创业教育背景下土木工程专业学生学习评价［J］. 高等建筑教育，2019，28（3）：104-109.

［8］ 顾晓薇，王青，邱景平，等. 工程教育认证"毕业要求"达成度的认识与思考［J］. 教育教学论坛，2016（14）：24-26.

［9］ 路兴强. 基于工程教育专业认证的核类专业新工科建设探索［J］. 教育现代化，2018，5（42）：75-76.

［10］ 王丽荣，张王乐元，刘振平，等. 基于工程教育专业认证标准的"创新实践"课程达成度评价研究与实践［J］. 高等工程教育研究，2018（增刊）：346-348，354.

作者简介：王艳芳，女，1983 年，副教授，金陵科技学院，从事"工程地质""土力学"等课程教学及土的基础理论研究工作。Email：wyf_02@163.com。

基金项目：金陵科技学院高层次人才科研启动项目（jit-b-202017）、金陵科技学院科教融合课程项目。

工程教育认证背景下农业水利工程专业本科毕业设计课程质量评价体系优化

赵　霞　黄彩霞　张　芮　王引弟　张金霞　王丽萍　武兰珍

（甘肃农业大学水利水电工程学院，甘肃兰州，730070）

摘　要

在工程教育认证背景下，以甘肃农业大学农业水利工程专业本科毕业设计课程为例，在单一的"课程成绩评价"分析方法上，提出依据教学目标优化构建以成果为导向，以任课教师、专业教学督导、学生为评价主体，采用任课教师、专业教学督导、学生、课程成绩相结合的"四位一体"课程质量评价体系，课程综合成绩评价结果＝任课教师自评×20％＋专业教学督导评价×10％＋学生自评×20％＋课程成绩×50％。并依次设计任课教师评价表、专业教学督导评价表、学生评价表、课程成绩评价表，该体系将过程监控评价与结果相结合，定量与定性评价相结合。实践证明，该评价结果更具合理性。

关键词

课程质量评价体系；本科毕业设计；农业水利工程专业

引言

甘肃农业大学农业水利工程专业开办于 1974 年，是省内开设最早的水利工程、农业工程类本科专业[1-2]。该专业突出西北地区灌溉工程规划设计、节水灌溉理论与技术、旱区水资源规划及利用等领域交叉协调发展的培养优势和研究特色，旨在学生毕业后能够在水利、国土、水保、农业等部门从事与农业水利工程有关的勘测、规划、设计、施工、管理和科学研究等工作。在工程教育认证背景下农业水利工程专业根据自身条件结合农业院校区域办学特色、学科定位，以新形势下水利行业人才市场需求为导向，主动适应现代农业水利工程发展的需求，实施工程教育专业改革创新，持续为国家和西部区域经济社会发展提供高级工程技术人才和智力支持。

本科毕业设计是完成该专业学生培养目标最后一项实践性教学环节，毕业要求学分为 12 学分，在大学第 7 学期期末和第 8 学期进行。其质量的好坏可直接衡量高校教学水平和学生专业素养[3]。为保证毕业设计质量，学校教学管理部门统筹推进毕业设计教学管理体制建设、资源平台建设两大工作，出台诸如毕业设计检测、抽检送审等一系列相关质量监控制度。学院结合本专业工程实践性较强的特点继而制定校企互聘互请"双师型"教师队伍建设制度，有效地提高了毕业设计整体质量。但是，对照工程教育认证标准，毕业设计课程教学质量与人才培养目标毕业要求仍然存在一定差距，为了更进一步推进毕业设计质量，学院先后走访兄弟院校、访谈咨询同行专家及一线任课教师，理顺课程目标对毕业要求的支撑关系、修订完善课程质量评价体系。

本文基于一线教学改革探索，对该课程目标达成评价主体进行深入思考，提出在传统单一的以学生课程成绩分析为主的评价方法上[4-5]，优化构建以任课教师、专业教学督导、学生为评价主体，对课程教学目标达成情况进行综合评价的课程质量评价体系。通过与一线任课教师座谈咨询得出参与评价的要素权重系数，课程综合成绩评价结果＝任课教师自评×20％＋专业教学督导评价×10％＋学生自评×20％＋课程成绩×50％。并依次设计任课教师评价表、专业教学督导评价表、学生评价表、课程成绩评价表，旨在为从事一线教学的教师对本科课程质量评价提供一定参考依据。

1 课程质量评价体系建立

毕业设计的教学目标是：使学生巩固加深对专业理论知识的理解，培养学生综合运用基础理论知识和专业知识解决工程设计问题的能力，掌握工程设计原则、设计方法和设计步骤；培养学生收集和查阅相关文献资料、国家标准规范和规程的能力，提高设计计算、专业绘图及编写设计文件等基本技能；同时，培养学生不同工程设计方案比选意识和能力，使其具备绘图和编写设计文件的能力，能通过口头和书面形式清楚地表达自己的观点。笔者细化分解教学目标，分为知识与方法目标、能力目标，如表1所列。

表 1 课程质量评价体系

评价目标	评价内容	评价指标	考核形式	评价主体
知识与方法目标	掌握水利工程基础理论知识，专业知识，掌握工程设计原则、设计方法	通识知识，专业知识，设计原则、方法	毕业设计、图纸	学生、任课教师、专业教学督导
能力目标1	独立查阅文献，能够搜集、整理、分析基本资料，并能制订合理的设计方案，开展工程设计	设计、推导、论证能力，分析与解决问题的能力	毕业设计	学生、任课教师、专业教学督导
能力目标2	设计过程中能考虑经济、环境、法律、伦理等各种制约因素	创新意识、自我学习与探索的能力	毕业设计	学生、任课教师、专业教学督导
能力目标3	能清楚地表达自己的看法，能够倾听吸收他人的意见，用语符合技术规范，图表清楚，书写格式规范	沟通与交流能力、写作能力	毕业设计、图纸	学生、任课教师、专业教学督导

2 评价表设计

2.1 任课教师评价

任课教师客观分析影响教学目标达标的主要影响因素，确定考核指标和评价等级，并对考核指标进行编号。考核指标P包括是否按能力培养要求进行，设计进度安排，设计题目、方案多样性，考核结果是否体现学生能力达成情况，分别为P1，P2，P3，P4。任课教师评价确定为5个等级，表示为Y＝｛Y1（优秀：A＋＝95），Y2（良好：B＋＝85），Y3（中等：C＋＝75），Y4（合格：D＋＝65），Y5（不合格：E＋＝55）｝，如表2所列。

2.2 专业教学督导评价

通过征询专业教学督导的意见，确定考核指标和评价等级，并对考核指标进行编号。考核指标F包括设计题目、方案多样性F1，考核内容是否体现对学生能力考核要求F2，综合成绩（学生平均成绩/总分）F3，综合评价F4。专业教学督导评价确定为5个等级，表示为Y＝｛Y1（优秀：A＋＝95），

表 2 **任 课 教 师 评 价 表**

课程名称		班级		学生人数	

对教学目标达成情况评价

评价内容	教学目标考核评价	评价等级					学生平均得分
		不合格	合格	中等	良好	优秀	
		E+	D+	C+	B+	A+	
掌握水利工程基础理论知识、专业知识，掌握工程设计原则、设计方法	是否按能力培养要求进行 P1						
	设计进度安排 P2						
	设计题目、方案多样性 P3						
	考核结果是否体现学生能力达成情况 P4						
独立查阅文献，能够搜集、整理、分析基本资料，并能制订合理的设计方案，开展工程设计	P1						
	P2						
	P3						
	P4						
设计过程中能考虑经济、环境、法律、伦理等各种制约因素	P1						
	P2						
	P3						
	P4						
能清楚地表达自己的看法，能够倾听吸收他人的意见，用语符合技术规范，图表清楚，书写格式规范	P1						
	P2						
	P3						
	P4						

Y2（良好：B+＝85），Y3（中等：C+＝75），Y4（合格：D+＝65），Y5（不合格：E+＝55）}，如表 3 所列。

表 3 **专业教学督导评价表**

课程名称		班级、学生人数					

评价内容		教学目标考核评价	评价等级				
			不合格	合格	中等	良好	优秀
			E+	D+	C+	B+	A+
学生能力	掌握水利工程基础理论知识、专业知识，掌握工程设计原则、设计方法	设计题目，方案多样性 F1					
		考核内容是否体现对学生能力考核要求 F2					
		综合成绩（学生平均成绩/总分）F3					
		综合评价 F4					
	独立查阅文献，能够搜集、整理、分析基本资料，并能制订合理的设计方案，开展工程设计	F1					
		F2					
		F3					
		F4					

续表

课程名称		班级、学生人数					
评 价 内 容		教学目标考核评价	评 价 等 级				
			不合格	合格	中等	良好	优秀
			E+	D+	C+	B+	A+
学生能力	设计过程中能考虑经济、环境、法律、伦理等各种制约因素	F1					
		F2					
		F3					
		F4					
	能清楚地表达自己的看法，能够倾听吸收他人的意见，用语符合技术规范图表清楚，书写格式规范	F1					
		F2					
		F3					
		F4					

2.3 学生评价

学生评价指学习完该课程后，学生对自己的学习效果进行评价。评价等级共分 10 级（E－＝50；E+＝55；D－＝60；D+＝65；C－＝70；C+＝75；B－＝80；B+＝85；A－＝90；A+＝95），待课程结束后下发并回收表格，对结果进行统计，如表 4 所列。

表 4 　　　　　　　　　　　　　　　　学 生 评 价 表

姓名											
评 价 内 容	评 价 等 级										
	A+	A－	B+	B－	C+	C－	D+	D－	E+	E－	平均值 $\left(\dfrac{\sum(95\times N1+\cdots+50\times Ni)}{N}\right)$
掌握水利工程基础理论知识、专业知识，掌握工程设计原则、设计方法											
独立查阅文献，能够搜集、整理、分析基本资料，并能制订合理的设计方案，开展工程设计											
设计过程中能考虑经济、环境、法律、伦理等各种制约因素											
能清楚地表达自己的看法，能够倾听吸收他人的意见，用语符合技术规范，图表清楚，书写格式规范											

注　平均值公式中：N1—统计计算评价等级 A+的学生数量；Ni—统计计算评价等级 E－的学生数量；N—参评学生总数量。

2.4 课程综合成绩评价

甘肃农业大学通用本科生毕业设计评阅答辩评审标准如表 5 所列。设计课程综合成绩评价表，如表 6 所列。

表 5 　　　　　　　　　　　　　　　　毕业设计评阅答辩评审标准

指导老师评审项目	指 标	分值
（1）工作量和工作态度	态度端正，按期圆满完成规定的任务，难易程度和工作量符合教学要求，体现本专业基本训练的内容	20
（2）调查与资料查新	能独立查阅文献和调研；有综合、收集和正确利用各种信息的能力	10

续表

指导老师评审项目	指 标	分值
（3）研究（实验）方案设计	研究（实验）方案设计科学合理	20
（4）分析与解决问题的能力	能运用所学知识去发现与解决实际问题	20
（5）论文（设计）质量	立论正确，论据充分，结论严谨合理；综述简练完整，结构格式符合论文（设计）要求；技术用语准确，规范；图表完备、制图正确	20
（6）创新	具有创新意识；对前人工作有改进、突破，或有独特见解，有一定应用价值	10
评阅老师评审项目	指 标	分值
（1）选题	选题达到本专业教学基本要求，难易程度、工作量大小适中	20
（2）综述材料调查论证	能独立查阅文献资料和从事有关调研，有综合归纳、利用各种信息的能力，开题论证较充分	20
（3）设计、推导与论证	方案设计合理，图样绘制与技术要求符合国家标准及要求	40
（4）论文（设计）质量	论点明确，论据充分，结论正确；条理清楚，文理通顺，用语符合技术规范，图表清楚，书写格式规范	10
（5）创新	对前人工作有改进、突破，或有独特见解；有一定应用价值	10
答辩评审项目	指 标	分值
（1）报告内容	思路清晰；语言表达准确，概念清楚，论点正确；实验方法科学，分析归纳合理；结论严谨，论文（设计）有应用价值	40
（2）报告过程	能在规定的时间内完成报告陈述	10
（3）答辩过程	回答问题有理论依据，问题回答简明准确	40
（4）创新点	对前人工作有改进或突破，或有独特见解	10

表6 **课程综合成绩评价表**

课程名称		班级及学生人数	

对教学目标达成情况评价

评价内容	对应考核环节	综合实际得分	考核项满分	综合实际得分/考核项满分
掌握水利工程基础理论知识、专业知识，掌握工程设计原则、设计方法	指导老师评审项目（1）、（3）、（5）	指导老师评审项目 $\left(\dfrac{\sum_{i=1}^{n}S_i(1)}{n}+\dfrac{\sum_{i=1}^{n}S_i(3)}{n}\right.$ $\left.+\dfrac{\sum_{i=1}^{n}S_i(5)}{n}\right)\times 30\%$ ＋评阅老师评审项目	指导老师评审项目 $\sum\{S(1)+S(3)+S(5)\}\times 30\%$ ＋评阅老师评审项目 $\sum\{S(3)+S(4)\}\times 10\%$ ＋答辩评审项目 $\sum\{S(1)+S(3)\}\times 60\%$	
	评阅老师评审项目（3）、（4）	$\left(\dfrac{\sum_{i=1}^{n}S_i(3)}{n}+\dfrac{\sum_{i=1}^{n}S_i(4)}{n}\right)\times 10\%$ ＋答辩评审项目		
	答辩评审项目（1）、（3）	$\left(\dfrac{\sum_{i=1}^{n}S_i(1)}{n}+\dfrac{\sum_{i=1}^{n}S_i(3)}{n}\right)\times 60\%$		
独立查阅文献，能够搜集、整理、分析基本资料，并能制订合理的设计方案，开展工程设计	指导老师评审项目（2）、（3）、（4）	指导老师评审项目 $\left(\dfrac{\sum_{i=1}^{n}S_i(2)}{n}+\dfrac{\sum_{i=1}^{n}S_i(3)}{n}\right.$ $\left.+\dfrac{\sum_{i=1}^{n}S_i(4)}{n}\right)\times 30\%$ ＋评阅老师评审项目 $\left(\dfrac{\sum_{i=1}^{n}S_i(2)}{n}\right.$	指导老师评审项目 $\sum\{S(2)+S(3)+S(4)\}\times 30\%$ ＋评阅老师评审项目 $\sum\{S(2)+S(3)+S(4)\}\times 10\%$ ＋答辩评审项目 $\sum\{S(1)+S(3)+S(4)\}\times 60\%$	
	评阅老师评审项目2、3、4	$+\dfrac{\sum_{i=1}^{n}S_i(3)}{n}+\dfrac{\sum_{i=1}^{n}S_i(4)}{n}\right)\times 10\%$ ＋答辩评审项目		
	答辩评审项目（1）、（3）、（4）	$\left(\dfrac{\sum_{i=1}^{n}S_i(1)}{n}+\dfrac{\sum_{i=1}^{n}S_i(3)}{n}+\dfrac{\sum_{i=1}^{n}S_i(4)}{n}\right)\times 60\%$		
设计过程中能考虑经济、环境、法律、伦理等各种制约因素	指导老师评审项目（1）、（5）、（6）	指导老师评审项目 $\left(\dfrac{\sum_{i=1}^{n}S_i(1)}{n}+\dfrac{\sum_{i=1}^{n}S_i(5)}{n}\right.$ $\left.+\dfrac{\sum_{i=1}^{n}S_i(6)}{n}\right)\times 30\%$ ＋评阅老师评审项目	指导老师评审项目 $\sum\{S(1)+S(5)+S(6)\}\times 30\%$ ＋评阅老师评审项目 $\sum\{S(4)+S(5)\}\times 10\%$ ＋答辩评审项目 $\sum\{S(1)+S(4)\}\times 60\%$	
	评阅老师评审项目（4）、（5）	$\left(\dfrac{\sum_{i=1}^{n}S_i(4)}{n}+\dfrac{\sum_{i=1}^{n}S_i(5)}{n}\right)\times 10\%$ ＋答辩评审项目		
	答辩评审项目（1）、（4）	$\left(\dfrac{\sum_{i=1}^{n}S_i(1)}{n}+\dfrac{\sum_{i=1}^{n}S_i(4)}{n}\right)\times 60\%$		

续表

课程名称				班级及学生人数	
对教学目标达成情况评价					
评价内容	对应考核环节	综合实际得分		考核项满分	综合实际得分/考核项满分
能清楚地表达自己的看法，能够倾听吸收他人的意见，用语符合技术规范图表清楚，书写格式规范	指导老师评审项目（3）、（4）	指导老师评审项目 $\left(\dfrac{\sum_{i=1}^{n} S_i\ (3)}{n} + \dfrac{\sum_{i=1}^{n} S_i\ (4)}{n}\right) \times$ 30％＋评阅老师评审项目 $\left(\dfrac{\sum_{i=1}^{n} S_i\ (3)}{n} + \dfrac{\sum_{i=1}^{n} S_i\ (4)}{n}\right) \times$ 10％ ＋ 答辩评审项目 $\left(\dfrac{\sum_{i=1}^{n} S_i\ (2)}{n}\right.$ $\left. + \dfrac{\sum_{i=1}^{n} S_i\ (3)}{n}\right) \times 60％$		指导老师评审项目 $\sum \{S（3）＋S（4）\} \times$ 30％＋评阅老师评审项目 $\sum\{S(3)＋S(4)\} \times$ 10％＋答辩评审项目 $\sum \{S(2)＋S(3)\} \times 60％$	
	评阅老师评审项目（3）、（4）				
	答辩评审项目（2）、（3）				

注 S_i—每个学生的得分值（分）；S—分值；n—学生人数。

3 结语

工程教育认证背景下，依据教学目标，优化构建以成果为导向，以任课教师、专业教学督导、学生为评价主体，对本科毕业设计课程教学目标达成情况进行综合评价的课程质量评价体系。与传统单一的"课程成绩评价"分析方法相比，该体系充分考虑了本专业的学科特点，注重听取任课教师、专业教学督导、学生三方的意见，依据评价表，促使参与评价主体可以更加清晰、明确课程培养目标和达成度。此外，在具体的评价中，该课程质量评价体系将过程监控评价与结果相结合、定量与定性评价方式相结合，评价结果更具合理性。

参 考 文 献

[1] 赵霞，武兰珍，王引弟，等. 基于复合型人才培养的农业水利工程专业综合实验课程改革探讨 [J]. 陇东学院学报，2021，32（5）：133-136.

[2] 赵霞，张金霞，武兰珍，等. 农业水利工程专业实验教学质量评价改革探讨 [J]. 甘肃科技，2021，37（11）：30-32，92.

[3] 郭涵，郑逸芳，林晓莹. "双一流"建设背景下公共管理类本科毕业论文质量评价指标及权重研究：基于 AHP 法的分析 [J]. 现代教育科学，2019（3）：52-59.

[4] 徐玉梁，胡涛，刘征宏. 机械类毕业设计评价体系优化分析 [J]. 南方农机，2023，54（4）：175-178.

[5] 张嫣红，倪晓宇，刘英，等. 本科生毕业设计（论文）质量评价体系研究 [J]. 中国教育技术装备，2016，（20）：80-84.

作者简介：赵霞，女，1982年，高级实验师，甘肃农业大学，主要从事实验教学研究。Email：zirxiazhao@163.com。

基金项目：干旱灌区节水灌溉与水资源调控创新团队建设项目；甘肃农业大学课程思政示范专业项目——"农业水利工程"（甘农大教发〔2021〕52号）；基于工程教育专业认证背景下水利高等教育教学改革研究课题。

工程教育认证背景下"港口与海岸建筑物"课程教学改革探索与实践

刘 伟 刘 楠

（山东交通学院，山东济南，250357）

摘 要

"港口与海岸建筑物"课程以学生为中心，以成果为导向，积极开展课程教学改革。本课程采用线上—线下、课前—课中—课后、理论—实际、现实—虚拟（BIM 技术）以及多课程联动的立体式教学法，多视角、多层次地构建学生的结构化思维，激发学生兴趣，有效提高了学生工程应用能力。

关键词

港口与海岸建筑物；结构化思维；BIM 技术；工程教育认证

1 引言

山东交通学院港口航道与海岸工程专业始建于 2007 年，是学院的骨干专业。为提升专业能力与水平，促进专业的发展，港口航道与海岸工程专业积极参与专业认证工作。本专业参照工程教育专业认证标准，始终跟踪社会和行业发展对人才素质的要求，积极修订人才培养方案以及相关课程大纲。

本校港口航道与海岸工程专业主要面向设计和施工单位，教育教学以设计和施工应用为主。在过去的教学过程中，教师重点培养学生的专业理论思维，技能应用方面有所欠缺，导致学生的专业技能与岗位需求有落差。因此，依据 2022 版《工程教育认证自评报告指导书》指出的"重点关注专业制定、落实和评价毕业要求的教育教学体系，强调专业建立并实施面向产出的内部教学质量评价机制"，"港口与海岸建筑物"作为该专业达成工程教育认证通用标准的核心专业课程，以学生为中心，以成果为导向，积极进行课程教学改革，这对专业其他课程具有一定的借鉴、引领作用，同时，对提升毕业生发现问题、分析问题和解决问题等综合能力，具有十分重要的意义。

2 工程教育认证背景下课程教学面临的问题

"港口与海岸建筑物"作为山东交通学院港口航道与近海工程专业的必修课、核心课和诸多高校的考研专业课，一直都在进行教学改革，但是仍存在与工程教育认证核心理念之间的错位，主要体现在以下几方面：

（1）教学大纲与工程教育认证标准不相符。

1）课程教学目标较为含糊，不能明确指出学生具体能够实现的能力目标，不能为工程教育认证的毕业要求或专业培养目标建立有效的支撑。

2）课程教学依然以教师为中心传授知识，而不是基于学习产出教育模式理念要求的以学生为中心的教学要求，这与工程教育认证核心理念存在差距。

3）课程应用性较强，但学生所学知识更强调理解和记忆，不能真正将知识转化为能力以满足工作岗位要求。

（2）课程考核评价体系与工程教育认证标准不相符。课程考核评价体系存在与工程教育认证标准不相符的一系列问题。如课程考核与课程目标对应指向性不明显；课程考核包含了平时成绩和期末成绩，但平时成绩的权重较低，过于看重考试卷面成绩，导致学生以考前突击为主要学习方法；难以精细分析学生学习的痛点、难点；不能及时反馈学生的学习状态等。这样的课程考核评价体系不能培养符合工程教育认证标准的工程人才，不能满足学校培养应用型人才的目标。

（3）缺乏有效的持续改进机制。由于课程考核评价体系的缺陷，导致无法及时、正确地发现教学过程中的问题，合理的、针对性的改进措施也就无从谈起，从根本上制约了教学质量水平的提升，工程教育认证要求的闭环课程教学体系也就无法成立。

此外，在具体授课过程中也存在一定问题：

（1）港口与海岸建筑物知识内容多，涉及的先修专业课程具有一定难度，因此基础知识的讲解占用较多的课时，主要以"教"为主，学生"学"的响应不足。

（2）港口与海岸建筑物的施工与设计已经发展得比较成熟，但是也有一些新结构、新型式、新应用出现，比如 BIM 技术、新型护舷、新型防波堤等，在有限的课时内，无法将这些前沿技术信息详细地传递给学生。

（3）教学实践课时有限，学生的应用能力一般，使其只能在规范的框架内完成一些比较简单的工作，比如方块码头的抗倾稳定性验算、沉箱结构的内力计算等。

（4）没有实验课时，无法直观地通过实验了解各类建筑物的工作原理及其受到的荷载。

3 课程教学改革措施与实践

基于此，"港口与海岸建筑物"课程对标工程教育认证，以成果为导向修改了教学大纲，包括教学目标和课程考核评价体系，并制订了新的教学计划，进行了教学改革。

3.1 教学目标的修订

本专业依据工程教育认证标准将毕业要求分解为可衡量的若干指标点，列出每项毕业要求指标点支撑的课程，以及课程对指标点的支撑强度、支撑矩阵图[1]。根据成果导向的反向设计原则，确定了本门课程支撑的 3 个毕业要求指标点和对应的课程目标。

指标点 2.1：能用港口航道与海岸工程学科的基本原理，对港口航道与海岸工程专业复杂工程问题进行识别和抽象建模。

指标点 3.1：能掌握并运用勘察测量、规划的基本原理进行港口航道与海岸工程全周期、全流程的规划与管理。

指标点 6.2：能深刻认识港口航道与海岸工程新材料、新工艺、新方法以及所带来的社会影响。

对应以上毕业要求指标点，制订了如下课程目标：

课程目标 1：能够掌握港口水工建筑物设计基本思路，依据相关标准、规范、手册等完成码头和防波堤等具体工程的力学分析和结构设计，并能独立绘制施工图。

课程目标 2：能够根据港口水工建筑物的自然条件、用途、发展规划选择合适的建筑物型式并进行合理布置。

课程目标 3：认识港口航道与海岸工程新材料、新工艺、新方法所带来的社会影响，培养积极探索和创新的意识。

课程目标与毕业要求的对应关系见表1。

表 1　　　　　　　　　　　课程目标与毕业要求指标点的对应关系

课程目标	毕业要求及权重		
	指标点 2.1	指标点 3.1	指标点 6.2
课程目标 1	1	0	0
课程目标 2	0	1	0
课程目标 3	0	0	1

3.2　以学生为中心，以成果为导向的应用式教学

本课程在进行课堂教学设计时，以学生为中心，以成果为导向，基于实际工程设计进行教学，采用线上—线下、课前—课中—课后、理论—实际、现实—虚拟（BIM 技术）、多课程联动的立体式教学法，跳出过往认知局限，立足综合知识应用，将学过的、在学的和将要学的各个知识点串联起来，多角度、多层次地构建学生的结构化思维，打造完整的、相互联系的专业知识网络。这样的课堂激励学生打开思维，强调学生的自主学习积极性，促进学生团结合作和自动研究的能力，激发学生身为工程师的责任感、荣誉感，并且学有余力的学生可以发展出一定的创新意识。

（1）线上—线下教学。线下课堂用来授课和课后进行面对面答疑。线上平台采用智慧树、雨课堂和微信等，在平台上可提供学习资源、发布任务和进行师生交流等，供学生自学、教师进行过程性考核和教师答疑。其中，智慧树平台链接了国家慕课平台，为学生课下自学提供高质量、高效率的线上课程，教师也可在智慧树平台发布相关视频、教学幻灯片、电子版教材、学习任务、作业题等，该平台为学生作业的批改、留存及统计成绩提供了便利。雨课堂平台可用来签到、课堂提问，微信则便于师生一对一答疑。

（2）课前—课中—课后。紧密联系课前预习、课后拓展和课堂教学，锻炼学生自主学习和探索发现的能力。其中，课后拓展主要集中于学生的文献检索能力、运用新技术（BIM、ANSYS、MAT-LAB 等计算机软件应用技术）能力、沟通合作能力。图1所示为课后拓展小组项目，学生使用 BIM 技术给游船码头建模。

（3）理论—实际。在掌握一定理论知识的基础上，依据规范设计实际工程，或者以实际工程设计为蓝本，建立 BIM 模型。以练促教，以练促学，使学生将理论知识更加灵活地应用在实际工程的设计中，产生工程师的责任感和荣誉感。

（4）多课程联动。建立完整的、环环相扣的知识网络，要先找到核心——港口与海岸建筑物的设计，再看实现这样的设计需要满足什么条件。港口与海岸建筑物设计的重点是安全性、适用性和耐久性。为此，设计要考虑建筑物的规划布置和结构设计，在一定环境条件下码头能否满足建设要求正常使用、结构承载能力能否满足要求等。例如《港口规划与布置》会讲授如何选择港址、码头的总体布置、设计合适的建筑物尺寸等。涉及环境条件的课程有"工程地质""工程水文学""海岸动力学"等（图2）。因此，以实际工程设计为案例，以"港口与海岸建筑物"为主干，以相关课程为枝叶，跨越课程将知识点有效连接起来，港口与海岸建筑物的设计才能成长为一棵完整的大树，真正完成本课程的教学目标。

3.3　课程评价体系

考虑毕业要求指标点，针对三个课程目标，本课程大纲制定了以下课程评价体系（图3）。

图 1　课后拓展之 BIM 技术用于游船码头建模

图 2　多课程联动关系图

课程目标 1 和课程目标 2 通过平时成绩和考试成绩定量考核，课程目标 3 通过调查问卷定性考核和平时课堂表现定量考核。其中，期末成绩占 50%，通过闭卷考试考核；平时成绩占 50%，为过程性考核，包括 10% 的平时作业，10% 的课堂表现，10% 的小组项目，和 20% 的期中测验。通过平时成绩考核，促进提升学生的自主学习能力、文献检索能力和沟通合作能力。

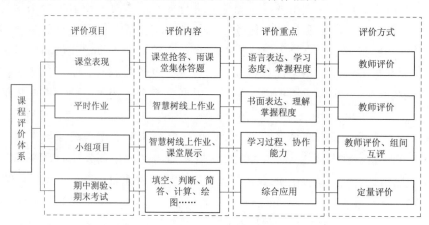

图 3　课程评价体系

3.4　课堂教学改革实施情况

3.4.1　课堂教学改革实施过程

首先，查缺补漏，增设课前预习环节。发布预习任务，要求学生将学过的相关课程知识进行归纳、熟悉、回顾，及时与教师线上沟通，做到能灵活应用。

其次，课前学情分析。通过抽样面谈、微信群问询等方式掌握学生的认知程度，从学生的角度出发，讲述学生在自学中学而不解、解而不深甚至解而有误的问题。结合其他相关专业课程知识点，让课程之间的联结清晰起来，形成有机知识树，使学生将新旧知识联结贯通，构建结构化思维。

第三，课程教学采用线上（50%）、线下（50%）混合式教学。线上教学主要让学生自主完成基础知识学习、知识拓展，线下课堂讲授内容既有理论知识，也有小组讨论、实际工程结构的 BIM 建模，每节理论课中都会结合授课内容穿插实际工程设计案例，让学生掌握知识在实际工程设计中的应用，并布置作业，下次上课时进行作业点评。

第四，设置课堂头脑风暴，集中学生注意力，使其提高学习兴趣。每节课上设置两三个关键知识点，并考量其难度，使其具备一定挑战性，吸引学生关注和思考。此外，教师将平时同学们较少见到的港口建筑物用 BIM 技术建模并演示，增强学生对港口与海岸建筑物的立体感知，并与常见的土木工程相类比，引发学生的联想和想象，通过师生、生生之间的讨论交流，提升学习效果。

第五，依据教学目标和教学对象，创新教学内容。以需求为导向，满足学生职业发展及行业对人才培养的需求，真正做到"以学生发展为中心"。通过学习"港口与海岸建筑物"，倡导学生发散思维，提出解决问题的各种思路，比选并找到最优思路，以增强学生分析解决实际工程问题的能力，提升学生综合分析的能力，同时讲授专业执业知识，为学生将来获取执业资格证书考试（如注册建造师等）打下较好的理论基础。

第六，布置课后作业和拓展，保证学生能及时复习，提高学生技能。课后作业以课本内容的应用为主，以满分的 75% 为标准判断学生是否实现本节课程学习目标。提供 BIM 技术制作的虚拟工程小视频资源和规范、论文等文献资源供学有余力的学生拓展学习。

3.4.2 课堂教学方法实施案例

本小节列举一个教学案例——重力式码头的工作原理，详细说明师生互动、以学生为主体的学习过程。

（1）课前预习：重力式码头名称的由来。

（2）课堂讲授与互动。首先，教师提问学生对重力式码头名称的理解，并通过动画解释其工作原理。然后教师展示一个重力式沉箱码头结构工程实例的横断面图，请同学们看图提问，鼓励学生思考，引导学生问出自己心中的困惑。教师补充提问：请分析重力式码头在海洋环境中受到哪些作用？（关联课程"工程水文学"）小组讨论后抢答并记入课堂表现成绩。教师肯定正确回答，并补充分析。教师边播放沉箱码头结构的 BIM 模型，边提问：在知道了受力条件后，哪些荷载使码头倾覆，又有哪些使它稳定？学生抢答并计入课堂表现成绩。教师点评后继续追问：这些荷载与什么因素有关？如何计算？（关联课程有"土力学""水力学""工程水文学""工程地质"等）。教师进一步追问：确定了荷载后如何选择码头结构？码头结构的安全性和经济性会有矛盾吗？如何平衡？（关联课程"工程伦理学"）最后，由学生继续提问听不懂、想不明白的部分，甚至是提出新想法、新创意。

（3）课后拓展：①观看用 BIM 技术演示沉箱码头施工总过程视频；②大胆想象，你还能想到什么样的重力式码头结构？

4 结论

本文总结了本校港航专业以工程教育认证标准为参照进行的"港口与海岸建筑物"课程教学改革。实践证明，以学生为中心，以成果为导向，多门课程联动，以课前—课中—课后、线上线下混合式教学为主体，打造学生结构性思维的教学模式，激发了学生的学习热情，使其由被动输入转变为主动输出，有效提升学生的学习质量，有助于达成课程培养目标、满足专业制定的毕业要求，进而培养出符合行业岗位需要的港航人才。

参 考 文 献

[1] 刘楠，刘伟. 基于工程教育认证的港航专业课程与毕业要求对应关系研究 [J]. 教育教学论坛，2020 (17)：336－337.

作者简介：刘伟，女，1984 年，讲师，山东交通学院，主要从事海洋复合环境条件下结构响应分析研究。Email：417962363@qq.com。

基金项目：山东交通学院本科教学改革研究项目（2021XJYB50）。

基于专业认证理念的水利水电工程
专业毕业设计教学改革

吴红梅　周建芬　毛　前

（浙江水利水电学院水利与环境工程学院，浙江杭州，310018）

摘　要

作为综合运用专业知识解决复杂工程问题的重要实践环节，毕业设计的质量对学生培养目标有重要的支撑作用。本文通过分析目前地方应用型院校水工专业毕业设计存在的问题，提出毕业设计环节以"教育产出"为导向的 OBE 教育理念、团队指导模式、专业化教学管理方法等，着力提高学生解决复杂工程问题的能力，为地方高校水工专业毕业设计教学提供有益参考。

关键词

专业认证；毕业设计；水利水电工程；教学改革

1　引言

《工程教育认证标准》（T/CEEAA 001—2022）中明确规定，专业要有公开的、符合学校定位的、适应社会经济发展需要的培养目标；专业应有明确、公开、可衡量的毕业要求，毕业要求应支撑培养目标的达成。

毕业设计是学生大学期间最后的、总结性的重要教学环节，其目的是巩固、加深、扩大学生所学的基本理论和专业知识，并使之系统化。本科毕业设计作为考核学生综合能力的工程实践教学关键环节，是实现专业培养目标的重要组成部分[1-3]。水利水电工程毕业设计锻炼学生独立思考、独立工作的能力。

国内大部分水利类院校都逐渐意识到水工专业毕业设计环节质量下滑的现象，并在积极采取针对性措施进行改进，且聚焦在"恰当选题、因材施教、过程控制、精心指导、全面考核"的耦合作用。但改进措施中普遍缺少原则性指导意见，其中按照 OBE 的思路构建系统化的具有长效机制的解决方案鲜有提及。

本文拟对上述问题提出针对性改进措施，并在学生的毕业设计实践中实施。

2　毕业设计教学改革

深入理解工程教育认证理念及新工科背景对水工这个传统专业的启示和挑战。针对目前水工专业毕设中存在的主要问题和值得借鉴的经验，系统地找到可以解决这些问题的方法和方向[4]。深入理解 OBE 理念，"以学生为中心"的教学过程必然应该让学生在整个毕业设计执行过程发挥其积极性和主观能动性，通过分析学情来实现水工专业毕业设计中 OBE 理念操作的现实性和可能性[5]。

以"教育产出"为导向的 OBE 教育理念更强调教育、教学过程"以学生为中心",教学质量评价的关注点也从教学过程向学习成果转移。因此,对传统的以毕业设计课题任务为出发点、以指导教师为中心的毕业设计指导理念进行改革势在必行。参照国际工程教育本科专业认证标准,找出目前水工毕业设计教学环节中存在的问题,并针对这些问题从优化实践教学环节的选题方式、过程管理模式、课程大纲和评价体制方面提出改革办法,使之适应和满足国际工程教育本科专业认证需求,调动学生的积极性和创造性,培养创新型人才。

(1)"以学生为中心"的选题及过程管理改革。"以学生为中心"是工程教育专业认证的基础,学生又是毕业设计的主体,因此毕业设计全程要围绕学生这个中心和主体展开。

组织教师分析学生的学情,布置既能调动学生的主动性和学习兴趣,又能和当前水利事业契合的课题。比如,对掌握了较高计算机编程能力的同学,可以布置水文水资源调度、水力模型相关研究课题;对动手能力比较强,愿意在实验室进行工作的同学,布置与水工建筑结构模型、建筑材料分析、土工试验相关课题;对专业基础理论掌握扎实,毕业设计要去就业单位实习的同学,要联系就业单位指导老师,布置适合岗位需要又能对学生有所锻炼的题目;对于正在开展有相关创新创业训练计划项目、该项目又能满足毕业设计要求的同学,以该项目为基础布置相关的毕业设计题目。

此外,毕业设计往往集中在学生就业和考研的同一个时间点,教学团队改进培养方案,将毕业设计提前到大四上学期学生考研基本结束后进行,同时将毕业设计内容分为多个阶段,并结合毕业设计进行课程学习。当学生即将就业和考研时,毕业设计已经完成了一部分,在保证毕业设计质量的同时,学生还能有充分的时间准备就业和考研。

在毕业设计过程中,教师主动为学生提供所需要的设计条件,跟踪学生的进度,指导学生克服难题,关注学生心理压力和思想波动,为学生提供全方位的毕业设计服务。

(2)基于真题真做的选题方式。教师依托科技服务进行毕业设计选题。我校水工专业立足浙江区域经济社会发展和水利行业发展,毕业设计选题的合理性为实现高素质应用型人才的培养需求奠定了坚实的基础。通过与企事业单位合作,教师一方面完成学校考核要求的科技服务任务,另一方面将科技服务的相关内容运用到毕业设计选题中。学生在毕业设计过程中能受到较全面的指导,毕业后也能快速适应岗位技能要求,用人单位能迅速得到合适的技术人才,为当地区域社会经济发展做出重要贡献,达成专业培养目标,实现学校、教师、学生、用人单位、社会共赢。

深入研究浙江省水利厅高工授课、优秀校友反哺学校等校外教师授课模式在水工专业毕业设计中的现实意义,进行毕业设计的校企合作,挖掘对真题真做模式的可持续研究。

(3)建立基于解决复杂工程问题的团队化指导模式。多名校内外教师合作组建指导教师小组。专业邀请企业专家作为毕业设计指导教师成员,企业导师需结合企业发展及行业前景,提供若干完整工程实例作为毕业设计选题基础。校内外教师组成指导团队,指导学生完成较完整工程的毕业设计课题。毕业设计过程不仅是学生学习实践的过程,也是校内外指导教师的理论知识、计算机数值分析技术和水利工程实践的多维度知识能力提高的过程。

(4)基于持续改进的教学管理专业化建设。通过建立并完善相关教学管理制度,如选题要求标准化、答辩导师回避制、论文盲评机制、成果评定标准化、申诉制度、成果审查回避与追责等一系列措施,提升毕业设计整体质量。此外,建立相应的奖励机制,充分调动师生的积极性,保障毕业设计目标实现。

3 改革实践效果

将研究成果及时用到相应毕业实践中去,发现新的问题并进行持续改进。

(1)选题改进。近三年来,我校水工专业毕业设计选题中 50％左右集中在堤防、山塘水库、水闸设计、水库安全鉴定等传统水工建筑物方面,这些课题与浙江省水利"十三五"建设重点密切相关。

毕业设计防洪规划、其他研究课题主要集中在防洪影响评价、防洪调度等相关领域，与教师所承担的科技服务领域一致。河道整治设计、其他设计课题主要涉及河道、港口水工、水土保持、施工组织设计等。这些设计课题与其他类建设相关。

由上可知，水工专业毕业设计选题与浙江水利（海洋）事业发展、教师社会科技服务呈现了较好的相关性。教师通过服务区域水利经济发展，将理论成果应用到实践中，同时，又将实践过程及成果归纳总结，提供给毕业生进行毕业设计。这一重要的理论—实践—理论的转化过程，保证了应用型本科毕业生培养目标的实现，也为经济社会发展提供了合格的人才。

（2）指导教师团队。《工程教育认证标准》（T/CEEAA 001—2022）中规定对毕业设计（论文）的指导和考核有企业或行业专家参与。自 2021 届我校参加专业认证以来，校内外教师共同指导的毕业设计课题数由 12 题上升到 2022 届的 18 题和今年的 39 题。校外指导教师主要来自浙江省内知名水利设计院，如浙江省水利水电勘测设计院、浙江省钱塘江管理局勘测设计院、中国电建集团华东勘测设计研究院、浙江九州治水科技股份有限公司等。设计题目大多与浙江省内正在进行的海塘安澜工程及流域治理有关。

（3）教学管理。遵循工程教育认证理念，为更好地规范管理毕业设计教学环节，校院两级教学管理部门分别对相关管理制度进行了完善，配合《教育部关于印发〈本科毕业论文（设计）抽检办法（试行）〉的通知》（教督〔2020〕5 号）的要求，制定了一系列的可操作性强的文件。首先在选题环节，除了教研室把关外，还增加了学院对题目的审查过程，对不符合要求的题目一律劝退；在中期检查环节，增加了学生答辩过程，从严进行设计过程的管理；毕业答辩环节，严格论文交叉评阅机制，每篇论文由除指导教师以外的另外两位专业教师评阅，其中有一位评阅不通过，都不允许学生进入毕业答辩环节。

4 结语

毕业设计作为综合运用大学所学专业知识解决实际水利工程问题的重要实训环节，为学生毕业后从事水利工程的勘测、规划、设计等工作打下坚实的基础。因此，提高毕业设计的质量，对全面实现专业培养目标具有重要意义。作为地方应用型本科院校，将专业认证理念融入毕业设计教学中，秉持OBE 教学理念，面向地方基层水利岗位，培养上手快、后劲足的专业技术人才，能给毕业设计提供新的改革思路，推动毕业设计工作不断进步。

参 考 文 献

[1] 朱竞羽. 新形势下地方工科高校本科毕业设计（论文）质量困境与对策 [J]. 教育观察，2022（4）：9-13.
[2] 任伟成，翟羽佳，李富平，等. 工程教育专业认证背景下毕业设计（论文）培养模式探索 [J]. 华北理工大学学报（社会科学版），2022，22（2）：100-105.
[3] 吴红梅，周建芬，毛前. 毕业设计选题与区域经济发展关联性研究：以应用技术型本科院校水利水电工程专业为例 [J]. 浙江水利水电学院学报，2021，33（1）：87-90.
[4] 刘刚. 面向专业认证的毕业设计改革探索与实践 [J]. 大学教育，2022（7）：50-52，117.
[5] 周香君，王湖坤，马啸，等. 工程教育认证背景下地方高校环境工程专业实践教学体系改革 [J]. 湖北师范大学学报（自然科学版），2022，42（3）：109-113.

作者简介：吴红梅，女，1975 年，副教授，浙江水利水电学院，从事水利工程地质的教学与研究工作。Email：wuhm@zjweu.edu.cn。

基金项目：2023 中国水利学会高等教育教学改革研究项目（水学 2023〔72〕号）。

基于工程教育专业认证的课程教学与评价思考

——以"水力学"为例

陆　晶　杨中华　严　鹏　槐文信　李　丹

（武汉大学水利水电学院，湖北武汉，430064）

摘　要

以"水力学"为例，从课程教学质量保障与评价的角度，阐述了理论与实践并重、内容范围广、学习难度大的专业基础课教学面临的挑战，从课程教学设计多样化、教学组织专题化及对教师自身学习的要求等方面提出了一些看法，并对教学质量评价提出了增加难度系数的建议。

关键词

工程教育；课程教学；质量评价

1　引言

工科是知识的类别，工程是物质世界的存在物，工程是工科存在和发展的源泉。工科教育与工程教育本来是一体两面，不可分割，但在以前相当长的一段时间里，因为一些主客观因素的影响，二者被割裂，工程教育能省则省，很多甚至流于形式、走过场，工科教育校园化、学院化和学究化倾向明显。工科教育与工程教育分离的人才培养模式背离了工科教育的实质，不利于造就高质量工程技术人才，有碍于高等教育适应经济社会发展的要求[1]。国民经济和社会发展需要大量的专业技术和工程人才，工科专业的工程教育必须实实在在地开展、保质保量地完成。而工程教育专业认证是国际通行的工程教育质量保障制度，其核心就是要确认工科专业毕业生达到行业认可的既定质量标准要求，是一种以培养目标和毕业出口要求为导向的合格性评价[2]。工程教育专业认证要求专业课程体系设置、师资队伍配备、办学条件配置等都围绕学生毕业能力达成这一核心任务展开，并强调建立专业持续改进机制和文化，以保证专业教育质量和专业教育活力。

"水力学""流体力学"和"工程水力学"是水利类、土木类、环境类、能源动力类等专业的专业基础课。一般的工科专业，仅开设"水力学"或"工程水力学"课程。武汉大学水利类专业2018版培养方案在原水力学课程的基础上增加了部分流体力学基本理论，并将其拆分为"流体力学"和"工程水力学"两门课程。无论是流体力学还是水力学，其教学质量无疑都是水利类工程教育专业认证重点关注的内容。笔者从事本科生水力学、流体力学和工程水力学教学多年，参与了工程教育专业认证自评价工作，对课程教学与评价有些粗浅的看法，下面以水力学课程教学为例，加以阐述。

2　课程性质与面临的挑战

"水力学"是水利类专业非常重要的专业基础课，同时也是土木类、环境类、能源动力类等专业的专业基础课之一，其课程名称或为"（工程）水力学"，或为"（工程）流体力学"。课程一般包括基本理论和实际应用专题两大块，其中基本理论部分主要涵盖水静力学、水动力学、相似原理等内容，实际应用专题主要包括有压流动、无压流动、堰闸的应用及其消能、渗流等。课程内容多、范围广，理论性与实践性都很强。教学中发现，学生对该课程的学习具有一定的畏难情绪。

无论哪个学校、哪个专业，新时代背景下水力学的课程目标都应该包含以下三点：①理解水力学知识体系、掌握专业中的水力学知识、培养学生发现水力学科学问题和解决水力学复杂工程问题的能力；②通过各相关专业优秀的成功案例，培养学生的专业自豪感、民族自豪感；③培养学生的工匠精神，从工程教育的角度增强学生的文化自信。

培养方案中开设水力学课程的专业基本都属于传统工科，近年来生源质量下降、学生专业情结相对突出的问题或多或少都存在[3]。加之水力学课程难度大、内容范围广、对后续专业课学习的影响较大，确实给水力学课程教学带来了不小的挑战。如何客观评价教学质量的好坏？其评判标准不好量化，学生成绩的高低和分数分布是否符合正态分布等数据，并不能充分反映教学质量的优劣。

3　关于课程教学质量提升路径的思考

（1）课程设计——多样化。课程设计应源于培养方案、落于教学大纲、行于课堂教学、获于人才质量。同一门课虽然面向多个专业开设，但不同专业的培养方案不同，人才的就业方向也不同，因此，课程设计也要区别对待。在教学大纲的培养目标、教学内容设置、对学生掌握程度的要求等方面都应有一定的差异。根据教学大纲组织课堂教学，对课程知识的举例要结合学生所在的专业，在教授课程知识的同时加深学生对专业的了解，不但要对课程内容讲深讲透，还要通过本专业的典型案例提高学生的专业认同度与自豪感。为了充分调动学生的积极性，教学方式可以多种多样：如对于堰闸的教学，有条件的可以组织学生去试验场观摩物理模型试验，开展一次小小的"认识实习"；对于泄水建筑物消能的教学，可以给学生观看典型消能方式的原型观测与模型试验视频，引导学生认识水流衔接与消能的重要性以及对自然、工程及生命的敬畏；对于静力学、运动学、动力学等基础部分的教学，可以充分利用教学仪器，现场讲解、实验，让学生感受到知识不再抽象，而是实实在在看得见摸得着的。好的课程实践，不但可以提高学生的学习兴趣、降低对课程学习的畏难心理，同时也在一定程度上培养了学生的职业素养，在潜移默化中培养学生的大国工匠精神与家国情怀。

为了响应教育部推进信息技术与教学深度融合的精神，各高校开展了 MOOC、混合式教学建设[4]。截至目前，中国大学生 MOOC 平台承载了 1 万多门开放课、1400 多门国家级精品课，与 806 所高校开展合作，其中流体力学、工程流体力学、水力学合计 21 门。线上教学资源、线上课程与线下教学的结合，给教与学提供了更多的选择，合理利用可提高学生的学习成效[5-6]。

（2）教学组织——专题化。目前武汉大学的课程教学一般由一位教师作为责任教师，往往也是由该教师承担了全部的教学任务，基础课、专业基础课尤其如此，只有少量专业课由两位以上教师各承担一部分教学任务。工科教师绝大多数都是教学科研并重型，除了教学任务以外，还承担着大量的科研任务，这在 20 世纪 50 年代末、60 年代初出生的老教师大量退休的背景下，中青年教师肩上的担子尤其沉重。

为了缓解教师压力、发挥教师特长，同时也为了提高教学效果，可否也对专业基础课开展专题性教学呢？依据教师的教学特长和学科特长，将不同的教学单元与教师进行匹配。例如，有些教师某方面的工程经验丰富，那就把课程相关的教学单元分配给该教师作为主讲，各课程的责任教师则作为该教学单元的辅导教师。这种依特长分类教学的方式如果实施，预期不但可以降低年轻教师的压力，还可以充分促进教师间的教学交流，提升课程组的整体教学水平。但是，一门课程如果主讲教师过多，也将存在教学安排和质量保证方面的困难。所以，专题化教学需要教学管理部门与课程组的精心策划与组织，并且内容不宜过多。

（3）教师自身素质与能力的提高。对于教师而言，终身学习尤其重要。专业内容的更新需要学习，教学手段的革命需要学习，新时代背景对人才培养提出的新要求需要学习，新的教学理念也需要学习。而且，同一个内容，每次学习都会有不同的收获。对教师的学习与能力提升建议要做到以下几点：

1）了解专业知识体系，掌握各相关专业对课程的需求，例如与专业负责人对接，明确本课程对毕业要求的支撑点和对后续专业课的支撑点。

2）精通课程内容，使课程成为专业与学生间的桥梁，对不同专业、不同要求的教学能收放自如。

3）明确新时代对工程教育的要求[7]，深挖课程思政观念、案例，并将其合理地融入课堂教学，尤其要注意思政素材认可度，大如典型的三峡工程、南水北调工程、航天飞船等，小如家庭厨卫中的用水和节水等生活中的各种水力学现象，都可以成为课程思政案例。

4）参加工程教育认证培训，统一全体相关教师工程教育认证思想，提高对工程教育专业认证必要性重要性的认识，也从教师思想根源上减少工科教学理科化倾向。

4 关于课程教学评价的思考

为了了解教师授课的总体情况，激发教师的教学热情，加强对教学过程的有效监督，全面提高课程质量，结合工程教育认证对课程目标达成情况评价的需要，各高校制定了相应的课程质量评价办法。对于课程目标达成情况，定量评价较定性评价更受青睐，即课程目标达成度。其中，加权平均法因其直观、易操作的特点在课程目标达成评价中应用较多。理论课程的评价依据是结课考试成绩和平时成绩，数据来源则是结课考试试卷和教师记录的各分项平时成绩。不同高校对结课考试成绩占比要求不同，有些为 $60\%\sim80\%$，有些甚至 40% 不等，剩下的就是平时成绩占比，平时成绩一般不少于一个。为了便于计算，平时成绩和结课考试成绩均采用百分制。评价时需首先设定课程的各教学目标在平时成绩和结课考试成绩中的满分值，而后再根据学生结课考试成绩、平时成绩，按各自设定的具体计算流程加权计算整体目标达成度。

无论采用什么方法，课程目标达成度评价都会设定一个界限值，大于等于界限值，表示课程目标达成，否则课程目标未达成。下面对课程目标达成度界限值做一些讨论。

据了解，0.7 是课程目标达成度评价中采用较多的界限值。这是一个包含教师、教学管理人员美好期待的一个数字，经过几年的实践，从统计学的角度来看确实是一个比较合理的数字。但在实际执行过程中，还是会出现一些不确定性因素，对于"水力学"等难度大、要求高的专业基础课尤其如此。课程目标达成度高低的影响因素主要包括结课考试试卷的难易程度、授课教师的教学组织情况、学生的学习积极性等。其中，结课考试的难易程度直接影响课程目标达成度的高低，结课考试成绩在总成绩中占比越高，课程目标达成度受试卷难度影响越大，所以保证其合适的难度显得尤为重要。但由于考前试卷具有保密要求，往往在考试前无法由出题教师以外的教师评价其难易程度，即使是试卷审核，也难免形式审查大于内容审核。这就可能导致三种情况发生：①试卷难度刚好与学生掌握程度比较匹配，课程目标达成度可以达到界限值及以上，皆大欢喜；②为了提高课程目标达成度降低试卷难度，但这无疑会逐步加重大学严进宽出的趋势与社会负面印象，导致学生心态过度放松、毕业生高分低能；③试卷难度偏大，课程目标达成度偏低，学生、教学管理部门、授课教师都不满意。每一位认真负责的出题老师都希望试卷难度适中，但往往确实难以精准把握。为了达到表面上比较合理的课程目标达成度指标，无形中给授课教师，尤其是给教学经验还不够丰富的年轻教师带来了一定的压力。

工程教育专业认证的主导思想表明，评价不是目的，而是促进和激励专业教育持续改进的手段。针对课程目标达成度计算值可能出现的过度偏离问题，是否可以设置结课考试试卷难度系数？难度适中则难度系数为 1，难度偏大则难度系数大于 1，难度偏小则难度系数小于 1。本科教学管理部门对课程目标达成度进行监督，对明显偏离界限值的课程，提醒教学主管领导进行干预。可由课程组负责人组织相关教师、教学领导、教学管理人员参加的教学讨论会，教师对课程目标达成度情况进行汇报，全体参会人员对课程目标达成度共同审议。针对课程目标达成度明显偏离界限值的课程的期末试卷，赋予难度系数，并对难度系数赋值原因进行详细说明，从而对课程目标达成度进行调整，并提醒相关授课教师。设置难度系数，调整课程目标达成度的目的，一方面是希望教师对教学质量严格把控，不至于为了提高达成度指标而故意降低考核标准；另一方面是创造相对宽松的教学管理氛围，使教师的注意力更多地放在教学本身，而不是过度关注个别指标。

5 结论

我国工科教育、工程教育割裂已久，达到一体两面的融合绝非一朝一夕之事。工程教育专业认证正在促进工科教育与工程教育的有机融合。提升教学质量，促进工程教育落地，需要从教学、管理、评价三方面共同努力。教学、教学评价和专业认证都需要持续改进。

（1）教学质量的提升需要任课教师与教学管理部门紧密配合，以工程教育为目的，以工程教育专业认证要求为准绳，将提高教学质量和促进教学规范化贯穿于教学计划制定、教学活动实施、教学管理等各环节。

（2）任课教师要有工程教育的理念并努力提升自身的工程素养。教师必须参与工程项目，在科学研究与社会服务中积累工程经验，提取工程教育素材，将工程教育融入知识体系的教学，理论联系实际，丰富教学内容与形式，从课堂教学的角度为我国工程教育做出应有的贡献。

（3）合理的教学评价对激发教师的教学热情、有效监督教学过程、全面提高课程质量必不可少。但不能为了评价而评价，不能简单粗暴，不能过度数字化。同时，教学评价方法要给教师和教学管理部门保留一定的自由度，发挥教学与管理的自主性。

参 考 文 献

[1] 别敦荣. 工科、工科教育及其改革断想 [J]. 中国高教研究，2022 (1)：8-15.
[2] 张庆久. 工程教育专业认证相关概念及主要协议解析 [J]. 学理论，2021 (33)：262-263.
[3] 秦芳，谢凯. 学习难度大、薪资相对低，理工科就读和从业意愿"双下降" [EB/OL]. 新浪网人民资讯，(2023-04-08).
[4] 袁松鹤，刘选. 中国大学 MOOC 实践现状及共有问题：来自中国大学 MOOC 实践报告 [J]. 现代远程教育研究，2014 (4)：3-12，22.
[5] 王文静. 中国教学模式改革的实践探索："学为导向"综合型课堂教学模式 [J]. 北京师范大学学报（社会科学版），2012 (1)：18-24.
[6] 苏小红，赵玲玲，叶麟，等. 基于 MOOC+SPOC 的混合式教学的探索与实践 [J]. 中国大学教学，2015 (7)：60-65.
[7] 李超. 浅析思政教育传统优势与专业课育人深度融合路径 [J]. 教育教学论坛，2019 (22)：44-45.

作者简介：陆晶，女，1972 年，副教授，武汉大学，从事流体力学、水力学的教学与研究工作。Email：lujing@whu.edu.cn。

基金项目：港口航道与海岸工程专业课程思政资源挖掘与教学方案研究；2023 年中央高校教育教学改革专项，武汉大学"教育教学改革"建设引导专项。

"海岸工程" 课程德融教学设计及实践

邓金运　陆　晶　杨中华　卢新华

（武汉大学水利水电学院，湖北武汉，430064）

摘　要

介绍了"海岸工程"课程的性质、教学内容及课程目标，阐述了课程德融教学设计的思路，从生态环境保护意识、爱国情怀、科学精神和大国工匠精神三个方面对课程思政元素进行了挖掘。强调教与学主体平等，尊重学生，加强与学生的沟通和交流；提倡问题引导和工程案例教学，引导学生思考。并分析了课程德融教学效果及持续改进的方向。

关键词

海岸工程；课程思政；教学设计

高等教育的根本任务是培养社会主义建设者和接班人。习近平总书记在全国高校思想政治工作会议上强调要坚持把立德树人作为中心环节，把思想政治工作贯穿教育教学全过程[1]。高校在巩固好思政课教学主阵地的同时，也要积极探索思想政治工作传统优势同专业理论课育人功能的融合路径，发挥好思政课与专业课育人协同效应，构建形成全员全方位的育人格局[2]。与此同时，随着我国工程教育专业认证的快速推进，以成果导向教育（outcome based education，OBE）为核心，对人才的培养不仅有专业领域的要求，而且还涵盖了社会、经济、环境、伦理、职业道德等方面的素质和能力，同样需要在课程教学中进行融合和实现。为此，武汉大学"海岸工程"课程组开展了课程思政教学设计与实践的探索，简述如下，为专业课程的课程思政建设提供有益的参考。

1　课程基本情况

"海岸工程"是港口航道与海岸工程专业本科生的专业必修课程之一，共2.5个学分，40个学时，授课对象为本专业大三学生，在第六学期开设。本课程的教学内容包括海岸动力学和海岸工程两大方面。主要内容包括海岸地貌及环境的基础知识、波浪理论、波浪传播、变形及海岸波生流系统、波浪与建筑物的相互作用、潮波运动、围海工程、河口治理工程、海岸防护工程、潮汐发电工程、海岸带采油采矿工程、海岸工程现场观测、施工及管理。通过本课程的学习，使学生掌握海岸动力学的基本规律，具备运用这些规律解决实际工程问题的必要知识和能力，为今后从事河口海岸工程等方面的专业技术工作和科学研究奠定基础。

在理论知识和工程实践学习的过程中，本课程思政教育同步开展。课程德融教学是将思想政治教育元素，包括思想政治教育的理论知识、价值理念以及精神追求等融入课程中去，潜移默化地对学生的思想意识、行为举止产生影响。其目的就是实现课程与思想政治理论提升的同向同行，实现协同育人。"海岸工程"是港航专业的重要的专业课之一，立足专业知识，以课程内容为载体，结合课程思政要求，努力寻找和培育学生知识、素质和能力的增长点，由点带面，显隐结合，形成课程思政教学的完整体系，把立德树人切实落在课堂里，将学生综合素质培养渗透到教学过程的各个环节，为中国特色社会主义建设培养德才兼备的优秀人才，为学生的价值引领提供实践支撑。

2 课程德融教学设计及内容

2.1 课程德融教学主要思路

本课程结合思政教育要求，以课程内容为载体，以问题为导向，结合工程案例，在培养学生本专业基本理论知识、工程技术和工程实践经验的基础上，把立德树人切实落在课堂里，采用多元化的教学方法，促进学生的专业知识、职业素养、创新意识以及深厚家国情怀的综合培育。德融教育的具体实现思路如下：

(1) 以国家海洋发展战略为导向，突出课程的应用价值和前沿性。

(2) 以生态环境保护意识、科学和创新精神以及爱国主义教育为抓手，培养学生家国情怀。

(3) 以课程组教师丰富理论知识和工程实践经验为依托，加强师生互动，强化问题引导，让专业知识更生动、更有趣。

(4) 以立德树人为核心，强化课程组教师队伍思想道德建设。

(5) 以评促改，不断调整改进课程教学方式方法。

2.2 课程德融教学内容设计

本课程以专业知识为载体，从科学精神、环保意识和爱国情怀等方面进行德融教学，培养学生的人生观、价值观，具体教学内容和实施方法见表1。该课程的主要德融教学亮点主要体现如下。

2.2.1 精心设计教学内容，挖掘思政教育知识点

整个"海岸工程"的教学内容包括理论知识、专业实践和综合运用三个层次[3-5]。在理论知识方面，包括海岸动力因素及潮汐和波浪运动的基本理论，这块主要以教师教授为主，培养学生科学思维和创新思维，以及逻辑清晰、推理严密的科研精神。在专业实践方面，主要对国内外不同工程类型有所了解，尤其对我国自新中国成立以来的海岸工程发展有清晰的认知，体会前辈们的工匠精神，增强爱国情怀和民族的自豪感；对目前我国周边形势特别是海域形势以及存在的问题有所了解，有危机意识以及大局观。在综合运用方面，通过小组协作完成课堂讨论和项目式作业，培养学生解决实际工程问题的能力，以及科学规范的职业伦理。

从课程知识内容出发，归纳思政教育的知识点如下：

(1) 生态环境保护意识教育。在"海岸带资源和环境"章节中，对我国海岸的区位状况、海岸带的自然资源、海岸工程的特点及作用，以及海岸带环境的特征和其脆弱性进行讲解；在河口治理工程章节，结合航道疏浚的案例，讲解疏浚土的处理及其二次污染问题；在海岸带采油采矿工程章节，讲解采油过程中的石油泄漏事件以及对海域环境的破坏；在海岸工程与生态环境章节，集中讲解海岸工程对生态环境的影响，以及保护海岸带生态环境的措施。通过上述内容，突出生态环境保护的意识教育，培养学生能够辩证地看待海岸工程建设，在开发中注意保护，在保护中进行开发。

(2) 爱国情怀教育。在对围海工程、河口治理工程、海岸防护工程、潮汐发电工程、海岸带采油采矿工程等工程讲解的同时，从国内外历史和现状出发，让学生了解新中国成立以来我国海洋开发和建设的发展历程，以及取得的伟大成就，激发学生的民族自豪感。在对海洋法相关知识，比如领海范围、海洋法公约等介绍的基础上，让学生了解我国周边海域石油天然气资源分布状态，以及在南海、东海等海域与邻近国家的领土之争的背景和我国的方针政策，对目前我国周边海域形势有明晰的认识，对可能存在的问题有危机意识，在此基础上加强学生的爱国主义教育。

(3) 科学精神和大国工匠精神教育。在"海岸动力学"章节，对潮汐理论和波浪理论的发展历史

进行讲解，从牛顿的潮汐静力学理论到近代的动力学理论，从经典的微幅波理论到复杂的随机波理论[6-7]，学科发展过程中科学家孜孜以求的探索和研究精神对学生起到很好的激励作用。在海岸工程稳定计算等章节，依据技术规范，培养学生处理计算过程中的逻辑性和严谨性，培育学生严谨求实的科学精神。在各种工程实践知识章节以及最后的工程施工章节，在讲解如何攻克海岸工程难题以及施工中关键环节的方案方法和案例中，让学生体会工程师具有的创新精神和大国工匠精神。

各章节的知识点、融入的思政元素及相应的教学方法见表1。

表1 课程德融教学内容及实现方法

课程章节	知 识 点	思政元素	德融教学方法
第一讲 绪论	海岸及海岸带的相关概念；海岸动力及地貌要素；我国海岸带类型及特点；海岸动力学及海岸工程研究的范畴	科学精神 爱国情怀	美丽海洋展示、学科前沿认知
第二讲 波浪理论	海洋波动概念及波浪分类；波浪运动控制方程及边界条件；微幅波控制方程及定解条件、理论解；波浪浅水变形、折射、绕射与破碎；波浪辐射应力及波浪增减水；波生沿岸流与裂流	科学精神	研究历史认知、著名人物评述（牛顿、艾利、斯托克斯等）、经典公式推导
第三讲 潮汐理论	潮汐概念及其形成机制；潮汐类型；潮波动力理论	科学精神	研究历史认知、天文和地理知识的融合
第四讲 海岸泥沙运动及岸滩演变	波浪作用下的推移质和悬移质运动；波流联合作用下的泥沙运动；岸滩演变研究方法；海岸工程引起的岸滩演变	科学精神 环保意识	泥沙研究历史认知、著名人物评述（钱宁、张瑞瑾、谢鉴衡、窦国仁等）、工程案例
第五讲 围海工程	围海工程发展历史；工程类型；堤线布置及围海堵口方法	爱国情怀 大国工匠	工程案例（南通小洋口围海工程）
第六讲 海岸防护工程	海岸防护工程类别；海堤护面材料及其优缺点；海堤设计内容。堤防稳定验算内容、过程及验算方法	爱国情怀 大国工匠	工程案例（广东省海堤防护工程）
第七讲 河口治理工程	河口闸下淤积机理；河口闸下淤积防治措施	环保意识 大国工匠	工程案例（射阳河闸、海河闸等闸下淤积及治理；法国塞纳河口百年治理经验教训）
第八讲 海洋资源利用工程	海洋资源状况及利用方式；潮汐发电与河川电站的异同；油气资源开发利用方式	爱国情怀 环保意识	我国海洋强国战略，东海、南海领土争端，能源危机，环保现状
第九讲 海岸工程现场观测及施工	现场观测方法类别，观测内容；海岸工程施工原则及注意事项；软基处理方法及优缺点；基础工程和上部结构施工方法	大国工匠	工程案例（苏通大桥工程现场观测及施工实例）
第十讲 海岸工程管理及生态环境保护	海岸工程建设和运行制度；海岸工程对生态环境影响及对策	环保意识	工程案例（天津滨海大道工程）

2.2.2 突出引导和强化，展现思政教育效果

（1）教师以身作则，尊重学生，加强与学生的沟通和交流。在课程第一堂课，强调老师和学生各自的行为规范，明确对各自的要求。老师认真备课、按时上课，不在上课时间从事与课程无关的事情，对同学态度和蔼，耐心解答同学的问题。对学生的要求是按时到课，认真听讲，不在课上从事与课程学习无关的事，不抄袭作业，诚信考试。在讲学过程中，教师和学生处于平等的关系，相互尊重，通过教师自身自信、乐观和积极的态度给学生正面的示范。课程教学过程中加强与学生一对一、一对多的交互式互动交流，及时调整或改进教学内容和教学重点。

（2）教学过程中突出问题引导和工程案例教学，引导学生思考。相比于填鸭式的教学，通过问题引导和案例教学，均会对学生课程学习以及其中蕴含的思政教育内涵有重要引导和启发作用。问题引导是先提出问题，引导学生自发地去思考解决方法，寻求答案；案例教学更是直接面向工程实际，突出理论知识的应用。对大学教育而言，对学生解决问题独立思维的锻炼更为重要，"授人以鱼不如授人以渔"。

3　课程德融教学效果及持续改进

通过课程的实际教学反馈，学生对于生态环境保护、我国海洋权益保护这些社会热点问题非常关注，课堂讨论较为热烈；对于我国近期社会经济发展，特别是海洋开发和保护中的成绩，大家倍感振奋，民族自豪感明显提升。随着我国海洋战略的实施，从浅蓝走向深蓝，未来的发展前景激励着学生努力学好专业知识，更好为国家奉献力量的雄心和抱负。根据课后调研和交流，有 95％以上的同学认为，通过课程学习培养了他们保护海洋生态环境的责任感，85％以上的同学认为科学严谨的态度和规范的职业精神有助于其未来在社会上的发展。

从"海岸工程"课程思政教育教学实践的效果看，基本达到了预期目标，在专业课的知识传授中增加了较多的思政点，将学生综合素质培养渗透到教学过程的各环节。但同时也存在课程思政设计仍较为简单、挖掘学生潜力仍有待加强等不足，后续教学过程中将会持续改进，不断完善和提升。

参 考 文 献

[1]　怀进鹏. 不断推动高校思想政治工作高质量发展 [N]. 人民日报，2021-12-10.

[2]　李超. 浅析思政教育传统优势与专业课育人深度融合路径 [J]. 教育教学论坛，2019，22 (5)：44-45.

[3]　邹志利. 海岸动力学 [M]. 4 版. 北京：人民交通出版社，2011.

[4]　邱大洪. 波浪理论及其在工程上的应用 [M]. 北京：高等教育出版社，1985.

[5]　严恺. 中国海岸工程 [M]. 南京：河海大学出版社，1992.

[6]　Dean R G, Dalrymple R A. Water wave mechanics for engineers and scientists [M]. NewJersey：PrenticeHall，Englewood Cliffs，1984.

[7]　Sorensen R M. Basic Coastal Engineering (3rd Edition) [M]. New York：Springer，1997.

作者简介： 邓金运，男，1975 年，副教授，武汉大学，从事港口航道与海岸工程专业的教学科研工作。Email：dengjinyun@whu.edu.cn。

基于 OBE 理念的"航道整治与渠化工程"课程教学改革研究

翟金金　周效国[*]　迟艺侠

（江苏科技大学船舶与海洋工程学院，江苏镇江，212100）

摘　要

　　"航道整治与渠化工程"是港口航道与海岸工程专业的一门专业核心课，对后续专业课程的学习及学生毕业后从事实践工作有重要作用。为践行 OBE 工程教育专业认证理念，本文从教学目标、教学内容、教学方法及考核方式等方面进行了航道整治与渠化工程课程的教学改革研究，提出若干有针对性的改革措施，并对教学改革成效进行了简要的分析总结。

关键词

航道整治与渠化工程；工程教育专业认证；教学方法；教学改革

1　引言

　　江苏科技大学港口航道与海岸工程专业为学校两次通过教育部工程教育认证的专业，国家一流本科专业建设点，其目标是培养具备良好的人文及自然科学素养、职业精神和社会责任感，具有创新精神和实践能力的应用型高级专门人才。我国高等工程教育需要按照《华盛顿协议》要求规范工程教育专业认证工作，其中践行成果导向教育（outcome based education，OBE）理念是工程教育专业认证的核心[1]。OBE 理念与传统教育强调的"知识结构""教师传授为主导"的教育理念有很大不同，它强调学生的预期学习成果的确定[2-3]。

　　为进一步落实"以学生为中心、成果导向、持续改进"的工程教育专业认证理念，面向"海洋强国"和"一带一路"倡议及社会经济发展需求新形势，主动迎接新一轮科技革命与产业变革，贯彻创新驱动发展的"新工科"思想，以"一流本科教育""一流专业建设"及"一流人才培养"为目标，港口航道与海岸工程专业需要加快实施专业发展的升级改造，完善多主体协同育人机制，推进"新工科"教育体系改革，进一步彰显专业人才培养特色，持续提升人才培养水平。在此背景下，港口航道与海岸工程专业进行了培养方案重构，而"航道整治与渠化工程"作为港口航道与海岸工程专业的一门专业核心课程，对于服务专业、服务学科具有关键的支撑作用，要想使学生培养满足工程教育专业认证的标准，课程教学改革迫在眉睫，航道整治与渠化工程课程进行了有益的探索，取得了显著的教学改革成果。

2　教学目标重构

　　围绕国家一流专业建设和工程教育认证的培养目标的要求，作为一门专业核心课程，将"航道整治与渠化工程"的教学目标分解成知识目标、能力目标和思政目标有机融合。

（1）知识目标。通过该课程的学习，学生要达到以下知识目标：能够掌握航道整治和渠化工程的基本理论知识，发现本领域的实际工程问题；能够掌握航道整治、航道疏浚和渠化工程的基本知识和原理，分析复杂航道整治工程、航道疏浚工程、渠化工程等规划和设计中所遇到问题；针对新的问题，能进行调查分析和文献研究，找出该问题的分析原理、计算方法等，并开展航道整治工程、疏浚工程和渠化工程应用方面的设计与计算，为解决复杂工程问题、获取新知识和进行科学研究打下基础。

（2）能力目标。"航道整治与渠化工程"课程是专业性很强的课程，要想让学生"爱学"和"会学"，在教学中要以实际航道工程案例为导向，以素质和能力的提高为根本目标展开教学。通过本课程的学习，学生要达到以下能力目标：通过课堂讲授、课内实践等教学环节，使学生掌握航道整治、疏浚、渠化工程的基本知识，能够分析航道整治工程、航道疏浚工程、渠化工程等规划和设计中所遇到复杂工程问题，能够设计满足要求的航道整治、疏浚工程与渠化工程，初步具备分析并解决航道工程实际问题的能力，并体现创新素质，锻炼学生沟通能力及团队协作能力。

（3）思政目标。落实立德树人根本任务，必须将价值塑造、知识传授和能力培养三者融为一体。通过本课程的学习，学生要达到以下思政目标：从"航道整治与渠化工程"课程中深入挖掘课程思政元素，树立学生爱国主义精神；通过典型工程案例，激励学生正确树立人生目标，勤奋学习科学文化知识，增强学生身为中国水利人的民族自豪感，形成新时代背景下的责任感与使命感，激发积极进取、追求卓越的内动力[4-5]。

3　教学内容模块化

"航道整治与渠化工程"课程是港口航道与海岸工程专业的一门专业核心课，共 48 学时，涉及航道整治、航道疏浚、渠化工程等方面的内容，内容繁多，工程实践性强。为了使学生能够系统掌握航道整治与渠化工程的基础知识与技能，课程融合航道整治、航道疏浚和渠化工程的基础理论和工程实践，将典型航道工程、水运社会需求新变化融入教学内容，凝练为以下四个模块：

（1）基础知识。介绍航道工程与渠化工程的基础知识，让学生了解我国内河航道建设的发展史，增强学生专业自豪感和民族自信心；让学生掌握航道工程中航道整治、航道疏浚与渠化工程的概念、组成及特点，掌握航道的通行条件，能够正确计算航道标准尺寸，培养学生严谨细致的工作作风。

（2）航道整治。介绍航道整治工程规划、设计和水力计算等内容，让学生了解航道整治的基本思路及原则，培养学生的家国情怀，树立学生民族自信；掌握整治工程的断面设计，培养学生的工程思维与创新能力；能够运用所学的基本知识和原理，开展航道整治工程应用方面的设计与计算。

（3）航道疏浚。介绍航道疏浚工程设计与疏浚机械，让学生掌握航道疏浚工程的任务、特点、基本分类及原则，了解中国疏浚的足迹，培养学生的天下意识与全球视野[6]；能够运用所学的知识，开展疏浚工程挖槽设计，并能够估算挖槽土石方量，树立正确的工程伦理道德和大国工匠精神，同时能够了解疏浚工程对环境的影响，培养学生形成中国特色社会主义绿色发展观。

（4）渠化工程。介绍船闸的总体设计、输水系统和水工建筑物，让学生掌握船闸的特点及工作流程，掌握船闸的通过能力，培养学生的工程思维与创新能力；能够基于船闸的基本知识和理论开展船闸的设计与计算，并体现创新意识。

4　教学方法多样化

"航道整治与渠化工程"课程通过理论与实践相结合，引导学生从掌握航道整治、航道疏浚和渠化工程理论知识到具备能够开展航道工程实践应用的技能，以达到为水利行业培养具备创新精神和实践能力的应用型高级专门人才的目的。航道整治与渠化工程课程共 48 学时，其中 42 学时为课堂教学，6

学时为实践教学，具体的教学方法如下。

4.1 课堂教学（42 学时）

为了激发学生学习的兴趣，提高课堂教学效果，采用以下几种教学方法[7]：

（1）讲授法。采用理论与实际相结合的一体化课堂讲授，以多媒体课件教学为主，提高课堂教学信息量，增强教学的直观性。

（2）启发式教学。以实际案例中的问题为出发点，激发学生主动学习的兴趣，培养学生独立思考、分析问题和解决问题的能力，引导学生主动学习获得自己想学到的知识。

（3）工程案例教学。理论教学与工程实践相结合，引导学生应用航道工程和渠化工程学的基本理论和方法解决工程设计问题。

（4）互动式教学。课内讨论和课外答疑相结合。

（5）练习法。课程各章讲授结束后，安排若干作业和思考题，促使学生巩固和强化课堂教学内容。

4.2 课内实践（6 学时）

该课程是一门应用性很强的专业核心课程，学生通过课堂教学掌握航道整治、航道疏浚和渠化工程的基本知识和原理，以及了解相关的工程应用案例，但是无法满足学生探究式学习中自主进行问题分析、问题解决的个性化诉求，因此本课程添加课内实践教学环节，锻炼和考查学生在解决实际工程问题时发现问题、思考问题和解决问题的能力，培养学生的工程意识和实践创新能力。

课内实践有航道整治、航道疏浚和船闸等三个实践项目，以学生为主体，学生采用团队的方式通过搜集实际航道整治、航道疏浚和船闸工程三个方面的实际工程案例，进行资料分析研究、撰写报告或演示答辩等工作，提交典型工程案例分析、设计报告或演示 PPT 等。

5 考核方式多元化

"航道整治与渠化工程"课程以往采用的考核模式多以"平时成绩（30%）＋期末考试成绩（70%）"为主，其中平时成绩通常包括"考勤＋作业"，期末考试内容多为熟练度考试，无法衡量学生学习投入以及主动性等方面的情况，不能全面客观地反映学生的真实学习效果。基于 OBE 理念，课程考核要注重过程化管理[8-10]，因此本课程的考核调整为平时考核（30%）＋课内实践考核（10%）＋期末考试（60%）三部分。其中平时考核包括课前预期、课堂互动、作业、阶段考核、课后思维导图绘制等多种形式，考核方式多样，激发学生的学习兴趣；课内实践考核通过报告和演示答辩两部分来实现，其中报告撰写考核的是报告的完整性、规范性，以及对工程案例分析的正确性，而演示答辩考查的是学生陈述的逻辑性、表达的清晰度，答辩 PPT 要点是否突出、结构层次是否清晰、回答问题的正确性等；期末考试主要考核学生对航道整治、航道疏浚和渠化工程重点知识的掌握情况，少出概念题，多出主观题，让学生利用掌握的基本知识和理论去发现问题、解决问题，能够体现学生对课程内容的真实掌握情况，从而达到培养学生自主发现问题和解决问题的能力。

6 课程改革成效

"航道整治与渠化工程"课程教学改革措施在 2022—2023 第二学期的课程中首次使用，主要针对的是 2020 级港口航道与海岸工程专业的学生。同时，我们按照改革后的课程目标去重新测算 2019 级港口航道与海岸工程专业的学生的课程目标达成度情况，2020 级和 2019 级学生的课程达成度定量分析情况见图 1。从图 1 可以看出，以实际航道工程案例为导向，通过课堂讲授、课内实践等教学环节，能够增强学生的感官认识，以形象化的方式使学生易于理解，使学生能够较好地掌握航道整治、疏浚、渠化工程的基本知识，并能够分析复杂航道整治工程、航道疏浚工程、渠化工程等规划和设计中所遇到问题，初步具备分析并解决航道工程实际问题的能力。同时在课堂中加入思政教育，激励学生正确树立人生目标，增强学生身为中国水利人的民族自豪感，激发积极进取、追求卓越的内动力。

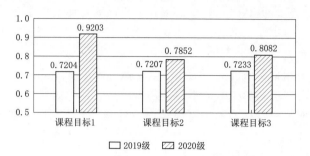

图 1　课程目标达成情况定量测算

同时，我们在课程结束后，采用问卷方式，向上课学生调研课程目标等方面达成情况，分为"完全达成""达成""基本达成""部分达成""不达成"五个等级，按表 1 折算课程目标达成度，进行课程目标达成情况的定性测算，2020 级和 2019 级的情况见图 2。从课程目标达成情况定性分析来看，学生对实施课程改革后的航道整治与渠化工程课程的认可度较高。

表 1　　　　　　　　　　　　　　　　　课程目标达成情况定性测算

评价等级	完全达成	达成	基本达成	部分达成	不达成
折算数值	4	3	2	1	0

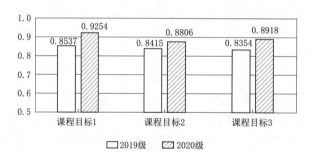

图 2　课程目标达成情况定性测算

7　结语

"航道整治与渠化工程"课程坚持立德树人的根本任务，紧扣学校"海洋强国"战略，围绕工程教育认证标准和国家一流本科专业建设的要求，践行 OBE 理念，本文从教学目标、教学内容、教学方法、考核方式和改革成效等方面进行了课程的教学改革研究。首先重构课程教学目标为知识目标、能力目标和思政目标，既强调传授知识、培养技能，还要考虑价值引领（育人），三个教学目标相互交融、相辅相成；然后凝练课程内容为四大教学模块，融入典型航道工程、水运社会需求新变化，体现课程内容先进性和实用性；其次以实际航道工程案例为导向，通过课堂讲授、课内实践等多元化的教学环节，将理论学习、知识转化、能力培养有机贯穿于课程整体教学中，调动学生积极性、主动性和创造性；最后采用多元化考核评价方式，拓展课程的内涵和外延，培养学生自主发现问题和解决问题的能力，让学生学有所用、学以致用，以用促学。以 2020 级港口航道与海岸工程专业学生为例，进行课程改革成效评估。本课程通过理论教学与实践相结合的方式，引导学生从掌握理论知识到具备实践应用技能，以达到为水利行业培养具有创新精神和实践能力的应用型高级专门人才。

参 考 文 献

［1］ 康菊，包超，郭少春，等. 基于OBE理念的结构力学教学改革探索［J］. 西部素质教育，2023，9（8）：5-8.

［2］ 刘福寿，王立彬，荆颖，等. OBE理念在《结构力学》课程教学中的探索实践［J］. 科教导刊-电子版（下旬），
2021，（10）：147-148.

［3］ 张锂. 新工科背景下基于OBE理念的机械制图测绘实践教学探索［J］. 兰州工业学院学报，2023，30（2）：152-156.

［4］ 于辉，邹爱华，付垚. 基于OBE理念的管理学"三位一体"课程思政教学体系建构与反思［J］. 佳木斯职业学
院学报，2023，39（5）：133-135.

［5］ 付小莉，丁晓玲，蔡奕，等. "一带一路"倡议指导下的航道工程课程链思政建设探索［J］. 大学教育，
2021（12）：14-16.

［6］ 付小莉，张洪，蔡奕，等. 基于OBE理念的港口航道与海岸工程专业课程思政设计与实践：以航道工程学课程
为例［J］. 高等建筑教育，2022，31（2）：86-93.

［7］ 罗优，秦景洪，蒋陈娟，等. 航道整治课教学内在要求的思考和改革实践［J］. 高教学刊，2021，7（30）：117-120.

［8］ 郭瑞，朱效兵，付华，等. 多元化课程考核方式改革研究与实践：以"食品安全检验技术"课程为例［J］. 农产
品加工（下半月），2022（3）：116-117.

［9］ 赵红菊. 思想政治理论课多元化考核方式改革探究：以西部某大学"毛中特"课程为例［J］. 数据，2023（3）：
171-172.

［10］ 李黎明. 大学生多元化考核评价方式的探索与实践［J］. 教育教学论坛，2020（49）：132-133.

作者简介： 翟金金，女，1990年，讲师，江苏科技大学，主要从事港口海岸与近海工程环境与结构的相
互作用研究。Email：zhai_jinjin@just.edu.cn。

通讯作者： 周效国，男，1978年，副教授，江苏科技大学，主要从事内河航道整治特种船舶设备研究及
港航专业教学工作研究。Email：zhouxiaoguo_780502@163.com。

基金项目： 2022省品牌专业建设专项"港口航道与海岸工程国家一流本科专业建设点"；2022年校级教
改课程"航道整治与渠化工程学"；2019年度江苏省自然科学基金项目"基于精细化耦合数
值模型的台风风暴潮强度等级划分策略研究"（BK20190970）。

工程教育认证背景下"水环境保护"课程教学改革与实践

徐立荣　傅　新　徐　晶　蒋颖魁　甄玉月

（济南大学水利与环境学院，山东济南，250022）

摘　要

工程教育认证是国际公认的工程教育质量保证制度。在国内，工程教育认证工作的开展促进了人才培养的国际化。"水环境保护"是济南大学水文与水资源工程专业的专业基础课，在学生综合素质培养中起着关键作用。面向工程教育认证，如何进行课程教学改革，以培养出符合工程教育认证要求的毕业生是水文与水资源工程专业亟须解决的问题。本文基于工程教育认证的课程教学目标，从教学内容、教学方式、课程考核体系等方面，探讨了线上线下混合式的"水环境保护"课程教学改革，以期为工程教育认证下的水文与水资源工程专业课程改革提供参考。

关键词

工程教育；专业认证；"水环境保护"课程；教学改革

工程教育认证是国际公认的工程教育质量保证制度[1]，其特点是以学生为中心，以培养目标为导向，强调持续改进。该制度在我国的实施，有利于提高工程教育质量，促进我国按照国际标准培养工程师和工程技术人才，是推进我国工程师资格国际互认的基础和关键，对于我国工程技术领域走向世界具有重要意义[2]。如何在高等教育"大众化"时代培养出满足工程教育认证要求的学生是我们面临的新挑战。

工程教育认证体系是基于毕业要求进行反向的课程设计，通过各门课程的教学实施促使毕业要求达成。如何在有限的学时内完成课程教学任务，使课程教学达到工程教育认证要求的目标是目前亟须解决的问题。此外，传统的授课方式很难提高学生主观能动性和积极性，为达到工程教育认证的要求和目的，迫切需要从以"教"为中心到以"学"为中心的教育理念的转变，深入开展水环境保护课程教学改革的探索。基于此，本文以济南大学水文与水资源工程专业的"水环境保护"课程为例，探讨如何利用雨课堂和学习通平台，通过线上线下混合教学，改进教学方法，建设符合工程教育认证要求的课程教学模式。

1　"水环境保护"课程特点及教学现状

1.1　课程特点

"水环境保护"是高校水利类、环境类专业的一门核心课程。作为一门典型的工科专业课程，本课程专业知识具有更新快、实践性强、学科交叉性强、知识面广、公式多等特点[3]，尤其是对于水利类专业的学生而言，其毕业要求中明确提出学生需要具备对水资源问题进行分析、评价并寻求解决方案的能力，水资源是"质"与"量"的有机结合，"水环境保护"课程则是从水环境污染与保护的基本原理和理论出发，系统讲授水环境监测、污染负荷预测、评价及水环境保护措施等方面的内容及应用，培养学生分析和解决水环境保护与污染防治等领域实际问题的能力，使学生今后能够在水利类相关岗位上，将水量问题和水质问题结合起来研究和解决，以满足 21 世纪新时代对水利类专业人才的新要求和需要。

1.2 教学现状

水文与水资源工程专业以自然界水文循环规律、人类社会对水文过程的影响和水资源可持续利用等为核心专业基础培养人才，服务国民经济建设[4]。在全球水资源短缺、水环境污染与破坏严重等背景下，与水生态、水环境相关的问题成为全球关注的焦点。我们调查了国内 35 所开设水文与水资源工程专业的普通高等学校发现，本科培养方案中开设"水环境保护"或类似课程的高校有 25 所（表 1）。除 7 所高校将"水环境保护"课程设置为专业选修课外，大部分均作为专业必修课，由此可见本课程在水文与水资源工程专业人才培养中的重要性。

表 1 水文与水资源工程本科专业"水环境保护"课程开设情况

学 校	课程性质	培养方案	学分	开设课程
济南大学	专业必修课	2022 版	2	
河海大学	专业必修课	2016 版	2	
武汉大学	专业必修课	2018 版	2.5	"水环境评价与保护"
内蒙古农业大学	专业选修课	2018 版	2	
兰州大学	专业必修课	2019 版	2	
东北农业大学	专业选修课	2021 版	2	
南京大学	专业选修课	2017 版	2	
中南民族大学	专业必修课	2022 版	2	
三峡大学	专业必修课	2021 版	2	
扬州大学	专业必修课	2021 版	2.5	
南昌工程学院	专业必修课	2018 版	2	
华北电力大学	专业必修课	2017 版	3	
长江大学	专业必修课	2016 版	2.5	
郑州大学	专业必修课	2022 版	2	
南京信息工程大学	专业必修课	2020 版	2	
山东农业大学	专业必修课	2018 版	2.5	
华北水利水电大学	专业必修课	2021 版	2	"水环境保护与管理"
吉林大学	专业选修课	2022 版	1.5	"水环境监测与评价"
河北工程大学	专业必修课	2021 版	2	"水环境评价与保护"
中国矿业大学	专业必修课	2020 版	2	"水环境监测与保护"
河南理工大学	专业选修课		2	"水环境评价与保护"
华中科技大学	专业选修课		2	"水利水电工程专业"
四川大学	专业必修课			未查到培养方案
西安理工大学	专业必修课			未查到培养方案

注 数据主要来源于各高校官方网络，因部分高校未提供具体培养方案，可能有所遗漏。

2 基于工程教育认证的课程教学目标

　　培养目标指明了人才培养的方向，是工程教育认证体系中的重要一环。根据工程教育认证文件说明，培养目标的制定需要结合社会经济发展需要和学校培养定位，能反映出学生毕业后 5 年左右在不同工作岗位上取得的预期成就。"水环境保护"课程应紧密围绕所在专业——水文与水资源工程的培养目标，即培养德、智、体、美、劳全面发展，适应水利行业和经济社会发展需求，掌握扎实的水文与水资工程专业知识和现代工具解决复杂工程问题的能力，并能终身学习的高素质应用型专门人才。实现学生毕业 5 年左右具备水利工程师基本素养和实践能力，能胜任水文、水资源、水环境及水生态等领域的技术和管理工作。

　　毕业要求是培养目标的具体体现，根据不同课程特点对学生应掌握的知识、素质和能力进行详细的描述。"水环境保护"是理论与实践紧密联系的课程，根据水文与水资工程专业毕业要求，建立毕业要求指标点与课程目标的对应关系（图 1）。如图 1 所示，水文与水资工程专业的毕业要求共分 12 点，其中本课程对应支撑的毕业要求为 2.3、4.3 及 7.3 的毕业要求指标点，这些指标点分别对应本课程的三个课程目标。两者之间的对应关系不仅有助于教师安排课堂教学内容，而且帮助学生清楚认识该门课程在毕业要求中的作用，快速了解知识和能力学习的重点，从而调动学习的主观能动性。

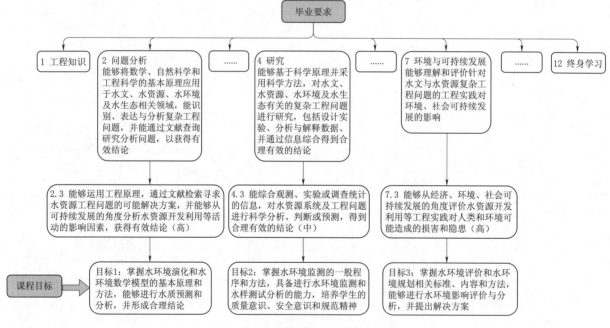

图 1　课程目标与毕业要求对应关系

3 基于工程教育认证的教学改革与实践

3.1 教学内容改革

3.1.1 需求导向，删繁去冗

　　本课程教学内容主要分为水环境监测与实验分析、水污染负荷预测、水环境数学模型、水环境质量评价、水环境规划与管理等 5 个模块，各模块包含的主要内容及对应的教学内容见表 2。

表 2　　　　　　　　　　　　　　　　课程教学内容及其支撑的课程目标

模　块	支撑课程目标	主　要　内　容	学时
水环境监测与实验分析	目标 2	水环境监测的一般程序和方法	2
		水样的采集与保存	1
		常见水环境指标的测定	3
水污染负荷预测	目标 1	点源污染负荷影响因素及其预测模型	1
		面源污染负荷影响因素及其预测模型	3
水环境数学模型	目标 1	污染物迁移转化原理	2
		湖库水温预测及河流 BOD – DO 模型	3
		湖库水环境数学模型	2
水环境质量评价	目标 3	污染源评价	2
		水环境质量现状评价	2
		水生生物评价	2
		水环境影响评价	2
水环境规划与管理	目标 3	水环境保护规划数学模型	2
		水功能区划与水域纳污能力	2
		污染物总量控制管理	1
		水环境保护生态工程措施	2

　　工程教育认证强调以产出为导向，而产出目标已经在人才培养方案中明确定位，因此课程的教学内容必须紧盯人才培养目标，并以实际需求作为导向。基于国家及山东省水环境保护领域实际需求特点，"水环境保护"课程的教学内容进行了相应的调整。例如：在污染负荷预测中，加强面源污染负荷预测相关理论与方法的学习；在水环境质量评价内容中，对水生态保护中常用的水生生物评价知识进行适当的拓展和加深，同时增加水生态保护生态工程措施内容的学时，以满足学生在相关领域就业的需求。

3.1.2　融入课程思政教学元素

　　"水环境保护"课程作为专业基础课，对于学生来讲具有专业素养、知识启蒙和价值观启迪等重要作用。教师在该课程的教学中加入思政元素显得尤为重要。"水环境保护"课程思政教学的思路是：通过我国水环境保护成就、水环境保护技术与方法的学习，培养学生的国际视野和家国情怀，激发学生专业学习热情；通过水污染事故、面源污染参数的获取等案例学习，培养学生质量意识、安全意识、规范精神，引导学生致力于打造中国标准、中国质量的强烈社会责任感；通过对水环境数学模型、水质迁移转化原理的学习，培养学生追求真理、严谨求实的科学素养与工匠精神；通过水监测造假、环保督察等案例学习，培养学生遵守环境相关法律、规范、标准，形成以遵守法规为荣的价值导向；通过人工湿地工程、水环境评价等案例学习，培育学生敬畏自然、敬畏工程的职业道德与伦理意识。

　　例如，在介绍我国水环境保护历程时，引用我国水环境质量与发达国家比较的数据，指出我国近10 年的水质改善速度远超欧美发达国家水平，在某种程度上我国用十几年的时间，基本实现水质理化指标与发达国家相当，让学生感受到国家在生态环境保护方面做出的努力和取得的成效，增强学生制度自信，提升国家的认同感；同时还应指出，与欧美发达国家相比，我国水生态状况总体上仍不乐观，生态系统质量和稳定性有待提升，这些都说明我国经济和社会发展中出现的困难和时代进步的新需求交织，使学生知晓未来发展可能面临的复杂问题，明晰水生态环境保护行业发展任重道远，强化忧患意识，增强担当的使命感。

3.2 教学方式改革

在改革教学内容后，就需要对教学方式进行相应调整，才能与之匹配。雨课堂作为一种新型的智慧教学工具，可为教师和学生提供便利的教学服务，重塑教学组织形式，帮助教师全流程精准管控教学和学生学习，便于开展线上线下混合式教学，提高教学的信息化、数字化水平，助力新时代高校教师转变角色，转变观念，将教学从知识传授为主转变为能力培养为主[5]。面对"水环境保护"课程内容繁多、课堂教学时间受限的现状，我们利用雨课堂等平台，构建了线上线下混合式教学模式。

3.2.1 线上辅助教学

课程开始前，依托雨课堂作为线上学习平台，建立本课程的网络教学资源，保证教学活动顺利开展。根据课程教学目标，教师团队制定相应的教学大纲、教学进度计划、教案等教学材料，制作教学课件并录制短视频，准备视频、案例等其他教学资料上传平台，进行定时发布。线上教学过程主要分课前自主学习、课中答疑讨论、课后作业与反馈三个环节，教师能及时看到各环节反馈情况。

（1）课前自主学习。在课程开始前，教师通过平台发布自主学习任务［图 2（a）］，供学生提前学习。自主学习课件中的视频可以由教师自行录制，也可以利用慕课视频，对于课程中的重点和难点，通过设置教学任务，利用平台中的"任务点""测试"等活动设置问题，可及时看到学生的回答内容，以便于及时掌握学生的理解程度［图 2（b）］，并将自主学习完成情况计入总成绩。

（a）雨课堂平台发布的自主学习任务及完成情况

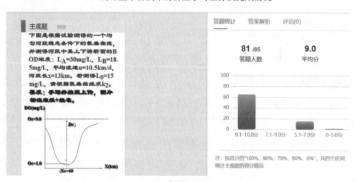

（b）自主学习中的习题任务及答题情况

图 2　线上学习资源及任务发布

（2）课中答疑讨论。教师可在上课前了解学生对本节课程知识的学习情况，以便有针对性地进行讲解。课中，采用翻转课堂或对分课堂等形式，通过讲授、案例分析、小组活动等对线上学习进行重点难点回顾，并对所学知识进行有效实践，充分激发学生课堂主人翁的意识，教师起到辅助、引导和维持秩序的作用。对于自主学习的问题或学生的回答情况，学生提出问题，教师统一解答。通过学习平台进行讨论，讨论主题紧紧围绕课程知识点，帮助学生理解，形成"讨论-解答-总结"的模式。

（3）课后作业与反馈。课后作业提前设置，授课结束后发布作业，要求学生在有限的时间内完成。繁杂或者容易混淆知识点，设置一系列的测试题，将知识点进行梳理和辨析，客观题由平台自动评分，主观题由教师批阅，批阅后学生可实时查看教师的批语，以便及时进行更正，并将作业完成情况计入总成绩。

3.2.2 线下教学改革

充分发挥线上线下混合教学的优势，线上教学内容主要是简单的理论及概念和分析计算例题，线下教学内容主要是比较难的理论或比较容易混淆的概念，以及课后作业及课堂测试中集中易错的内容。在教学组织方面，教师通过雨课堂签到后，通过情景教学、任务驱动式教学、线下视频教学和专题讨论教学等多种教学方法和组织形式，激发学生积极思考，提高学生学习的主观能动性。

教学顺序上，每次线下课程讲解上节课程的课后作业及下节线上课要学习的理论和概念的重点、难点。这样的教学安排既包含了线上线下知识互补，也是某种程度的线上自学和线下翻转。不仅调动了学生的主动学习能力，让学生带着疑问进入课堂；同时可弥补学生线上课程抓不住学习重点、不理解难点等问题。

4 考核方式改革

工程教育认证的理念是基于培养目标和毕业达成度设计考核内容，课程考核是课程达成情况评价的重要手段。但是传统的评价方式无法满足工程教育认证，因此本课程考核方式进行以下三个方面的改革。

4.1 建设试题库

首先，试题库中的试题要有丰富的题型，例如填空题、选择题、判断题、计算题、综合题等。其次，试题内容要依据教学大纲的要求进行设计，与教材的选用和教师的个人喜好无关。对教学大纲的内容进行分析，厘清重点和核心内容，并对每个知识点的分类、每个章节有多少知识点、每个知识点需要掌握到什么程度等方面都要心中有数。按知识点出题，围绕每个知识点至少出五道题，做到题型多样化。根据教学大纲记忆、理解、掌握、灵活应用等要求，区分试题的难易程度，编写不同难度的试题。最后，利用平台试题编辑功能、自动组卷功能、在线考试功能、成绩分析功能等，建立灵活多样的考核方式，充分发挥试题库的作用。

4.2 加强过程性考核

课程的考核强化对教学过程的管理和学生学习过程的成效，力图避免学生考前在短时间内"强记"知识点通过考试。课程考核包括过程性考核（60%）和期末试卷（40%），其中过程性考核包括平时考核和分段考核，平时考核包括考勤、课堂小测和课后作业，占过程性考核的50%；基于"学习通"建设试题库进行分段考核4次，占过程性考核的50%（表3）。

表3　　　　　　　　　　　　　　　课程考评环节及其构成

考评环节			内　容（平台）
过程性考核（60%）	平时考核（30%）	考勤（6%）	雨课堂签到
		课后作业（12%）	共4~5次，取平均成绩（学习通）
		课堂小测（12%）	共5~6次，取平均成绩（学习通＋雨课堂）
	分段考核（30%）	分段考核1（6%）	模块1（学习通）
		分段考核2（6%）	模块2（学习通）
		分段考核3（6%）	模块3（学习通）
		分段考核4（12%）	模块4~5（学习通）
期末试卷（40%）	试卷（闭卷，40%）		模块1~5（线下）

4.3 提高学生对复杂环境问题分析和解决能力的考核比例

传统的课程评价考核模式考核内容僵化，主要以记忆性知识为主，线下作业的高阶性不够，学生互相抄袭作业，或者考前突击成为家常便饭，导致课程教学质量大打折扣。因此，可以加大学生对复杂环境问题的分析和解决能力的考核比例，通过课上小组专题分享、课后提交调研报告、文献综述、专业论文等形式检验高阶创新性学习效果。例如通过布置学生查阅文献，完成课后作业"水质模型的研究进展"，要求成果以 PPT 形式呈现，进而培养和激发学生的求知欲和过程性学习能力，让学生回归学习，投入更多非课堂时间学习，积极创新，提高学生解决实际问题的能力。

5 结语

在全国各大高校陆续开展工程教育认证的环境下，专业课程的改革是一项重要的工作。本研究以水文与水资源工程专业的"水环境保护"课程为例，探讨了依托雨课堂和学习通平台，基于工程教育认证的课程教学目标，从教学内容、教学方式、课程考核体系等方面，探讨了线上线下混合式的"水环境保护"课程教学改革，体现"成果导向"和"学生为中心"的工程教育认证理念，旨在建立以提高学生能力为中心的教学模式，以期为工程教育认证下的水文与水资源工程专业课程改革提供参考。

参 考 文 献

[1] 李志义. 解析工程教育专业认证的成果导向理念 [J]. 中国高等教育，2014 (17)：7-10.
[2] 林健. 工程教育认证与工程教育改革和发展 [J]. 高等工程教育研究，2015 (2)：10-19.
[3] 王梅，窦明. 线上线下混合式教学模式在水环境保护课程中的应用研究 [J]. 杨凌职业技术学院学报，2023，22 (1)：82-85.
[4] 熊育久，刘丙军，王海龙. 新工科背景下新兴交叉学科教学内容及思政元素设计 [J]. 高教学刊，2023，9 (10)：31-35.
[5] 李建江，朱小奕，王洪伟，等. 微课与雨课堂辅助下的智慧教学创新与实践 [J]. 教育教学论坛，2023 (5)：103-106.

作者简介：徐立荣，女，1976 年，教授，济南大学，主要从事水生态与水环境领域的教学与科研工作。Email：stu_xulr@ujn.edu.cn。

基金项目：山东省本科高校教学改革研究项目面上项目（M2022247）；济南市市校融合发展战略工程项目（JNSX2023016）；济南大学教学改革研究项目（JZ2107）。

基于工程教育认证的水文与水资源工程
专业英语教学模式探索

陈　涛　高宗军*　王　敏　夏　璐　冯建国

张伟杰　邓清海　尹会永　余继峰

（山东科技大学地球科学与工程学院，山东青岛，266590）

摘　要

　　工程教育认证对于推进我国工程教育改革创新、构建工程教育质量把控体系、培养新时代卓越工程人才具有重要作用。文章在分析工程教育认证核心理念的基础上，明确了以学生为本和成果导向的教育模式，根据水文与水资源工程专业英语课程教学实践，介绍了在工程教育认证背景下的新型课程教学模式探索，分析了实践教学效果。文章总结了存在的不足与持续改进措施，为相关水利类专业英语教学模式提供借鉴。

关键词

工程教育专业认证；专业英语；水文与水资源工程；过程化考核；以学生为主体

1　引言

　　作为我国高等教育认证的重要组成部分和国际通行的工程教育质量保证制度，工程教育认证是实现工程教育、工程师资格国际互认的重要基石[1]。2016年6月2日，我国成为《华盛顿协议》正式成员，实现国际高等工程教育学历的互认，并标志着我国高等工程教育进入一个新的发展阶段。我国河海大学、武汉大学、四川大学、中国地质大学（武汉）等高校率先通过水文与水资源工程专业认证，近两年诸多高校相继开展认证申请工作，山东科技大学地球科学与工程学院水文与水资源工程专业的认证工作也正在积极筹备与申请中。随着我国对外开放的程度逐渐深入，工程技术人才也将进一步与国际市场接轨。通过工程教育认证，有助于提升学校专业的社会知名度和行业影响力，提高毕业生的就业竞争力。

　　水文与水资源工程是水利科技中的重要专业领域之一，"水文与水资源工程专业英语"是其重要的专业课程，该课程以"大学英语"和"水文地质学基础"等先修课程为基础，兼具专业词汇量大和涉及知识范围较广等特点。通过本课程的学习，有助于学生就专业问题与国际同行进行有效沟通和专业学术交流，提升学生的英语实际应用能力和自学能力，并拓宽国际视野。工程教育认证标准中突出成果导向教育（outcome based education，OBE），OBE是20世纪80年代兴起的一种以成果为基础，以学生为主、老师为辅，持续改进的教学新模式[2]，主要体现在从学科导向转向目标导向、从教师中心转向学生中心，从质量监控转向持续改进[3]。本文在工程教育认证的标准理念基础上，结合实践教学，探究"水文与水资源工程专业英语"以学生为中心的模式，为相关课程教学提供经验与借鉴。

2 水文与水资源工程专业英语特点

"水文与水资源工程专业英语"课程是水文与水资源工程专业的一门重要课程，一般开设在大学三年级、完成专业基础课程学习后，是对专业知识的英语听、说、读、写能力的重要补充与提升。"专业英语"与"大学英语"之间既有继承又有联系；后者中的基本词汇、英语语法结构等知识是前者的基础；同时，作为专业知识和科技成果的国际交流方式，"专业英语"具备简洁性和准确性等语法特点，并涵盖大量的专业英文词汇及其在专业领域的应用。由表1可知，"水文与水资源工程专业英语"课程学习内容与专业特色和专业基础课程内容密切相关。

表1　　　　　　　　　水文与水资源工程专业英语教学内容及支持的毕业要求

专业英语教学内容	主要相关专业课程	课程支持的毕业要求
Earth Systerms	"地质学" "构造地质学"	（1）了解水文与水资源工程专业的前沿、发展现状和趋势。
An Introduction to Geology	"水文学原理" "水文地质学"	（2）掌握文献检索、资料查询及运用现代信息技术获取相关信息的基本方法。
Water Resources	"综合水文地质测绘实习"	（3）具有一定的国际视野和国际合作交流能力

从工程教育认证的角度，"水文与水资源工程专业英语"课程支撑着多项毕业要求（通常划分为"指标点"），据此而设立相应的课程目标。通常而言，专业英语课程学习材料基于涵盖专业基本知识的经典英文原文，然而，随着时代发展，专业相关领域的科学技术也在不断更新。专业基本知识的英语学习已难以满足毕业要求中的"了解水文与水资源工程专业的前沿、发展现状和趋势"，比如近些年比较前沿的增强型地热系统（EGS）、二氧化碳捕获和封存技术（CCS）等。因此，有必要结合课程支持的毕业要求，突出工程教育认证的"以结果为导向"理念，开展教学模式持续更新，从而培养学生解决实际问题的能力，提升专业国际视野。

3 教学模式探索与实践效果分析

结合专业英语的学习特点和工程教育认证理念下的毕业要求，主要开展专业英文文献报告、翻转课堂教学和网络平台资源运用等教学模式探索。基于以上教学实例，进行实践效果分析。

3.1 专业英文文献报告

根据毕业要求，学生应就水文与水资源工程专业问题，具备用英语进行沟通和交流的能力。国际科技交流通常以书面/论文和口头报告的方式进行，常规的专业英语授课方式主要以书面交流为主，因此，有必要设计合理的教学考核环节，增强学生的专业英语口头交流能力。针对此方面，可在课程中设置专业英文文献报告环节，即将班级同学分成不同小组，每个小组的任务是报告一篇英文文献（图1）。小组成员需要进行分工合作，完成从文献检索、专业英文翻译、PPT制作和课堂展示等一系列工作。

学生英文文献自主选题的题目见表2，内容涵盖了专业相关的国内外地表水和地下水、生态、能源和水资源等诸多相关领域。通过设置专业英文文献报告，提升了学生在专业英语课程学习过程中的积极主动性，有助于培养专业学习兴趣，提升课程参与程度（图1）。此外，通过文献查阅和阅读翻译，有助于了解专业领域的现状和前沿，补充单纯以传统教材为基础进行学习的短板，并有助于提高专业英语运用和口头交流能力。

图 1 专业英语文献阅读与课堂展示

表 2 学生选择的专业英语阅读文献主题汇总

作 者	年份	题 目
Li et al.[4]	2018	Study on Water Resources Scheduling 水资源调度研究
Tong et al.[5]	2021	Perspectives and challenges of applying the water-food-energy nexus approach to lake eutrophication modelling 将水-食物-能源关联方法应用于湖泊富营养化的前景和挑战
Pruss et al.[6]	2021	Removal of organic matter from the underground water—a pilot scale technological research 去除地下水中的有机物——试验性规模的技术研究
Wang et al.[7]	2017	Influence of climate change and human activity on water resources in arid region of Northwest China：An overview 气候变化和人类活动对我国西北干旱区水资源的影响：综述
Tang[8]	2020	Global change hydrology：Terrestrial water cycle and global change 全球变化水文学：陆地水循环和全球变化
Al-Ahmadi, El-Fiky[9]	2009	Hydrogeochemical evaluation of shallow alluvial aquifer of Wadi Marwani, western Saudi Arabia 沙特阿拉伯西部 Wadi Marwani 浅层冲积含水层水文地球化学评价
Jayakumar et al.[10]	2009	The role of united nations educational，scientific and cultural organization-international hydrological programme in sustainable water resources management in east Asian countries 联合国教科文组织国际水文计划项目在东亚可持续水资源管理中的作用
Yi et al.[11]	2020	Radioactivity of groundwater in China and environmental implications 中国地下水放射性及其环境影响

3.2 翻转课堂教学模式

在常规的专业英语教学方式之外，可以翻转课堂的教学模式作为补充，提高学习效果。例如，首先，教师在课程开始之前，根据教材设定具体的教学内容；其次，对教材中涉及的重点专业词汇和短语进行讲解；然后，教师根据教材设定学习任务，同学们分组完成，完成之后通过汇报的方式在课堂上向全班呈现；最后，对教材学习内容进行提问交流。

在此过程中，要求学生能够相对独立地完成词汇、短语和长难句的进一步总结及翻译。教师在此过程中应充分发挥自身倾听技巧，调动学生专业英语课程内容学习的积极性，及时发现学生在学习汇报过程中遇到的问题，并及时进行点评沟通。通过翻转课堂教学模式，有助于及时发现学生在学习过程中存在的问题，并进行有针对性的解决。此外，通过该教学模式，还有助于培养学生的团队协作意识，以及主动和自主学习能力。

3.3　网络学习平台的应用

在 2019 年新冠疫情因素的影响下，网络教育学习方式变得更加重要。网络平台有丰富的专业英语学习工具与学习资源，比如 CNKI 翻译助手、TED 演讲、Coursera 等国外慕课网站，有助于学生进行专业英语的词汇检索和听力练习等。在完成课本教学之余，可适量将兼具基础性、实效性和多文化性的网络专业英语素材融入本堂课教学内容中，并有计划、有步骤地开展课堂教学。

合理使用网络平台的专业英语学习资源，有助于提高学生的听、说能力。传统英语教学往往存在"重单词语法，轻听力口语"的问题。通过网络资源接触到有关专业知识的地道英语表达，在对学习内容印象加深的同时，通过模仿和纠正语音语调，将有效提高学生的听说能力，增强对专业英语学习的兴趣和自信心。此外，除了专业英语知识学习方面，优秀的网络学习资源在一定程度上可以展现风土人情和民族文化[12]，通过观看、学习和朗读，有助于提高学生文化素养与国际视野，从而进一步提升学生针对专业问题的跨文化语言交流能力。

3.4　实践效果分析

通过上述课程实践，将"水文与水资源工程专业英语"课程理论知识与实际应用有机结合，有助于活跃课堂氛围，增加学生参与程度，提升教学质量。本课程实践效果主要体现在以下方面：

（1）提高了学生的专业英语运用能力和自主学习能力。在"专业英文文献报告"实践教学中，通过选题、阅读到演讲等环节，不仅提高了学生对专业英语词汇掌握和运用能力，还培养了查阅筛选文献、PPT 演示等能力。在"翻转课堂教学模式"过程中，学生通过查阅字典和资料，提升了主动学习意识。

（2）增强学生团队协作意识和能力。在"专业英文文献报告"实践教学中，每一小组内的成员既有合作，又有分工，比如文献检索工作、阅读翻译工作和展示汇报等，学生的参与度达到了 100%。通过积极参与小组讨论、课上和课下互动交流，在提高课程内容掌握程度和学习效果的同时，锻炼了团队合作交流能力。

（3）培养学生对专业前沿知识的把握能力和学术思维能力。在"专业英文文献报告"实践教学中，学生需阅读相关专业英文学术论文，从中可获取水文与水资源工程专业的前沿知识，并通过报告的方式分享给其他同学。通过"网络学习平台的应用"，有助于了解专业知识与日常生产、生活实践的联系，培养学生对专业前沿知识的敏感度和把握能力，激发对专业的兴趣。

4　结论与展望

根据水利类专业工程教育认证"学生中心、产出导向、持续改进"的理念，"水文与水资源工程专业英语"课程教学承担着相应的毕业要求，有必要对教学模式进一步探索和创新。本文分析专业英语的特点，结合课程教学实际，探究"专业英文文献报告""翻转课堂教学报告"和"网络平台资源运用"教学模式。然而，在根据课程教学目标对过程性考核方法进行优化、教学模式的反馈与持续更新、课程师资力量等方面还需要进一步加强。总之，通过教学模式的不断探索，以期提高教学产出、提升学生的自主学习能力和跨文化交流能力，培养与国际接轨的专业创新型应用人才。

参 考 文 献

［1］ 林健. 工程教育认证与工程教育改革和发展［J］. 高等工程教育研究，2015（2）：10-19.

［2］ 汤珊珊，张帅普，白凯华，等. 基于 OBE 理念的学生创新创业能力培养模式探索：以桂林理工大学水文与水资源工程专业为例［J］. 科教导刊，2021（21）：10-12.

［3］ 李静，梁杏，靳孟贵，等. 成果导向的水文与水资源工程专业教学模式研究［J］. 高等理科教育，2019（5）：108-113.

［4］ LI H，QIN T，WANG X，et al. Study on Water Resources Scheduling［C］. IOP Conference Series：Earth and Environmental Science，2018.

［5］ TONG Y，SUN J，UDDIN M，et al. Perspectives and challenges of applying the water-food-energy nexus approach to lake eutrophication modelling［J］. Water Security，2021，14.

［6］ PRUSS A，KOMOROWSKA-KAUFMAN M，PRUSS P. Removal of organic matter from the underground water：a pilot scale technological research［J］. Applied Water Science，2021，11（9）：1-10.

［7］ WANG Y J，QIN D H. Influence of climate change and human activity on water resources in arid region of Northwest China：An overview［J］. Advances in Climate Change Research，2017，8（4）：268-278.

［8］ TANG Q. Global change hydrology：Terrestrial water cycle and global change［J］. Science China Earth Sciences，2020，63：459.

［9］ Al-AHMADI M E，El-FIKY A A. Hydrogeochemical evaluation of shallow alluvial aquifer of Wadi Marwani，western Saudi Arabia［J］. Journal of King Saud University-Science，2009，21（3）：179-190.

［10］ JAYAKUMAR R，DUAN X，KIM E，et al. The role of united nations educational，scientific and cultural organization-international hydrological programme in sustainable water resources management in east Asian countries［J］. Journal of Geographical Sciences，2009，19（3）：259-272.

［11］ YI P，CHEN Z Y，ALDAHAN A. Radioactivity of groundwater in China and environmental implications［C］. In Fifth International Conference on Engineering Geophysics（ICEG），Society of Exploration Geophysicists，2020：98-101.

［12］ 田海松，周素平. 利用网络资源与微课相结合的英语语音与正音课程教学新模式研究［J］. 青年与社会，2019（27）：89-90.

作者简介：陈涛，男，1987 年，副教授，山东科技大学，从事水文地质方面的教学与研究工作。Email：chentao0330@126.com。

通讯作者：高宗军，男，1964 年，教授，山东科技大学，从事水工环地质方面的教学与研究工作。Email：gaozongjun@126.com。

基金项目：教育部高校学生司供需对接就业育人项目（20230113519）；基于工程教育专业认证背景下水利高等教育教学改革研究课题（20237215、20237228）。

科教融合导向的"工程地质"课程教学研究

姜彦彬　　王艳芳

（金陵科技学院建筑工程学院，江苏南京，211169）

摘　要

现代高等教育倡导科教融合，鼓励学生开展科研探索与技术创新。"工程地质"是水利类和土木类专业本科生重要的专业基础课，是培养学生认识和解决工程问题的重要课程。从教研结合的角度出发，在滑坡灾害案例教学的基础上，介绍滑坡预警研究前沿，引入最新专利技术，启发学生科学分析并提出工程问题解决方案；提出了基于项目导向和成果导向的科教融合教学方案，强调科研反哺教学。相关教研思路为开拓学生专业视野、激发学习兴趣提供有益参考。

关键词

工程地质；科教融合；技术创新；滑坡；工程问题

1　引言

现代工程建设活动与地质条件之间的关系越来越密切，所需要解决的工程地质问题越来越复杂。"工程地质"课程是工科院校水利类及土木类专业本科生的核心课程，课堂涉及的基本概念多而广，工程地质问题面广而复杂，基于OBE理念的工程教育专业认证对"工程地质"课程的教学与相关专业的人才培养提出了更高的要求[1-3]。现有课堂教学思路可使学生掌握工程地质学基本知识，理解并分析工程问题与解决方法，但在培养学生从学科前沿出发深入探究问题本质并提出解决具体工程问题的能力上有所欠缺[4-5]。

创新是引领发展的第一动力，高等教育的现代化贵在创新。科教融合已成为新时代高校人才培养的重要办学理念，《国家中长期教育改革和发展规划纲要（2010—2020年）》指出，高等教育要践行"科教融合"，其本质体现在于强调科研、教学与学习深度结合，鼓励科研探索与技术创新，鼓励教师将最新科研成果引入人才培养，搭建各类科研平台，从而鼓励学生早进课题与实验室，深度参与科研活动[6-7]。

本文以"工程地质"教学中的滑坡灾害为例，从教研结合的角度出发，基于滑坡预警与防治前沿技术案例，引导学生科学分析与解决具体工程问题，提升科研视野，并提出了科教融合促创新的教学实施思路。

2　滑坡灾害与防治教学探究

2.1　滑坡灾害教学思路

滑坡灾害课堂教学遵照案例导入、知识点分析、工程问题解决和现代工具应用的思路，要点如下：

①通过视频案例进行课堂导入，典型的滑坡案例为意大利瓦依昂大坝滑坡和秭归新滩滑坡[8]。据统计，2021 年我国共发生地质灾害 4772 例，其中滑坡 2335 例，失踪与死亡人数达 91 人，直接经济损失达 32 亿元[9]，通过案例使同学认识到滑坡是世界范围内发生频率最高、分布最广且危害最大的地质灾害。②以上述滑坡案例为背景，介绍滑坡形态特征，分析形成条件并介绍滑坡分类。③介绍土力学边坡稳定条分法计算原理，引导学生使用专业理论知识量化评价边坡稳定性，为后续课程的学习奠定良好的工程地质背景。④引入 Geostudio Slope/W 数值计算软件，拓展学生使用现代工具解决工程问题的能力，通过分享不同工况下的数值模拟直观演示岩性、构造、水等滑坡影响因素的作用结果。

2.2 滑坡预警探究

在实际工程中，滑坡灾害发生前通常是有先兆的。如能有效对滑坡进行实时预警，进而及时组织人员撤离，将会大大缩减滑坡灾害发生时的人员伤亡。那么，滑坡在哪里、如何发育及什么时候发生是在科教融合导向下的"工程地质"开放式课堂讨论的三大问题，从而激发学生畅想科学前沿的兴趣。

下述滑坡预警技术研究案例能够有力支撑上述课堂思考：由 InSAR 与 SAR 偏移量组成的雷达遥感技术，具有高精度、大空间覆盖及全天候和全天时作业的优点，能够有效回答滑坡灾害预警的三大问题，目前已被深入应用在滑坡灾害的全链条研究中。其中，刘晓杰[9] 开展了星载雷达遥感广域滑坡早期识别与监测预测新技术研究，获取了青藏高原与黄土高原 20m 空间分辨率的 InSAR 地表形变图，改进了 SAR 偏移量广域高精度处理关键技术，提高了滑坡监测的维度，成功应用于青藏高原极高山区复合斜坡变形早期识别与监测中，进而推动雷达遥感在滑坡早期预警中的应用。可见，雷达遥感技术在滑坡预警方面具有得天独厚的优势。

2.3 滑坡防治技术探究

基于三峡库区建设工程案例逐次介绍三大类滑坡防治措施：①地表与地下排水法；②以修建挡土墙、抗滑桩、锚固工程、刷方减载为代表的力学平衡法；③改善滑动面性质法。继而，以南京大学唐朝生教授提出的"一种基于微生物矿化作用的滑坡防治方法"[10] 发明专利为例，拓展启发学科交叉技术创新的重要性。该发明在土体表面和潜在滑动面依次加入微生物菌液和胶结液制得砂抗滑桩和砂格构，设置砂排水沟、截水沟并喷洒微生物菌液和胶结液稳固土体。新技术从多角度出发进行滑坡防治，所用菌液和胶结液无毒无害、绿色环保，是一种有良好应用前景的绿色、低碳滑坡防治新技术。通过引入滑坡防治前沿技术，启发学生开拓思维，进而从学科交叉的视角创新解决滑坡防治关键技术问题。

3 科教融合促创新

针对"工程地质灾害与防治"章节的课程教学过程，以典型工程案例为出发点，介绍工程地质灾害的机理分析与处置措施，引入最新专利技术，介绍工程研究前沿，进而具象、丰富教学资源，并鼓励学生参与科研训练，引导学生创新成果产出，形成具有问题与成果导向的"工程地质"科教融合教学思路。具体包括：

（1）教师领学科创前沿。根据学院教师的科研背景，引入具体工程案例，介绍现有技术及其存在不足，引领介绍工程技术前沿，节选本领域专家学者学术汇报以拓展介绍科学研究进展。在教师层面，拓宽教学的广度、引领知识的深度、体现解决工程问题的教学导向，将枯燥的"工程地质"课程讲出深度、讲出新意。

（2）突出科创项目导向。就课堂关键内容及任课老师在研纵向、横向项目，组织或拆分可行性较强的科研子课题，组织学生查阅文献、小组讨论，在老师的指导下形成研究思路及实施方案。借助大学生创新计划、校级科教融合计划等端口，以骨干学生为项目负责人，积极申请科研项目资助，自发形成科创动力。

（3）落实科教融合成果。在课堂教学过程中，讲解技术问题的具体解决思路，示范专利申请与论文撰写方法。以工程地质具体问题为出发点，以科创项目任务指标为驱动，以专利、论文为成果导向，以校内评奖评优机制为外在动力，调动学生科研热情与团队协作积极性，落实科教融合成果产出。

通过上述科教融合思路，在创新实践中使学生逐步领悟工程地质内涵及工程地质问题分析与解决方法，使教学与科研更紧密地结合起来，使上课与提升综合测试能力结合起来，提升课堂教学与项目创新能力，助力培养学生成为富有主体精神和创造力的建设者。

4 总结

本文以"工程地质"教学中的滑坡灾害为例，从教研结合的角度出发，介绍了滑坡预警技术研究前沿，引入了基于学科交叉的滑坡防治专利技术，引导学生科学分析与解决具体工程问题；提出了基于项目导向和成果导向的科教融合教学方案，强化科研育人功能，推动科研反哺教学，激发学生专业学习兴趣。未来将继续推动科教融合课程教学改革，教研相长，培养满足工程教育专业认证的高素质人才。

<h1 style="text-align:center">参 考 文 献</h1>

［1］ 杨博，马友楼. 新工科背景下工程地质课程教学改革研究［J］. 中文科技期刊数据库（全文版）教育科学，2022（3）：117-120.

［2］ 李茂国，周红坊，朱正伟. 科教融合教学模式：现状与对策［J］. 高等工程教育研究，2017（4）：58-62.

［3］ 刘继安，盛晓光. 科教融合的动力机制、治理困境与突破路径［J］. 中国高教研究，2020（11）：26-30.

［4］ 马建军，黄林冲，梁禹，等. 基于工程素养和学术能力培养的工程地质教学改革探索［J］. 教育教学论坛，2020（36）：150-152.

［5］ 祖辅平，杜菊民，蔺晓燕，等. 《工程地质分析原理》课程的教学实践与思考［J］. 高校地质学报，2022，28（3）：394-401.

［6］ 权龙哲，张影微，刘立意. 依托"双创"育人的实践型拔尖人才培养模式研究［J］. 教育教学论坛，2021（39）：24-27.

［7］ 盛明科，杨可鑫，牛敬丹. 高校科研成果转化为教学资源的理论逻辑与实践路径［J］. 当代教育理论与实践，2019，11（6）：5-10.

［8］ 张磊. 基于DFOS的库岸边坡变形机理及预测研究［D］. 南京：南京大学，2020.

［9］ 刘晓杰. 星载雷达遥感广域滑坡早期识别与监测预测关键技术研究［D］. 西安：长安大学，2022.

［10］ 唐朝生，程瑶佳，泮晓华，等. 一种基于微生物矿化作用的滑坡防治方法：202111333958.9［P］. 2023-05-05.

作者简介： 姜彦彬，男，1989年，讲师，金陵科技学院，从事城市地下空间工程专业。Email：jiangyanbin@jit.edu.cn。

基金项目： 金陵科技学院高层次人才科研启动项目（jit-b-202130）。

实 践 课 程 改 革

基于产出导向的水利类虚实一体化实践教学体系构建与实践

余 萍[1] 王 旭[1] 杨路华[1] 马慧鑫[1] 张 婷[2*]

(1. 天津市现代水利工程建设与管理虚拟仿真实验教学中心，天津，300384；
2. 天津大学建筑工程学院，天津，300072)

摘 要

在工程教育专业认证以及"卓越工程师教育培养计划 2.0"即"新工科"改革的大背景下，虚拟仿真技术在实践教学建设中发挥了重要作用，尤其是 2020 年新冠疫情以来，学生对虚拟仿真学习提出了更高要求。本文以天津农学院水利工程学院为试点，构建了"三层次两结合多元化"的虚实一体化实践教学体系并运用在水利工程学院水文与水资源工程、水利水电工程和工程管理三个水利类专业的教学过程中，形成了虚实结合的实践教学新理念。实践应用结果表明：该实践教学模式突破了传统教学中时间和空间的限制，在一定程度上解决了制约水利类专业实践教学中高消耗及不可重现等瓶颈问题，提升了实践教学体系的系统性、层次性和针对性，提高了学生的实践与创新能力和专业兴趣，培养了符合认证要求的工程人才。

关键词

水利类；新工科；虚拟仿真；虚实一体化；专业认证

1 研究背景及意义

2013 年教育部通知要求各高校高度重视实验教学与信息化的深度融合，支持虚拟仿真实验教学中心建设工作。2013—2015 年，教育部先后批准建设了 300 个国家级虚拟仿真实验教学中心，2017 年起关于虚拟仿真实验的申报立项工作陆续在各省开展，2021 年虚拟仿真实验项目被纳入一流课程建设。天津农学院"现代水利工程建设与管理虚拟仿真实验教学中心"于 2015 年被认定为天津市级虚拟仿真实验教学中心，同时获批"水利工程市级实验教学示范中心"。在"卓越工程师教育培养计划 2.0"即"新工科"改革的大背景下，虚拟仿真技术在实践教学建设中的运用不断发挥着重要作用。

在有利的政策支持与教育发展背景下，现代水利工程建设与管理虚拟仿真实验教学中心和水利工程市级实验教学示范中心大力推进虚拟仿真实验教学与传统教学的融合，开展虚拟仿真硬件和教学软件协同建设，严格按照水利类学科专业教学规律和要求，结合专业具体的实践教学现状，创建了相对完整的水利类"三层次两结合多元化"虚实一体化实践教学体系。该体系旨在建立水利类专业虚拟仿真实验共享的实验操作平台，将虚拟仿真实验融入实体仪器实验，以此提升水利专业学生的实践技能。

2 水利专业实践教学存在的问题

通过分析水利学科教学的独特性可知，传统水利实践教学存在以下问题：

（1）传统实践教学中存在如仪器设备不足、更新不够等问题，学生接触设备或仪器的机会较少，对水利工程中常用仪器设备等的认知和使用程度大多停留在入门阶段，不利于建立理论与实际相结合的体系。有部分实际实验需要学生提前预习及不断复习以提高实验效果等问题[1]，如土力学、水力学、工程测量等。

（2）高危等特殊实验条件的限制。部分专业实验具有高危险性（如施工爆破）、不可实现性（如水电站运行），难以完整开展实验教学（如坝体全周期施工）等，是长期困扰水利工程人才培养的教学难题。

（3）室内模型实体教学环节存在费用高、模型单一、施工过程演示不清等问题。在现场实习教学环节，学生在有限的时间和空间上学习，存在着风险大、费用高、周期长且不可逆、组织复杂等问题，学生短时间内不能系统地学习知识。

（4）实验教学资源信息化发展亟待提高。目前水利类专业实践教学方式较为单一、教学资源丰富程度一般，加之多种客观因素如疫情等的限制，学生外出实习的机会减少，不利于学生对水利前沿科技信息的获取。

由于以上客观因素的制约造成授课过程中理论与实践脱节，学生对所学知识缺乏实践锻炼，无形中增加了课堂讲授环节的难度。且根据工程专业认证的毕业要求，学生应具有设计、开发解决方案及项目管理等诸多方面能力，传统的教学方式已经不满足应用型专业对课程的教学要求。虚拟仿真实验教学系统作为理论授课环节的补充，可以有效地解决上述问题。

3　水利虚实一体化实践教学体系构建

3.1　教学体系理念

本文以水利类三个专业为试点，构建"三层次两结合多元化"的虚实一体化实践教学体系来解决传统实践教学问题。虚拟仿真实验教学体系如图1所示。

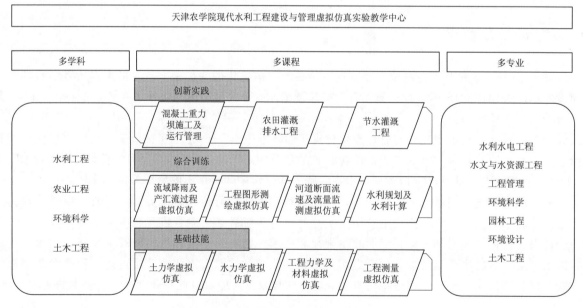

图 1　虚拟仿真实验教学体系

3.1.1　构建"三层次"实验项目体系

借助虚拟仿真实验教学来提升学生对水利实验的认识水平及实践能力[2]，建立基于"基础技能-综合训练-创新实践"不同教学层次的实验课程体系[3]，涉及各类课程 22 门、虚拟仿真实验 46 项、实体实验 44 项、课程设计和实习等 8 项。

（1）第一层次为"基础技能"。仿真中心通过虚实结合开设基础性实验项目 12 项，包含了"水力学""土力学""工程力学"等课程，学生可以通过比较容易的基础实验进行认知。同时虚拟仿真实验教学平台也可以培养低年级学生的专业基础理论知识和基础操作技能[4]。

（2）第二层次为"综合训练"。虚拟仿真中心开设综合性虚拟仿真类实验项目 24 项，包含"工程水文学""水利规划""工程测量"等课程的综合实训。综合性实验可以丰富和加深学生的认知，学生利用理论知识帮助学生评判实验结果。对处于中、高年级阶段的学生进行以工程问题为核心的综合能力训练。

（3）第三层次为"创新实践"。仿真中心开设创新性实验项目 10 项，包括"混凝土重力坝施工"等虚拟仿真实验，学生可以选择实验题目，根据要求独立设计实验方案[5]，并对一类实验的研究成果进行分析处理。此类实验可以培养学生应用虚拟仿真技术进行水利工程系统综合设计、开发的实践能力。

3.1.2 确定"两结合"实践模式

（1）虚实结合。主要分成虚实结合实验、实体实验、虚拟仿真实验三大类，重点处理虚拟仿真实验与实体实验之间的关联。

（2）课内与课外相结合。虚实一体化打破时间和空间限制，将各项教学由课内延伸至课外。在有网络的基本条件下，实验过程在室内、室外均可进行。虚拟仿真实验不受时间和空间的限制向学生开放，使其课余时间可以自主进行学习，避免了人力、物力和财力的过度消耗[6]。

3.1.3 采取"多元化"实践形式

（1）多样性实验形式，包括实体实验与模拟实验、规定实验与选做实验、课内实验与拓展实验。将各种实验形式相结合，在学生完成规定学习的基础上丰富知识内容。并且同一实验采用不同的实验形式，让学生理解更加透彻。

（2）多样化实验方法，包括教师现场教学和学生自主开放式学习[7]。基于教师现场教学时间较短及精力有限的问题，构建虚实一体的实验教学体系，可以让学生随时随地进行实验，及时巩固基础部分，夯实学生的知识基础，建立起理论与实践相结合的桥梁。

（3）多选择性实验设备，包括实体仪器设备、虚拟仪器设备、AR 及 VR 设备等。水利实验的多样性特点突出，融合先进的虚拟设备，让学生能够身临其境地进行自主操作。

（4）多重性实验开放模式，包括校内、校外开放，实体实验室开放与虚拟实验平台网络开放等。开放虚拟实验平台可以让学生避免因为各种原因不能在学校进行实验的问题，同时以点向社会进行辐射，社会成员可以自主学习所需的实验流程，为工作打牢理论基础。

3.2 教学体系成果

（1）基于虚实结合实验教学新理念，将虚拟仿真技术运用到水利类专业教学层面，完整构建了水利类专业三层次两结合多元化的新型虚实一体化实践教学体系[8]。通过 VR 及 AR 技术进行虚拟仿真，在长期教学探索与实践的基础上，提出了"重视实验基本技能，强化综合性和实践创新能力培养"的理念[9]。根据水利类专业学科特点，按照基础性、综合性和创新性三个层次进行虚实一体化模式教学[10-12]，开设 46 项虚拟实验项目，并与已有 44 项实体实验相结合。解决了制约水利类专业实践教学中训练少、费用高、高危及不可重现等瓶颈问题。

（2）建立水利类专业虚拟仿真实验教学平台。虚拟仿真实验教学平台可以更好地实现课堂教学和自主实验相结合的目标，具有开放性、互动性、自主性及全面性。同时平台配套完善的网络信息管理功能，拥有实验选课预约管理、实验综合管理、实验室授权开放、资料共享等功能，实现了实验教学资源的整合和共享[13-15]。在保证完成教学任务的基础上，仿真中心还会积极向社会开放共享，发挥高校向社会的辐射作用。

（3）建立了专业虚拟仿真实验室。室内配备专业图形工作站、主动立体融合器、高清三通道立体环幕、机架式服务器、航测无人机等虚拟仿真教学科研仪器设备，同时配备能满足 VR 及 AR 教学的 HTC Vive 头戴式显示器以及 Z－Space 虚拟现实设备，满足虚拟仿真教学需求。

（4）形成了开放式、科研与实践教学结合的新型实验模式。学生可在实体实验课程前进行虚拟实验，预先构思如何设计实验计划；也可在课堂外进行超出实体实验的综合性虚拟仿真实验。

3.3 学生应用反馈

为了准确、有效地了解实验班和对照班学生在不同实验教学模式下的学习效果，围绕教学方式和教学满意程度等方面进行满意度调查分析（图 2 和图 3）。对照班为采取传统的教学模式授课的班级，实验班为采取虚拟仿真实验模式授课的班级[16-17]。

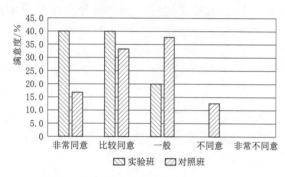

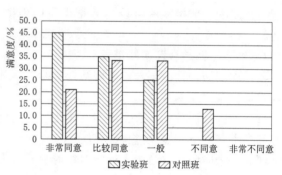

图 2　教学方式满意度调查结果统计　　　　　图 3　实验教学满意度调查结果统计

从统计结果可以看出实验班对"虚实一体"实验教学模式的满意程度明显高于对照班对传统实验教学模式的满意程度，且对照班大部分学生表现出对传统教学模式的不满。依据实验班的学生满意程度，在实训课上使用"虚实一体"实验教学模式进行实验教学会取得很好的成效。

3.4 教学体系应用成效

本文以水利类专业作为研究对象，结合实际情况构建"三层次两结合多元化"的虚实一体化实践教学体系，使其成为学生了解水利学科最新发展动态，实现信息共享，提高专业知识水平的重要平台，并在水利工程学院的水文与水资源工程、水利水电工程和工程管理三个水利类专业中进行全覆盖实践（主要包括 44 个实体实验、46 个虚拟仿真实验以及各课程设计及实习）。其应用成果总结如下：

（1）虚实一体化实践教学体系可以突破时间和地点的限制，学生可随时进行学习，节省时间和资源，有效降低了水利实验的高危、高成本、不可重复等问题。

（2）实质性提高人才培养质量，培养能解决复杂水利工程问题的高素质专业人才。先进的教学理念、教学体系和虚拟仿真平台使学生可以反复操练实验，实质性提升学生对专业的综合实践能力和创新动力。

（3）充分调动了教师教学改革积极性，丰富了实验教学成果。2017 年以来，中心教师在虚实一体化实践教学体系下，完成虚拟仿真实验大纲 22 套；开发虚拟仿真软件 46 项，负责虚拟仿真相关教学改革项目 10 余项，论文 10 余篇；其中 2 项被评为市级虚拟仿真实验教学项目，1 项被天津市教委推荐参评第二批国家级一流本科课程（虚拟仿真实验课程）评选且已在国家级实验平台上线供各高校师生使用；1 项获国家软件著作权；2 门市级一流课程和 6 门校级一流课程采用虚实一体化教学。

（4）校内外辐射效果显著。虚实一体化实践教学体系全面应用于水利类专业的人才培养方案，并在课程大纲中体现。仿真中心和示范中心共建的双中心模式在教学领域具有显著的示范、辐射和引导作用。同时在天津水利行业内多家单位和公司应用水利虚拟仿真实验教学平台对员工进行了实践操作培训。

4 总结

本文构建了"三层次两结合多元化"的虚实一体化实践教学体系并运用在水利工程学院水利水电工程、水文与水资源工程和工程管理三个水利类专业的教学过程中，形成了虚实结合的实践教学新理念。随着虚实一体化实践教学体系层次和架构的不断改善和丰富，其广泛运用切实促进了虚拟仿真教学与传统实验结合的进程，提升了实验教学体系的系统性、层次性和针对性，促进了实践教学效果，提高了学生的综合素养、实践能力和创新能力。虚实一体化实践教学体系的构建对推进实验教学信息化建设和实验教学改革与创新、培养"水利卓越工程师"具有重大的现实意义。

参 考 文 献

[1] 魏娜，解建仓，罗军刚，等. 水利水电工程专业虚拟仿真实验教学平台建设探析 [J]. 实验室研究与探索，2017，36 (11)：169-171，278.

[2] 饶筱筱. 构建学科建设平台，培养大学生双创能力：以桂林理工大学化学与生物工程学院为例 [J]. 高教论坛，2016 (6)：66-68.

[3] 林飞，郭亮，李晓东. 公共事业管理专业应用型人才培养途径探索 [J]. 湖北第二师范学院学报，2011，28 (11)：92-94.

[4] 唐捷. 建筑工程虚拟仿真实践教学体系探索 [J]. 丽水学院学报，2020，42 (2)：117-124.

[5] 赵凯辉，童玲，何静，等. 基于虚拟仿真的电气工程专业实践教学改革探析 [J]. 当代教育理论与实践，2017，9 (11)：37-40.

[6] 王晓楠，李京培，唐媛媛，等. 破伤风梭菌毒素致小鼠肌肉痉挛虚拟仿真实验建设 [J]. 实验技术与管理，2017，34 (5)：119-121.

[7] 邓奇根，高建良，牛国庆，等. 地矿类高校实验教学示范中心建设与实践 [J]. 实验技术与管理，2013，30 (1)：137-141.

[8] 李彬彬，苏明周. 土木工程虚拟仿真实验教学体系探索与构建 [J]. 西安建筑科技大学学报（社会科学版），2015，34 (2)：96-100.

[9] 房川琳，李俊玲，熊庆. 化学虚拟仿真实验教学中心的建设与发展 [J]. 实验室研究与探索，2021，40 (11)：155-159.

[10] 王其军，王琨，吕栋梁，等. 虚拟仿真平台建设促进实验室发展 [J]. 中国现代教育装备，2021，(7)：62-64，68.

[11] 刘能胜，余周武，何姣云. 水利工程专业教学资源库开发与应用实践 [J]. 绿色科技，2021，23 (11)：268-269，272.

[12] 郝守宁，曹志翔. 新工科建设背景下水利工程施工教学改革探索 [J]. 甘肃科技，2022，38 (6)：77-79，109.

[13] 许丽，王鸿鹏，高振元，等. 综合性高校虚拟仿真实验教学项目群建设初探 [J]. 实验室研究与探索，2021，40 (12)：187-190.

[14] 韩丽. "虚实一体"实训教学模式在职校实训教学中的应用研究 [D]. 贵阳：贵州师范大学，2019.

[15] 蒋建清，曹国辉，陈东海，等. 应用型地方高校土木工程虚拟仿真实验教学中心建设探索 [J]. 实验室研究与探索，2018，37 (2)：144-149.

[16] 胡今鸿，李鸿飞，黄涛. 高校虚拟仿真实验教学资源开放共享机制探究 [J]. 实验室研究与探索，2015，34 (2)：140-144，201.

[17] 陈诗含，张浩. 虚拟仿真实验对学生职业倾向的影响研究：以经济管理类专业为例 [J]. 实验室研究与探索，2020，39 (12)：262-270，284.

作者简介：余萍，女，1984 年，副教授，天津农学院，从事水利教育改革研究。Email：yuping@tjau.edu.cn。

通讯作者：张婷，女，1988年，副教授，天津大学，从事水文与水资源工程研究。Email：zhangting_hydro@tju. edu. cn。

基金项目：教育部产学合作协同育人项目：水利工程虚实一体化实践基地建设（编号：202101359026）；天津农学院教育教学改革研究项目在线教育"新常态"下虚实一体化实验教学体系改革（编号：2021－A－57）。

基于虚拟仿真实验的实践教学改革探析
——以水文与水资源工程专业为例

魏　娜[1,2]　张晓[1,2]　罗军刚[1,2]　宋孝玉[1,2]　解建仓[1,2]

（1. 西安理工大学省部共建西北旱区生态水利国家重点实验室，陕西西安，710048；
2. 西安理工大学水利水电学院，陕西西安，710048）

摘　要

针对传统实践教学模式单一、教学资源匮乏、教学体系不健全等问题，本文"以学生发展为中心"，强调以教育信息化带动教育现代化为理念，提出"以虚补实、虚实结合、科教融合"的创新实践培养新模式，在新模式的基础上，对水文与水资源工程专业的实践教学改革进行深入探析，并开展具体的实践教学活动。结果表明，新模式下的实践教学改革有效地提升了学生的社会责任感、创新精神和实践能力，推进了信息技术与教育教学的深度融合，为其他工科类高校的实践教学改革提供了参考。

关键词

工科类高校；实践教学改革；虚拟仿真；水文与水资源工程专业

工程教育认证是国际通行的工程教育质量保证制度，也是实现工程教育国际互认和工程师资格国际互认的重要基础。2022 年 7 月，由中国工程教育专业认证协会制定的《工程教育认证标准》（T/CEEAA 001—2022）中提出的各项通用标准，均以"学生的能力培养"为核心，强调学生应具备结合所学专业理论知识解决复杂工程问题的能力。2019 年 2 月，中共中央办公厅、国务院办公厅印发《加快推进教育现代化实施方案（2018—2022 年）》，强调大力推进教育信息化，支持学校充分利用信息技术开展人才培养模式和教学方法改革[1]。2019 年 5 月，水利部党组印发《新时代水利人才发展创新行动方案（2019—2021 年）》，强调"激发人才创新活力""培养造就大批德才兼备的高素质创新型水利人才"[2]。可以看出，无论从工程教育认证标准、现代水利发展趋势，还是人才培养模式，进行教学改革是十分必要且紧迫的。作为国家教育信息化发展战略的重要实践指向，虚拟仿真实验教学重视传统教学方法与信息技术的应用与融合，注重工科学生工程能力及创新能力的培养，为高校课程改革带来了新的教育教学理念和思路选择[3-9]。近年来，国内部分重点高校基于自身的教学需求与科研状况探索性地开设了与其专业相关的虚拟仿真实验教学，建设了不同级别的虚拟仿真实验教学示范中心，极大地推进了教育理念的更新和模式的变革[10-16]。

然而，目前多数虚拟仿真实验教学还停留在基础阶段，实践应用比较缺乏。水文与水资源工程专业作为工科类高校水利类专业的重要领域之一，主要培养基础理论扎实、知识面广博、工程素养高、实践和创新能力强的专业技术人才。由于水资源系统具有跨区域、多目标、多尺度、动态性、复杂性等特点，需借助大量实验加强对专业理论的理解，传统实验教学多以实体实验为主，实验教学模式、手段单一，实践教学资源匮乏，教学体系不完善，严重影响了学生创新意识和实践能力的提升，难以满足现代水利对创新型人才培养的需要。鉴于此，本文"以学生发展为中心"，提出"以虚补实、虚实结合、科教融合"的创新实践培养新模式，对新模式下水文与水资源工程专业实践教学改革进行深入分析，将新模式贯彻到具体课程教学中，推进信息技术与实践教学的融合发展，为其他工科类高校的实践教学工作提供参考。

1 "以虚补实、虚实结合、科教融合"的创新实践培养新模式

目前，"物联网＋大数据＋人工智能＋云计算"的强强联合，已经成为水利信息化建设与发展的新常态，加快推进了传统水利向现代水利和可持续发展水利的转变，切实更新了教育发展思路，变革了教育培养模式。本文以水文与水资源工程专业认证为导向，以全面提升学生实践能力和创新精神为目标，革新传统实践教学理念，提出一套"以虚补实、虚实结合、科教融合"的创新实践培养新模式（图1）。新模式紧密结合水利行业发展对人才培养的需求、专业特色和行业发展最新动态，以"基础认知、基本技能、综合能力、创新实践"四层架构为支撑，以基础型实验、综合型实验、实训（设计）型实验和探索创新型实验四类实验为主体，以点与面、静与动、远与近（时间尺度）、虚与实四个结合为特色，整合优质教学与科研资源，交叉融合，将专业领域的科技前沿、最新研究成果和实践经验有机融合到教学实践中，构建了"以虚补实、虚实结合、科教融合"的立体化实践教学模式，实现了现代信息技术与实践教学的深度融合，对工科类高校水利类专业创新人才培养具有重要的实用价值。

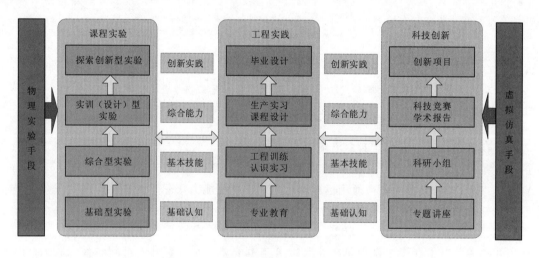

图1　创新实践培养新模式框架图

2 新模式下水文与水资源工程专业实践教学改革

2.1 水文与水资源工程专业实验教学现状

近年来，国内已有50余所高校开设水文与水资源工程专业，报考和录取人数逐年增加，专业要求学生掌握水文信息采集、水资源评价、开发利用、配置规划、预报调度和管理决策等方面的理论与技术，其理论性和实践性强。由于水资源系统的特殊性，其开发、利用、管理和保护具有一定的风险和不确定性，导致真实实验环境复杂多变、成本高昂、部分实验项目难以有效开展[17]，与预期的教学效果相距甚远，主要原因如下：

（1）水资源系统是一个"人工-自然"复合的复杂系统，传统基础型实验项目可通过真实实验来实现，而综合型、设计型和探索创新型实验项目由于机理复杂、影响因素众多、设备成本高无法通过真

实实验实现，这一形势严重制约了学生对教学内容的理解和实践能力的培养。

（2）传统水利注重学生工程能力培养，培养模式单一，其他领域的知识、能力、思维培养缺失，自主发展潜力受限。现代水利要打破常规，把学生培养成"水利＋信息技术""水利＋生态""水利＋环境""水利＋管理"等的复合型人才。

（3）传统实验教学体系内容陈旧、单一，开放性实验项目少，与工程实际联系不强。且实验中学生都是按照固定流程进行操作，学生自主创造受限，影响学习热情。

（4）传统实验教学多年来一直停留在实体实验阶段，实验内容、方法、手段、管理等与现代信息技术融合应用不足，导致教育信息化推进缓慢。

2.2　水文与水资源工程专业实验教学改革设计

（1）以需求为牵引，建立全过程的虚拟仿真实验教学体系。面向专业人才培养需求[18-19]，围绕水文、水资源和水环境 3 个实验模块，甄选虚拟仿真实验教学内容，建立实验名录，构建覆盖水文预报与水利计算、水库与水电站调度、水环境模拟与保护、水资源调配和水灾害事件应急应对 5 个平台，涉及 124 项实验，服务 11 门课程，形成虚拟仿真实验资源库，实验项目可扩展、可补充、可优化，实现水文水资源规划、设计、开发、利用、保护全过程实验教学体系（图 2）。依托平台将所取得的研究成果转化为教学资源，弥补课程教学内容与最新科研成果之间的断层。

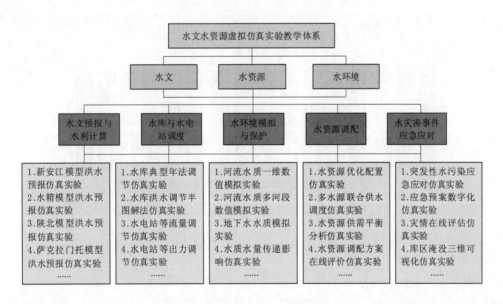

图 2　虚拟仿真实验教学系统

（2）以开放为原则，自主设计研发虚拟仿真实验教学平台。深度推进物联网、大数据、人工智能和云计算在水利行业的应用，在前期研究建立的综合集成平台基础上[20]，通过"顶层设计""自主设计""自主研发"基于云架构的虚拟仿真实验教学平台，将所有自建实验项目统一部署发布在平台上（图 3），并配合线上讨论、线下交流的实验机制，延伸了实验教学时间和空间，实现了真正意义上的资源整合、开放共享。

（3）以实用为根本，建立虚拟仿真实验教学考核与管理系统。虚拟仿真实验考核（无纸化）需打破传统实验考核的局限，通过建立虚拟仿真实验教学考核与管理系统（图 4），建立公正、科学、规范的实验教学质量评价与反馈机制，是对实验教学效果的良好检验，实现"以考促教，以考促学，以考促练，以考促管"的目的，同时，也有助于调整实验教学方式，优化实验教学过程管理，推进实验教学改革。

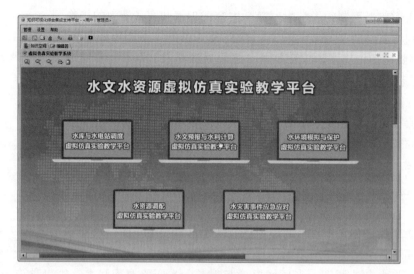

图 3　虚拟仿真实验教学平台

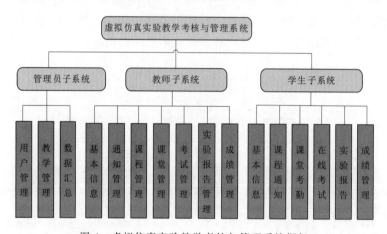

图 4　虚拟仿真实验教学考核与管理系统框架

3　新模式下水文与水资源工程专业实践教学改革实践

新模式是教育现代化理念的充分体现，也体现了"以学生发展为中心"，由传统教学过程的"以教定学"向创新型人才培养的"以学定教"的转变[21]。本文基于新模式，节选专业基础课程教材《水文预报（第5版）》（包为民主编，中国水利水电出版社出版）第五章第二节"新安江流域水文模型"，开展虚拟仿真实验教学实践活动。

3.1　实验目标

在实验实施前，教师首先制定学习任务单，明确实验目标，即掌握新安江模型洪水预报的基本原理和方法，包括蒸发产流计算、分水源计算、坡地汇流计算、河道汇流计算四个层次；掌握模型各层结构之间的关系、计算方法、参数功能、对预报精度的影响等；让学生体会到流域水文模型在进行水文现象的基本规律分析和生产生活中解决实际问题的重要性。

3.2　实验流程

基于上述实验目标，具体实验安排见表1，运用问题式、案例式、情景式、线上交流、线下讨论、应用实践等多种教学手段，实验前通过问题导向充分发挥学生学习的积极性和主动性；实验中采用案例式、情景式和探究式的教学手段，进一步激发学生自主学习的兴趣，小组讨论气氛活跃，学生参与度高；且从实验后师生线上线下的交流讨论和实验报告来看，学生对重点知识掌握程度较好，实现了学生"基础认知、基本技能、综合能力、创新实践"四个层次能力的逐级提升。

表1 虚拟仿真实验教学安排

阶段	实验内容	形式
实验前	教师在实验教学平台上上传实验任务书及相关资料	问题式教学、个人自主学习、小组讨论
	学生根据任务书熟悉实验原理与方法，讨论实验步骤，绘制实验流程图	
	学生完成并上传预习报告	
实验中	教师讲解模型相关概念及原理，在教学平台上演示实验流程	案例式、情景式教学、小组讨论、分享点评
	学生在平台上仿真实验流程，包括初始数据输入、模型参数率定、模型计算、修正反馈、确定模拟结果等	
	教师设定情景，学生模拟演练	
	对预报结果进行综合评定，分析误差产生原因，做好实验记录	
实验后	师生线上交流、线下讨论	个人学习、师生互动
	学生完成并上传实验报告	
	教师考核打分	

4 结论

（1）虚拟仿真实验教学革新了传统实践教学理念，提出一套"以虚补实、虚实结合、科教融合"的创新实践培养模式，构建了全过程的虚拟仿真实验教学体系，搭建了"教-学-练-考（师生）-互动"一体化的虚拟仿真实验教学平台，加快推进了信息技术与实践教学的融合发展，有力支撑了教育理念的更新、模式的变革和体系的重构。

（2）在新理念、新模式的基础上，对水文与水资源工程专业的实践教学改革进行了设计，并开展了具体的教学实践活动。可以看出，新模式下的实践教学改革将原理融入实验过程，通过多样化的教学方式有效引导学生搭建完整的知识体系，强化学生综合应用所学专业理论服务于生产实际的能力，激发学生自主学习、自主管理和自主创新的潜力，对工科类高校的实践教学改革具有一定的推动作用。

参 考 文 献

［1］ 中共中央办公厅、国务院办公厅印发《加快推进教育现代化实施方案（2018—2022年）》［EB/OL］.（2019-02-23）.

［2］ 水利部. 水利部党组印发《加快推进教育现代化实施方案（2018—2022年）》［EB/OL］.（2020-09-17）.

［3］ 高东风，王淼. 虚拟现实技术发展对高校实验教学改革的影响与应对策略［J］. 中国高教研究，2016（10）：56-59.

［4］ 杨雪，周淑红，包方华. 基于互联网的虚拟实验教学中心的构建［J］. 中国高教研究，2001（1）：34-35.

［5］ 李津石. 建设实验教学示范中心 构筑创新人才培养平台［J］. 中国高等教育，2009（6）：14-16.

［6］ 王煌. 高水平建设实验教学示范中心全面提升人才培养质量［J］. 中国高等教育，2009（6）：17-19.

［7］ 杜月林，黄刚，王峰，等. 建设虚拟仿真实验平台探索创新人才培养模式［J］. 实验技术与管理，2015，32（12）：26-29.

［8］ 伍兴阶，胡析，李红松，等. 应对"慕课"挑战，深化医学实验教学改革［J］. 中国高等教育，2014（12）：32-34.

［9］ 王卫国. 虚拟仿真实验教学中心建设思考与建议［J］. 实验室研究与探索，2013，32（12）：5-8.

［10］ 槐文信，李丹，赵明登，等. 水力学虚拟实验平台建设与实践［J］. 高等理科教育，2017（5）：121-125.

[11] 徐敬青，高欣宝，文健，等. 国家级实验教学示范中心实战化教学能力建设探讨：以弹药保障与安全性评估实验教学中心为例 [J]. 高等教育研究学报，2018，41 (2)：110-115.

[12] 胡振华，王颖，王崇革，等. 土木工程虚拟仿真实验教学中心建设与思考 [J]. 实验技术与管理，2019，36 (10)：218-220.

[13] 刘军，施晓秋，金可仲. 面向地方院校工程教育类专业的虚拟仿真实验教学中心建设 [J]. 中国大学教学，2017 (1)：74-78.

[14] 张剑葳，吴煜楠. 虚拟仿真技术在文物建筑教学中的应用探索 [J]. 中国大学教学，2019 (11)：66-69.

[15] 龚思颖，陈晓婷，张金菊，等. 生物类虚拟仿真实验教学资源的建设与发展 [J]. 实验技术与管理，2019，36 (9)：176-180.

[16] 李炎锋，杜修力，纪金豹，等. 土木类专业建设虚拟仿真实验教学中心的探索与实践 [J]. 中国大学教学，2014 (9)：82-85.

[17] 魏娜，解建仓，罗军刚，等. 水利水电工程专业虚拟仿真实验教学平台建设探析 [J]. 实验室研究与探索，2017，36 (11)：169-171.

[18] 陈华，张翔，陈杰，等. 新形势下水文与水资源工程培养目标分析研究 [J]. 教育现代化，2018 (28)：213-216.

[19] 莫淑红，宋孝玉，黄领梅. 新形势下水文与水资源工程专业人才培养保障体系探究 [J]. 中国电力教育，2014 (5)：61-63.

[20] 解建仓，罗军刚. 水利信息化综合集成服务平台及应用模式 [J]. 水利信息化，2010 (5)：18-23.

[21] 杜萍. 基于翻转课堂教学的课程教学改革探析：以应用型高校"管理学原理"为例 [J]. 中国职业技术教育，2019 (26)：44-47.

作者简介：魏娜，女，1987年，副教授，西安理工大学，从事水资源调配与决策、水利信息化研究。Email：844787598@qq.com。

基金项目：陕西高等教育教学改革研究重点攻关项目资助 (23ZG014)；西安理工大学教育教学改革研究项目 (xjy2306)；西安理工大学研究生教育教学改革研究项目 (310-252042374)。

工程教育认证制度下的工程测量学实践教学探索

胡艳霞

（济南大学水利与环境学院，山东济南，250022）

摘 要

为提高工程教育质量和国际竞争力，以工程教育认证工作为契机，突显"以学生为中心，以结果为导向，持续改进"的理念，本次针对水文与水资工程等专业特点，在工程测量学实践教学中，通过对教学思想、教学内容、教学设备及场所等环节的全面系统设置，确保毕业学生能够精通测量仪器设备结构原理和操作，掌握数据获取的方式、数据分析处理及精度的分析，达到切实提高我国现代化工程技术人才培养的潜力和质量的目的工程人才培养。

关键词

工程教育认证；工程测量学；实践教学

工程测量学实践教学包括实验、校内实习和校外实习，是一门理论与实践结合十分紧密的应用性学科，是学好其他相关学科的基础，也是一门实用性强、应用面广的学科[1-3]。实践教学是测量学教学体系的重要组成部分，是对学生进行测量科学实验训练，使学生对所学理论知识强化记忆、感性具体吸收、深化理解并获得使用仪器设备的技能、提高动手能力和创新能力的重要环节。目前，济南大学的水文与水资源工程、水利水电工程、环境科学、环境工程、地理科学、应急管理专业等6个专业均设置了"工程测量学"课程，其中水文与水资源工程是国家卓越工程师计划培养专业，为山东省一流本科专业。

近年来，测绘科技发展迅速，测绘仪器及测绘技术日新月异，随着3S（GIS、RS、GPS）技术的不断发展与应用，以及实践教学观念的发展和工程实际需求的提高，传统实践教学中的某些不适应及缺陷也逐步显现出来。我校水文与水资源工程专业于在2022年6月通过工程教育专业认证，面对新形势下对高等专业人才的需求，针对水文与水资源工程专业特点，本次从教学思想、教学内容及方法、教学设备及场所、教学教师队伍建设和考核评价过程等几个方面探索工程测量学的实践教学改革。

1 转变教学思想

坚持在以学生为中心，以培养目标和毕业要求为导向的工程教育理念的指引下，实践教学环节中逐步实现由"教师为主"向"学生为主"转变，凸显学生的主体地位，学生拥有更大的自由空间。同时，在实践教学过程中注重启发和培养学习兴趣，调动学生学习的积极性，鼓励学生参加不同级别的测量技能大赛、全国大学生水利创新设计大赛等赛事，要重视培养学生的科学观、价值观以及团结协作能力。目标是培养出具备综合运用知识能力和创新意识的工程技术人才。

2 调整教学内容

本着以学生为中心、以结果为导向、持续改进的理念，根据水文与水资源工程专业培养目标和毕业要求，实践教学内容除了必修的验证性项目外，还需要增加设计性实践项目和综合性实践项目。

2.1 验证性实验项目

济南大学水文与水资源工程专业的工程测量学验证性的实验项目主要有水准仪的使用、闭合（附和）水准测量、经纬仪的使用、水平角的观测、竖直角的观测、钢尺及视距量据、闭合导线的测量、地形图的测绘及全站仪的使用等。

2.2 设计性实验项目

在学生能够熟练完成验证性实验的前提下，教师合理布置不同设计性项目，培养了学生的工程实践能力和创新意识。例如，教师先给出一些典型的、常用的仪器零部件及图纸等，学生通过对结构原理、装配关系的分析自行选定测量对象和仪器，根据不同实验内容进行理论分析，拟定实验方案，以组为单位操作获取数据，进行数据分析，完善实践设计方案，分析仪器的精度。这种实践项目的改进，既弥补了验证性实验的缺陷，又有助于培养学生的工程实践能力和创新意识，符合工程教育专业认证理念。

2.3 综合性实验项目

根据学生的实践时间安排，选择几个简单的实验并有机地组合在一起，进行综合实践，以加深学生对知识内在联系的理解，提高知识的综合应用能力。

3 加强教学设施建设

3.1 实践教学设备的更新

从 2018 年以来，利用工程教育认证工作契机，济南大学工程测量实验室每年都进行设备改进，在实践过程中尽可能地与企业的工程测量项目相结合，尽量利用工程测量单位常用的 GPS、RTK、全站仪、电子水准仪、电子经纬仪、无人机等仪器设备。

3.2 实践教学场所的建设

济南大学要求水文与水资源工程专业的学生在毕业 5 年左右，基本具备工程师的专业技术能力和职业素养，具有国际化视野和跨文化交流与合作能力，能够有效地与同行及社会各界沟通，在一个团队中能担任组织者或重要角色，为水利及相关事业服务。为此，我们选择了多个合适的工程单位进行校企合作，建立校企联合培养模式和校外实习基地，根据工程单位的需要给学生提供到工程单位实践的机会，以达到增长学生的实际工作经验和技能的目标，并通过互联网及建立社交平台，将学生毕业后的情况分为 5 年内、5～10 年、10～15 年三个阶段进行反馈，根据工程单位的需求改进实践内容和方法，建立每年度的评价和反馈机制。

3.3 实验室的建设

建立开放式实验室，实验室对学生随时开放，学生可随时去实验室进行实践操作，可以随时与老师、同学讨论交流，进行方案推敲设计、反复试验演示，学生的实验过程由被动转为主动，学生的实践动手能力得到明显提高，创新意识和团队协作能力的培养贯穿于整个实践教学过程，符合工程教育认证以学生为中心的教育理念。

为了更好地培养学生的操作能力、分析问题能力、设计能力和创新意识，济南大学水利与环境学院还建立了虚拟实验室。伴随着虚拟实验技术的成熟，学生有更多的机会进入虚拟实验室自主设计实验。

4 更新教学方法手段

教学方法在很大程度上影响着教学目标和工程需求的实现，因此，必须对实践教学方法和手段进行改革，并使改革尽快真正落实到教学活动中。

4.1 新教学方法的采用

改变以灌输为主的常规教学方式，采用翻转式、案例式、线上线下混合式等教学方法，把培养学生学习兴趣和创新能力放到首要位置，学生在老师引导下积极参与教学组织中来[4]。根据授课内容不定期地给学生布置一定的任务，按照"老师布置任务→学生边讲边操作→老师点评→老师再讲解→学生再继续完成后续任务"的方式教学，学生从被老师要求学习转变为自己主动组织学习，实现由被动变主动的学习态度的转变[5-6]。

4.2 小班制教学

采取小班制教学，每个教师指导一个小班（大约 30 人）的实践教学，并分组操作，这种方式可以全面了解学生的实验操作情况，培养学生独立完成实验测量的能力；在具体操作过程中不必实行手把手教的形式。老师可以先讲解、演示，然后由学生独立操作，不懂的再请教老师或者同学，相互探讨，解决问题。老师还可以旁观，适时指导、纠正。

4.3 多学科交叉

3S 技术在测绘工程中的应用正走向集成化，这也是未来的主流发展趋势。在我国，测绘行业是最早研究地理信息技术与 3S 集成技术的行业之一，完善以 3S 技术为核心的测绘技术体系，是推动测绘技术与产业迈向数字化、集成化方向发展的必要举措[7-8]。为了丰富专业知识，促进多学科交叉，很多专业开设了相关的课程，如 GPS 与数字化测量、测量与遥感、遥感概论、遥感图像信息处理等。鼓励学生了解这些新的技术手段在测量中的应用，并尽量结合工程实际讲解一些具体的经验，充分激发学生对测量学的兴趣。

4.4 言简意赅，简化步骤

根据不同实验项目需要，简化操作步骤，使实验流程清晰易懂，保证学生能更快地掌握并熟练操作。

4.5 教学手段的多样性

仪器结构与使用一般采用"实物与演示教学"的方法；测量方法、记录及成果计算采用"多媒体课间教学"的方法，充分利用多媒体，广泛使用图形、图像、音频等形象化的手段，采用多媒体与板书结合的方法，使学生对测量学内容形成直观、深刻的印象；实践性非常强的采用现场教学、录像教学、示范教学等不同教学手段综合运用的方法。在校内共青团花园和科技大楼广场设立的实验场为现场教学提供了有利条件。

5 调整考核评价方式

考核评价过程与方法不论对教师的教学还是对学生的学习都具有导向性的作用，为了更好地提高实践教学质量，本学期在学校评价考核制度的范围内，对"工程测量学"课程的考核评价方式进行了适当调整。

5.1 过程性考核与综合性考核相结合

通过过程性考核能随时了解学生的实践情况，及时发现问题。除综合性的实践操作考核之外，还设置了随堂考核。学生在水准仪、经纬仪、GPS等仪器实践项目完成后，进行一次仪器操作考核。考核学生对实验内容、仪器结构原理及操作、实验方案设计、实验数据的处理及精度的分析等。测量学的实验操作考试不仅对精度有一定的要求，对时间也需要严格把控。学生需要熟练操作仪器，并熟悉各项精度指标及观测步骤才可能圆满完成操作考核。

5.2 个人考核和分组考核相结合

5.2.1 个人考核

测量学实验实习每组4～5人，因每位学生接受能力和学习能力不同，所以需要选择一个单人量化考核的项目，分解得分，根据个人实际操作完成情况打分。

5.2.2 分组考核

一个小组就是一个集体，内部分工协作。为了对不同小组的实验项目进行评价，有时会采用团体考核的方式，即分小组完成项目，根据个人在小组中承担的任务和完成情况来评定成绩，这不仅考核学生个人的能力，同时也考核了学生的协同合作能力和团体适应能力。

5.3 平时成绩权重的变化

平时成绩主要考查学生实验学习态度（包括线上学习平台布置的任务完成情况）、出勤、过程性考核成绩、各实验项目完成质量和速度来给定成绩，且平时成绩占总成绩的60%以上。过程性考核的增加及平时成绩的权重的加大，在很大程度上激励学生加强实验操作技能的锻炼，提高每个学生的动手操作能力。

5.4 注重考核评价的综合性

评价教师是否圆满完成教学任务，不应仅限于学生是否全部通过结课考试，重点在于是否熟悉该课程的基础知识，是否掌握基本的操作技能，在今后工作岗位上能否独立应用或解决相关的问题。因此，对教师的考核应更加重视评价其教学的有效性、学生对教师的评价、学生的学习态度、学生实际掌握的技能等方面。

多年的教学实践证明，工程测量学实验实践改革取得了明显的成效，通过课程的实验实践教学，学生知道了本课程的重要性和实用性，从而进一步端正了学习态度，既学会了基础理论知识，又熟练地掌握了测量仪器的操作方法，技术应用能力也得到了很大提高，同时学会了分析问题的方法，提高了解决问题的能力，改善了思想观念和行为习惯。

今后，实验实践教学改革的进一步发展的方向，可以围绕实验内容的整合和实习基地的建设两个方面来进行：减少验证性实验比重，增加改进性、设计性、综合性实验内容的比例，提高实验课总学时数，突出实操能力培养；加强校外实习基地建设，提高实习基地的利用率，结合实习完成某项生产任务，进一步提高学生实际工作中解决问题的能力。教学实习内容要对应专业方向，与相应的科研、生产和社会实践相结合，保证课堂知识在具体项目、任务中得到综合实践。

6 结语

在工程教育认证的背景下，我们从教学思想、教学内容、教学设备和场所、教学方法和手段、考核评价方式等方面对水文与水资源工程专业实践教学改革作了初步探索，改革成效显著，学生的毕业目标达成度较高，基本满足新形势下工程需要的毕业要求。

通过对近两年毕业的部分学生调查，学生专业技术能力和职业素养在持续增强，团队协作能力、创新意识和解决复杂的工程问题能力有所提高，但由于实践经费不足等客观条件限制，文中提到的改革方案仍有部分尚未完全落实，在未来的实践课程建设中将结合工程教育认证三大理念，持续改进水文与水资工程测量实践教学的各个环节，更好地服务于现代化的水文与水资源工程人才培养。

参 考 文 献

[1] 肖伟星. "互换性与满量技术"实验教学模式的改革与创新 [J]. 教育现代化, 2019 (2)：45-47.
[2] 颜秋艳. "互换性与技术测量"实验教学探讨 [J]. 科技创新导报, 2017 (8)：220-221.
[3] 邵亚琴, 周显平, 张会战, 等. 以工程教育认证为契机 践行"测量学"课程思政建设 [J]. 科学论坛, 2020 (6)：57-58.
[4] 陈子季. 教育的根本问题：培养什么样的人、怎样培养人、为谁培养人 [J]. 大学生素质教育学刊, 2018 (4)：21-27.
[5] 张冰, 袁天奇. "测量学"实验教学改革之探索 [J]. 华北水利水电学院学报（社科版）, 2002 (4)：95-96.
[6] 周春生, 徐杰. 测量学实践教学方法与考核方式改革探索 [J]. 中学地理教学参考, 2019 (18)：4-7.
[7] 汤星亮. 浅谈3S技术的发展与应用 [J]. 硅谷, 2013 (8)：34.
[8] 朱小韦, 禄丰年, 鲁欣宇. 3S技术集成及其应用研究 [J]. 太原科技, 2014 (6)：83-85.

作者简介：胡艳霞，女，1975年，讲师，济南大学，从事地质学、水文与水资源工程研究。Email：stu_huyx@ujn.edu.cn。

基于 OBE 的水文专业综合实践教学模式
研究与实践

庞桂斌　徐征和　孔　珂　桑国庆　边　振　傅　新
武　玮　潘维艳　王　海

（济南大学水利与环境学院，山东济南，250022）

摘　要

为了解决目前水文与水资源工程专业理论教学环节偏多，实验、实习环节数量少且质量不高的问题，使专业发展符合水文与水资源工程专业认证的要求和目标。基于工程教育 OBE 基本理念，从增加实践环节的比重和投入、改进教学思想、创新题目设计、重组课程内容、加强师资力量的工程实践背景、加强校企合作互动等六个方面构建了具有水文与水资源工程专业特色的综合实践教学体系，并进一步完善了专业综合实践能力评价指标体系，有利于水文与水资源工程专业综合实践能力的提升，对于培养符合新时代水利行业发展需求的合格人才具有重要意义。

关键词

OBE 理念；实践教学体系；评价指标体系；教学模式

1　研究背景及意义

水资源问题是制约我国经济社会发展的瓶颈问题，随着"以水定城、以水定地、以水定人、以水定产"的发展理念逐渐深入，水资源问题已经成为经济社会发展的刚性约束，水资源专业成为面向水利、环境、国土、经济各方面的时代需求的综合性专业，社会对水文水资源类的专业人才的需求无论从量上还是从质上都有很大提升[1]。提高该专业的工程教育水平、满足社会发展需要并达到国家要求的各项标准，是当前面临的紧迫工作。

加强工程教育是新形势下我国高校理工科教育的重要任务[2]。近年来国家推行的"卓越工程师计划""工程教育专业认证""新工科建设"等工作都体现了这一思想。"以学生为中心""成果导向""定量评价""持续改进"是工程教育专业认证的核心理念，这些理念对引导和促进专业建设与教学改革，保障和提高工程教育人才培养质量尤为重要。特别是 2013 年我国加入《华盛顿协议》以来，工程教育的理念在我国高校得到大力推广，各理工类专业都在积极探索和改革，以适应工程教育的需要[3]。工程教育的基本理念是 OBE（outcome based education），即成果导向的教学理念，它强调要以学生实际的学习效果来衡量评价和指导教学，每个教学环节都有明确的、与培养目标相关的目的性[4]。OBE 理念引入中国并对中国教育产生了巨大影响，对提高工程教育水平产生了巨大的推动作用。

2 存在的问题

水文水资源工程专业是我校 6 个国家"卓越工程师计划"专业之一，也是最早开展工程教育专业认证的专业之一。满足社会的发展需求，提高专业的工程教育水平是当前面临的重要工作。提升培养质量，必须加强实践教学，而专业综合实习是实践教学的重要环节，但是从近年的专业综合实习效果看，当前的实践教学工作存在三个突出问题：

（1）作为工科专业，本应以实验、实习等实践教学为主，但是目前理论教学环节偏多，实验、实习环节数量少，而且质量不高。

（2）在整体实践教学思路、实践教学模式、专业综合实习质量控制方面还没能贯彻工程教育 OBE 的理念，基本还是延续过去的实践教学体系。

（3）专业综合实践的课程内容相对单一，绝大多数实验、实习都是延续以前的教学资料，对于工程实践中产生的新问题、新思想、新方案的体现不足，缺乏与企业相关的技术问题作为学生的实践课题。

因此，深入进行教学改革，以 OBE 为基本理念，形成定量评价导向下科学、规范的专业综合实践教学模式对于当前水文与水资源工程专业综合实践能力的培养具有重大意义。

3 专业综合实践教学体系构建

3.1 增加实践环节的比重

基于 OBE 理念，提高实践环节的针对性和实践效果，建立循序渐进的四年不断线的"三层次"（基础实践层、专业综合实践层、应用与创新实践层）实践平台。

3.1.1 第一层次——基础实践层

针对一年级学生，通过通识教育基础实践模式、学科基础实验模块、基本技能训练模块和水文水资源行业认知模块来实现。通过本专业工程导论，激发学生兴趣和学习动力。

3.1.2 第二层次——专业综合实践层

主要在二、三年级实施，通过专业实验模块、综合模拟实训模块、课程设计模块、企业生产实习模块来实现。其中，专业实验模块是按照项目教学法的形式根据水文与水资源工程实际工作中的关键环节为主线进行安排，例如，水文测验实践教学从水文站网规划、水文测站的选址建设到降水、水位、流量、泥沙测验和数据处理、计算，再到水文资料整编，让学生全程了解、认识和掌握水文测验工作的整个过程，并能够利用所学专业知识，思考和解决在整个生产过程中遇到的问题。综合模拟实训模块是从实际岗位对知识和能力要求出发，学生参与本专业相关的各个生产和工作环节，以课程实验，结合生产实习、实训的方式组织实践教学活动，模拟生产岗位进行相关技能实训，实现理论教学、实验教学、实践训练的完整统一。

3.1.3 第三层次——应用与创新实践层

主要在四年级实施，通过企业创新项目训练模块、课程科技活动模块、企业岗位训练模块、毕业论文（设计）来实现。四年级以科研训练和社会实践的形式进行，综合性、设计性实验为主。

3.2 改进教学思想

坚持以学生为中心，以结果为导向，持续改进[5]。避免教师授课以书本、课件为中心，以自己的知识储备为中心，片面追求完成教学任务，忽视对学生教育的持续改进等问题。在课程的设置方面，要突出持续改进的特点，对于学生综合实践能力的培养安排 3～5 门连续的课程做支撑，满足对学生实践能力的连续训练要求。

3.3 创新题目设计

在课程题目设计环节，实践能力的培养要着重突出学生解决复杂工程问题的能力。复杂工程问题不单指难度很大，让学生望而生畏的问题，而是能够开发学生应用所学知识和解决综合性问题的能力，每个项目可以分解为几个子模块的组合，引导学生由易到难地解决问题，培养学生的创新能力和综合能力。

3.4 重组课程内容

由于水文与水资源工程专业办学特色是培养应用型高级专门人才，所以教学内容必须是实践与理论知识的结合，理论知识要为实践能力服务，并在实践中培养学生的技术应用能力，创新能力。利用教师在科研项目中的生动示例，在理论讲授中加强与生产实践相结合，注意知识的综合应用，引导学生学会利用理论知识去解决工程实践问题，激发学生的学习兴趣。

3.5 加强师资力量的工程实践背景

加强教师的师资质量认定，增加具有工程实践背景的教师数量，聘请企业技术人员兼职。专任教师中具有企业或相关工程实践经验的比例不低于 20%，从事过工程设计和研究背景的比例不低于30%。在教学方法运用上始终坚持以学生为主体，老师为主导，根据不同工程实践教学项目，可以以分组讨论的形式启发引导学生提出问题、分析问题、解决问题，培养学生独立探索、勇于开拓进取的精神，增强学习自主性。

3.6 加强校企合作互动

教学过程中坚持校企互动，将与企业相关的技术问题作为学生的实践课题，或者是选择能够迅速熟悉本行业流程的课题。实现人才培养标准，教学实施内容与岗位职业要求能力的无缝对接。大力推进校企合作，邀请企业的技术骨干担当学生的共同指导老师，协助培养学生，在解决企业具体问题的过程中完成知识的学习和巩固，增强学生的专业化能力和职业认知，提高学生就业后的岗位适应能力。

4 专业综合实践能力评价指标体系

4.1 明确促进学生专业综合实践能力培养的考核评价目标

对于高校学生的考核评价来说，单纯以学习成绩为主的评价标准，既不利于调动学生学习和提高自身综合能力的积极性，也不利于激励高校教师转变教育教学方法以培养学生的专业综合实践能力。因此，建立激励相容的学生专业综合实践能力培养指标体系，设计一套既能衡量学生课程学习效果，又能考核学生专业技能和职业能力，同时也涵盖学生思想品德和综合素质评价的人才培养质量评价指标体系。通过这一评价指标体系，能够使教师在追求自身教学评价最优，学生在学习实践活动中追求成绩最优的同时，达到提升水文与水资源工程专业学生综合实践能力的培养目标，同时使学生的专业综合实践能力能够满足经济社会发展对高素质应用型人才的需要，以期改变专业人才供给与市场人才需求不匹配的状况。

4.2 健全以应用能力培养为导向的考核评价体系

不同于侧重学习成绩的单一指标的评价方法，建立的考核评价方法基于提升学生专业综合实践能力培养的目标，注重培养学生既有较好理论素养，又熟悉生产一线要求，具有问题导向思维，善于发现问题并能提供解决方案；具有较强的创新能力，具有较强适应性，具有"复合型"特征。教育部出台的《关于引导部分地方普通本科高校向应用型转变的指导意见》中提出："将学习者实践能力、就业质量和创业能力作为评价教育质量的主要标准，将服务行业企业、服务社区作为绩效评价的重要内容。"由此可见，基于应用技术型人才培养的地方高校人才的考核评价服务于应用技术型人才的培养目标，随着人才培养的内涵、培养模式和培养路径的转变而改革。因此，地方性高校应以应用为导向，以应用技术型人才所应具备的素质和能力作为考核评价学生的内容，不仅要测量考核学生对于理论知识的掌握程度，更要考核学生运用理论知识解决问题的能力，将锻炼学生实践能力和职业技能的各类实践实训活动纳入考核评价范围，同时还要对学生的品质、素养以及个性特征进行描述性评价，以全面考核评价学生就业创业能力和综合素质。

4.3 采取以应用技术型人才为核心的多元化评价手段

从应用技术型人才的内涵可以看出，这类人才既要掌握扎实的理论基础，又要具备运用理论知识解决实际问题的实践能力；从其特征和本质来看，传统的教学内容和教学模式是难以实现应用技术型人才培养目标的。因此，水文与水资源工程专业综合实习实践的转型发展不仅要改革课堂教学内容和方法，更要突出实践教学，加强校企合作和产教融合，使人才的培养过程与企业生产过程相对接，最终提高学生就业创业能力，实现所培养人才与经济社会发展需求相匹配。通过多种形式对学生创新实践能力进行考核评价，除传统的期末闭卷考试形式之外，采取口试、辩论、团队竞赛、案例分析、调查报告、方案设计等多种形式进行考核。同时，对学生在学习过程中的能力表现以及非专业素质进行评价，达到既考核学生对知识的掌握程度，又评价学生通过学习所培养的能力和素质，尤其注重对学生应用知识解决问题的工作能力以及个人综合素质等高层次能力的考核评价。对于学生在学习实践过程中所表现出来的不能量化的能力和素质，通过描述鉴定的方式予以评价，以利于促进学生多渠道学习、多途径成才，最终有利于促进学生综合实践能力的培养。

4.4 引入有利于应用型人才成长的多元化评价主体

产教融合、校企合作协同育人是培养高层次应用技术型人才的有效途径，国家也提出"支持行业、企业全方位全过程参与学校管理、专业建设、课程设置、人才培养和绩效评价"。因此，当有多方合作协同培养应用技术型人才时，各育人主体就要从各自所着力培养的方面对学生进行考核评价，因此，通过对于学生的考核评价引入企业、行业组织等社会评价主体，以使对学生的考核评价标准与学生就业能力的衡量标准趋于统一，解决高校与行业对人才考核评价标准错位的问题。另一方面，学生作为应用技术型人才主体，也应成为人才考核评价的主体，对照应用技术型人才的考核评价标准，自我评价，明确目标，寻找差距，不断改进学习，完善自我。

5 结论

针对目前水文与水资源工程专业理论教学环节偏多，实验实习环节数量少且质量不高的问题，以及评价指标体系单一、评价效果不够全面等现状，基于工程教育OBE基本理念，构建了具有水文与水资源工程专业特色的综合实践教学改革体系，包括增加实践环节的比重和投入、改进教学思想、创新题目设计、重组课程内容、加强师资力量的工程实践背景、加强校企合作互动，并且进一步完善了专业综合实践能力评价指标体系，包括明确考核评价目标、健全考核评价体系、采取多元化评价手段、引入多元化评价主体等方面，符合水文与水资源工程专业认证的要求和目标，对于水文与水资源工程专业综合实践能力提升与培养满足新时代水文行业发展需求的合格人才具有重要意义。

参 考 文 献

[1] 孔珂，韩延成，庞桂斌，等. 基于 AHP 的水文水资源工程专业综合能力考核研究，中国地质教育，2017（3）：16－19.

[2] 林健. 工程教育认证与工程教育改革和发展 [J]. 高等工程教育研究，2015（2）：10－19.

[3] 刘宏伟，苗补全，荀勇，等.《华盛顿协议》下工程教育专业建设路径选择 [J]. 盐城工学院学报（社会科学版），2017，30（3）：73－76.

[4] 唐胜达. 基于 OBE 教学模式的本科生应用随机过程教学改革 [J]. 科教导刊（下旬），2018，339（5）：62－63.

[5] 柳勤，唐水源，冯慧华，等. 工程教育认证中专业建设持续改进的毕业生跟踪反馈机制构建初探：以北京理工大学机械工程专业为例 [J]. 工业和信息化教育，2016（3）：1－4.

作者简介：庞桂斌，男，1981 年，副教授，济南大学，从事水资源高效利用相关研究。Email：stu_panggb@ujn.edu.cn。

基金项目：济南大学教学改革研究项目（JZ2213、J2246）；济南市市校融合发展战略工程项目（JNSX2023016）。

产教融合视域下"实习＋毕业设计＋就业"全过程实践教育模式探索与实践

于瑞宏[1]   李 超[1,2]*   高晓瑜[2]

（1. 内蒙古大学生态与环境学院，内蒙古呼和浩特，010021；
2. 内蒙古农业大学水利与土木建筑工程学院，内蒙古呼和浩特，010018）

摘 要

基于国家对"新工科"及"卓越工程师教育培养计划"的新要求，在产教融合的国家政策引导和支持下，分析了当前高校人才培养在实习、毕业设计和就业方面存在的问题，构建了产教融合视域下的"实习＋设计＋就业"全过程实践教育模式，并以生产实习为基础，学生就业为最终目的，毕业设计为桥梁，搭建起学校、用人单位和学生之间的纽带关系，打通企业招聘、学生就业和学校人才培养三者有机融合的"最后一公里"。

关键词

产教融合；人才培养模式；实践教育；生产实习；毕业设计

中国共产党第二十次全国代表大会的报告指出，教育、科技、人才是全面建设社会主义现代化国家的基础性、战略性支撑。高等教育肩负着人才培养和科技创新的重要使命，是国家发展、社会进步的重要基石。工科作为 13 个学科门类中最大的一个学科，是与国民经济建设和发展关系最密切的学科，还是社会需求量最广泛的一个学科门类。由于工科是结合生产实践所积累的技术经验而发展起来的学科，主要是培养具备实际应用能力的高级工程技术人才，要求学生具备相当的动手能力和独立思维能力。2017 年 2 月 18 日教育部在复旦大学召开了高等工程教育发展战略研讨会，探讨了新工科的内涵特征、新工科建设与发展的路径选择，指出新工科的核心目标是提升高等工程人才培养质量，积极回应新时代对于卓越工程师的迫切需求。"新工科"中最重要的一项人才培养经验共识就是注重产教深度融合，强调建立校企协同育人机制。党的十九大报告和党的二十大报告中均将"产教融合"作为实施科教兴国战略、强化现代化建设人才支撑的重要手段。

产教融合是指以企业为代表的产业部门与以学校为代表的教育部门出于各自动机而合作所达到的一种共同体状态[1]。国外关于产教融合最广泛的理论为美国遗传学家 Richard Lewontin 提出的三螺旋理论，三螺旋理论体系是用来分析高校、企业和政府之间关系的框架[2]。国外产教融合的健康发展离不开与之有关法律法规的支持，国外颁布的相关法律中明确了产教融合中企业和青年的权利与义务[3]。产教融合模式主要有以德国"双元制"为代表的企业主导模式、以"契约合作、工学交替"为代表的校企并重模式和以"学徒制"为代表的学校主导模式[4]。我国于 2014 年首次在国家层面上将产教融合应用于职业教育，中共中央、国务院、教育部均强调产教融合在人才培养和改革中的重要性，并将产教融合作为不断加强人才培养和国家统筹推进教育改革的重要手段[5-8]。产教融合的基本内涵是专业教学与生产实践密切结合，学校在日常教学活动中充分利用社会资源，加强校企合作，搭建双方联合培养人才的发展平台。陈健平[9] 从校企嵌入互通、创设职业情境、育炼师资队伍、锻造实践平台等角度，围绕实践教学课程体系开发、实践教学内容改革、实践教学团队建设、实践教学基地建设等方面构建应用型本科旅游管理类专业实践教学体系。杨瑾瑜[10]针对艺术设计类专业在产教融合协同育人教学与实践过程中的问题，提出了企业参与人才培养方案、开发校企合作课程、双师双能型队伍建设及实践平台建设等方面人才培养模式。张书琬[11]分析了兰州市中等职业教育的现状及存在的问题，提出了持续深化职业教育体制改革，深化产教融合实践，扩大职业教育师资来源，积极拓展职业教育学生就业前景，是解决兰州市当前职业教育发展中的问题和挑战的可行性措施。虽然很多学者就产教融合体制机制、影响因素等做了很多探索，但是仍存在产教融合仅限于校企合作协议的签订，学生实践流于形式，人才培养与企业需求明显脱节，产教融合浮于表面、深度不够等问题[12-13]。

教学过程中的实践实训环节是产教融合的核心，尤其是"生产实习"与"毕业设计"环节更是为产教深度融合提供了机遇与条件。这两个环节一方面有利于学生加深对所学理论知识的理解和应用，增强对专业的认知度和自豪感，评定所学专业知识的掌握度；另一方面有利于学生了解专业前沿，综合应用专业知识解决实际工程问题，打通学习与工作之间的壁障，提前适应工作环境和职场环境。本文以内蒙古农业大学水利工程系的生产实习、毕业设计和就业为依托，全过程探究产教深度融合实践教学模式，实现人才培养供给侧和社会产业需求侧的有机衔接。

1 实践环节培养产教融合中存在的问题

1.1 生产实习流于形式，实习效果差强人意

受到经费、安全、岗位、师资等因素的制约，高校往往将生产实习与认识实习按照同一模式来完成，组织学生到各个实习地点进行参观，由实习单位人员或带队老师讲解实习内容。这种实习方式存在以下缺陷：

（1）实习单位分散、实习内容多，导致学生在每个实习地点的有效实习时间有限。

（2）实习人数多，实习效果差，即便进行分组实习，也给实习单位带来较大压力，效率低下。

（3）学生管理困难，需要解决较大规模人数的食宿、交通问题，交通与食宿方面的费用支出较大。

（4）实习单位在安全及接待方面的压力较大，实习内容仅限于相对安全的表面工程，学生无法认知工程或建筑物的内部构造及运行管理方式，学生收获不大。学生实习状态往往是"上车睡觉，下车拍照，一问啥也不知道"。实习指导老师状态是"上车点数，下车食宿，提心吊胆走一路"。实习单位状态是"热心准备，警戒应对，反复强调心很累"。

1.2 毕业设计内容空泛，质量不高

毕业设计是对学生大学所学专业理论知识和应用技能的综合实践实训过程。高校往往要求毕业设计一人一题，同时，近几年教育部对本科毕业设计抽检的要求越来越严格，给实践经验和研究项目相对缺乏的青年教师带来了很大的压力和挑战。指导教师的设计题目要么不符合当前专业或行业的发展需求，要么虚构与实际联系不紧密，一方面导致学生不能了解专业或行业的发展前沿，难以将所学的专业知识和技能充分地应用；另一方面，由于指导教师实践能力的缺乏，对先进的施工理论、工艺和设计方法、规范掌握不足，学生毕业设计质量水平不高，毕业设计与岗位工作形不成有效衔接，学生感觉毕业设计内容空泛，未能打通毕业设计与就业衔接的"最后一公里"。

1.3 学生就业迷茫、观望，用人单位招聘难、培养成本高

当前的培养模式存在学生就业迷茫、就业自信心不足的问题。一方面，通过企业宣讲和招聘，学生很难充分地、全面地了解企业的业务、岗位职责、企业文化等；另一方面，学生虽然掌握了专业基

础知识和基本技能，但由于未经过全面性、系统性的综合实践，自我认知度不够，不能确定自己就业的方向，存在是否能够胜任工作的疑惑。而对于用人单位来说，缺乏与学生深入沟通，虽发出了招聘启事和岗位需求，但应聘者寥寥可数。即便是招聘到单位的毕业生，由于对工作环境及业务不熟悉，单位往往需要花费3~6月对学生进行岗前培训、试用及业务培养。单位在新人培养的周期长，投入成本较高，无形中增加了用人单位的管理成本。

2 产教融合"实习＋毕业设计＋就业"全过程培养模式

鉴于当前在产教融合实践培养过程中存在的问题，结合内蒙古农业大学水利工程系人才培养的目标及要求，提出了产教深度融合视域下"实习＋毕业设计＋就业"全过程实践培养模式。该模式结构如图1所示。

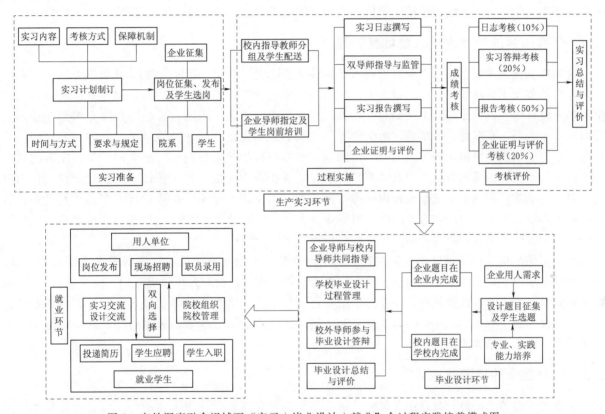

图1 产教深度融合视域下"实习＋毕业设计＋就业"全过程实践培养模式图

2.1 产教融合的生产实习实践培养过程

在开展生产实习之前，要做好实习前的准备工作。首先，制订详细的实习计划，包括本专业实习的目的、内容、考核方式、实习安全保险、实习时间与实习方式、实习的保障机制等，尤其是梳理与本专业开展产学研合作的实力企业，从而在源头和基础上保障生产实习的质量。制订实习计划后，接下来学院向各用人单位征集实习的岗位信息，包括岗位名称、人员要求、实习地点、联系人姓名及方式、食宿安排等。其次，考虑到实习单位提供的实习岗位数量有限，需充分发掘学院教师的社会、科研资源，让一部分学生直接参与到教师的科研项目或与其合作单位的科研项目中。学生因特殊情况不能返校或学生家长有实习资源的情况时，鼓励学生利用自身家庭资源开发适合自身发展的实习岗位，开展生源地生产实习。其次，对征集的实习岗位进行统计、归类后发布给学生，学生根据个人的专业兴趣方向、生源地及未来职业规划，在教师的指导下进行实习岗位的选择。

在生产实习的实施过程中，根据学生在实习单位的人数选派相应数量的校内指导教师（一般不少于2人），校内指导教师的选派要考虑到教师的专业特长、年龄及实践能力等因素进行优化组合。校内指导教师带领学生前往实习单位，与学生同吃、同住、同实习，在实习现场指导学生，也有助于校内导师增加专业实践经验，丰富教学内容，提高教学效果。同时，实习单位也需指派经验丰富的工程师作为校外导师对学生进行实践指导，每位企业指导老师指导学生人数不超过5人。校内导师与企业导师相互独立又紧密联系，双方协同指导使学生在专业理论深化和专业技能学习方面均得到提升，同时又能相互学习，促进产教融合。根据实习内容学生每天撰写实习日志，接受"双导师"的日常指导与管理、监督。实习结束后撰写实习报告，并由实习单位开具学生实习证明和评价，反馈学生在实习期间表现、专业基础知识、基本技能的掌握程度，反馈学校在人才培养中存在的不足。

生产实习采用多元考核机制评定学生实习的成果，包括了实习日志、实习答辩、实习报告及企业实习证明和评价等四个部分的考核，分别占总成绩的10%、20%、50%和20%。实习结束后，教研室或系对该年度的生产实习进行总结，评价本次实习的效果及存在的不足，分析原因并提出改进措施。

2.2 产教融合的毕业设计实践培养过程

内蒙古农业大学出台了《内蒙古农业大学本科毕业论文（设计）管理办法》。该管理办法对毕业设计的各个环节做了明确的规定，虽指出了指导教师与学生在毕业设计中的职责，但没有体现出用人单位在毕业设计中发挥的作用，未达到有效产教融合的要求。水利工程系在选题阶段充分考虑企业用人需求和学生专业、实践能力的培养，向学生实习单位和教师广泛征集毕业设计题目，解决教师因一人一题要求而导致的题目匮乏和实践能力不足问题。学生根据生产实习期间对企业的了解及实习内容进行毕业设计选题。企业提供的毕业设计题目要求学生在企业内完成，校内教师毕业设计题目在校内完成。对所有学生均配备企业导师和校内导师，由双导师共同指导学生的毕业设计开题、中期检查、答辩与成绩评定。根据《内蒙古农业大学本科毕业论文（设计）管理办法》，对学生整个毕业设计进行过程管理，确保学生能够在规定的时间内保质保量地完成毕业设计。

企业提供的毕业设计题目多为正在开展的生产项目，学生在毕业设计阶段即融入生产实践一线，不但为学生学习和应用专业知识提供了平台，也为就业后能够很快融入单位团队中奠定了基础。同时，企业在指导学生毕业设计的同时，也在无形中物色和培养未来的员工，学生经过半年左右的毕业设计训练，更深入地了解了用人单位的基本业务和环境，入职后能够很快参与到项目中，从而降低了企业的招聘成本和人才培养成本。

2.3 产教融合的招聘就业环节

学校人才培养的出口对象是用人单位，用人单位的发展离不开优秀人才的加入。通过前期生产实习环节、毕业设计环节，用人单位与学生双方都有了更深层次的了解。学生根据用人单位发布的岗位需求有的放矢地投递简历。双方经过招聘与应聘的双向选择，保证了能够招聘到所需的、满意的专业技术人才，也实现了学生高效、优质的就业，双方达成"共赢"的目的。在招聘与就业过程中，需要学校及学院进行精密的组织与管理，打通学生就业与企业招聘的"最后一公里"。

3 产教融合"实习＋毕业设计＋就业"全过程人才培养实践

内蒙古农业大学水利工程系对2019级农业水利工程、水利水电工程专业145名学生实施"实习＋毕业设计＋就业"全过程人才培养。生产实习期间，共向内蒙古绰勒水利水电有限责任公司、内蒙古大禹节水股份有限公司、水利部牧区水利科学研究所、内蒙古金华源环境资源工程咨询有限责任公司、内蒙古广通大数据有限公司等15家产学研合作单位（企业）征集生产实习岗位104个，学生自我联系实习岗位41个。学生自7月24日至8月24日开始为期1个月的实习单位驻训式实习，由企业指导工程师和学校指导教师共同指导学生实习，实习期间，学生每天撰写实习报告，并定期汇报自己的实习成果，学生普遍反映不仅对所学专业知识有了更深刻的理解，而且掌握了很多课堂上未接触过的专业理论与基本技能，取得了很好的实习效果。图 2 和图 3 分别给出了 2019 级水利工程系学生生产实习各成绩区间的人数及比例分布图，从图中可以看出 80 分以上的学生 94 名，占到总人数的 64.8%；90 分以上学生 18 人，占到总人数的 12.4%。其中还有 11 人成绩在 60～69 分之间，占到了学生总数的 7.6%，说明该部分学生的基本知识、专业技能及实习表现比较差。

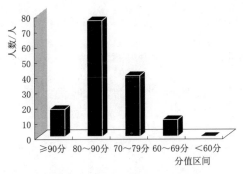
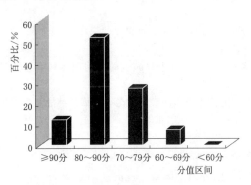

图 2　各成绩区间人数分布图　　　　图 3　各成绩区间比例分布图

针对水利工程系 2019 级学生的毕业设计，从学校、学院签约的实习单位征集到各种设计类、研究类题目 70 多项，根据单位性质、学生专业、未来职业规划、校内指导教师的专业及研究方向进行毕业设计选题的双向选择。系（教研室）和校内指导教师与企业进行对接，共同商榷校外指导教师和驻企完成毕业设计的进度、内容、质量、企业生产及学生管理等方面的相关要求。有效沟通与过程监督是保障毕业设计质量和进度的关键，因此，要求学生定期向校内和校外指导教师汇报前一阶段的设计内容、进度及所遇到的问题，并组织线上、线下小组报告会与讨论会，集中解决设计过程中遇到的问题。这种模式在加强产教融合育人的同时，也满足了工程教育专业认证对专业设计类题目的比例要求。

4　结语

随着我国卓越工程师教育培养计划的不断深入，根据"新工科"对人才培养的最新要求，产融深度融合在人才培养中起到越来越关键作用。立足国家产教融合政策实施的背景，以培养目标为导向，学生为主体，实践为抓手，监督为保障，建立起校企全面合作、理实互通、学工互补的"实习＋毕业设计＋就业"的实践教学模式，打造校企协同育人的实践教学机制，达到培养德、智、体、美、劳全面发展的社会主义事业合格建设者和可靠接班人的目的。

参 考 文 献

［1］　张虎，彭湃，唐明，等. 高层次产教融合的核心特征与实现路径：基于对华中科技大学光学工程学科及其服务产业的调研［J］. 高等工程教育研究，2022（4）：116－121.

［2］　ETZKOWITZ H，LEYDESDORFF L. The triple helix－university－industry－government relations：laboratory for knowledge based economic development［J］. EASST Review，1995（1）：14－19.

［3］　王羽菲，祁占勇. 国外职业教育产教融合政策的基本特点与启示［J］. 教育与职业，2020（23）：21－28.

［4］　姜大源. 德国"双元制"职业教育再解读［J］. 中国职业技术教育，2013（33）：5－14.

［5］　国务院. 统筹推进世界一流大学和一流学科建设总体方案［EB/OL］.　（2015－10－24）. http：//www.moe.gov.cn/jyb_xxgk/moe_1777/moe_1778/201511/t20151105_217823.html.

［6］　中共中央. 关于深化人才发展体制机制改革的意见［EB/OL］.　（2016－03－21）. http：//www.gov.cn/ xin-wen/2016－03/21/content _5056113.htm.

［7］ 习近平. 决胜全面建成小康社会 夺取新时代中国特色社会主义伟大胜利：在中国共产党第十九次全国代表大会上的讲话［N］. 人民日报，2017 - 10 - 28 (1 - 5).

［8］ 习近平. 高举中国特色社会主义伟大旗帜 为全面建设社会主义现代化国家而团结奋斗：在中国共产党第二十次全国代表大会上的讲话［N］. 人民日报，2022 - 10 - 17 (1 - 4).

［9］ 陈健平. 产教融合视域下应用型本科旅游管理类专业实践教学体系构建［J］. 内蒙古农业大学学报（社会科学版），2020，22 (6)：32 - 37.

［10］ 杨瑾瑜. 艺术设计类专业产教融合协同育人人才培养模式探究［J］. 内蒙古农业大学学报（社会科学版），2020，22 (4)：23 - 26.

［11］ 张书琬. 兰州市中等职业教育产教融合的现状、问题与对策［J］. 内蒙古师范大学学报（教育科学版），2019，32 (12)：21 - 27.

［12］ 谢学，闫飞. 基于产教融合的应用型本科人才培养共同体构建：以常熟理工学院为例［J］. 中国高校科技，2020 (8)：62 - 64.

［13］ 王刚. 应用型本科院校产教融合发展的挑战及应对策略［J］. 安徽科技学院学报，2020 (1)：116 - 120.

作者简介：于瑞宏，女，1978 年，教授，内蒙古大学，主要从事环境科学与工程相关研究。Email：yrh0108@163.com。

通讯作者：李超，男，1983 年，教授，内蒙古农业大学，主要从事河冰水力学相关研究。Email：nmndlc@imau.edu.cn。

基金项目：内蒙古自治区 2022 年研究生教育教学改革项目"内外双循环体系下资源与环境专业型硕士研究生人才培养模式持续改进探索"（JGCG2022015）；内蒙古农业大学教育教学改革项目"'产教融合、双向赋能'视域下实习＋毕业设计＋就业全贯通实践育人模式改革与探索"。

产教融合背景下土木工程课程实践教学改革探索
——以"混凝土与砌体结构"课程为例

金辰华[1]　姜昊天[1]　黄冬辉[1]　倪树新[2]　蒋吉方[3]

（1. 金陵科技学院，江苏南京，211169；

2. 南京慧筑研究院，江苏南京，210000；

3. 北京盈建科软件股份有限公司，北京，100013）

摘　要

产教融合背景下"混凝土与砌体结构"课程建设始终立足人才培育的应用型特征，秉持应用能力和创新能力共同塑造的理念，充分强调对学生"知识基础、能力基建、价值基因"的融合式培养，通过在校教师与企业导师共同授课，不断推进教学模式与教学方法的改革，实现以教为主向以学为主、以课堂教学为主向课内外结合、以结果评价为主向结果过程相结合评价的三大教学转变，构建"校内（课内教学-课外实践创新）-校企合作（创新应用）-工程实践"的创新人才培养体系。

关键词

产教融合；人才培养；课程建设；模块化教学；协同育人

1　引言

《国务院办公厅关于深化产教融合的若干意见》中明确指出"深化产教融合，促进教育链、人才链与产业链、创新链有机衔接，是当前推进人力资源供给侧结构性改革的迫切要求，对新形势下全面提高教育质量、扩大就业创业、推进经济转型升级、培育经济发展新动能具有重要意义"[1]，同时住房和城乡建设部等13个部门发布的《住房和城乡建设部等部门关于推动智能建造与建筑工业化协同发展的指导意见》提出，到2025年我国将基本建立智能建造与建筑工业化协同发展的政策体系和产业体系，显著提高建筑工业化、数字化、智能化水平，全面提升产业基础、技术装备、科技创新能力以及建筑安全质量水平，推动形成一批智能建造龙头企业，引领并带动广大中小企业向智能建造转型升级，打造"中国建造"升级版。因此，如何对传统工科专业课程升级改造，培养适应未来新技术发展的紧缺人才，已经成为亟待解决的关键问题[2]。

在新的社会发展需求下，企业对人才培养规格的要求趋于全面化、多样化，更加需要人才的知识和技能的集成与创新[3-6]，而高校作为学生传授理论知识和培养学生实践技能的场所需要建立校企合作关系，让学生走出校园走进企业，才能及时了解企业的新技术、新标准，并将新技术、企业案例转化为教学案例融入课堂，避免理论知识培养方面的滞后性，另外高校必须及时了解企业转型产生的新岗位，并根据新岗位需求对人才培养目标进行相应改变，避免人才培养目标与社会实际需求不匹配[7-9]。因此，在传统建筑产业向智能建造转型发展的背景下，必须加强产教融合、校企合作，为企业输送高质量人才。

2　产教融合背景下土木工程专业人才培养模式

金陵科技学院土木工程专业始终围绕立德树人根本任务，坚持"地方性、应用型"办学定位，深入实施"南京化体系战略"和"网络化体系战略"，着力培养服务南京及周边土木建筑及相关行业的高素质应用型人才，创新地提出了"12345"的人才培养模式，如图1所示。

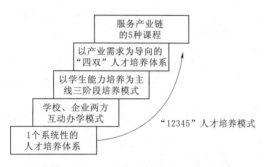

图1　"12345"人才培养模式示意图

"1"是以产业需求为导向而确立的1个系统性的人才培养体系。围绕土木工程专业对应岗位，专业间交叉融合，通过校企共享实验室、校内外综合设计联合创作、专业间跨专业分流教学等方式，培养学生的基础设计能力、问题分析能力、项目管理能力和沟通协调能力，以产业为导向，确立系统性的人才培养体系。

"2"是学校、企业两方互动办学模式。在教学过程中，采用"2+2"联合培养，围绕学生"协同开发和团队沟通"实践能力建设，在认知实习、生产实习和毕业实习三个阶段，让企业导师全程参与实践教学，让实践课题与企业项目"选题同步和设计同步"。

"3"是以学生能力培养为主线三阶段培养模式。在教学过程中，采用三阶段培养模式，前期在学校进行，为入学教育阶段，以通识教育为主，在此基础上开展专业课教学，同期穿插短期实训活动，建立知识体系；中期为专业能力培养阶段，结合校内与企业的资源，加大实践训练力度，强化专业技能；后期为专业应用阶段，通过融入校内外生产环境，为学生提供丰富的实践平台，使学生能够大量参与产业园区龙头企业项目，达到融入产业的效果。

"4"是以产业需求为导向确立"双导师融合""双身份融合""双场景融合""双平台融合"的"四双"人才培养体系。围绕土木行业的需求，进行多专业间的交叉融合，通过校企共享实验室、校内外综合设计联合创作、专业间跨专业分流教学等方式，培养学生"基础设计能力、软件应用能力、项目管理能力、沟通协调能力"四位一体的能力结构，以课程群对应产业所需的能力群，重构人才培养方案。

"5"是服务产业链的5种课程。围绕土木工程专业上下游的多个岗位形成的不同的人力资源需求，以专业发展趋势、行业企业参与和满足社会发展需求为出发点，围绕产业不同岗位所需的不同的职业能力需求，设置包含专业基础课、专业课、创新创业活动、校企合作实践及多学科交叉融合课等5种课程类型的课程体系，培养出高素质应用型、复合型、创新型工程技术或设计管理人才。

3　产教融合背景下"混凝土与砌体结构"课程内容建设

"混凝土与砌体结构"是一门以"专业实践应用"为目的的课程，不仅需要教授学生传统的力学概念及结构设计理论，还需培养学生解决实际工程问题的能力，因此需要对传统的教学内容进行重组，依据知识的相似点来划分教学模块，增强知识间的联系，减少不必要的重复。根据课程内容的不同，可将课程体系分为基础模块与拓展模块两部分，通过在校教师与企业导师共同授课，不断推进教学模式与教学方法的改革，针对不同的教授对象和课程要求，利用各种课程资源灵活组织教学内容，辅助教学实施，实现教学目标，从而实现以教为主向以学为主、以课堂教学为主向课内外结合、以结果评价为主向结果过程相结合评价的三大教学转变，构建"校内（课内教学-课外实践创新）-校企合作（创新应用）-工程实践"的创新人才培养体系（图2）。

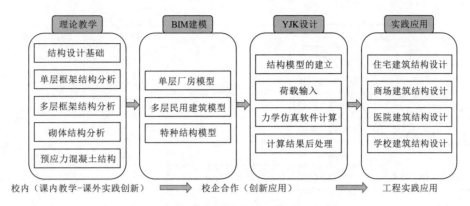

图 2 "混凝土与砌体结构"课程内容建设

3.1 课程团队建设

课程团队是打造优质、高效课程的重要保障，课程的成员需要了解市场的最新动向、企业的岗位需求，所以在课程成员的组建过程中应涵盖企业专家、学校教师等。"混凝土与砌体结构"师资队伍主要由金陵科技学院自有教师和企业选派教师共同组成，开展校企教师联合授课，打造高素质"双师型"教学团队，在师资培养中，学院也将校内教师送往企业参与培训，在业务岗位上锻炼教师的技能，同时，入企业挂职锻炼的教师也参与企业项目研发，推动校企合作项目的落地以及新产品研发和新技术应用，推进"科教"与"产教"双融合高水平师资队伍的建设。

3.2 课程内容建设

混凝土与砌体结构课程内容应根据专业发展、职业能力需求来确定，结合实际工程案例，采取模块化的教学方法，对实际工程进行分解，完成工程材料的选用、结构方案的确定、结构内力和变形分析、构件设计及构造、施工图设计、预应力结构设计等内容的教学，实现知识点、技能点与课外拓展应用之间的转换，如表 1 所列。

表 1　　　　　　　　　　　　知识点与技能点的对应关系

序号	知 识 点	技能点	拓展应用
1	混凝土材料性能	工程材料的选择	绿色低碳土木工程新材料研究进展
	钢筋材料性能		
	砌块材料性能		
2	梁板结构类型及结构布置	结构方案的确定	复杂高层建筑结构、大跨空间结构、可展结构等新结构的发展与应用
	单层厂房排架结构特点及布置原则		
	多层框架结构特点及布置原则		
	砌体结构特点及布置原则		
3	梁板结构计算简图、荷载计算及内力分析	结构内力和变形分析	结构在服役全寿命期内内力及变形的计算
	单层厂房排架结构计算简图、荷载计算及内力分析		
	多层框架结构计算简图、荷载计算及内力分析		
	砌体结构计算简图、荷载计算及内力分析		
4	主梁、次梁、板设计	构件设计及构造	预制装配构件的设计与构造
	排架柱、牛腿、柱下独立基础设计		
	框架梁、框架柱设计		
	砌体墙、柱设计		

序号	知 识 点	技能点	拓展应用
5	梁板结构设计	施工图设计	BIM、PKPM 等软件的综合应用
	单层厂房设计		
	多层民用建筑设计		
6	预应力的定义	预应力梁的设计	预应力在建筑结构加固中的应用
	预应力损失的计算		
	预应力混凝土轴心受拉、受弯构件的受力特点及承载力计算方法		

3.3 教学资源建设

教学资源建设是产教融合课程建设的核心内容之一，教学资源强调系统化和结构化，由企业或单位指导老师亲自指导实践，通过校外实训基地、校内实训基地和课程试验，开展"沉浸式"实践教学与项目训练；将专业特色和生产需求密切结合，利用互联网＋信息化教育技术，创建了基于真实工程情境的虚拟仿真实验项目；将课程实验分为基础性、开放性和创新性三个层次，校企协同参与产教融合、科教融汇的应用型课程建设，引入行业主流技术，带来新讯息，融入新理念，不断提升职业技能培养成效。

4 "混凝土与砌体结构"产教融合课程建设特色

4.1 以"专业实践应用"为目的确定"混凝土与砌体结构"课程教学目标

以"专业实践应用"为目的，以"后续专业课程学习、职业能力发展的必须和够用"为原则，确定"混凝土与砌体结构"的课程教学目标，培养学生的专业能力、职业能力和社会能力，通过教学使学生能够依据混凝土与砌体结构的设计原理对实际工程进行力学建模、性能分析和结构设计，为后续专业课程的学习提供支撑，同时可以满足学生后续职业能力发展的需求。

4.2 理论、应用、拓展相结合模块化设计"混凝土与砌体结构"课程体系

根据行业、专业背景下"混凝土与砌体结构"课程教学的目标定位，对传统的教学内容进行重组，依据知识的相似点来划分模块，增强知识间的联系，减少不必要的重复。课程体系分为理论模块、应用模块和拓展模块三部分，其中理论模块包括结构设计基础、梁板结构设计、单层排架结构分析、多层框架结构分析、砌体结构分析及预应力混凝土结构分析五个模块；应用模块包括楼盖设计、单层厂房设计、多层民用建筑设计和力学仿真软件应用三个模块；拓展模块包括新技术、新材料、新结构的介绍和工程应用实例。

4.3 "以学生为主，教师为引"优化"混凝土与砌体结构"教学方法

在课程教学中"以学生为主，教师为引"，重视学生在学习过程中的参与性，选择实际工程作为案例，采用案例分析、现场演示和启发讨论等多种教学方法，融合专业课讲解，设计软件应用，引导学生动手操作，在实践过程中解决问题，强化学生的专业基础，不断提升学生的创新实践能力。借助信息化教学技术，在课程平台建设授课视频、授课课件、讨论、随堂测验、单元测验、习题答疑和拓展学习等模块资源，为学生提供多元化、全方位的辅助教学。

4.4 产教研相结合，提升"混凝土与砌体结构"教学的实效性

将"混凝土与砌体结构"教学和专业后续发展、行业、企业需求相融合，借助大学生实践创新大赛、结构力学竞赛等平台，教师科研项目及行业、企业实践项目，将"混凝土与砌体结构"的理论教学与科研项目、生产实践项目的实践性相融合，变"专业对口"为"专业适应"，产教研结合，提升"混凝土与砌体结构"教学的实效性（图3）。

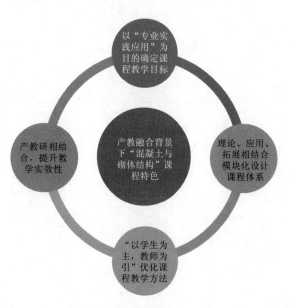

图3 产教融合背景下"混凝土与砌体结构"课程特色

5 结语

在产教融合背景下，"混凝土与砌体结构"课程建设始终立足人才培育的应用型特征，秉持应用能力和创新能力共同塑造的理念，充分强调对学生"知识基础、能力基建、价值基因"的融合式培养，学校教师与企业导师统筹资源，以"多层次、全领域"实践教学内容为核心构建了体现多元知识结构的综合性实践教学体系，着力培养工科学生解决复杂工程技术问题的能力，形成了课程内容设置科学合理、创新教学方法卓有成效、师资平台多向融合的协同育人机制。

参 考 文 献

[1] 毛敏，王坤，牟能冶，等. 物流专业产教融合人才培养模式的创新与实践 [J]. 物流教育，2022，41（5）：139-143.

[2] 刘凯华，朱江，郭永昌，等. 产教融合视域下土木工程专业实践教学改革探索：以混凝土结构课程设计课为例 [J]. 高教学刊，2022，8（31）：131-134.

[3] 吴守彦. 产教融合视域下土木工程人才培养的探索与实践 [J]. 辽宁科技学院学报，2020，22（6）：19-22.

[4] 曾武华，杨焓，颜玲月，等. 基于产教融合的应用型本科土木工程专业实践教学路径设计 [J]. 湖北第二师范学院学报，2020，37（2）：98-100.

[5] 杨金荣. "匠心筑梦"：信息化改革促进土木工程专业的产教融合 [J]. 安徽教育科研，2019（23）：82-83，47.

[6] 彭军志. 应用型本科院校土木工程专业校企合作、产教融合实践研究 [J]. 吉林农业科技学院学报，2020，29（1）：55-58，98.

[7] 阳令明，张俭民，肖穗花. 土木工程专业"产教融合"人才培养模式的探讨 [J]. 湖南科技学院学报，2018，39（10）：74-75.

[8] 李俊，蔡可键，温小栋. 基于产教融合的应用型本科院校育人模式的研究与实践 [J]. 高教学刊，2017（13）：60-62.

[9] 曾永庆，刘晓红，童小龙，等. 新工科产教融合背景下土木类专业人才培养模式研究 [J]. 创新创业理论研究与实践，2022，5（20）：196-198.

作者简介：金辰华，女，1988年，讲师，金陵科技学院，从事混凝土结构设计。Email：jinchenhua@jit.edu.cn。

基金项目：金陵科技学院校级教育教改研究课题（JYJG202121）。

认证教材建设

基于专业认证理念的数字教材建设工作的探讨

王　琼[1]　陈元芳[2*]　李国芳[2]　李　新[2]　朱双林[3]

（1. 中国水利学会，北京，100086；2. 河海大学水文水资源学院，江苏南京，210024；
3. 中国水利水电出版社，北京，100038）

摘　要

教材建设一直被公认为是高校提高人才培养质量的一项重要基础工作，而基于水利类专业认证理念的数字教材即新形态教材，是以原水利学科专业规范核心课程教材为基础，充分考虑教育改革发展新要求，尤其是工程教育认证的要求，在纸质版教材基础上，配套增加视频、音频、动画、知识点微课、拓展资料等富媒体资源，将纸质教材及其配套的电子资源深度融合的教材，以更好体现解决复杂工程问题、扩大学生国际视野和生态环境保护意识。本文主要以《工程水文学》（第5版）新形态教材建设为例，对基于专业认证理念的数字教材建设工作的有关问题进行探讨，为今后新形态教材建设提供参考。

关键词

数字教材；新形态教材；专业认证教材；工程水文学

1　引言

教材建设一直被公认为是高校提高人才培养质量的一项重要基础工作。各级政府均重视教材建设，通过组织不同层次、不同类别评奖措施以推动教材建设。1988—1996年国家教委组织了3届全国高等学校优秀教材评审，此后，教育部虽然停止单独进行全国优秀教材评选，但从1997年至今，优秀教材作为一类教学改革成果仍可以参评各级教学成果奖。此外，教育部、各省教育厅和高校分别通过组织国家级规划教材、省级重点教材和校级重点教材遴选促进教材建设。自2020年起，为进一步强化教材建设和管理，中央决定开展首届全国教材建设奖（分基础教育、中等教育和高等教育全国优秀教材奖，全国教材工作先进集体、先进个人等），确定每四年评选一次。2021年兼任全国教材委员会主任的孙春兰副总理出席教材颁奖活动，体现了中央对教材工作的高度重视。

在数字信息化的背景下，数字教材在纸质教材的基础上，通过数字媒体呈现、多样化应用、高效率传播等方式提升教育教学效果，能够更好地满足不同专业（甚至是跨专业）、不同课程、不同层次学生对教材的个性化需要。

基于水利类专业认证理念的数字教材以原水利学科专业规范核心课程教材为基础，充分考虑"学生中心、产出导向、持续改进"的认证核心理念，融入培养学生解决复杂工程问题能力、国际化视野和在工程建设注重考虑环境生态等内容，以及社会发展对教育教学改革发展新要求，在纸质版教材基础上，配套增加视频、音频、动画、知识点微课、拓展资料等富媒体资源，将纸质教材与其配套的电子资源进行深度融合，有力推动了规模化教育与个性化培养的有机结合[1]。本文就基于专业认证理念的数字教材建设工作进展和相关问题进行探讨，提出相关意见和建议，为进一步做好此类教材建设工作提供参考。

2 基于专业认证理念的数字教材建设的进展与思路

2018 年 1 月，为了贯彻落实《国家中长期教育改革和发展规划纲要（2010—2020 年）》、教育部关于印发《教育信息化"十三五"规划》的通知等文件精神，满足中国工程教育水利类专业认证和数字化教学的需要，根据教育部高等学校水利类专业教学指导委员会、中国水利水电出版社《关于开展全国水利行业普通高等教育水利类专业工程教育认证及数字教材选题申报的通知》（水教指委〔2017〕1 号），结合水利类专业教指委各专业组推荐和各高等院校申报教材名单，由水利类专业教指委与中国水利水电出版社共同组织专家评选，共评选出 28 种基于工程教育认证要求的高等学校水利学科专业规范核心课程教材和 22 种数字教材，参与立项的单位有河海大学、南京大学、武汉大学等 12 所大学。

截至 2023 年 8 月，立项的名单中由河海大学主编的《工程水文学》（第 5 版）、《水电站》（第 5 版）、《气象学与气候学教程》（第 2 版）、《地下水水文学》（第 2 版），天津大学主编的《水工建筑物》（第 6 版），武汉大学主编的《水环境保护》（第 2 版）、《水工建筑物》（第 6 版）（供农业水利工程专业用）、《工程经济学》（第 2 版），中国农业大学主编的《现代工程项目管理》（第 2 版），南京大学主编的《水环境化学》（第 2 版）等 8 本专业认证教材和 9 本数字教材已正式出版。

本文以河海大学主编的《工程水文学》（第 5 版）教材建设情况为例，对其编写情况作重点介绍。该教材是"十一五""十二五"本科国家级规划教材，也是江苏省精品教材和专业规范核心课程教材，建设基础扎实、声誉好、使用广，但第 5 版之前版本仍是传统纸质版，亟须改革创新。为顺应我国高等教育发展国际化新形势和立德树人新要求，建成高水平的工程教育专业认证教材和数字教材，经过两年的努力，《工程水文学》（第 5 版）教材在前 4 版教材的基础上，按照新形态教材要求编写完成。教材参编作者 11 人，另有近 20 位青年教师与研究生参与教材数字资源的解读与制作等。教材共制作了 92 个数字资源或二维码（61 个视频，31 个 PDF 文件），其中 61 个视频包括 3 个知识点微课、4 个思政教育视频和 5 个环境监测保护视频（90% 以上教材视频由编写组教师或研究生制作），31 个 PDF 文件涵盖 9 篇国内外标准简介、4 篇较新研究成果和动态、1 篇教学改革论文、1 篇公开发布的水利普查信息和 5 篇国外水利工程及国外重要成果介绍。该教材得到专家的广泛认可，主要体现在以下几个方面：

（1）教材顺应我国高等教育发展国际化新形势和立德树人新要求，考虑了思政教育元素、工程教育专业认证新理念和配套多媒体数字资源新形态教材的要求。

（2）教材在体现落实学生解决复杂工程问题能力的培养、提升学生国际化视野的培养、加强学生生态环境保护意识教育和综合素质教育等要求方面较之前版本的《工程水文学》教材都有明显的提高。

（3）教材思想性好，可读性、应用性高，趣味性强，反映了最新学科动态，聘请企事业单位专家从融入工程教育专业认证理念的角度对本书进行了审阅，强化满足工程教育认证"产出导向"的要求。

（4）教材内容丰富，体系完整，结构科学，层次合理，知识点全面。从阐明水文现象的物理规律和统计规律要求出发，深入剖析了当前水文行业采用的水文监测、设计和预报等计算方法。

（5）教材内容修订完善，有力提升了教材质量。适当增加教材主要章节例题和习题设置的综合性和难度，克服之前习题较为简单，难以培养学生综合分析问题能力方面的不足。各章引用最新版本的技术标准，反映了最新学科进展。通过观看教材中的二维码视频可以让同学直观生动地了解重大工程建设，如三峡工程建设历程和特点，增强学生解决复杂工程问题方面的意识。修订的教材内容补充介绍国际最新学科进展，如参数估计新方法、城市水文计算、水文监测新技术、PMP 和 PMF 新进展等。在绪论和设计洪水计算等章节中，通过教材文字和二维码视频介绍我国水污染及其危害，作为典型案例介绍三峡工程建设时介绍如何有效考虑生态环境的影响等，对于提高同学们生态环境保护意识颇有益处。在思政教育方面，利用多个二维码视频介绍我国著名水文学家赵人俊教授提出的新安江模型的学术贡献和重大成果的形成过程，介绍国际知名水文专家 Hosking 教授来中国进行学术交流和他的平易近人以及追求卓越的精神等，潜移默化地培养学生的创新能力和职业素养。

3 基于专业认证理念的数字教材建设存在的问题与挑战

本文通过《工程水文学》（第 5 版）教材建设的实践与探索，对基于专业认证理念的数字教材建设过程中存在的问题与挑战进行了总结。

（1）新时代对教材建设要求越来越高。新时代工科教材编写既要考虑教材思政，又要体现新工科要求。此外，该教材面向专业类别宽泛，不仅面向水利类中水务、水工、港航、智慧水利等专业，还面向农业水利、地理信息、资源环境、给排水、土木工程等专业，编写过程需要考虑多学科特点。

（2）难度和挑战度大。首次承担基于专业认证理念的数字教材，可参考的经验较少。国内外标准规范变化快，要求多，实施起来难度大，对教材的编写产生较大的挑战性。编写人员和协助编写研究生人数多，统筹协调工作量也较大。

4 教材建设的经验与体会

（1）加强交流。加强对参编人员认证理念和新形态教材要求的培训，定期通过线下会议和建微信群等方式及时沟通交流。

（2）强化顶层设计。强化适应新要求的教材改革顶层设计，准确把握教材建设要体现专业认证要求等重点内容。除了满足专业认证和数字教材要求外，明确制作数字资源时要注意体现教材思政和学生综合素质培养等内容，并适当体现新工科要求，及时反映学科方向交叉内容和新技术、新进展等内容。

（3）充分调动参与人员积极性。对主编和主要编写人员进行视频录制和裁剪技术方面的培训，以期在经费有限情况下，制作出更多更优质的数字资源；对于参编研究生配音的视频实施署名举措，能调动学生参与二维码制作的积极性和主动性。

（4）注意版权保护。制作视频时，尽量选择具有自有知识产权的视频、音频、图片等文件，注意回避选用问题地图和政治敏感内容，注意版权保护问题。

（5）保障有力。在中国水利水电出版社、教育部高等学校水利类专业教学指导委员会和中国工程教育专业认证协会水利类专业认证委员会的大力支持和协同配合下，学校和出版社给予经费资助。在水利类专业教指委和水利类专业认证委员会的业务指导培训下，编写工作顺利完成。

5 意见建议

（1）进一步强化水利类专业教指委、水利类专业认证委员会和出版社的沟通协调机制。通过集中研讨，优化水利类专业认证教材整体规划，进一步明确细化已有不同教材教学内容调整方案，以更好地适应工程教育专业认证背景下对于学生能力和素质培养的新需求。水利类专业教指委、水利专业认证委员会和出版社要继续推动全国水利优秀教材评选，激励更多教师和企业人员参与教材建设。

（2）吸引企业、行业专家实质性参与新形态教材编写。在教材中利用二维码形式增加实际工程案例，采用思考题习题库作为拓展学习资源，以提升毕业生在解决复杂水利工程问题方面的能力。

（3）加快数字教材建设进度。工程教育认证背景下非技术能力要求较多，如何在目前的教材中体现这些非技术能力培养显得"束手无策"，需要结合新形态教材建设开展这方面的探索与实践。2017年启动专业认证教材和数字教材以来，至今仅有 9～10 本正式出版的教材，推进速度较慢。需集中各方力量推进工作进度，打造水利品牌工作。

（4）做好平台支撑。进一步加强出版社"行水云课"平台建设，为数字资源提供良好支撑，为方便不同读者使用二维码等数字资源提供更优质服务。

（5）基于知识图谱的新型教材建设是未来教材发展的新方向，值得大家关注和重视。

参 考 文 献

[1] 陈元芳，张薇，关蕾，等. 水利类专业环境知识课程设置和认证背景下教材建设的调查分析及思考 [J]. 科教导刊，2018（1）：3.
[2] 陈元芳，李国芳，刘廷玺，等. 教学成果奖的演变过程及其建设与申报体会 [J]. 教育教学论坛，2020.

作者简介：王琼，女，1982 年，高级工程师，中国水利学会，兼任水利类专业认证委员会副秘书长。Email：cheswang@126.com。

通讯作者：陈元芳，男，1963 年，教授，河海大学，从事水文学及水资源学专业教学和科研工作。Email：chenyuanfang@hhu.edu.cn。

基金项目：基于工程教育专业认证背景下水利高等教育教学改革研究课题"新工科及专业认证背景下水文与水资源工程专业人才培养研究与实践"；江苏高校"青蓝工程"（水文专业核心课程教学团队）；河海大学大禹教学团队计划（水文与水资源工程专业教学创新团队）。

《水利水电工程专业导论》教材建设研究

李 炎

（天津农学院水利工程学院，天津，300392）

摘 要

以工科专业认证现代水利需求为标准，以农业院校耕读教育教材建设的需求为背景，对《水利水电工程专业导论》的教材建设进行了探讨和研究，提出了根据工科专业认证教学要求安排的教材体系。该教材体系具有水利水电工程专业行业特色，形成协同育人，全面提高高等院校人才培养的质量。

关键词

水利水电工程专业导论；教材建设；教材体系

1 引言

"水利水电工程专业导论"是水利水电工程专业的一门重要专业基础课，其任务是使学生了解水利水电工程的专业特点，理解水利工程对社会、环境、可持续发展的影响；以新时代水利精神为指引，培养学生具有终身学习的意识，具备分析水利工程问题的初步能力。但是目前高校选用的《水利水电工程专业导论》教材，内容过深、实践性不强，与目前工科专业认证的要求不一致。因此，该教材还需进一步优化和改进。

2 《水利水电工程专业导论》教材建设的必要性

目前，高校"水利水电工程专业导论"课程采用的教材是2012年中国水利水电出版社出版的《水利水电工程专业导论》教材。本教材虽可以适用本科导论课程，但是10余年前编写。由于我国和世界水电建设的迅猛发展，出现一些新的水利水电工程施工技术和设计实例，这些都需要再编入导论教材中[1-3]。现行的教材版本偏老，存在内容过于陈旧、工程实例和实践性较少等问题。现阶段，高校是以"立德树人"为培养目标，教师应该充分挖掘课堂讲授的教学资源，充分利用各种思政元素，把农业院校耕读教育元素有机融入教材中，形成协同育人，全面提高高等院校人才培养的质量[4-7]。因此，对《水利水电工程专业导论》教材进行改革迫在眉睫。

3 《水利水电工程专业导论》教材改革的思路及实践

3.1 应具行业特色

《水利水电工程专业导论》教材编写的任务是使学生了解水利水电工程的专业特点，理解水利工程对社会、环境、可持续发展的影响；以新时代水利精神为指引，培养学生具有终身学习的意识，使其具备分析水利工程问题的初步能力；对学生了解自己所学专业的背景、课程设置、毕业生能力和素质要求及未来工作去向起到引导性作用。通过对水利水电工程专业导论教材的学习，使学生明确专业的人才培养定位、课程设置内容、毕业生去向，从而明确大学阶段专业学习目标；使学生了解专业的发展历史及现状、人才培养定位、毕业生必须具备的能力和素质、课程设置、专业核心课程的基本内容等内容，从而使学生了解水利水电工程的规划、设计、施工的基本知识；水利水电工程专业导论教材还要增加水利水电工程中的防洪、发电、灌溉航运等工程枢纽布置及其水工建筑物的组成、类型、作用等基本知识和工程管理的基本知识等。此外，水利水电工程专业导论教材也要增加一些思政的内容，如在中国共产党的领导下，近年来我国的基础水利设施发生了很大的变革，让老百姓受益匪浅，充分体现了中国共产党始终代表着中国最广大人民的根本利益。

3.2 根据教学要求安排教材体系

本教材内容的安排必须结合"水利水电工程专业导论"课程的培养目标和要求进行编写，而"水利水电工程专业导论"课程是在工科专业认证背景下确定的该课程的培养目标和要求，同时，又要满足农业院校耕读教育教材建设的需求，即毕业生能在水利水电工程领域从事工程勘测、规划、设计、施工、监理、运行管理和科学研究等方面的工作，并能够通过继续教育或其他终身学习途径不断拓展知识和提升能力，毕业五年左右能够具备水利水电工程行业工程师或相当水平的工作能力。"水利水电工程专业导论"课程教学目标与基本要求如下：

课程目标1：了解水利水电工程专业特点、发展现状及趋势，培养学生分析水利工程问题的初步能力（支撑毕业要求6）。

课程目标2：了解水利工程与社会、环境、可持续发展之间的关系，培养学生分析水利水电工程问题的初步能力（支撑毕业要求7）。

课程目标3：了解水利与水利工程对社会发展的重要作用，培养学生具备终身学习的意识（支撑毕业要求12）（表1）。

表1   课程目标对毕业要求的支撑关系

毕业要求	毕业要求指标点	课程目标对毕业要求的支撑关系
6 工程与社会	6.1 了解水利工程专业相关领域的技术标准体系，理解不同社会文化对水利工程活动的影响	课程目标1
7 环境和可持续发展	7.1 知晓和理解环境保护和可持续发展的理念和内涵	课程目标2
12 终身学习	12.1 能在社会发展的大背景下，认识到自主和终身学习的必要性	课程目标3

本教材编写内容及体系安排如下：

（1）本教材的第一章绪论，支撑课程目标1，主要介绍我国和全球水资源状况、我国的水利事业以及我国的水利水电建设现状。通过对这一章的学习，应使学生初步了解以下三项基本内容：

1）世界及我国的水资源状况、我国的水资源分布及特点。

2）我国水利事业在领域的位置及作用。

3）我国水利水电建设发展过程及成就，根据我国水利建设的可持续发展的方针，结合学生的实际生活，帮助学生树立远大的理想信念。

通过对这一章的学习，使学生对水利水电工程专业有一个比较全面的了解，同时也培养学生的爱国主义情怀，积极投身水利事业的专业思想。

（2）本教材的第二章水利水电工程专业教育基本知识，支撑课程目标1，主要介绍水利水电工程专业本科教育简介、通识教育课程简介、学科基础课程简介和专业课程简介。通过对这一章的学习，应使学生了解、掌握以下五项基本内容：

1）了解相关的水利水电工程专业教育的历史、现状及发展方向。

2）掌握水利水电工程专业教育的主干学科和相关学科。

3）了解水利水电工程专业培养目标和规格。

4）掌握水利水电工程专业相关课程及特点。

5）掌握水利水电工程专业通识课程和学科基础课程简介。

通过对这一章的学习，使学生对水利水电工程专业教育的历史、现状及发展方向有一个比较全面的了解，同时也让学生认识到水利水电工程专业培养目标和相关专业课程的相互衔接，为自己后续的课程学习能够制订一个清晰的学习计划。

（3）本教材的第三章至第十章，支撑课程目标 2、3，分别为水利水电工程基本知识、水库工程、水闸、水力发电工程、农田水利工程、治河防洪工程、内河航运和渔业工程、水利水电工程的勘测、设计、施工和管理等。重点阐述各种水利工程的概念及其组成建筑物的作用，扼要介绍各种水利工程的布置、建筑物的类型、构造及基本要求等。由于是导论教材，建议这些章节的内容应力求简洁，不同于《水利工程概论》和《水工建筑物》等专业课程教材内容。《水利水电工程专业导论》教材以介绍各种水工建筑物类型和功能特点为主，如介绍水闸的类型，重力坝、土石坝、拱坝等的类型，各种水电站的类型等，而不再阐述各种水工建筑物的设计和各种抗滑稳定的计算及校核。作为水利水电工程知识入门级的教材，其内容不宜过深，应浅显易懂，只介绍各种水工结构的基本概念、原理等，对于一些基本公式及证明推导不宜阐述。

这一部分内容，各章内容独立性很强。读者也可根据自己的需求，进行相应的取舍，有选择地进行学习。

4 结语

本文通过对《水利水电工程专业导论》教材改革实践的研究与探讨，提出课程教学质量评价体系的定量的评价方法，并进行客观公正的评价分析，在此基础上才能提升并展开更好的教学数据评价，结合多种智能评价体系进行开发和利用，为高校中的教学质量和评价体系做出更好的保障，同时为现代化教育提供一定的帮助。笔者认为，《水利水电工程专业导论》教材除了作为水利水电工程专业的入门教材外，还可用作土木工程、工程水文、工程机械、工程测量、陆地水文等专业的辅助参考教材。本教材既有利于拓宽学生的知识面，同时也能对水利工程有一个比较全面的了解，避免"只见树木，不见森林"的现象。尤其可以增加低年级的学生对学习专业课的积极性与自觉性。同时本教材还可作为广大水利基层工作者的参考用书和普及水利工程基本知识的教材。

参 考 文 献

[1] 李炎.《水工建筑物》教材建设与改革研究 [J]. 教育教学论坛，2017（37）：121－122.

[2] 杜旭斌，雷蕾."双高"建设中新型教材的建设探究：以水利工程专业群为例 [J]. 陕西教育（高教），2022（4）：34－35.

[3] 刘璇，李庆军，张莉君，等. 转型及专业认证背景下制造课程群实践教学与教材建设改革 [J]. 教育现代化，2019（24）：119－121.

[4] 海青. 基于学生教材教师三要素的教学改革探讨：以高职高专《水利工程施工》课教学改革为例 [J]. 科技教育，2013（11）：179－180.

[5] 李小静，范媛媛，田小鹏，等. 工程教育专业认证背景下教材建设研究：以交通经济学课程为例 [J]. 教育现代化，2019（103）：139－141.

［6］ 陈元芳，张薇，关蕾，等. 水利类专业环境知识课程设置及认证背景下教材建设的调查分析及思考［J］. 科教导刊，2018（1）：181－183.

［7］ 田苗，康红梅. 富媒体数字教材设计与特点：以园林植物景观设计为例［J］. 绿色科技，2014（7）：336－337.

作者简介：李炎，男，1973年，副教授，天津农学院，从事水利工程的教学与研究。Email：bfsqz0922@163.com。

基金项目：天津农学院教材研究项目（2021－C－19）。

持续改进

工程教育专业认证背景下水利水电工程专业持续改进的研究与实践

金　燕　成　立　曹邱林　龚　懿

（扬州大学水利科学与工程学院，江苏扬州，225009）

摘　要

本文以工程教育专业认证为契机，介绍了水利水电工程专业的发展现状和专业定位，从制度性文件、课程教学改革、学生创新实践能力培养、师资队伍建设等方面提出了持续改进策略，并进行了研究与实践，使水利水电工程专业真正做到与时俱进和持续改进，为专业的不断发展提供了良好的建设途径。

关键词

工程教育专业认证；水利水电工程；持续改进

水利水电工程专业是一门历史悠久的传统学科，在不同的发展时期都发挥着重要的作用。随着水利事业的快速发展，国家迫切需要具有扎实的专业基础知识和基本技能、良好的人文科学素养和工程职业道德、较强的团队合作和沟通交流能力，能够在水利水电工程相关领域承担工程管理、工程设计、技术开发等工作的工程师[1-3]。近年来，一大批国家重点建设项目开工建设，南水北调工程后续工程、淮河入海水道二期项目、向家坝灌区北总干渠一期二步工程等，为水利水电工程专业发展提供了重大机遇，国家推进水利信息化为水利水电专业提供了广阔的市场前景。

以工程教育专业认证为契机，坚持以学生为中心、以成果为导向，融入新工科理念，不断深化专业综合改革，立德树人，注重内涵，强化特色，突出新时期学生创新能力与解决复杂工程问题能力的培养，实现专业的与时俱进和持续改进。

1　水利水电工程专业定位

扬州大学水利水电工程专业办学历史悠久，1958年开始招收本科生，经历了60多年的积淀，本专业为国家一流专业本科建设点、国家特色专业建设点，拥有"水泵及水泵站"国家精品课程和国家级教学团队以及国家一流课程。本专业始终把"立德树人、坚苦自立、追求卓越"三大核心理念作为专业建设与发展的根本。结合平原区水利建设与管理的需求，培养全面发展，具有科学和人文精神、创新意识和实践能力的现代水利水电工程技术的工程师与优秀专业人才，胜任未来水利工程职业工作或者研究生继续深造提高。

2　水利水电工程专业的持续改进实践

2.1　制度性文件的持续改进

学校实行校、院、系三级管理体系，并制定了完善的规章制度，在各主要环节都有面向产出的明确的质量要求：

（1）明确教学工作职责，加强教学基本建设，促进教学及其管理工作规范化，增强教书育人的使命感、责任感，确保教学工作在学校一切工作中的中心地位和教学目标的实现，切实提高本科教学质量。

（2）加强毕业论文（设计）的过程管理，提高毕业论文（设计）质量，适应信息资源共享与数字化要求。

（3）规范实习管理、保证实习质量，适应以数字化、网络化、智能化、绿色化为代表的新型生产方式，对产业运营、人力资源组织管理等提出的新要求。

（4）合理评价课程目标达成情况，保证课程教学质量，促进课程教学持续改进。

（5）全面落实学院教学工作中心地位，引导青年教师重视课堂教学，切实提高青年教师教学能力和课堂教学质量，保障人才培养质量。

（6）培养青年教师工程背景，提高青年教师实践经验，拓展工程视野，进一步提升工程实践能力，丰富教学资源，改进教学方法，有效支撑人才培养与科学研究。

（7）加强学院与国内外高校、科研院所及企事业单位的交流合作，充分发挥校外优秀学者、专家、杰出人才及社会名流对学院学科建设、人才培养、科研工作的指导和推动作用，实现人才资源共享。

通过各个环节的反馈，不断完善、提升教学服务、管理理念，做到各类制度性文件在执行中修订、在修订中改进、在改进中完善。

2.2　课程教学改革持续改进

课程教学大纲是贯彻课程教育思想理念、落实各项教学任务的重要指导性文件，是组织教学、选编教材、评价教学质量和规范教学管理的主要依据。为更好地落实 2021 版本科专业人才培养方案，促进一流本科课程、一流本科专业建设，不断提升人才培养质量，扬州大学开展了本科课程教学大纲的制（修）订工作，学院从教学院长到系主任再到课程负责人对课程教学目标、教学内容、教学方法、课程考核等方面进行讨论与修改，然后提交院教学指导委员会从内容到形式上进行审查，并反馈课程负责人做进一步修改、完善，形成终稿，完成了 75 门课程 2021 版教学大纲的修订（不包括公共课程）。

围绕思想引领、知识传授、能力提升"三位一体"的课程建设目标，深挖每一门课程的德育内涵和元素，设计和优化课程的各个环节。基于 OBE 教育理念，与时俱进，精选课程教材，合理安排教学内容，并加强教学资源建设，运用互联网、大数据、人工智能、虚拟现实等现代技术，开发专业主干课程数字化教学资源；结合疫情常态化，开展线上或线上线下混合教学模式探索，形式不拘一格；教学中注重学生解决复杂工程问题能力的培养，促进教学目标的实现；重视以典型复杂工程问题的实际案例为背景贯穿教学过程，带动专业课程群改革。

2.3　学生创新实践能力培养持续改进

本专业以江苏省水利动力工程重点实验室、江苏省高效节能大型轴流泵站工程研究中心为依托，不断加强实验平台建设、改善实验室条件，推进虚拟仿真实验项目建设（其中南水北调大型泵站机组运行与优化调度虚拟仿真实验项目已获批省级一流课程），为培养卓越人才提供创业创新平台；践行新工科与卓越人才培养要求，注重学生解决复杂工程问题能力培养，推行校企合作共建校外实习基地与校内实训基地相结合，持续推进校外和校内本科生导师制，促进学生工程实践能力提升；强化学生创新能力培养，鼓励学生参与专业教师的科研项目，鼓励学生参与全国创新创业、科技作品和数学建模等竞赛。

近年来，本专业学生荣获"挑战杯"全国大学生课外学术科技作品竞赛二等奖、"挑战杯"江苏省大学生创业计划竞赛金奖以及各类数学和建模竞赛的奖项，种类繁多，成果丰富。

2.4 师资队伍建设持续改进

注重外引内培，加大高层次人才引进力度，推进教师"博士化、国际化和工程化"进程，努力培育省级以上专业教学团队；重视专业教师工程背景，采取挂职、技术合作、技术咨询等方式加强年轻教师工程背景培养，提升工程实践能力；推进线上线下混合课程和微课程群建设；实行青年教师教学与科研培训"导师制"，制订培养计划且不断跟踪考核；秉承专业的传统特色，聘任企业、行业兼职教师。

3 结语

本文结合扬州大学水利水电工程专业建设发展的特点，以工程教育认证的持续改进思想为原则，分别从制度性文件、课程教学改革、学生创新实践能力培养、师资队伍建设等方面进行了持续改进研究与实践，提出了具体的建设路径和实施方案，真正达到工程教育认证 OBE 理念"以学生为中心、以成果为导向、质量持续改进"的目的。

参 考 文 献

[1] 韩立强. 工程教育专业认证下持续改进机制方法探索和实践 [J]. 高教学刊，2020 (11)：84 - 87，91.
[2] 余寿文. 工程教育评估与认证及其思考 [J]. 高等工程教育研究，2015 (3)：1 - 6，24.
[3] 周应国，孙小梅. 高等工程教育人才培养质量评价体系构建：国际专业认证背景下的思考 [J]. 大学教育，2019 (5)：144 - 147.

作者简介：金燕，女，1981 年，副教授，扬州大学，从事水利水电工程专业方向的研究。Email：jinyan_yz@163.com。

基金项目：江苏高校优势学科建设资助项目、扬州大学卓越本科课程（2022ZYKCB - 22，2022ZYKCC - 22）、扬州大学科教融合本科实验项目（KJRH202213）。

工程教育认证背景下"画法几何与工程制图"课程持续改进实践

刘　聃[1,2]　黄冬辉[1]　姜昊天[1]

（1. 金陵科技学院建筑工程学院土木工程系，江苏南京，211169；

2. 东南大学土木工程学院土木工程系，江苏南京，211189）

摘　要

"画法几何与工程制图"是土木水利类专业核心课程的起点。在工程教育专业认证三大核心理念指引下，本文依托中国大学 MOOC 平台，在探索江苏省一流本科课程（线上线下混合课程）建设完善过程中，进行"翻转课堂"教学模式改革创新实践；充分挖掘课程思政元素，精心设计组织教学案例，引入建筑信息化理念与技术，采用课程质量评价方法对"画法几何与工程制图"进行持续改进创新实践，从而将工程教育专业认证理念落地生根。

关键词

画法几何与工程制图；工程教育认证；持续改进；翻转课堂

工程教育认证是提升新时代工程师培养质量的必要手段，是实现工程教育国际互认的重要基础，也是建设一流本科专业的重要举措[1-2]。在以学生为中心，以学习成果为导向，不断持续改进理念的引领下，金陵科技学院土木、水利相关专业立足新型应用型大学人才培养特色，在"需求导向，能力为本，知行合一，重在创新"人才培养理念的指引下，践行"强基强创"应用型人才培养模式，以"立德树人"为根本，贯彻学生中心、产出导向、持续改进的教学理念，积极探索开展本科教学过程改革创新和专业课程的持续改进。

"画法几何与工程制图"是面向土木、水利专业学生在入学初始阶段就开设的专业基础必修课，包括画法几何与工程制图两大部分，画法几何部分包括投影的基本知识和原理、点线面的投影、基本体和组合体的投影以及轴测投影；工程制图部分包括制图规范讲解、工程形体的图示方法以及识读和绘制施工图。本课程主要目标是培养和训练学生的空间想象能力和形象思维的能力，让学生能够掌握三维形体与平面视图之间的相互转换技巧，能够正确识读和绘制建筑施工图和结构施工图。不仅如此，"画法几何与工程制图"还是土木、水利本科生众多专业必修课的先导课程，对学生后续课程知识框架的建立、工程实际应用能力的培养及创新逻辑思维的训练起着举足轻重的作用[3]。因此，在工程教育专业认证背景下，基于在中国大学 MOOC 平台已实施的多轮线上线下"翻转课堂"的混合教学实践，研究和探讨"画法几何与工程制图"课程的持续改进实践。

1　课程目标的持续改进

秉承"厚德兴业"的校训精神，积极创新"强基强创"应用型人才培养模式，金陵科技学院土木工程专业围绕"江苏一流、国内高水平新兴应用型大学"奋斗目标，在发展路径上坚持地方性，在办学定位上突出应用型，在能力培养上对接职业性，在育人成效上强调创新性。本专业以服务长三角地区的土木工程建设发展为方向，倾力培养实践创新能力和思想道德素质"双高"的应用型人才。

为促成土木、水利专业本科毕业生毕业要求和培养目标达成，本专业制定了与工程教育专业认证要求一一对应的12项明确毕业要求评估标准。每一项标准具体化为2～3个指标点，涵括了本专业全部核心专业课程。

作为专业核心课程之一的"画法几何与工程制图"，"翻转课堂"教学模式改革之前在课程大纲中支持毕业要求中的工程知识、问题分析、使用现代工具三个指标点。支撑的指标点具体如下：

指标点1：能够熟悉运用点线面投影的基本理论和投影变换方法，表达点线面的多面正投影；能够熟练表达基本体与组合形体的多面正投影，能够对形体进行正确的尺寸标注，并能绘制轴测投影图；能够按正投影法准确绘图表达空间形体和土木工程图样（支撑毕业要求指标点1.1）。

指标点2：能够正确使用建筑制图国家标准，能够熟练使用基本的制图工具、仪器绘制几何图形（支撑毕业要求指标点2.2）。

指标点3：能够熟练应用建筑制图国家标准，正确识读并准确绘制房屋建筑施工图和结构施工图（支撑毕业要求指标点5.1）；能够熟悉和选择专业常用的现代仪器、信息技术工具、工程工具、仿真建模与结构设计等软件的使用原理和方法，并理解其局限性。

随着现代工程领域的技术演进迭代，CAD和建筑信息模型技术（BIM）等已经成为不可或缺的工具，现代数字化、信息化工具，不仅能提高绘图效率、准确性和可视化效果，使学生能够更好地理解和表达复杂的工程设计，帮助学生更深入地理解工程项目的各个方面，包括设计、施工、运维和可持续性。对于提升培养学生的实际工程技能、在职业生涯中的竞争力、适应不断发展的行业需求等方面有重要价值。在"翻转课堂"教学模式改革创新实践过程中，基础理论知识均在中国大学MOOC线上课程开展，课堂上侧重于化解重难点内容及解决学生在线上学习过程中遇到的问题。与传统授课模式相比，"翻转课堂"节省了很多课堂上知识点讲解时间。鉴于以上两点，在指标点2中，对学生使用专业绘图、建模软件（CAD、SketchUp等）能力提出了要求；在指标点3中，增加了"利用BIM软件绘制建筑施工图和建立三维建筑模型的能力"。

2 思政内容的持续改进

课程思政落地，融入"画法几何与工程制图"的课堂教学与实践课程中，可更全面地培养学生，使他们不仅具备专业技能，还具备社会责任感、伦理意识和可持续发展的观念，从而更好地为社会和工程领域做出贡献。这不仅有益于学生个人的成长，也有助于整个社会的可持续发展。

在探索"翻转课堂"教学模式改革创新实践过程中，本课程逐步构建了下列课程思政内容：

（1）强调工程师在实践中需要遵循的职业道德和伦理原则。教育学生在绘图、制图过程中要精益求精，发扬工匠精神，在工程设计中充分考虑社会、环境和法律因素，培养责任感和伦理意识。

（2）将可持续性原则融入制图和设计中，让学生了解如何在工程项目中考虑环境保护和资源可持续利用，塑造学生的环保意识。

（3）讨论工程项目对社会的影响，包括社会公平和社区利益。鼓励学生思考他们的设计和绘图如何影响人们的生活，并提醒他们工程建设者需要承担的社会责任。

（4）强调工程设计和绘图需要遵守法律法规和标准，教育学生尊重知识产权、遵守专利权和版权的法律规定。

（5）在工程绘图中介绍我国的图学理论历史发展沿革，在教学过程中引入传统建筑风格或地方文化元素，促进文化传承，充分将课程内容与国家的发展战略和文化传统相结合。

（6）强调技术创新和科技发展在工程制图中的重要性，鼓励学生思考如何应用新技术和工具，推动工程领域的进步。

3 考核方式的持续改进

在"翻转课堂"实施前，本课程的考核方式及占比主要为：总成绩＝期末考试（60％）＋平时作业（20％）＋考勤（10％）＋中期测试（10％）。该考核方式单一，导致学生在课堂上的积极参与度较低。更具体地说，学生可以仅通过期末考试的突击学习就能够轻松获得高分，这并未真正反映出以学生为中心、贯穿整个学习过程的教学理念。在课堂教学中，虽然教师鼓励学生围绕特定主题进行探讨、制作 PPT 展示并分享，但因为考核方式未充分考虑这一部分，导致学生的参与度和积极性相对较低，使得课堂研讨未能达到预期的效果。

在"翻转课堂"实施后，为改善上述问题，将考核方式及占比调整为：总成绩＝期末考试成绩（50％）＋线上、线下综合考核成绩（25％）＋课内实践考核成绩（25％）。其中，线下期末考试成绩占50％；线上、线下综合考核成绩＝在线视频学习（10％）＋在线考核成绩（70％）〔此部分包括：在线单元测验（30％）＋在线单元作业（25％）＋讨论答疑（5％）＋线上期末考试（40％）〕＋慕课堂线上课堂练习（10％）＋线下课堂点名得分（5％）＋线下课堂签到（5％）；实践环节成绩＝轴测投影（25％）＋组合体的投影（25％）＋抄绘建筑施工图（25％）＋抄绘结构施工图（25％）。

课内实践环节为小组设计＋课堂研讨形式，学生自愿组成每 4 成员 1 小组，教师结合实践主题布置任务，学生根据任务进行文献调研、头脑风暴、研讨设计，以组为单位撰写实践过程报告、进行课内 PPT 演讲汇报、交流探讨，该实践环节评分由教师和各小组代表共同评比打分，以期更有效地唤起学生的积极性和自主学习精神，提升课程的教学效果。

4 课程质量的持续改进

为提高教学质量，培养更有竞争力的学生，课程质量需要持续改进。这一改进过程需要学生、教师及院系教务工作人员相互协同配合。

本课程在"翻转课堂"实施过程中，建立了定期的课程评估机制，包括自我评估（每学期结束提交达成情况报告及授课总结）、同行评估（督导随机进课堂听课打分、系主任对达成情况报告和授课总结进行审核评估）和学生评估（教务系统期末评教、设置线上问卷调查、MOOC 意见评价等）多种评价手段。对上述数据进行收集和分析，逐年对比，发现问题和趋势，为进一步改进提供依据。根据评估结果，制订具体的改进计划，对课程内容、教学方法、评估方式等进行调整和修订。除此之外，本课程在探索建设过程中还采用了下列方法改进课程质量：其一，应该定期审查和更新课程，以适应不断变化的教育需求和行业趋势；其二，引入一线企业专家进课堂，传授基础知识、规范要求和工程案例应用，加深学生对结构施工图表达的直观理解和深化认知、掌握结构施工图的组成和符号含义、熟悉结构工程图在工程中的表达。引导学生牢记规范意识和安全意识，突出理论结合实际。

5 结语

"画法几何与工程制图"是土木、水利专业的核心必修课，是众多专业课程的先导课程。本文在专业认证的背景下，探讨了"翻转课堂"教学模式改革创新实践过程中课程目标、思政内容、考核方式、课程质量四个方面的持续改进。增加了对制图、建模、信息化软件的应用课程目标，用以支持"使用现代工具"的毕业要求；全面地培养学生专业技能和社会责任感，对课程思政内容进行了补充构建；实施多元化的考核方式改革，增设课内实践环节，实现学生中心、产出导向、全过程参与的教学理念；建立多维度课程质量评价体系，实现课程的持续改进，从而将工程教育专业认证理念落地生根。

参 考 文 献

[1] 李志义. 解析工程教育专业认证的持续改进理念 [J]. 中国高等教育，2015 (15)：33-35.

[2] 孙晶，张伟，崔岩，等. 工程教育专业认证的持续改进理念与实践 [J]. 大学教育，2018 (7)：71-73，86.

[3] 吴艳英，陈海虹，吴锦行. 基于 CDIO 工程教育理念的"画法几何及工程制图"教学研究 [J]. 大学教育，2015 (1)：148-149.

作者简介：刘聃，男，1988 年，讲师，金陵科技学院，主要从事土木工程方面的教学与科研工作。Email：liud@jit.edu.cn。

基金项目：金陵科技学院教育教改研究基金项目 (JYJG202321)；金陵科技学院校级虚拟教研室试点建设项目和产教融合示范基地（培育点）建设项目。

基于产出导向理念的农水专业持续改进探索与实践

仇锦先　龚　懿　陈　平　程吉林　吉庆丰

（扬州大学水利科学与工程学院，江苏扬州，225009）

摘　要

针对《工程教育认证状态保持与持续改进工作指南（试行）》对已通过认证专业在有效期内持续改进的工作要求，结合我校农水专业培养目标与专业特色，遵循以学生为中心、产出为导向的工程教育理念，从面向产出的制度文件制定与修订、专业培养方案与课程教学大纲修订、课程资源建设与教育教学改革、学生实践能力与创新能力培养、教师发展与教学团队建设、人才培养质量跟踪调查与毕业要求达成评价等方面，总结了本专业持续改进的具体举措与实践成效，同时给出了相应的典型案例，对兄弟院校水利类专业状态保持与持续改进具有一定的借鉴与指导意义。

关键词

工程教育认证；产出导向；持续改进；农水专业；扬州大学

1　引言

随着中国工程教育专业认证工作的不断推进，专业认证得到了我国工程类高等院校密切关注、高度重视和积极申报。截至 2017 年年底，教育部高等教育教学评估中心和中国工程教育专业认证协会共认证了全国高校 846 个工科专业；截至 2021 年年底，全国高校 1977 个工科专业通过认证（4 年增加了133.7%），略高于全国高校工科专业总数的 1/10。

为加强对已通过认证的专业在有效期内持续改进工作的指导和督促，中国工程教育专业认证协会颁布了《工程教育认证状态保持与持续改进工作指南（试行）》。指南明确规定，通过认证的专业在认证有效期内，须根据《工程教育认证标准》（T/CEEAA 001—2022）要求，建立完善教育质量评价机制，定期开展专业人才培养目标、课程体系和课程目标设置合理性评价，以及各门课程教学目标达成、毕业要求达成和培养目标达成评价，并基于评价结果，推进持续改进工作。

全国土木工程专业评估（认证）委员会主任、国务院学位委员会委员陈以一教授在 2022 年 5 月举办的专业认证自评报告培训讲座中指出，持续改进是围绕产出目标实现而进行的质量保证活动，必须建立并有效运作面向产出的持续改进机制；产出导向理念贯穿于专业教育教学的全过程，而持续改进是保证导向目标实现的关键。

因此，为进一步深化工程教育专业认证，充分发挥专业认证的作用与意义，切实提升本科人才培养质量，本文基于工程教育产出导向认证理念，以我校农水专业持续改进探索与实践为例，在介绍了专业概况的基础上，总结了认证有效期内本专业状态保持与持续改进的具体做法，以及人才培养质量方面的显著成效，着实推进了专业教育教学改革与专业建设层次，同时可以为兄弟院校农水专业及其他水利类专业的持续改进提供参考和借鉴。

2 专业情况简介

扬州大学农水专业办学历史悠久，1958年招收本科生；1981年国务院首批硕士点；2003年获批博士点；2006年获批博士后流动站；2016年首次通过工程教育专业认证，位列全球工程教育"第一方阵"；2019年入选首批国家一流本科专业建设点。专业发展历程如图1所示。

农水专业特色体现在三个方面：一是围绕国家防洪安全、供水安全、粮食安全和生态安全的战略需求，专业课程设置多学科交融（开设了工程、资源、生态、环境、经济、管理、法规、智慧水利等课程），"麻雀虽小、五脏俱全"，专业可塑性强，彰显时代特色；二是拥有国家级优秀教学团队和国家一流课程，秉承"理论联系实际强、产学研紧密结合好"的传统特色（近90％教师有工程背景，学生毕业设计均来自工程实践），毕业生专业基础深、知识面广、基层适应力强，着力解决水利、农业、水生态环境等领域复杂工程问题；三是专业适应新时期水利向水务转变、工程水利向资源与生态水利转变、传统水利向智慧水利转变的行业需求，毕业生就业面广、就业率高，得到了用人单位的好评与肯定。

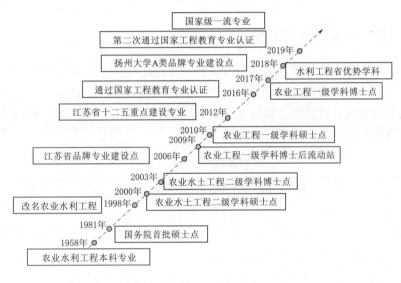

图1 专业发展历程

3 面向产出的持续改进与成效

根据认证专家组对本专业的考查反馈意见，结合定期开展的培养目标、课程体系和课程目标设置合理性评价，各门课程目标、毕业要求和培养目标达成评价反映的实际问题，以及对用人单位与毕业生定期开展的人才培养质量调查的反馈信息，坚持以学生为中心、以产出为导向，制订持续改进工作计划，分年度完善面向产出的内部评价机制与运行机制，深化"学生中心、产出导向、持续改进"的认证理念，立德树人，注重内涵，强化特色，突出新时期学生创新能力与解决复杂工程问题能力的培养，重视各门课程目标达成情况评价工作，促进本专业学生毕业要求的有效达成，实现专业的与时俱进和持续改进。

结合本专业近三年（2020—2022年）持续改进工作的落实情况，系统总结了本专业面向产出的持续改进具体举措与取得成效。主要举措包括制定与修订面向产出的制度性文件、修订2021版专业培养方案与课程教学大纲、加强课程资源建设与教育教学改革、突出学生实践能力与创新能力培养、注重教师发展与教学团队建设、定期开展人才培养质量跟踪调查与毕业要求达成评价等，评价结果用于专业的持续改进，形成"评价—反馈—改进"闭环。面向产出的持续改进举措逻辑关系如图2所示。

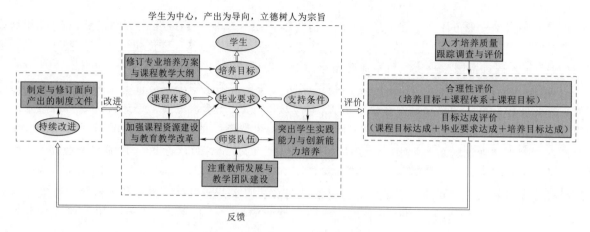

图 2 面向产出的持续改进举措逻辑关系示意图

3.1 制定与修订面向产出的制度文件

面向产出的制度性文件制定与修订，突出专业持续改进工作的常态化、规范化。从学校和学院层面，分别制定与修订了一系列制度文件，见表1。从本科教学规程、实践性教学、青年教师培养、兼职教师聘任、达成评价方法、持续改进机制等方面，落实立德树人根本任务，着力培养面向产出导向的德智体美劳全面发展的社会主义建设者和接班人。

表 1　　　　　　　　　　　　2022 年面向产出的制度文件

序号	制 度 文 件	文 号
1	《扬州大学本科教学工作规程》	扬大教务〔2022〕88 号
2	《扬州大学本科教学实习管理办法（试行）》	扬大教务〔2022〕89 号
3	《扬州大学本科生毕业论文（设计）工作管理办法（试行）》	扬大教务〔2022〕90 号
4	《扬州大学水利类专业本科生培养目标评价办法》《扬州大学水利类专业本科生毕业要求达成评价细则》《扬州大学水利类专业本科课程体系设置评价办法》《扬州大学水利类专业本科课程目标达成评价办法》	水院〔2021〕11 号
5	《扬州大学水利科学与工程学院工程教育专业认证持续改进工作机制（试行）》	水院〔2022〕37 号
6	《扬州大学水利科学与工程学院本科课程目标达成情况评价实施办法（试行）》	水院〔2022〕38 号
7	《扬州大学水利科学与工程学院本科毕业设计（论文）管理规定（修订）》	水院〔2022〕40 号
8	《扬州大学水利科学与工程学院青年教师教学质量提升工程实施方案》	水院〔2022〕35 号
9	《扬州大学水利科学与工程学院青年教师工程实践锻炼培养实施方案（试行）》	水院〔2022〕7 号
10	《扬州大学水利科学与工程学院兼职教师聘用管理办法》	水院〔2022〕5 号

主要成效为保障了教学工作有规程，评价方法有依据，教师发展有支持，推进了专业的持续改进和建设成效。这里以课程目标达成评价与毕业选题为例说明实施效果：①近三年，本专业分阶段完成了所有课程目标达成情况评价，在一个评价周期内做到全覆盖，切实通过课程目标达成评价，发现问题或不足，推进教师教学改革，提升课程教学质量，促进毕业要求达成；②近三年毕业设计（论文）题目类型分别为 2020 年规划设计类 84.6%、论文类 15.4%；2021 年规划设计类 83.3%、论文类16.7%；2022 年规划设计类 94.7%、论文类 5.3%。

3.2 修订专业培养方案与课程教学大纲

3.2.1 修订 2021 版培养方案

专业培养方案是面向产出、保证人才培养质量的基础。2021 版培养方案修订时突出新时期社会发展与行业需求、工程教育认证通用标准与水利类专业补充标准、农水专业传统特色和时代特色。

（1）培养目标仅作第一段修改，"围绕新时代国家乡村振兴战略和农业农村水利发展需求，立足江苏、面向全国，培养具有科学和人文精神、创新意识和实践能力的德智体美劳全面发展的现代农业水利工程技术的工程师与优秀专业人才，胜任未来水利、农业、国土、环境等部门的工程职业工作或者研究生继续深造与自我提升。本专业学生毕业后 5 年左右在社会与专业领域的预期……"，突出了专业的行业需求、办学定位、专业特色与就业方向。

（2）课程体系修订中，一是强化课程体系"交叉开放课程"资源建设，本专业增加了"水利工程信息化与自动化""ArcGIS 应用基础""BIM 应用基础"和"计算方法"等课程供学生修读；二是为拓宽学生专业视野和深化专业学习，适应新时期社会发展与行业需求，本专业提供了 22 门选修课，其中增设或更新了"智慧水利概论""水资源规划及管理""灌溉工程系统分析""地下水利用""节水灌溉理论与技术""村镇规划""作物模型发展与应用""工程伦理概论""工程美学概论""房屋建筑学""水利工程招投标"等课程。

（3）课程性质调整。水利类专业补充标准课程体系第 2 条规定"具有生态、环境的基础知识和水利工程生态、环境的专门知识，能分析、评价水利复杂工程问题解决方案对生态、环境的影响，并能考虑生态、环境的制约因素"；工程教育认证通用标准的毕业要求第 11 条"理解并掌握工程管理原理与经济决策方法，并能在多学科环境中应用"。本次修订将 2017 版中"水生态工程学""环境水利学""水利工程管理"等课程由选修调整为必修。

（4）针对培养方案新设置的课程体系，同步完善了毕业要求达成矩阵，明确了 12 条毕业要求二级指标点及其达成的主要支撑课程。

3.2.2 修订 2021 版课程教学大纲

课程教学大纲是贯彻课程教育思想理念、落实各项教学任务的重要指导性文件，是组织教学、选编教材、评价课程目标达成和规范教学管理的主要依据。2021 版课程教学大纲修订突出立德树人的根本任务；毕业要求二级指标点的支撑作用。每门课程的教学大纲中，均新增了课程思政教学目标；同时明确了每一教学单元（章节）对教学目标的支撑，以及每个教学目标对毕业要求二级指标点的支撑。

以"水利工程施工实习（含劳动教育）"教学大纲为例，课程教学目标见表 2，课程目标对毕业要求的支撑见表 3。本课程获批 2021 年扬州大学课程思政示范课；"治水安邦"水利工程施工训练项目获得2022 年江苏省高等学校劳动教育优秀实践项目特等奖；"治水安邦"实践育人——水利工程施工训练模式创新与实践成果获得 2023 年第三届水利德育教育优秀成果三等奖。

表 2　　　　　　　　　　　　　"水利工程施工实习（含劳动教育）"课程教学目标

序　号	课　程　目　标
课程目标 1	深入了解我国农业水利工程施工技术的发展与成就，增强学生的责任感和使命感，强化学生的"四个自信"；理解农业水利工程施工实习的主要任务和内容；掌握农业水利工程施工组织与管理的基本原则，培养学生独立自主的学习能力与习惯
课程目标 2	掌握农业水利工程施工水流控制、地基处理、土方、砌石、钢筋混凝土等基本工种的施工技术和施工方法；熟悉常用施工机械的类型、性能、作业方式与适用条件
课程目标 3	掌握渠道、土石坝、水闸等主要水利建筑物的施工技术和施工方法
课程目标 4	掌握施工组织设计编制的基本原则和方法；掌握施工进度计划与施工总体布置的主要步骤和方法；了解施工管理的内容
课程目标 5	实习期间，通过不断加强对学生安全、纪律、劳动、职业道德、集体主义等方面的教育，帮助学生树立正确的劳动观念，具有必备的劳动能力，培育积极的劳动精神，养成良好的劳动习惯和品质

表3 课程目标对毕业要求的支撑

课程目标	毕业要求指标点及其内容		教学内容	课程思政元素	支撑强度
	指标点	毕业要求指标点内容			
2、3、4	指标点3.3	能够运用水利工程施工技术进行水利工程施工组织设计和施工管理	施工组织设计	树立吃苦耐劳、精益求精的工作作风	H
1、5	指标点9.1	能够理解团队中每个角色的含义及其对于整个团队的意义，并在多学科背景下的团队中做好自己承担的角色	施工组织设计	水利工程施工过程中的职业道德、团队合作精神	M
1、2、3、4、5	指标点11.1	掌握工程管理的基本理论和基本方法，具有发现、分析、解决工程管理实际问题的基本能力，并能在多学科环境中应用	施工组织设计	水利工程施工过程中的使命感、责任感	M

3.3 加强课程资源建设与教育教学改革

课程资源建设与教育教学改革，是促进课程目标有效达成的重要手段，突出一流课程、数字化教学资源建设的层次与水平，以及省部级教学成果、教改课题的创新性与先进性。

基于 OBE 教育理念，与时俱进，本专业精选课程教材，合理安排教学内容，并加强教学资源建设；积极开展线上线下混合教学模式探索，形式不拘一格；"水力学""灌溉排水工程学""工程水文与水利计算""水利工程施工"等课程安排在智慧教室授课，逐步建立专业核心课程视频教学库；教学中注重学生解决复杂工程问题能力的培养，促进课程目标的达成；重视以典型复杂工程问题实际案例为背景贯穿教学过程，带动专业课程群改革；推进专业必修课程"灌溉排水工程学""水生态工程学""水利工程施工"等教材修订与编写工作；加强国家一流课程、省部级教学成果、教改课题申报与研究等。

主要成效：近年来获批省级、国家级一流课程立项各1项；"十四五"时期水利类专业重点建设教材3项；出版全国水利行业"十三五"规划教材2部、普通高等教育"十三五"规划教材1部、江苏省重点教材1部。同时，获得全国高等学校水利类专业教学成果奖二等奖1项；全国高等学校水利类专业教学改革课题3项；基于工程教育专业认证背景下水利高等教育教学改革研究课题1项；江苏省力学教育教学研究课题立项1项。

3.4 突出学生实践能力与创新能力培养

《工程教育认证标准》（T/CEEAA 001—2022）的12条毕业要求中有8条都聚焦于学生解决复杂工程问题的能力培养。因此，突出学生在农水专业复杂工程问题中实践能力与创新能力培养，是学生毕业要求有效达成与培养目标顺利实现的保证。

本专业涉及的农村水利工程规划、设计、施工、管理或科学研究，均存在复杂工程实际问题，均需要系统而扎实地掌握本专业的基础知识和专业知识，统筹考虑各种关联影响因素与不确定因素，深入地应用数学、自然科学和工程科学的基本原理，采用先进方法与现代工具，才能准确识别与表达、有效分析与解决工作中的复杂工程问题。

限于篇幅，这里列举本专业一个典型的高标准农田（或大中型灌区）项目规划设计案例，根据项目规划设计步骤与具体内容，确定各步骤涉及的知识点、方法或模型，以及相应的支撑课程、规范或标准，遵循反向设计、正向实施的原则，进行讨论、构思、排序、组合，突出知识点的系统性、关联性、逻辑性、合理性与目标导向性，采用框图形式构建出图形化、网络化的知识体系，如图3所示，整个过程注重学生实践与创新能力培养，这是教学目标有效实施和毕业要求达成的关键。

同时，本专业不断加强学生实验实训平台建设，提升学生解决复杂工程问题的实践与创新能力。近三年获批省级虚拟仿真实验教学项目1项，校级虚拟仿真实验项目4项；建成校级"高效节水灌溉虚拟仿真实验项目"，并继续努力打造省部级实验教学示范中心；进一步配套 42300m² 的"农水与水

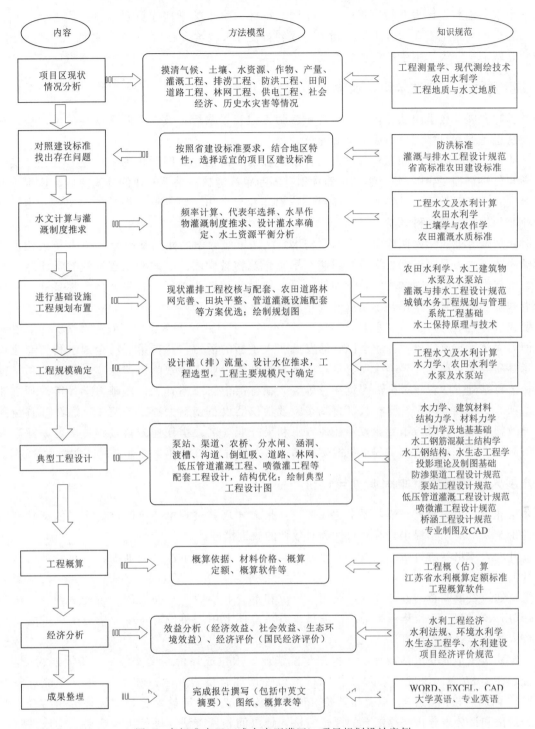

图 3 高标准农田（或大中型灌区）项目规划设计案例

文水生态室外试验场"，尽早作为省重点试验站纳入国家灌溉试验站网；推行校企合作共建校外实习基地与校内实训基地相结合，近三年先后与 15 家单位签约了产学研合作基地与教学实习基地，为学生工程实践能力和创新能力培养提供了校企产教融合平台；资助学生参加各种大学生科技竞赛活动；鼓励学生参与专业教师的科研项目。

主要成效：近三年，获得教育部产学合作协同育人项目 1 项；第十七届"挑战杯"全国大学生课外学术科技作品竞赛（全国）二等奖 1 项、第十七届"挑战杯"全国大学生课外学术科技作品竞赛江苏省选拔赛（省赛）一等奖 1 项、第十二届"挑战杯"江苏省大学生创业计划竞赛金奖 1 项；第七届全国大学生水利创新设计大赛特等奖 2 项；全国数维杯大学生数学建模竞赛本科组优秀奖 1 项；第二届、第三届全国大学生农业水利工程及相关专业创新设计大赛奖 3＋2 项；江苏省级大学生科创项目 4 项；校"互联网＋"大学生创新创业大赛奖 2 项。

3.5　注重教师发展与教学团队建设

注重教师发展与教学团队建设，突出青年教师工程背景锻炼、教学团队帮扶与传承，快速提升教学水平，这也是课程目标有效达成的重要保证。

本专业大力引进高水平和海外背景人才，推进教师"博士化、国际化和工程化"进程；实行青年教师教学与科研培训"导师制"，制订培养计划且不断跟踪考核；秉承专业的传统特色，重视专业教师工程背景，鼓励年轻教师通过参加横向项目、技术开发与合作、职等形式提升工程实践能力；聘任企业、行业兼职教师参与本科教学。

同时，加强专业教学团队建设，在水泵与水泵站国家级教学团队的基础上，2020 年组建了农田水利学教学团队、水力及河流动力学教学团队、水工建筑物教学团队、水利工程测量教学团队、水利工程施工与管理教学团队和固体力学教学团队，平时以教学团队为单元，积极开展集体备课、听课，充分发挥老教师"传帮带"作用，不断提升青年教师教学水平。

主要成效：近三年，引进农水方向年轻教师 14 名，来自武汉大学、中国农业大学、西北农林科技大学、河海大学等重点高校，为教学团队的发展注入了新的活力；获得第七届全国水利类专业青年教师讲课竞赛一等奖 1 项和二等奖 1 项、第八届全国水利类专业青年教师讲课竞赛一等奖 2 项、首届长三角高校工科基础力学青年教师讲课竞赛一等奖 2 项、第十届江苏省工科基础力学青年教师讲课竞赛二等奖 2 项、第六届全国高等学校教师自制实验教学仪器设备创新大赛三等奖 1 项、江苏省优秀毕业设计指导教师 6 人。同时，本专业教师在地方水利局挂职 3 名，担任地方科技副总 7 名，江苏省"双创博士"5 名，2022 年申请到工程单位锻炼教师 6 名。另外，2022 年本专业新聘兼职教师 16 名。

3.6　开展人才培养质量跟踪调查与评价

人才培养质量跟踪调查与毕业要求达成评价，是人才培养过程中持续改进的重要依据，突出调查反馈与评价结果的应用，提出具有针对性和时效性的改进措施。

（1）开展人才培养质量跟踪调查。为充分了解专业培养目标定位是否准确、毕业要求与课程体系与经济社会发展需求是否相符，本专业于 2021 年开展了人才培养质量跟踪调查。受当年疫情影响，学院团委主要通过发放调查问卷的方式，对用人单位和本专业毕业 5 年左右的学生开展调查，从调查收回的 15 家用人单位与 30 位毕业生的反馈信息来看，总体上用人单位对本专业毕业生认可度高，毕业生对学校人才培养过程评价好。

（2）定期组织毕业要求达成评价。根据学院毕业要求达成评价制度文件，评价周期为 2 年 1 次，本专业分别在 2020 年（评价对象为农水 2018、2019 两届合格毕业生）和 2022 年（评价对象为农水 2020、2021 两届合格毕业生），以直接评价和间接评价相结合、定量评价和定性评价相结合、课程考核成绩分析法和评分表分析法相结合的评价方法，辅以问卷调查法，进行了毕业要求达成评价，并形成《2020 年度农水专业毕业要求达成评价报告》《2022 年度农水专业毕业要求达成评价报告》，评价结果用于专业的持续改进。

主要成效为本专业于 2022 年年底提交了中期考核申请报告，得到了审核专家的认可，顺利通过中期检查。

4　结论

开展基于产出导向理念的专业持续改进探索与实践，这不仅是工程教育专业认证的要求，更是专业提高人才培养质量、实现工程教育可持续发展的集中体现。本文聚焦认证专业状态保持与持续改进工作，结合我校农水专业培养目标与特色，总结了近三年本专业持续改进的实践与成效，包括面向产出的制度性文件制定与修订、2021版专业培养方案与课程教学大纲修订、课程资源建设与教育教学改革、学生实践能力与创新能力培养、教师发展与教学团队建设、人才培养质量跟踪调查与毕业要求达成评价等方面，突出强调培养目标与课程体系的需求性与时代性、课程资源建设的多样性与教育教学改革的先进性、专业复杂工程问题的实践性与创新性、教师工程背景与团队建设的必要性与传承性、持续改进工作的针对性与有效性，并给出了相应的典型案例，对已通过认证的水利类专业状态保持与持续改进具有一定的参考和指导意义。

当然，专业建设永远行走在持续改进的道路上，我校农水专业也将一如既往地遵循工程教育认证理念，基于评价的基础上推进面向产出的持续改进，强化立德树人思想引领，深化教育教学改革，细化专业内涵建设，优化专业课程体系，提升师资队伍水平和专业支撑条件，增强工程教育的有效性与持续性，切实提高新工科人才培养质量，使我校农水专业内涵积淀更加深厚，不断提升专业行业声誉和社会影响力，为我国水利、农业、国土、环境等部门输送更多优秀的高级工程技术人才和管理人才。

参 考 文 献

[1] 李志义，赵卫兵. 我国工程教育认证的最新进展 [J]. 高等工程教育研究，2021 (5)：39 - 43.

[2] 李志义.《华盛顿协议》毕业要求框架变化及其启示 [J]. 高等工程教育研究，2022 (3)：6 - 14.

[3] 林健. 工程教育认证与工程教育改革和发展 [J]. 高等工程教育研究，2015 (2)：10 - 19.

[4] 蒋宗礼. 本科工程教育：聚焦学生解决复杂工程问题能力的培养 [J]. 中国大学教学，2016 (11)：27 - 30，84.

[5] 李擎，崔家瑞，杨旭，等. 面向工程教育专业认证的自动化专业持续改进 [J]. 高等工程教育研究，2019 (5)：76 - 80，96.

[6] 李伟，缪培仁，胡燕，等. 基于专业认证思维的农业院校专业建设研究与实践 [J]. 中国大学教学，2018 (6)：55 - 58.

[7] 陈平. 专业认证理念推进工科专业建设内涵式发展 [J]. 中国大学教学，2014 (1)：42 - 47.

作者简介：仇锦先，男，1971年，副教授，扬州大学，主要从事农田灌排理论与水利规划优化方面的教学与科研工作。Email：qiujx@yzu.edu.cn。

基金项目：基于工程教育专业认证背景下水利高等教育教学改革研究课题（2022 - 18）；2022年扬州大学教学改革研究重点课题（YZUJX2022 - B6）。

面向工程教育专业认证的水文与水资源工程专业改进工作实践与思考

孟静静[1,2]　宋孝玉[2]　刘登峰[2]

(1. 西安理工大学水利水电国家级实验教学示范中心，陕西西安，710048；
2. 西安理工大学水利水电学院，陕西西安，710048)

摘　要

本文以西安理工大学水文与水资源工程专业为例，针对 2018 年第二轮专业认证提出的问题及关注项，阐述了专业所实施的改进措施，开展了学生的专业教育，及时完善毕业要求，持续改进企业和行业专家参与教学活动，不断完善课程体系，多途径不断改善教学支持条件，完善了面向产出的内部评价机制并总结了运行情况。最后，总结了本专业在持续改进方面仍然存在的问题并展望了下一步改进工作的方向。

关键词

专业认证；水文与水资源工程；关注项；持续改进；面向产出

西安理工大学水文与水资源工程专业依托 1981 年获得博士学位授予权的水文学及水资源学科（2002 年获批国家重点学科）建设，2003 年 9 月开始第一次水文与水资源工程专业本科招生，首届招生规模 50 人左右，2004—2012 年期间每年招生规模 30 人左右，2013 年至今每年招生规模 60 人左右。2012 年首次通过全国工程教育专业认证，有效期 6 年。2017 年本专业成为陕西省首批重点建设的一流专业。2018 年本专业第二次通过全国工程教育专业认证，有效期 6 年（有条件）。2020 年本专业入选国家级一流本科专业建设点。

1　第二轮认证提出的问题和关注项

本专业第二轮认证报告中提出的问题和关注项：

（1）学生。近三年该专业转出学生人数明显多于转入学生人数，且有持续趋势，改进措施不足，应予重视。

（2）毕业要求。问题一：毕业要求 3 设计开发解决方案：没有把毕业设计列为支撑课程。问题二：毕业要求 10 中的指标点 3 "具备一定的国际视野，能够在跨文化背景下进行沟通和交流"，仅以《水利专业英语》支撑偏弱。

（3）持续改进。企业和行业专家参与教学活动的记录不完整。

（4）课程体系。有企业专家参与课程体系修订，但记录不全。

（5）支持条件。问题一：降雨侵蚀大厅设施设备陈旧，可能影响学生实验，需要更新建设。问题二：教师办公用房紧张，教师与研究生合用办公室普遍，存在新进教师没有办公用房情况，对专业发展存在影响。

2 第二轮认证后的改进工作

2.1 抓住多个环节对学生开展专业教育

根据学校文件规定，学生进校学习一年后，可提出一次转专业申请。据此，改进措施主要包括入学前的招生、专业宣传和入学后的专业教育。

入学前的宣传主要是配合学校和学院工作安排，通过实际走访生源地、专业教师宣讲、发布网上新闻和公众号宣传等方式进行。

入学后的专业教育是由本专业组织的，在每年召开的水文与水资源工程专业新生见面会上，安排本专业有经验的教师从学科情况简介、培养方案解读、学分制与学籍管理、毕业生就业情况等方面为学生做专业教育。从 2018 级开始实施"双导师"制，即每个班级配备 1~2 名本科生导师（班导），每 2~3 名学生另外安排一名教师作为专业导师，以此开展专业教育。班导通过班会定期向学生深入宣传专业特色、读研形势和就业前景，专业导师则不定期为学生提供学业方面的咨询和帮助。2020 版培养方案增加了"专业导论"（水文）课程，主要目的是帮助学生了解自己所学专业的背景、课程设置、毕业生能力和素质要求及未来工作去向等，引导学生逐步了解专业并树立牢固的专业思想、确立自己的学习目标和努力方向。

2.2 及时修改完善毕业要求

毕业设计是培养学生初步独立分析问题和解决实际工程问题的一个重要过程，是对学生能力与素质的综合检验。2020 版毕业设计大纲已将毕业要求 1"工程知识"、毕业要求 2"问题分析"和毕业要求 3 等指标点列入教学目标对毕业要求的支撑矩阵中。

2020 版培养方案中对毕业要求 10 中的指标点 3"具备一定的国际视野，能够在跨文化背景下进行沟通和交流"有高度支撑（H）的课程为"英语 A""Matlab 工程应用（双语）"，另外还有院级选修课"水利水电工程专业英语"，这些课程直接训练学生在跨文化背景下进行沟通和交流。对此指标点有中度支撑（M）的课程为"工程测量学实习""水文测验教学实习""水利工程建设与运行管理"，在这几门课程引入新技术、新工具、新应用。对此标准点有低度支撑（L）的课程为"体育""军事理论（课外学时）""思想道德修养与法律基础（课外学时）""中国近现代史纲要（课外学时）""马克思主义基本原理（课外学时）""毛泽东思想和中国特色社会主义理论体系概论（课外学时）"，在这些课程中，任课教师结合当前国际形势，从军事、政治、经济等角度开阔学生视野。

2.3 持续改进企业和行业专家参与教学活动

企业和行业专家参与教学活动在本专业主要体现在培养方案修订、实习以及毕业设计等环节，如在课程教学实习、生产实习过程中，学生与专家面对面进行深入交流，如图 1 所示。

企业和行业专家参与本科生毕业设计（论文）工作，主要体现在两个方面：一是与校内教师共同指导学生毕业设计（论文），涉及的单位包括中国水利水电科学研究院、西安市水务局、陕西省水利电力勘测设计研究院、陕西省引汉济渭工程建设有限公司等企事业单位，被指导的学生也会在毕业设计论文的封面或者致谢中进行标注；二是参加本科毕设论文的答辩，企业和行业专家分别就毕业设计内容、方法、结论等进行了提问和讨论，如图 2 所示。为了落实企业专家指导本科生的责任并体现荣誉感，水利水电学院发文聘请企业专家担任本科生企业导师，并颁发聘书。

2.4 不断完善课程体系

本专业长期以来重视通过调研改进培养方案提高专业办学质量。为了持续修订和完善水文与水资

图 1　实习过程中企业专家与学生交流（2021 年）

图 2　企业和行业专家参加毕业答辩现场（2021 年）

源工程培养方案，在第一轮专业认证通过后，本专业于 2015 年 9 月 13—15 日赴武汉大学水利水电学院、河海大学水文水资源学院进行了调研和参观，并撰写了调研报告。2016 年 11 月 16—18 日，还调研了扬州大学、南京大学、东南大学、同济大学和上海海事大学等高校。这些调研进一步丰富了专业建设的参考资料。

第二轮专业认证通过后，按照《西安理工大学关于开展 2020 版本科专业培养方案修订工作的通知》的相关要求，2019 年 5—10 月水文水资源系组织相关教师采用现场调研、网络调研两种方式，就水文与水资源工程专业的人才培养模式、课程体系设置及学时学分分配、专业核心课程、实践教学、双创教育、毕业学分要求等内容进行了调研，对标一流，学习经验，以期为我校水文与水资源工程专业 2020 版本科培养方案修订工作提供重要的参考依据和借鉴作用。

2.5　多途径不断改善教学支持条件

利用学科建设经费，将雨洪侵蚀与动力水文实验室分成试验准备区、多功能试验区、模型坡面和模型流域 4 个部分。具体的建设内容包括：拆除现有沟道土槽系统，建立坝系流域水文-泥沙-地貌耦合模拟试验系统。对大厅屋顶的水箱、底部的两个水槽进行改造，实现智能化开关功能，保证大厅供水正常。实现供水供电系统的合理安全布设及自动化和现代化，保证试验过程中用电的可靠性和稳定性，以使模型坡面和模型流域的试验条件平稳，数据可靠。建成智能化自动化观测系统：雨滴谱观测系统、水分在线监测系统、入渗观测系统、径流观测系统、泥沙观测系统、流速观测系统、地貌三维监测系统。上述措施改善了雨洪侵蚀与动力水文实验室陈旧、杂乱的环境，显著提高了实验室的科研与教学服务能力。

针对教师办公用房紧张的问题，水文水资源系筹资源，现能够保障新进教师有办公室，但教师办公用房面积还远没有达标，教师与研究生合用办公室的情况仍然比较普遍，学院也已经向学校提出申请，目前正在解决中。

3 面向产出的内部评价机制的完善和运行情况

3.1 以一流专业建设为引领，建立校-院-系三级持续改进评价体系

根据《教育部关于加快建设高水平本科教育 全面提高人才培养能力的意见》和《西安理工大学推进一流本科教育实施意见》，西安理工大学制定了建设一流本科教育行动计划（2019—2024），总体目标是经过 5 年努力，巩固人才培养中心地位和本科教育基础地位。为进一步贯彻落实工程教育专业认证理念，促进学校及各专业不断调整改进人才培养方案，提高人才培养质量，保证学习评价工作有效开展，学校制定了《西安理工大学学生学习效果评价工作实施办法（试行）》，确定了内部评价与外部评价相结合、定量评价与定性评价相结合的评学方式。

为切实引入促进专业持续改进的社会评价力量，营造提高水利水电学院各专业建设水平的良好外部环境，制定了《水利水电学院持续改进的社会评价制度（试行）》。为有效提升水利水电学院持续改进的内部评价工作质量，培养更加适应社会经济发展及用人单位需要的水利水电学院各专业人才，提高专业持续改进的有效性和针对性，制定了《水利水电学院持续改进的内部评价制度（试行）》（2020）。建立面向产出的课程评价机制是内部质量保障的核心[2]。实现成果导向教育进课堂，是工程教育专业认证的"最后一公里"[3]。水文水资源系以一流专业建设为契机，建立质量意识，通过每学期组织涵盖各个年级的专业座谈会、导师见面会等方式落实内部评价机制；通过项目合作、企业行业专家报告等调研方式落实外部评价机制，根据评价结果，持续改进课程教学大纲。

3.2 完善培养方案，优化课程体系，推进课程与教材建设

2020 版水文与水资源工程培养方案，将学科前沿知识、行业发展方向、最新科研成果等引入课堂，新开设了"专业导论"（水文）课程。用专业针对性更强的"水资源工程概论"替换了"水利工程概论 B"课程。将原"水文水利计算"和"水电能源利用与管理"两门课程内容整合优化后更改为"水文分析与计算""水利水能计算"，并增加了"水利水能计算课程设计"。

专业现已建成"水资源利用""水文学原理""工程水文学"三门线上课程并已在国家智慧教育平台上线运行，其中"水资源利用"在线课程获评智慧树精品课。"流域暴雨洪水感知调控虚拟仿真实验"获批国家级虚拟仿真实验教学一流本科课程（2023）。"水文预报"课程及教学团队建设获批陕西省课程思政示范课程及教学团队（2023）。"陕西省水资源开发利用与保护"获批陕西特色线上课程建设立项（2023）。专业历来重视教材建设，持续改进期间出版教材，见表1。另外，《水文学原理（第3版）》正在水利教指委规划教材第二版基础上修订再版，即将出版。本专业还将科研工作与本科教学内容结合，出版研究案例教材，践行科研育人，见表1。积极调研分析课程思政建设现状，发表教改论文《高校专任教师对课程思政教学认知的现状分析与思考——以某大学为例》[4]。

表1 近四年出版的教材和专著

序号	名称	作者	出版社	类别	出版年份
1	水利工程概论	白涛，等	中国水利水电出版社	教材	2019
2	水文分析与计算习题集	刘登峰，等	中国水利水电出版社	教材	2021
3	水能利用（第五版）	王义民，等	中国水利水电出版社	教材	2021
4	河流动态纳污量及水质传递影响研究与实践	罗军刚，等	科学出版社	专著	2021
5	黄河宁蒙河段防凌调度理论与实践	白涛，等	中国水利水电出版社	专著	2021

序号	名　　称	作者	出版社	类别	出版年份
6	西江突发水污染和水库失能应急调度	杨元园，等	中国水利水电出版社	专著	2021
7	渭河流域水文要素演变规律与致灾机理研究	刘登峰，等	科学出版社	专著	2021
8	面向生态的水利工程协调调度理论与实践	魏娜，等	中国水利水电出版社	专著	2021
9	引汉济渭工程调-输-配联动水量调控模式研究	张晓，等	中国水利水电出版社	专著	2021
10	Check dam construction for sustainable watershed management and planning	李占斌，等	Wiley	专著	2022

3.3　优化实践教学体系，强化学生创新能力培养

实践教学是专业工程教育的重要环节，西安理工大学水文与水资源工程专业的实践教学环节包括课程实验、课内实验、认识实习、专业实习、课程实习和毕业设计（论文）等。实验教学大纲和实习大纲制定时要求按专业认证要求，明确教学目标，体现对学生能力的要求，与毕业要求及指标点建立对应关系。毕业设计和课程设计选题要求应尽可能结合工程应用，选择能够体现"解决复杂工程问题"能力要求的题目。鼓励聘请校内外具有中级以上专业技术职称人员担任指导教师。本专业教师根据实验教学特点自主研发主要实验平台，采用开放式模块化结构，学生可自主设计制作，并嵌入实验平台；创建了水利水电类专业多学科交叉融合的综合性实验平台，形成了"基础认知实验平台-技能训练实验平台-科技创新试验平台-虚拟仿真模拟平台"的逐次提升式实践教学体系。

为了正确引导和鼓励学生参加各类科技创新竞赛活动，推动大学生创新创业训练计划项目的深入开展，学校制定了《西安理工大学科技创新竞赛管理办法》《西安理工大学大学生创新创业训练计划项目管理办法》《西安理工大学创新与技能学分管理办法》。近三年，本专业学生在"互联网＋"大学生创新创业大赛、水利创新大赛等各类学生科技创新比赛中均取得了很好的成绩。

4　存在问题及下一步工作思考

尽管本轮中期检查结论为：内部评价机制的完善得到了加强，总体运行情况良好，达到相关要求，继续保持。但是由于各种条件的限制，仍然存在着转专业比例高、企业导师参与教学环节力度不够等问题，对今后的工作的思考有以下两个方面。

4.1　注重专业内涵建设，提升专业吸引力

改进工作的质量管理体系的建立与运行应基于学校层面，但要细化和落实到专业层面。今后本专业将继续发挥"双导师"制的作用，落实"双导师"责任与义务，提前做实专业宣传。丰富"专业导论"课程内容，让学生真正领略专业魅力，清晰认识到水文专业在国民经济中发挥的作用，争取将更多因对专业认知不足而转专业的"摇摆生"留在本专业。

对于学生国际视野的培养以及能够在跨文化背景下进行沟通和交流能力的培养是一个循序渐进的过程，不仅要贯穿大学四年整个理论及实践教学中，还应当课上课下齐发力。今后的改进计划中可以加大国外原版教材引进的力度，鼓励将相关领域国际新理论、新技术、新工具、新应用融入培养方案。积极开拓国际教育和校际学生交流的渠道，推进专业培养过程的国际化，提高国际化人才培养水平。

4.2　加强校企合作，提高企业导师的参与度

产学研融合、协同育人对提高人才培养质量有重要推动作用，但目前产学研融合仅是有效完成实

习实践的一个工作方式。企业往往只重视科研合作和自身效益而忽视产学研融合、协同育人，真正接收学生顶岗实习的企业较少，双向互聘机制运行不通畅。未能把产品开发、科研项目、研究生培养等方面各自的优势移植到本科生培养、教师发展和企业员工技术提升中来，还未形成互动三赢的局面。

专业目前存在的问题主要是企业和行业专家参与教学活动的广度和深度不足，记录的方式也比较单一，缺乏必要的支撑条件。学校没有安排企业导师参加本科毕业设计指导的酬金或者制度，难以形成稳定持续的指导机制，不利于专业开展企业导师指导的工作。因此，需要学校、学院完善相关的制度并形成教学文件建立制度保障。

参 考 文 献

[1] 宋孝玉，鲁克新，罗军刚，等. 水文与水资源工程专业工程教育专业认证的实践与思考［C］//中国水利学会. 中国水利学会2019学术年会论文集第三分册. 北京：中国水利水电出版社，2019：101-105.
[2] 宋力，王清华，吉平，等. 高等工程教育面向产出的评价机制研究与实践［J］. 科技风，2022（32）：25-27.
[3] 李志义. 中国工程教育专业认证的"最后一公里"［J］. 高教发展与评估，2020，36（3）：1-13，109.
[4] 周融，刘登峰，黄强. 高校专任教师对课程思政教学认知的现状分析与思考：以某大学为例［J］. 高教学刊，2022，8（27）：37-40.
[5] 安勇. 工程教育专业认证改进工作质量提升的深度思考［J］. 中国高等教育，2018（23）：38-40.

作者简介：孟静静，女，1984年，实验师，西安理工大学，主要从事水文水资源实验教学及实验室管理。Email：meng9205@126.com。
基金项目：西安理工大学水利水电国家级实验教学示范中心开放课题项目（WRHE2106）。

地矿类院校水文与水资源工程专业
持续改进模式研究
——以中国地质大学（北京）为例

高　冰　蒋小伟　李占玲　侯立柱　张志远

[中国地质大学（北京）水资源与环境学院，北京，100083]

摘　要

地矿类高等院校专业水文与水资源工程专业面临由传统水文地质工程地质类专业向水利类专业转型的挑战。本文以中国地质大学（北京）水资源与环境学院水文与水资源工程专业基于持续改进的教学改革实践为例，分析了基于毕业生、在校生、行业企业专家和工程教育认证专家等多主体反馈机制的建立和反馈结果的运用对培养方案和课程体系改进修订的重要作用，阐明了建立面向工程教育认证的持续改进模式是解决地矿类高等院校专业水文与水资源工程专业转型升级中面临挑战的有效途径。

关键词

工程教育认证；水文与水资源；持续改进

1　引言

目前国内涉水高校的众多水文与水资源工程专业中，有相当一部分是地矿类院校的水文与水资源工程专业。这些专业大多起源于传统的水文地质或工程地质等地学专业。因此，长期以来，此类专业面临着从传统地学或地下水类专业向水利类的水文与水资源工程专业转型的挑战。在工程教育认证的背景下，这些专业转型过程中，存在许多难以解决的问题，包括专业难以准确定位、传统地学类课程与水利工程类课程难以协调或结合、人才培养模式与市场需求仍难以匹配等问题。本文以中国地质大学（北京）水文与水资源工程专业在面向工程教育认证方面进行的持续改进工作为例，对地矿类院校水文与水资源专业基于持续改进的专业建设和教学模式进行改革探索，为地矿类院校水利专业教学改革提供有价值的参考。

近年来，随着工程教育认证工作在我国工科专业建设中的推广，持续改进的理念在本科教育教学改革中逐渐得到了广泛应用。我国工程教育认证标准中，明确了"持续改进"应该重点研究专业在面向产出评价机制建设方面存在的问题，包括专业培养方案的修订、课程建设和内部质量监控机制改进等。目前，许多工科专业开展的基于持续改进的教学改革实践大多集中在如何构建质量评价监控体系，不断对专业建设进行持续改进，从而推动本科教学改革方面[1]。例如，许海霞和周维研究了基于胜任力的通信工程专业人才培养方案的持续改进[2]。洪亮开展了面向工程教育认证的车辆工程专业建设持续改进反馈机制研究[3]。柳勤等开展了机械工程专业基于持续改进的毕业生跟踪反馈机制构建的探索[4]。而与其他工科专业相比，水利类专业基于持续改进的教学改革系统研究在相关文献中的报道还较少。

2 地矿类院校水文与水资源工程专业改革面临的挑战

地矿类院校的水文与水资源工程专业多起源于地质类的水文地质工程地质专业，传统的课程体系内地质类和地下水相关课程较多，而地表水和水利工程类课程相对缺乏。同时，在实践教学环节和毕业论文培养过程中对学生工程实践能力培养的相关内容比较缺乏。因此，地矿类院校水文与水资源工程专业在面向工程教育认证的工科教学改革过程中面临着较大的挑战。以中国地质大学（北京）为例，2010 年之前，水文与水资源工程专业培养方案中没有气象学相关课程，水力学课程中也缺乏明渠流动的相关内容，相关设计类课程偏少，这些均与水利类专业工程教育认证要求和用人单位的需求不匹配。同时，随着自然资源和水利行业发展，国家生态文明和"双碳"目标的提出为水文与水资源工程专业的人才培养提出了新的多样化要求。而新时代多样化的水利人才培养需求，要求不同学校和专业要具有自己的特色[5]，因此，地矿类院校水文与水资源工程的专业课程体系应避免与传统水利院校课程体系同质化，如何在保持自身特色的基础上，实现面向工程教育认证和水利行业需求的水文与水资源专业建设改革具有挑战性。

3 基于认证理念的持续改进研究

3.1 持续改进模式构建

为解决传统地矿类院校水文与水资源工程专业存在的问题，需要以工程教育认证标准为指导，深入贯彻持续改进思想，开展教学和专业建设改革，其中，真正建立以产出为导向的培养方案持续改进机制是关键。自 2010 年起，中国地质大学（北京）水文与水资源专业探索建立了由毕业生、在校生、教师、行业和企业专家和用人单位等多主体构成的多层次教学和人才培养质量监控和反馈机制。重点对地学类课程和传统水利类课程的毕业要求和学生工程能力培养的支撑情况进行评价反馈。并从新时代水利人才需求和地学课程对学生能力培养影响等方面对培养方案、课程体系的合理性进行评价。基于对毕业 5 年和毕业 10 年的毕业生的追踪问卷调查结果以及用人单位反馈意见，系统对比分析 2010 版和 2016 版专业培养方案的实施效果。并重点从学生工程能力培养方面对毕业生培养质量和培养方案、课程体系合理性进行评价。

基于多层次和多主体的反馈结果，重点分析现有毕业要求与行业需求的匹配度以及培养方案中的问题，重新凝练和提出专业定位，探索提出具有地学特色优势同时符合认证标准并适应新时代水利行业需求的人才培养和课程体系的优化方案。由此实现多层次和多主体的持续改进反馈，指导教学改革，从而提升人才培养质量。

3.2 持续改进模式实践与探索

3.2.1 反馈机制建立

中国地质大学（北京）水文与水资源工程专业通过调查问卷、在校生和应届毕业生座谈会、教师互评和督导组评价等方式，实现对专业教学和人才培养质量的内部评价反馈机制。充分发挥行业和企业专家的作用，通过问卷调查和座谈、定期走访等方式，建立由毕业生、不同领域用人单位和行业企业专家等组成的教学和人才培养质量外部评价反馈机制。特别是在 2011 年、2016 年和 2021 年三次培养方案修订过程中，均邀请校外企业专家举行咨询会，充分听取行业专家意见。同时，通过邮件、QQ群、微信群、学院微信公众号等形式对本专业毕业生进行培养目标合理性调查。相关反馈机制为教学和专业课程体系面向工程教育认证的改革提供了重要依据（表1）。例如，行业企业专家反馈意见认为应当加大实习和实验教学强度，重视实践环节和动手能力的培养，在校生调查表明大多数同学希望加强水利工程领域的教学，而毕业生反馈认为应加强计算机、遥感等方面的教学。这些都为专业培养方案的修订和课程体系的优化提供了重要依据。

表1   反 馈 机 制 运 用 情 况

反馈主体	反馈意见	改进措施
工程教育认证评估专家	水环境和水灾害防治类课程偏少，地表水课程偏少	2011版培养方案中增加"气象与气候学"课程，2018年专业实习中增加明渠流实验内容，2021版培养方案中增加"水生态与水环境保护"和"生态与环境水文地质学"课程，增设"水文统计与水文预报"课程
行业企业专家	课程教学要注重地学基础知识的学习，要注重培养学生终身学习与自学的能力，建议加强地学基础和计算机等方面的教学。建议加大实习和实验教学强度，重视实践环节和动手能力的培养	2016版培养方案将"水文地质专业实习"调整为"水文与水资源工程专业实习"，2021版培养方案进一步增加实习学时，扩展实习内容。2016版培养方案增加综合课程设计，地球科学概论课程提高到64学时
毕业生	需加强计算机、遥感等方面的教学	2016版培养方案增加"水资源GIS基础"课程
在校生	大二学年地学类课程偏多而专业课程偏少，希望课程设置能加强水利工程方面的课程教学	2021版培养方案中将多门地质类课程融合为"综合地质学"，适当减少学时，2011版培养方案修订时增加"水利水电工程概论"课程

3.2.2 反馈结果的运用

根据反馈结果，中国地质大学（北京）水文与水资源工程专业在历次培养方案修订过程中，对课程体系和培养方案进行了调整；同时在教学过程中针对不同主体的反馈结果，对部分课程的教学方式和教学内容进行优化提升。例如，针对专家建议加强实践环节的建议，在2016版培养方案修订时将"水文地质专业实习"调整为"水文与水资源工程专业实习"，2018年开始，专业实习内容增加了明渠流实验、抽水实验、气象站观测、水质监测、土壤水分监测和野外水文站测流等内容，并在实习报告中增加地表和地下水资源联合评价内容。2021版培养方案进一步将实习学时从5周延长到7周。针对在校生提出的加强水利工程领域的教学的建议，2011版培养方案增加"水利水电工程概论"课程。针对在校生提出的大二学年地质类课程过多而水利类专业课程较少的问题，在2021版培养方案修订过程中将多门地质学课程合并为"综合地质学"，适当减少学时，同时将"水力学"等专业基础课的开课时间适当前移（表1）。这些基于反馈意见的改进措施，优化了课程设置和培养方案，提高了学生水文领域综合实践能力和解决工程问题的能力，为中国地质大学（北京）水文与水资源工程专业2018年通过工程教育认证和2022年入选国家一流本科专业奠定了良好基础。

3.3 持续改进模式未来进一步的发展方向

通过中国地质大学（北京）水文与水资源工程的实践表明，如果建立面向工程教育认证的持续改进模式，地矿类院校水文与水资源工程专业能够通过不断改革，解决由传统地质类专业向地表水和地下水相结合的水文与水资源工程专业转型的挑战。但未来，还需要进一步深入开展持续改进研究，将持续改进理念深入到每门课程的教学改革中，推动课程教学方法和教学内容不断革新，由传统重视地学理论的理念向水利工程应用理念转变，以适应水利行业快速发展的需要。此外，行业与企业专家在持续改进和人才培养中的作用需要进一步加强，特别是在实习实践环节和毕业论文（设计）等过程中应更多地发挥企业专家的作用。

4 结论

地矿类高等院校专业水文与水资源工程专业面临由传统水文地质类专业向水利类专业转型的挑战，本文以中国地质大学（北京）水资源与环境学院水文与水资源工程专业基于持续改进的教学改革实践为例，阐明了建立面向工程教育认证的持续改进模式是解决这个挑战的有效途径。未来应进一步贯彻以学生为中心的工程教育认证理念，不断通过持续改进，优化专业教学体系，提升水文与水资源工程专业人才培养质量。

参 考 文 献

[1] 张舰. 工程教育专业认证标准下持续改进运行机制与评价体系研究 [J]. 黑龙江教育（理论与实践），2021 (5)：52-53.

[2] 许海霞，周维. 工程教育专业认证中持续改进的研究与实践 [J]. 高等理科教育，2022 (4)：102-108.

[3] 洪亮. 面向工程认证的车辆工程专业建设持续改进反馈机制研究 [J]. 机电技术，2018 (1)：93-97.

[4] 柳勤，唐水源，冯慧华，等. 工程教育认证中专业建设持续改进的毕业生跟踪反馈机制构建初探：以北京理工大学机械工程专业为例 [J]. 工业和信息化教育，2016 (3)：1-4.

[5] 姜弘道. 面向新时代新水利的水利类本科专业的建设与改革：基于工程教育专业认证的思考 [C] //中国水利学会. 中国水利学会2019学术年会论文集 第三分册. 北京：中国水利水电出版社，2019：65-75.

作者简介：高冰，男，1984年，副教授，中国地质大学（北京），主要从事水文学及水资源领域教学和科研工作。Email：gb03@cugb.edu.cn。

基金项目：中国水利学会基于工程教育专业认证背景下水利高等教育教学改革研究课题"地学特色水文与水资源工程专业的持续改进模式研究"；中国水利教育协会水利高等教育教学改革课题"'大思政'背景下水文与水资源工程专业课程思政改革"。

附录1 截至2022年年底水利类专业认证委员会历年认证专业点状况

专业	数量	通过工程教育专业点高校	专业点总数
水文	26	2007：武汉大学（3＋3），河海大学（3＋3） 2008：中国地质大学（武汉）（3＋3），四川大学（3＋3） 2009：西北农林科技大学（3＋3），内蒙古农业大学（3＋3） 2010：吉林大学（6），南京大学（3） 2011：中山大学（6），中国地质大学（北京）（3） 2012：西安理工大学（6） 2013：华北水利水电大学（3），河海大学（6），武汉大学（6） 2014：中国地质大学（武汉）（3） 2015：四川大学（3），西北农林科技大学（3），内蒙古农业大学（3） 2016：吉林大学（3） 2017：华北水利水电大学，中国地质大学（北京），中国地质大学（武汉），太原理工大学，三峡大学，郑州大学 2018：内蒙古农业大学，长安大学，西安理工大学 2019：吉林大学，河海大学，武汉大学，西北农林科技大学，四川大学 2020：昆明理工大学，河北工程大学 2021：济南大学，南昌工程学院，中国矿业大学 2022：天津农学院，山东科技大学，扬州大学，东华理工大学，桂林理工大学	58
水工	35	2011：河海大学（6） 2012：武汉大学（6），四川大学（6） 2013：合肥工业大学（6），西安理工大学（6） 2014：郑州大学（3），三峡大学（3），大连理工大学（3） 2015：长沙理工大学（3），云南农业大学（3），福州大学（3） 2016：山东农业大学（3），兰州交通大学（3），昆明理工大学（3） 2017：河海大学，大连理工大学，三峡大学，郑州大学，长春工程学院 2018：华北水利水电大学，中国农业大学，长沙理工大学，福州大学，云南农业大学，兰州理工大学，扬州大学 2019：天津大学，合肥工业大学，南昌工程学院，山东农业大学，武汉大学，四川大学，西安理工大学，西北农林科技大学，兰州交通大学 2020：昆明理工大学，河北工程大学，黑龙江大学，广西大学，内蒙古农业大学，东北农业大学 2021：南昌大学，山东大学，浙江水利水电学院，重庆交通大学 2022：西华大学，太原理工大学，新疆农业大学，石河子大学	96
港航	12	2012：河海大学（6） 2013：长沙理工大学（3） 2014：重庆交通大学（3），大连理工大学（3） 2016：上海海事大学（3），江苏科技大学（3），长沙理工大学（3） 2017：重庆交通大学，大连理工大学，哈尔滨工程大学，中国海洋大学 2018：河海大学 2019：上海海事大学，江苏科技大学，长沙理工大学 2020：天津大学 2021：同济大学，鲁东大学，华北水利水电大学	35

专业	数量	通过工程教育专业点高校	专业点总数
农水	18	2013：武汉大学（6），西北农林科技大学（6） 2014：内蒙古农业大学（3），中国农业大学（3） 2015：石河子大学（3） 2016：扬州大学（3） 2017：太原理工大学 2018：石河子大学，中国农业大学，内蒙古农业大学，华北水利水电大学，西北农林科技大学，西安理工大学，云南农业大学，河海大学 2019：河北农业大学，东北农业大学，扬州大学，武汉大学 2021：甘肃农业大学，长春工程学院，三峡大学，浙江水利水电学院 2022：昆明理工大学	39
水务	1	2020：河海大学	11
合计	92		239

注　1.（）内为通过认证的有效期年限，＿＿＿＿的为再次认证。

　　2. 2017 年至 2020 年均为有效期 6 年（有条件）。

　　3. 专业点总数截至 2023 年 9 月，水利科学与工程专业点（3 个）、智慧水利（11 个）均尚未开展认证。

附录 2 水利类专业认证大事记
（2006 年 1 月—2023 年 12 月）

2006 年初，姜弘道担任全国工程教育专业认证专家委员会副主任；朱尔明和陈自强为专家委员会委员。

2007 年 6 月，水利类专业认证试点工作组成立，姜弘道任组长，林祚顶任副组长，秘书处设在教育部高等学校水利学科教学指导委员会（河海大学教务处）。

2007 年 6 月，由任立良、陈元芳主持的"水文与水资源工程专业认证补充要求编制与实践"获得江苏省教育厅教学改革项目立项。

2007 年 9 月 17—18 日，水利类首批推荐的认证专家接受工程教育专业认证培训。

2007 年 10 月 23 日，水利类启动水文与水资源工程专业（简称水文专业）认证，派专家进入武汉大学现场考查水文专业，正式开展水利类专业认证试点。

2008 年 1 月，姜弘道、陈元芳在北京航空航天大学参加认证补充标准修订研讨会。

2008 年 2 月，李贵宝参加中国科协组团赴香港观摩香港大学进校认证考查。

2008 年 9 月，由姜弘道、林祚顶带领参加四川大学水文专业认证部分专家到四川省水文局调研，了解生产单位对于专业人才培养的需求和水文系统先进测验设备和系统，省局张霄局长、林伟总工陪同。

2008 年 10 月，陈元芳在南京举办的教育部水利学科教指委和中国水利教育协会联合举办的年会作大会专题报告《水文与水资源工程专业认证试点工作情况介绍》。

2009 年 6 月 2—4 日，邀请新加坡南洋理工大学专家陈询吉作为观察员进校考查认证西北农林科技大学的水文专业。

2009 年 6 月，陈元芳、胡明主持的"水利类专业认证补充标准编制与实践"获得江苏省教育厅教学改革项目立项。

2009 年 9 月 12—13 日，陈元芳、梅亚东、李贵宝参加在天津召开的"全国工程教育专业认证专家经验交流会"并在大会上作专题发言。

2010 年 5 月，水利部人事司和中国水利学会联合发文《关于推荐水利学科专业认证分委员会委员与专家的通知》。

2010 年 9 月，由姜弘道组长带队 6 位专家组成认证考察团赴澳大利亚进行认证考察学习，访问了澳大利亚工程师学会，观摩了 Griffith 大学和 Curtin 技术大学的认证现场考查。

2011 年 8 月 11 日，组建水利类专业认证分委员会筹备会议在北京召开。

2011 年 10 月 17 日，水利类启动水利水电工程专业（简称水工专业）认证试点，派专家进入河海大学现场考查认证水工专业。

2011 年 11 月，吕爱华参加中国科协组团赴日工程师国际互认培训团。

2011 年 12 月，水利类专业认证分委员会获批成立，姜弘道担任主任，高而坤、吕明治、陈元芳担任副主任，秘书处设在中国水利学会，李赞堂任秘书长，陈元芳、李贵宝等任副秘书长。

2012 年初，制定了《水利类专业认证委员会工作规划（2012—2015 年）》；水利类四个专业补充标准合并成为一个水利类专业补充标准。

2012 年 4 月 21—22 日，在南京召开了"水利类专业认证分委员会第一次（扩大）会议暨水利类专业认证工作研讨与经验交流会"，已认证的 11 所学校分别介绍了已认证专业的整改和持续改进以及好的经验等。会议邀请了全国工程教育专业认证专家委员会常务副主任、清华大学余寿文教授作了

《工程教育专业认证与工程教育改革》的报告、计算机类专业认证分委员会副主任陈道蓄教授作了《自评报告指南》的解读，河海大学陈元芳教授作了《水利类专业 5 年认证试点经验体会与今后工作建议》的报告。

2012 年 9 月 12 日，水利类专业认证专家甘泓入选中国工程教育认证协会筹备委员会 2012—2013 年度认证结论审议委员会委员。

2012 年 10 月 23 日，水利类启动港口航道与海岸工程专业（简称港航专业）认证试点，派专家进入河海大学现场考查认证港航专业。

2013 年 2 月，《科教导刊》发表陈元芳、李贵宝、姜弘道撰写的论文《我国水利类本科专业认证试点工作的实践与思考》。

2013 年 4 月 13—14 日，在扬州召开了"水利类专业认证分委员会 2013 年工作会议"，其主题是"深入掌握标准，提高认证质量"；会议邀请了机械类专业认证分委员会副主任委员陈关龙教授作了"机械类专业工程教育认证的体会与思考"的报告，全国认证结论审议委员会委员、水利类专业认证专家甘泓教授级高级工程师作了《关于认证结论审议委员会有关情况介绍》的报告。

2013 年 6 月 19 日，《华盛顿协议》全票通过接纳中国科协为《华盛顿协议》预备成员；水利类专业认证网页在中国水利学会网站开通。

2013 年 8 月 2 日，姜弘道、谷源泽等在"中国水利教育协会高等教育分会理事大会暨教育部高等学校水利类专业教学指导委员会全体（扩大）会议"上作水利类相关认证的报告。

2013 年 10 月 22 日，水利类启动农业水利工程专业（简称农水专业）认证，派专家进入武汉大学现场考查认证农水专业；水利类第一次两个专业同时进校考查认证，即武汉大学的水文专业与农水专业。

2014 年，"水利类工程教育认证专业认证体系的构建与实践"获得河海大学教学成果特等奖；编制完成《全国涉水高校水利专业点建设报告》。

2014 年 3 月 12 日，中国工程教育认证协会（筹）秘书处来水利类认证分委员会秘书处调研"水利系统企业用人单位状况"。

2014 年 3 月和 6 月，中国工程教育认证协会（筹）秘书处在北京举办 2 期全国高校专业点认证自评报告撰写辅导培训班，陈元芳应邀为培训班授课。

2015 年，制定了《水利类专业认证"十三五"工作规划（2016—2020 年）》。

2015 年 2 月 11 日，中国工程教育专业认证协会秘书处在北京召开"工程教育认证分支机构座谈会"，水利类专业认证分委员会委员、秘书长李赞堂教授级高级工程师，副主任委员陈元芳教授，分委员会秘书处副秘书长李贵宝教授级高级工程师出席，陈元芳教授汇报了水利类认证工作进展及能力建设情况。吴岩副理事长在大会报告中点名表扬了 5 个认证分委员会或试点工作组，其中水利类分委员会名列其中。

2015 年 3 月 23—24 日和 25—26 日，中国工程教育专业认证协会秘书处在北京举办"工程教育认证学校培训班（第 1~2 期）"，陈元芳再次被邀请授课。

2015 年 4 月 16 日，中国工程教育专业认证协会成立，并召开第一次会员代表大会，李赞堂参加。

2015 年 12 月 19—20 日，水利类专业认证分委员会在北京第一次举办专门针对专业点教师的"水利类专业工程教育认证研讨培训班"，高而坤、陈元芳、吕明治等专家做报告、授课并答疑。

2016 年初，论文成果《我国水利类本科专业认证试点工作的实践与思考》获得 2016 年度江苏省教育研究成果三等奖。

2016 年 6 月 2 日，《华盛顿协议》全票通过中国科协代表我国由《华盛顿协议》预备会员转正，成为该协议第 18 个正式成员，标志着水利类专业终于成功实现本科教育国际互认。

2016 年 7 月，陈元芳应邀在"中国水利教育协会高等教育分会理事大会暨教育部高等学校水利类专业教学指导委员会全体（扩大）会议"上作《工程教育认证工作进展及标准解读》的专题报告。

2016 年 12 月 9—10 日，水利类专业认证分委员会在北京举办专门针对专业点教师的"水利类专业工程教育认证研讨培训班"，陈元芳、李贵宝、姜广斌等作报告、授课并答疑；郑州大学、长沙理工大学与三峡大学的教师代表分别介绍了各自开展专业认证的做法和经验。

2017 年 3 月 2 日，在河海大学商议水利类工程教育专业认证十周年专题研讨筹备会，姜弘道、张长宽、陈元芳、胡明、吴伯健、张文雷、李贵宝等参加。

2017 年 3 月 27 日，中国工程教育专业认证协会组织的首场"工程教育专业认证自评报告答疑"（水利与交通组）在河海大学举办，水利类认证委员会姜弘道、高而坤、陈元芳、李贵宝应邀为水利组辅导答疑。

2017 年 5 月 22 日，中国工程教育专业认证协会组织的"专业认证新增专家培训班"在北京举办，水利类认证委员会推荐的黄海江、刘一农、杨和明等 12 位企业行业专家参加了培训。这是近年来专门为新增专家举办的一次培训会。

2017 年 7 月 21 日，水利类工程教育专业认证学术研讨会暨水利类专业认证十周年纪念，在大连市召开，共计 120 余位认证专家和专业点教师代表参加。会议主题是"专业认证促进人才培养"。研讨会共收到认证相关论文 50 余篇，会前全文印刷成册。中国水利学会秘书长于琪洋在开幕式上作了重要讲话，教育部高等教育教学评估中心副主任、中国工程教育专业认证协会副秘书长周爱军发来了书面致辞，充分肯定了水利类专业十年认证所取得的显著成绩，并对未来工作提出殷切希望和建议。水利类专业认证委员会主任姜弘道教授作了《水利类专业认证十年历程、体会及建议》的主旨报告，大连理工大学教师教学发展中心主任刘志军教授作了《以专业认证为契机 推进工程教育改革》的特邀报告。水利部水文局张建新教授级高级工程师作了《水文职业要求与工程教育浅析》报告、河海大学水文水资源学院陈元芳教授作了《水利类专业 10 年认证的实践与探索》报告、北京北清勘测设计院姜广斌教授级高级工程师作了《水利类工程教育工作的认识》报告。来自西安理工大学、吉林大学、四川大学、武汉大学、华北水利水电大学和河海大学等高校及中国水利水电出版社的 22 位论文作者代表分别围绕专业建设、人才培养方案与模式、课程体系建设和课程教学产出导向、毕业要求、教学质量监控、教师创新能力提升、复杂工程问题能力培养，以及水利类专业教材建设和发展等进行大会交流发言。

2017 年 8 月 30 日，水利类专业认证专家甘泓入选中国工程教育专业认证协会第一届认证结论审议委员会委员。

2017 年 9 月，由河海大学和中国水利学会等共同完成的"构建国际实质等效水利类专业认证体系，引领中国特色水利类专业建设"获得 2017 年度江苏省教学成果（高等教育类）一等奖。

2017 年 9 月 23 日，工程教育专业认证骨干专家培训会在北京召开，水利类专业认证委员会金峰、游晓红、甘泓、胡明、李新、聂相田等委员和专家参加。

2017 年 9 月 28 日，专业类认证委员会自评报告审阅工作会议在北京召开，水利类专业认证委员会陈元芳、王瑞骏、顾圣平、李贵宝参加会议，陈元芳介绍了水利类有关自评报告审阅的情况。

2017 年 10 月 30 日，2018 年工程教育专业认证受理工作会议在北京召开，水利类专业认证委员会秘书处吴伯健、李贵宝参加会议。

2017 年 12 月 4 日，中国工程教育专业认证协会发文"关于受理 2018 年申请专业认证的通知"，水利类共计 23 个专业点获批，是近年来批准数量最多的一年。

2018 年 1 月，《水利类专业认证十周年学术研讨会论文集》由中国水利水电出版社正式出版。

2018 年 2 月 9 日，2018 年度工程教育认证分支机构工作会议在北京召开，水利类认证委员会高而坤、陈元芳、吴剑、胡明、李贵宝参加。

2018 年 4 月 10 日，由中国工程教育专业认证协会组织的工程教育认证专业自评辅导工作会议（水利与机械组）在济南市举办，水利类认证委员会陈元芳、甘泓、李贵宝应邀作为辅导专家参会。

2018 年 5 月 16—17 日，Engineering Education Workshop of B&R— FEIAP Training Centre〔The

Belt and Road Initiatives（B&R）；Federation of Engineering Institutions of Asia and the Pacific（FEIAP）〕在西安召开，水利类派出黄介生、黄海江、姜广斌认证专家，以及西安理工大学老师共计8人参加。

2018年6月11日，专业类认证委员会秘书处工作会议（主题：认证规划、专家评价、例会制度）在北京召开，水利类秘书处李贵宝、汝泽龙参加。

2018年6月11日，教育部官媒发布消息，全国通过工程教育专业认证的共有21个专业类846个专业点，这些专业点被其称为世界工程教育"第一方阵"，其中水利类专业点有45个（含农水专业）。

2018年6月19日，认证协会秘书处召开认证专家慕课座谈会，水利类李贵宝参加。

2018年6月22日，认证协会秘书处召开认证专家慕课视听纠错会，水利类李贵宝参加。

2018年6月底，包括姜弘道等72位水利类专业专家被中国工程教育专业认证协会正式聘任为中国工程教育认证专家并颁发证书。2018年公布的通过工程教育认证的专业点均收到两份通过工程教育认证证书，一份是中文的证书，颁发单位是教育部高等教育教学评估中心和中国工程教育专业认证协会，盖有这两个单位公章；另一份是英文版的证书，由中国工程教育专业认证协会理事长吴启迪签字颁发，这是首次给通过认证的专业点颁发工程教育认证证书。

2018年8月5日，基于工程教育认证的水利类核心课程教材编写座谈会在济南召开，水利类专业认证委员、专家和教材主参编代表参与座谈讨论，主任委员姜弘道做主旨发言，张长宽教授主持，河海大学董增川副校长、中国水利水电出版社王丽副总编出席。

2018年8月23—24日，根据认证协会的统一安排，水利类秘书处李贵宝观摩了仪器类2018上半年专业认证结论审议会。

2018年9月，根据认证协会的要求，水利类专业认证委员会收集梳理相关资料，征求各位委员建议和部分高校的意见，编制了《水利类专业认证2018—2020年工作规划》，制定了《水利类认证专家工作评价细则》，提交认证协会。

2018年11月12日，专业类认证委员会秘书处工作会议暨2019年认证申请工作布置会在北京召开，水利类专业认证委员会秘书处张文雷、李贵宝参加会议。

2018年11月21—22日，中国科学技术协会（CAST）与世界工程组织联合会（WFEO）、亚太工程组织联合会（FEIAP）联合在北京召开工程能力国际论坛，10多个国家的代表共计100余人参会，张文雷、李贵宝参会。

2018年11月30日，水务工程专业（2012年教育部发文公布将其作为水利类专业特设专业）认证启动讨论会在河海大学召开，河海大学、华北水利水电大学、河北工程大学水务工程专业的负责人和教师代表参会，水利类专业认证委员会姜弘道、陈元芳、李贵宝参与了讨论。

2018年12月，中国工程教育专业认证协会秘书处组织3期骨干专家培训，水利类认证委员会分别选派吕明治、黄介生、甘泓、李贵宝；张长宽、游晓红；高而坤、陈元芳、陈建康、韩菊红参加了在太原、常州和昆明举办的培训会议。

2018年12月14日，中国工程教育专业认证协会发文"关于受理2019年申请专业认证的通知"，水利类共计37个专业点申请，28个专业点获批，是近年来批准数量最多的一年，也是认证申请专业点获批比例较低的一年。

2018年12月21日，经过国务院批准，教育部正式发布2018年国家级教学成果奖获奖名单，其中"构建国际实质等效水利类专业认证体系，引领中国特色水利类专业的改革与建设"获得2018年国家级教学成果二等奖。

2019年4月2日，水利类专业高而坤、陈元芳、黄介生作为专家应邀参加认证协会秘书处在昆明举办的自评报告集体辅导答疑，本次辅导涉及的专业包括水文与水资源工程、水利水电工程、土木工程、食品科学与工程、金属材料、冶金工程和制药工程。

2019年4月11日，2019年度专业类认证委员会秘书处工作座谈会在京召开，水利类专业认证委员会刘咏峰、程锐参加。

2019年5月18—19日，在京召开2019年上半年水利类专业认证现场考查专家组组长（扩大）工作会议，水利类专业认证委员会委员及部分骨干专家也参加了会议，会议由姜弘道主任委员主持，北京交通大学副校长、工程教育专业认证知名专家张星辰应邀作专题报告。

2019年5月29—31日，中国水利学会秘书长汤鑫华高度重视认证工作，亲自赴长沙理工大学全程观摩港航专业认证现场考查。

2019年6月3—5日，推荐水利类专业认证专家黄海燕赴西安参加中国科协组织的欧洲工程教育专业认证体系培训。

2019年6月28—29日，中国科协组织的亚太工程组织联合会（FEIAP）第5届国际学术研讨会在西安召开，水利类专业认证委员会副主任委员陈元芳应邀在大会上作专题报告，水利专委会秘书处王琼和颜文珠参加了会议。

2019年8月1日，2019专业类认证委员会第三次工作会议（主题：认证目前的形势研判、问题挑战及工作考虑）在京召开，水利专委会秘书处王琼参加。

2019年8月3—4日，根据认证协会的统一安排，水利专委会秘书处王琼观摩地质类专业认证上半年认证结论审议。

2019年8月9—10日，在北京召开2019年上半年水利类专业认证结论审议会，北京交通大学副校长、认证专家张星辰参会指导。会议对水利类专业补充标准的修订工作进行了讨论，并原则通过了水务工程专业认证补充标准。

2019年9月10日，按照认证协会要求，水利专委会推荐20余名候任专家组长人选。

2019年9月30日，向中国工程教育专业认证协会报送第二届水利类专业认证委员会及秘书处成员推荐名单。

2019年10月15日，完成认证协会对"2020年认证申请受理工作规程（征求意见稿）"征求各委员会意见，并上报。

2019年10月17日，2019专业类认证委员会第四次工作会议（主题：2020年申请受理、委员会换届、补充标准修订等）在京召开，水利专委会秘书处王琼参加。

2019年10月20日，28个水利类专业点完成的专业认证申请材料提交认证协会秘书处，水务工程专业的认证申请工作正式启动。

2019年10月22—24日，中国水利学会2019学术年会首次设立水利工程教育认证分会场，来自水利类专业认证委员会、水利类专业教学指导委员会的委员及专家，河海大学、三峡大学、武汉大学等全国近40所水利院校的130余名专家、学者参加了在三峡大学举办的认证分会场会议；24篇教改论文收录《中国水利学会2019论文集》。

2019年10—11月，共推荐张建新、吴伯健、李贵宝等共20余名专家参加认证协会举办的三期骨干认证专家培训会议，地点分别在秦皇岛、济南和天津。

2019年11月12日，2020年工程教育专业认证申请受理工作会议（受理规程、评价机制底线要求等）在京召开，水利专委会秘书处程锐和王琼参加。

2019年11月13—15日，水利专委会秘书处程锐处长赴南昌工程学院观摩水利水电工程专业进校认证考查。

2019年12月23日，中国工程教育专业认证协会发文"关于受理2020年工程教育认证申请的通知"，水利类共计28个专业点（全部为新申请专业）申请，15个专业点获批受理。本年度认证协会要求将通过申请比例严格控制在40％左右，因此，今年是认证申请专业点获批比例较低的一年。

2019年12月28—29日，在郑州召开2019年下半年水利类专业认证结论审议会，会上还对水利类专业补充标准（征求意见稿）进行了讨论。会议由郑州大学承办。

2019年11—12月，根据认证协会要求，水利专委会完成《水利类专业认证补充标准》的修订工作，并提交认证协会；根据认证协会秘书处的反馈意见，进一步修改后补充标准于 2020 年 1 月提交。

2019 年 11—12 月，协助工程教育认证协会完成水利类专业的摸底调查工作，作为申请受理、制定中长期规划和阶段性工作重点和完善三级认证制度的参考。

2020 年 1 月 4 日，经多次讨论修改，水利类专业补充标准（修订送审稿）报送认证协会秘书处。

2020 年 2 月 26 日，发布了《水利类专业认证委员会关于应对新冠病毒疫情做好 2020 年工程教育专业认证工作的通知》，对提交自评报告等相关工作进行安排部署。

2020 年 4 月 10 日，中国水利学会发布《关于组织开展 2020 年水利工程教育认证在线自评报告撰写辅导答疑的通知》，水利学会和水利类专业认证委员会要联合开展好培训协助 2020 年水利类认证申请受理专业更好地开展自评。

2020 年 5 月 3 日，利用新开通的水利类认证专委会主任 QQ 群，在线召开主任和秘书长（扩大）会议，姜弘道主任主持，会议讨论制定了受疫情影响下水利类专业认证自评报告撰写辅导答疑培训框架方案，提出以问题导向，将标准内涵的解释与自评答疑融合在一起进行辅导答疑。

2020 年 5 月 11 日，利用新开通的水利类认证专委会专家 QQ 群，在线召开主任、秘书长和培训专家（扩大）会议，讨论认证自评报告撰写辅导答疑培训详细实施方案，要求主讲专家会后要制作好授课演示文件并经过讨论修订完善。

2020 年 5 月 27 日，根据认证协会反馈的 2019 年下半年认证报告修改意见，请相关组长对报告进行修改，最终稿上报认证协会。

2020 年 5 月底至 6 月初，中国水利学会与水利类专业认证委员会共同组织了三期水利类专业认证自评报告撰写在线辅导答疑培训。第一期安排在 5 月 23 日（主讲专家姜弘道、黄介生，案例讲解河海大学李国芳）；第二期安排在 5 月 30 日（主讲专家陈元芳、陈建康）；第三期安排在 6 月 6 日（主讲专家高而坤、王瑞骏）。2020 年通过申请受理的 15 个专业共 50 余名教师参加了培训交流，本年度水利自评辅导培训，效果好，颇受欢迎。

2020 年 6 月 22 日，新版水利类专业补充标准由认证协会统一发布，修订工作是在认证协会秘书处的统筹安排下完成的，该补充标准 2021 年开始实行。

2020 年 6 月 25 日，原定于 6 月 21—26 日在南非开普敦召开的 2020 年国际工程联盟大会（IEAM2020）改为在线视频方式召开，秘书处派员参加了北京会场的在线观摩。专委会刘咏峰秘书长和王琼参加。

2020 年 6 月 30 日，2019 年度专业认证结论公布，河海大学、武汉大学等 17 个水利类专业和东北农业大学等 4 个农业水利工程专业共计 21 个专业点认证结论均为通过认证，有效期 6 年（有条件），有效期至 2025 年 12 月。

2020 年 7 月 21 日，认证协会发布了历年来通过工程教育专业认证的工科专业名单，截至 2019 年年底，全国共有 241 所普通高校 1353 个专业通过了工程教育认证，其中水利类共有 38 所高校的 59 个专业点通过了认证。

2020 年 7 月 23 日，邀请河海大学副校长董增川和武汉大学黄介生院长两位权威专家对水利类专业和农业水利专业进行了视频解读，认证协会统一发布了"2020 年工科硬核专业报考指南"，为填报志愿的考生和家长提供了很好的参考。

2020 年 8 月 27 日，相关高校水利类专业教师和近 90 名水利类认证专家在线参加了由认证协会举办的 2020 年工程教育认证第一次培训，该培训采取了现场会议＋视频直播的形式，近 13000 人参加培训。

2020 年 9 月，组织开展 13 个专业点的自评报告审核工作。

2020 年 10 月 20 日，中国工程教育专业认证协会召开第二次会员大会在北京召开，大会选出第二届理事会和监事会成员等，王树国当选为第二届理事长，汤鑫华、徐辉当选理事。水利类专业委员、认证专家及相关高校水利类专业教师在线观看了认证协会组织的《工程教育高峰论坛》的领导和专家报告。

2020 年 12 月 2 日，水利类专业认证委员会主任委员、副主任委员、秘书长及核心专家参加了由认证协会组织开展的认证工作纪律专题在线培训，进一步强调认证工作纪律和要求。

2020 年 12 月，组织开展 2021 年认证申请审核工作。共有 23 个水利类专业申请 2021 年认证，其中 2 个专业未通过认证协会初审。

2020 年 12 月 7 日，根据《工程教育认证申请审核工作参考规程》，制定了《水利类专业认证申请审核实施细则》，并在 2021 年水利类专业认证申请审核工作中试行。

2020 年 12 月 7 日，收到认证协会《关于公布中国工程教育专业认证协会各专业类认证委员会名单的通知》（工认协〔2020〕46 号）文件，新一届（即第二届）水利类专业认证委员会名单正式批复，徐辉担任主任委员，高而坤、吕明治、陈元芳、刘汉东担任副主任委员，万隆、马震岳、王元战、刘咏峰、吴时强、金峰、谷源泽、张建新、陈建康、黄介生、游晓红、郭军、廖仁强、李建林担任委员，刘咏峰任秘书长，唐晓虎、吴志勇、王琼任副秘书长，委员人数由第一届 15 人增加到第二届 19 人。

2020 年 12 月 19 日晚，召开了主任和秘书长在线（扩大）会议，主任委员、副主任委员，秘书长，秘书处成员，受理审核专家组召集人参加会议，讨论 2021 年水利类专业受理专业建议方案。

2020 年 12 月 20 日晚，召开了水利类专业认证委员会全体委员在线（扩大）会议，全体委员、秘书处成员和受理审核专家组召集人参会，全体委员投票通过，推荐 13 个专业点作为受理专业报送认证协会批准，其他 10 个专业点为受理不通过。

2020 年 12 月 22 日，按照《关于推荐工程教育认证专家和秘书的通知》要求，结合水利类专业的实际情况，共推荐了 60 余名水利类专业认证专家和 6 名秘书报送认证协会。

2021 年 1 月 16—17 日，成功召开水利类专业认证委员会换届会暨 2020 年下半年认证结论审议会。会议采用线上线下相结合的方式举行。认证协会秘书长周爱军、中国水利学会副秘书长吴剑出席会议并讲话，教育部高等教育教学评估中心副处长赵自强、中国科协培训和人才服务中心处长方四平、水利部人事司处长唐晓虎出席会议。第一届主任委员、河海大学原校长姜弘道代表水利认证专委会作工作报告，第二届主任委员、河海大学校长徐辉讲话。

2021 年 1—2 月，组织完成 16 个水利类专业点的中期审核工作。

2021 年 3 月，组织 2021 年 12 个申请受理的专业教师参加了认证协会组织的慕课培训。

2021 年 5 月 7—8 日，中国工程教育专业认证协会 2021 年学术委员会扩大会议暨培训集体备课会在南京召开，陈元芳副主任委员作为培训专家受邀参会。会议期间，委员会组织全体水利认证专家在线观看了备课会的直播。

2021 年 5 月 10 日，根据中国工程教育专业认证协会秘书处反馈的 2020 年认证报告修改意见，请相关组长对报告进行修改，最终稿上报认证协会。

2021 年 5 月 28—29 日，中国水利学会与水利类专业认证委员会共同在昆明组织了水利类专业认证工作交流研讨。水利类专业认证委员会主任委员、河海大学校长徐辉到会讲话。邀请了高而坤、陈元芳和黄介生 3 位委员作专题报告，部分专业在会上作典型发言。专家还针对重点疑点问题作了详细解答，取得了较好的效果。

2021 年 6 月 11 日，2020 年度专业认证中期审核结论公布，河海大学、大连理工大学等 15 个水利类专业和太原理工大学农业水利工程专业共计 16 个专业点，认证结论均为：继续保持有效期，有效期至 2023 年 12 月。

2021 年 6 月 11 日，2020 年度专业认证结论公布，河海大学水务工程专业首次通过认证，天津大学、东北农业大学等共计 10 个水利类专业点，认证结论均为：通过认证，有效期 6 年（有条件），有效期至 2026 年 12 月。

2021 年 6 月 16 日，认证协会发布了历年来通过工程教育专业认证的工科专业名单，截至 2020 年年底，全国共有 257 所普通高校 1600 个专业通过了工程教育认证，其中水利类共有 41 所高校的 68 个专业点通过了认证。

2021年6月16日，邀请河海大学水利水电工程系主任刘永强对水利水电工程专业进行了解读，认证协会统一发布了"2021年工科硬核专业报考指南"，并在各大媒体进行了强势推介，包括人民号、央视频、新华号、百家号、腾讯、咪咕视频、B站、A站、快手、梨视频、西瓜视频、澎湃新闻等平台滚动播出。为填报志愿的考生和家长提供了很好的参考。

2021年6—7月，按照认证协会《关于开展工程教育认证候选专家（秘书）慕课培训的通知》（工认协〔2021〕16号）要求，组织水利类64名候选认证专家参加认证协会组织的慕课培训，并完成在线考试。

2021年7月5日，认证协会组织委员会对《工程教育认证专家管理办法》《工程教育专业认证培训工作管理办法》进行交流研讨，水利专委会秘书处王琼参加。

2021年7—8月，组织完成12个专业点的自评报告审核。

2021年8月12日，召开2021年上半年水利类专业认证结论审议会。认证协会结论审议委员、中国环境保护产业协会秘书长线上参会指导。同期还召开了委员会工作会议，全体委员研究讨论了2021年下半年主要工作，以及中国水利学会2021学术年会水利工程教育认证分会场的筹备情况。

2021年9月22日，组织水利类专业教师参加2022年工程教育认证申请工作在线说明会。

2021年9月29日，认证协会召开2021年专委会认证工作专题研讨会，对持续改进与中期审核工作进行了总结。水利专委会秘书处刘咏峰和王琼参加。

2021年10—11月，完成2020年持续改进报备材料的抽查工作。水利类共40个专业提交了报备材料，认证协会建议委员会按照15%的比例抽查，即至少6个专业点，并要覆盖水工、水文、农水和港航4个不同专业。

2021年10月26日，中国水利学会2021年学术年会水利工程教育专业认证分会在北京顺利召开。会议主题为"深化工程教育专业认证，提升水利人才培养质量"。水利类专业认证委员会主任委员、河海大学校长徐辉教授，副主任委员、水利部水资源司原司长高而坤，副主任委员、河海大学水文水资源学院教授陈元芳，水利部人事司副处长张新龙，教育部高等教育教学评估中心贾茜等出席了会议。会后计划单独正式出版论文集。

2021年10月25日，按照教育部高等教育评估中心《关于开展2021年工程教育认证新专家培训的通知》（教高评中心函〔2021〕97号）要求，组织通过慕课培训考试的新专家参加2021年新专家培训，并完成课后答题。

2021年12月10日，水利类专业认证委员会主任、副主任委员、秘书长及核心专家参加了由认证协会组织开展的认证工作纪律专题在线培训，进一步强调认证工作纪律和要求。

2021年12月，按照认证协会要求，组织做好2021年水利类专业工程教育认证持续改进情况报告和年度报备材料的提交工作。

2021年12月10日，组织认证专家参加认证协会组织的工程教育认证申请审核工作培训，进一步提升申请审核工作质量，加强审核工作纪律要求。

2021年12月15日，组织认证专家参加CEEAA2021年工程教育国际研讨会。会议由中国工程教育专业认证协会发起，并联合新加坡工程师学会和天津大学共同举办。

2021年12月27日，认证协会组织召开2022年认证申请审核工作说明会（线上会议），对申请审核工作要点、认证工作经费预决算等进行了说明。水利专委会秘书处王琼参加。

2021年12月，组织开展2022年认证申请审核工作。共有23个水利类专业申请2022年认证，其中1个专业未通过认证协会初审。

2022年1月5日晚，召开了主任和秘书长在线（扩大）会议，主任委员、副主任委员，秘书长，秘书处成员，讨论2022年水利类专业受理专业建议方案。推荐13个专业点作为受理专业报送认证协会批准，其他10个专业点为受理不通过。经认证协会统筹，1个专业建议不受理，最终共受理12个专业点。

2022年1月12日，召开2021年下半年水利类专业认证结论审议会暨水利类专业认证委员会全体委员会议。认证协会结论审议委员、中国环境保护产业协会秘书长线上参会指导。全体委员和核心专家对2021年下半年8个进校考查专业点的认证报告进行审议，全体委员对2022年的认证工作进行了讨论。

2022年2—3月，组织完成19个水利类专业点的中期审核工作，扬州大学水利水电工程专业进校核实。

2022年2月，按照认证协会要求，通过认证协会推送2022年申请受理专业的申请审核结论及意见。

2022年3月，组织2022年12个申请受理的专业教师参加了认证协会组织的慕课培训。

2022年3月21日，报送专委会2021年度认证工作总结。

2022年3月27日，认证协会对《工程教育认证标准》团体标准讨论稿征求委员会意见。

2022年3月30—31日，组织专委会全体委员列席认证协会组织的专业认证2021年度认证结论审议会。

2022年3月底，提交2021年度中期审核报告及审核结论建议。

2022年4月12日，认证协会组织召开了2022年工程教育认证专业建设研讨会，组织专委会委员及核心专家同步观看直播。会议由山东大学主办，围绕华盛顿协议周期性检查工作，组织了4场专家主旨报告和现场答疑环节。

2022年5月10日，组织委员会主任委员、核心专家和秘书处成员参加认证协会组织的委员会秘书长工作会议，对2022年工程教育认证工作要点、工程教育认证专家管理办法、专业类认证委员会评价规程、工程教育认证各环节工作规程汇编等征求意见。讨论2023—2025年专业认证工作规划编制等工作。

2022年5月13日，组织对2021年受理专业和2022年受理专业相关教师参加认证协会开展的自评工作培训。

2022年5月20日，认证协会发布《关于统筹管理实施办法征求意见和统计2022年认证计划》的通知，对认证协会开展的工程教育认证，与医学类、师范类、审核评估、合格评估等各类评估认证考查统筹，原则上一年一校只进一次校。根据安排，报送了委员会2022年专业认证计划。

2022年5月24日，参加2022年认证计划统计说明会，对2022年认证计划进行统筹。

2022年5—7月，参与认证协会组织的《工程教育认证标准》编制，完成水利类专业补充标准的翻译及校核工作。

2022年5—7月，完成上半年4个专业点的进校考查工作。

2022年5月10日，根据中国工程教育专业认证协会秘书处反馈的2021年认证报告修改意见，请相关组长对报告进行修改，最终稿上报认证协会。

2022年6月16日，中国工程教育专业认证协会教育部高等教育教学评估中心发布《关于发布已通过工程教育认证专业名单的通知》（工程教育认证通告〔2022〕第3号）。截至2021年年底，全国共有288所普通高校1972个专业通过了工程教育认证，其中水利类共有47所高校的82个专业点认证结论均为：通过认证，有效期6年（有条件），有效期至2027年12月。

2022年6月16日，中国工程教育专业认证协会教育部高等教育教学评估中心公布460个有效期为"2019年1月至2024年12月（有条件）"的专业的中期审核结论。中国农业大学水利水电工程等19个水利类专业的中期审核结论为继续保持有效期。

2022年6月26日，邀请四川大学许唯临院士参加认证协会组织的"院士说专业"节目，认证协会统一发布了"院士说专业"系列节目，并在各大媒体进行了强势推介，包括人民号、央视频、新华号、百家号、腾讯、咪咕视频、B站、A站、快手、梨视频、西瓜视频、澎湃新闻等平台滚动播出。为填报志愿的考生和家长提供了很好的参考。

2022年7—8月，组织完成2022年度9个专业点的自评报告审核。兰州大学水文、安徽理工大学水文和浙江海洋大学港航3个专业推迟到下一年3月提交材料。

2022年7月29日，在南京召开2022年上半年水利类专业认证结论审议会暨水利类专业认证委员会全体委员会议。完成了对2022年上半年进校考查的3个专业点的认证结论的审议工作。下午召开的委员会，针对水利类专业2023—2025年工程教育专业认证工作规划编制、专家队伍建设和相关研究等下半年重点工作进行了集中研讨。

2022年8月3日，组织专委会委员和核心专家参加认证协会组织的《2023—2025年工程教育认证工作规划》编制研讨会。

2022年8月18日，召开主任办公会，讨论确定委员会自评报告结论建议，扬州大学水文等6个专业通过自评审核。

2022年9月16日，水利类专业认证委员会主任、副主任委员、秘书长及核心专家参加了认证协会组织的专委会秘书长工作会议。介绍2022年下半年考查工作安排和要求；研讨2023年申请审核组织工作，研讨专家管理与评价工作。

2022年9月29日，组织全体专家参加了认证协会组织的2023年申请审核培训，更进一步明确2023年申请书调整重点和专家审核要点，申请审核工作参考使用及相关纪律要求等。

2022年9—11月，完成下半年7个专业点的进校考查工作。

2022年8—10月，完成《水利类专业2023—2025年工程教育专业认证工作规划》编制，经主任办公会讨论通过后报送认证协会。

2022年11月10—11日，组织全体委员列席认证协会组织召开2022年上半年结论审议会议，通过真实的案例培训，观摩结论审议程序和讨论过程，进一步加深理解，提升认识水平，提升结论审议工作质量。

2022年10—11月，组织开展2023年认证申请审核工作。共有31个水利类专业申请2023年认证，其中2个专业未通过认证协会初审。

2022年11月12日，召开了主任和秘书长在线（扩大）会议，主任委员、副主任委员，秘书长，秘书处成员讨论2023年水利类专业受理专业建议方案。经认证协会批准，共受理17个专业点。

2022年12月，按照认证协会要求，组织做好2022年水利类专业工程教育认证持续改进情况报告和年度报备材料的提交工作。

2022年12月27日，推荐委员会陈元芳副主任委员参与了认证协会组织的下半年现场考察报告和认证报告预审阅工作。

2023年1月17日，召开2022年下半年水利类专业认证结论审议会暨水利类专业认证委员会全体委员会议。全体委员和核心专家对2022年下半年7个进校考查专业点的认证报告进行审议，全体委员对2023年的认证工作进行了讨论。

2023年2月，考查组长根据认证协会反馈的2022年下半年7个专业的认证报告审稿意见，对认证报告进一步修改完善。

2023年2月，在南京组织召开讨论会，讨论确定课题评审及专业认证学术交流研讨会工作方案。徐辉主任委员、陈元芳副主任委员、委员会秘书处吴剑秘书长及秘书处成员参加了会议。

2023年4—6月，委员会组织有关专家对征集的60份基于工程教育专业认证背景下水利高等教育教学改革研究课题进行评审，正式发布《关于公布基于工程教育专业认证背景下水利高等教育教学改革研究课题立项结果的通知》（水学〔2023〕72号），共立项45项课题，其中重点课题14项、一般课题31项。

2023年4月，召开主任办公会，讨论确定委员会自评报告结论建议。经认证协会批准，安徽理工大学水文和山东交通学院港航2个专业通过自评审核。

2023年5月20—21日，委员会在长春组织召开了2023年水利工程教育专业认证学术研讨会，总结15年来水利类专业认证成果。共有来自全国50余所水利院校的120余名教师代表参会，会议共征集到 58 篇论文，将正式出版论文集。

2023 年 8 月，召开委员会主任办公会，讨论确定下半年再次认证的 13 个专业的自评报告审核结论建议。经认证协会批准，河海大学水工等 12 个专业通过自评审核。

2023 年 8 月 18 日，委员会邀请全国工程教育资深专家、河南理工大学张新民教授作了题为"工科学生非技术能力培养与评价"线上专题报告会。此次活动由委员会与教育部水文与水资源工程专业虚拟教研室联合开展。

2023 年 10 月 13 日，认证协会组织召开 2023 年第一次专业类委员会秘书长工作会议。认证协会秘书处通报了下半年的主要工作安排，并就专家评价、协同培训及工作规划修订、案例征集、专委会评价、专家遴选培养等工作进行了重点研讨。委员会秘书处副秘书长王琼参加了会议。

2023 年 10—11 月，组织开展大连理工大学水工等 12 个专业点的进校或在线考查工作。

2023 年 11 月，组织专家和相关老师参加认证协会在浙江宁波举办的 2023 年世界工程教育大会。

2023 年 12 月，按照认证协会要求，委员会向水利类认证专家对《工程教育认证标准（2024 版）》征求意见，形成委员会意见报送至认证协会。

2023 年 12 月，按照认证协会要求，组织做好 2023 年水利类专业工程教育认证持续改进情况报告和年度报备材料的提交工作。

注：2007—2012 年，每年年底在南京或北京召开一次水利类专业认证结论审议会；

2013—2016 年，每年年中和年底在北京召开两次水利类专业认证结论审议会；

2017 年 7 月 20 日，在大连市召开 2017 上半年水利类专业认证结论审议会；

2018 年 1 月 5—6 日，在武汉召开 2017 年水利类专业认证结论审议会；

2018 年 8 月 3—4 日，在济南召开 2018 上半年水利类专业认证结论审议会；

2019 年 1 月 5—6 日，在郑州召开 2018 年水利类专业认证结论审议会；

2019 年 8 月 9—10 日，在北京召开 2019 年上半年水利类专业认证结论审议会；

2019 年 12 月 28—29 日，在郑州召开 2019 年下半年水利类专业认证结论审议会；

2021 年 1 月 16—17 日，以线上形式召开水利类专业认证委员会换届会暨 2020 年下半年认证结论审议会，在北京和南京分别设置线下分会场；

2021 年 8 月 12 日，以线上形式召开 2021 年上半年水利类专业认证结论审议会；

2022 年 1 月 12 日，以线上形式召开 2021 年下半年水利类专业认证结论审议会暨水利类专业认证委员会全体委员会议；

2022 年 7 月 29 日，在南京召开 2022 年上半年水利类专业认证结论审议会暨水利类专业认证委员会全体委员会议；

2023 年 1 月 17 日，以线上形式召开 2022 年下半年水利类专业认证结论审议会暨水利类专业认证委员会全体委员会议。

附录3 水利类工程教育专业认证进校（或在线）考查专家信息汇总（2007—2023年）

2007 年度

序号	专业	认证学校	认证时间	认证专家（组长为第一个；分号后为见习专家）	认证秘书（分号后为见习秘书）
1	水文	武汉大学	10月23—26日	袁　鹏、甘　泓、沈　冰、陈元芳、谷源泽、吴永祥、李贵宝；观察员：姜弘道、林祚顶、刘东生、张红月、杨　韬	侯永锋：北京交通大学/现教育部高教司理工处；杨　韬，教育部高教司理工处/西南交通大学
2	水文	河海大学	11月13—16日	沈　冰、张红月、袁　鹏、梅亚东、熊明、贾仰文、李贵宝；观察员：姜弘道、林祚顶、刘东生、谷源泽、甘　泓、吴永祥	杨　韬，教育部高教司理工处/西南交通大学

注 认证进校专家名单是实际进校的名单，会与下发文件通知中有不同之处；下同。

2008 年度

序号	专业	认证学校	认证时间	认证专家（组长为第一个；分号后为见习专家）	认证秘书（分号后为见习秘书）
1	水文	中国地质大学（武汉）	6月9—12日	任立良、谷源泽、林祚顶、吴永祥、袁鹏、李贵宝、吴吉春、陈元芳；观察员：姜弘道、沈　冰、梅亚东	杨　韬，教育部高教司理工处/西南交通大学；注：陈元芳兼业务秘书
2	水文	四川大学	9月17—18日	任立良、林祚顶、沈　冰、刘东生、李贵宝、梅亚东、甘　泓、陈元芳；观察员：姜弘道、吴永祥、袁　鹏	杨　韬，教育部高教司理工处/西南交通大学；注：陈元芳兼业务秘书

2009 年度

序号	专业	认证学校	认证时间	认证专家（组长为第一个；分号后为见习专家）	认证秘书（分号后为见习秘书）
1	水文	西北农林科技大学	6月2—4日	袁　鹏、陈元芳、刘东生、吴永祥、李贵宝；外籍专家：陈询吉；见习专家：祁士华；观察员：姜弘道、林祚顶	尹　辉，中南大学
2	水文	内蒙古农业大学	10月14—16日	任立良、甘　泓、谷源泽、梅亚东、沈　冰；观察员：姜弘道	尹　辉，中南大学

2010 年度

序号	专业	认证学校	认证时间	认证专家（组长为第一个；分号后为见习专家）	认证秘书（分号后为见习秘书）
1	水文	吉林大学	6月2—4日	任立良、袁　鹏、谷源泽、吴永祥、李贵宝、吕爱华；观察员：沈士团（监事会）	单　烨，同济大学
2	水文	南京大学	10月13—15日	沈　冰、陈元芳、梅亚东、甘　泓、刘东生	兰利琼，四川大学

2011 年度

序号	专业	认证学校	认证时间	认证专家（组长为第一个； 分号后为见习专家）	认证秘书 （分号后为见习秘书）
1	水文	中山大学	6 月 1—3 日	陈元芳、吴吉春、谷源泽、李贵宝、甘 泓； 程秋喜、吴时强	赵自强，北京化工大学
2	水文	中国地质大学（北京）	9 月 21—23 日	任立良、林祚顶、袁 鹏、梅亚东、刘东生； 陈建康、李赞堂	孙荣平，哈尔滨工程大学
3	水工	河海大学	10 月 17—19 日	沈 冰、吕爱华、吴时强、程秋喜、梅亚东； 高而坤、马震岳	单 烨，同济大学

2012 年度

序号	专业	认证学校	认证时间	认证专家（组长为第一个； 分号后为见习专家）	认证秘书 （分号后为见习秘书）
1	水工	武汉大学	6 月 18—20 日	姜弘道、陈建康、吴时强； 顾圣平、吕明治、孙 冰（外专业）	侯永峰，北京交通大学 贾延琳，中南大学
2	水工	四川大学	10 月 17—19 日	吕明治、顾圣平、马震岳； 王元战、余伦创	赵延斌，华东理工大学
3	水文	西安理工大学	10 月 17—19 日	高而坤、谷源泽、梅亚东； 蔡付林、史美祥	单 烨，同济大学
4	港航	河海大学	10 月 24—26 日	王元战、马震岳、李贵宝； 周华君	刘贵松，电子科技大学； 刘羌健，南京邮电大学
5	水文	内蒙古农业大学	10 月 31— 11 月 1 日	陈元芳、李贵宝	注：认证延期现场考查
6	水文	西北农林科技大学	11 月 1—2 日	陈元芳、李贵宝	注：认证延期现场考查

注 四川大学 2 个专业联合认证。

2013 年度

序号	专业	认证学校	认证时间	认证专家（组长为第一个； 分号后为见习专家）	认证秘书 （分号后为见习秘书）
1	水文	华北水利水电大学	5 月 22—24 日	陈元芳、谷源泽、吴吉春； 黄介生、顾宇平	何 晋，成都信息工程学院
2	港航	长沙理工大学	5 月 22—24 日	王元战、李贵宝、史美祥； 聂孟喜、冯卫兵	刘铁雄，中南大学
3	水工	西安理工大学	10 月 16—18 日	吕明治、顾圣平、聂孟喜； 李 新、游晓红	许明杨，合肥工业大学
4	水工	合肥工业大学	10 月 16—18 日	姜弘道、陈建康、吴时强	李国信，华南理工大学； 黄青青，中国测绘学会
5	水文	河海大学	10 月 22—24 日	梅亚东、李贵宝、沈 冰； 刘 超、吴一红	张 征，华南理工大学
6	水文	武汉大学	10 月 23—25 日	高而坤、任立良、袁 鹏、顾宇平、蔡付林； 张展羽、黄修桥	宋向伟，滨州医学院； 胡小平，杭州电子科技大学
7	农水				
8	农水	西北农林科技大学	10 月 29—31 日	林祚顶、黄介生、甘 泓； 刘晓平、聂相田	单 烨，同济大学

注 武汉大学、合肥工业大学为 2 个专业联合认证。

2014 年度

序号	专业	认证学校	认证时间	认证专家（组长为第一个；分号后为见习专家）	认证秘书（分号后为见习秘书）
1	水文	中国地质大学（武汉）	6 月 16—18 日	任立良、谷源泽、吴吉春；王瑞骏、黄　强	许明扬，合肥工业大学
2	港航	重庆交通大学	6 月 4—6 日	陈建康、冯卫兵、史美祥；吴义航、张文雷	郭永琪，武汉理工大学；赵雨炀，黑龙江工程学院
3	农水	内蒙古农业大学	6 月 23—25 日	刘　超、万　隆、李贵宝；徐兴文、郭凤台	宋向伟，滨州医学院
4	港航	大连理工大学	10 月 27—29 日	王元战、游晓红、周华君；韩时琳、宋振贤	胡小平，杭州电子科技大学；施林森，南京大学
5	水工			姜弘道、吴时强、王瑞骏；韩菊红	
6	水工	郑州大学	10 月 15—17 日	聂孟喜、顾圣平、吴一红；牟献友、夏庆霖（外专业）	郭明宙，兰州大学
7	水工	三峡大学	10 月 20—22 日	吕明治、马震岳、李　新；郝梓国（中国地质科学院）	陈精锋，厦门大学
8	农水	中国农业大学	10 月 27—29 日	黄介生、张展羽、黄修桥；李世里（江苏顺丰速运有限公司）、高　利（北京理工大学）	曹　征，中国仪器仪表学会

注　大连理工大学为 2 个专业联合认证。

2015 年度

序号	专业	认证学校	认证时间	认证专家（组长为第一个；分号后为见习专家）	认证秘书（分号后为见习秘书）
1	水文	四川大学	6 月 16—18 日	陈元芳、谷源泽、黄　强；张继群、黄振平	刘晓宇，杭州师范大学；周喜川，重庆大学
2	水文	内蒙古农业大学	6 月 15—17 日	任立良、梅亚东、甘　泓；姜广斌、王秀茹	赵延斌，华东理工大学；张清江，西北工业大学
3	水工	长沙理工大学	6 月 3—5 日	吕明治、王瑞骏、韩菊红	王真真，中国海洋大学
4	水工	福州大学	11 月 4—6 日	姜弘道、吴义航、王瑞骏；金　峰、顾　浩	付艳东，中国电工技术学会
5	水工	云南农业大学	11 月 9—11 日	马震岳、游晓红、吴时强；胡　明、周　英	杨　韬，西南交通大学；李艳东，中国石油和化工联合会
6	水文	西北农林科技大学	11 月 16—18 日	高而坤、贾仰文、牟献友；许　平	于三三，沈阳化工大学；张　健，中国仪器仪表学会
7	农水	石河子大学	11 月 4—6 日	沈　冰、吴一红、张展羽；孙景亮	赵自强，教育部高等教育教学评估中心；耿　琰，华东理工大学

注　四川大学 2 个专业为联合认证。

2016 年度

序号	专业	认证学校	认证时间	认证专家（组长为第一个；分号后为见习专家）	认证秘书（分号后为见习秘书）
1	港航	上海海事大学	5 月 25—27 日	高而坤、游晓红、周华君；张长宽、吴伯健	徐晓明，河北工业大学
2	港航	长沙理工大学	6 月 1—3 日	王元战、冯卫兵、周　英；张建新	胡　静，黑龙江工程学院
3	农水	扬州大学	10 月 12—14 日	黄介生、谷源泽、黄修桥；肖　娟	魏　杰，北京化工大学
4	水文	吉林大学	11 月 7—9 日	联合组长：章　兢　陈元芳、甘　泓、姜广斌	盖江南，北京化工大学
5	港航	江苏科技大学	11 月 16—18 日	张长宽、刘晓平、周　英；张洪生、陈晓峰	顾梦元，中国机械工程学会

续表

序号	专业	认证学校	认证时间	认证专家（组长为第一个；分号后为见习专家）	认证秘书（分号后为见习秘书）
6	水工	昆明理工大学	11月16—18日	陈建康、金　峰、李　新；陈　达、黄海燕	赵延斌，华东理工大学
7	水工	兰州交通大学	11月21—23日	马震岳、吴一红、韩菊红	杨　韬，西南交通大学；孙红霞，中国石油大学（华东）
8	水工	山东农业大学	11月23—25日	胡　明、吴时强、聂相田；马孝义	王海茹，中国电机工程学会

注 吉林大学4个专业、兰州交大2个专业联合认证。

2017 年度

序号	专业	认证学校	认证时间	认证专家（组长为第一个；分号后为见习专家）	认证秘书（分号后为见习秘书）
1	港航	重庆交通大学	5月22—24日	吕明治、陈　达、周　英；刘达玉（外专业、成都大学）	吴　迪，大连理工大学；刘　哲，河北工业大学
2	水工	河海大学	5月24—26日	马震岳、吴义航、韩菊红；王韶华	缪　云，中国机械工程学会；齐　萍，湖北工业大学
3	水工	长春工程学院	6月5—7日	金　峰、万　隆、吴时强；刘一农、黄海江	赵延斌，华东理工大学；陈　宇，吉林化工学院
4	水文	华北水利水电大学	6月5—7日	陈元芳、吴一红、甘　泓；陈其幸、宿　辉	赵亚敏，中国钢铁工业协会；郑前进，中国矿业大学（北京）
5	水文	中国地质大学（北京）	6月5—7日	谷源泽、吴吉春、姜广斌；杨和明	陈　兴，南京邮电大学；冷　伟，西南交通大学
6	水文	太原理工大学	10月23—25日	吴吉春、宿　辉、贾仰文；李继清	洪　艳，哈尔滨工程大学
7	水文	三峡大学	10月25—27日	甘　泓、黄振平、黄海江	费　杰，山东理工大学
8	水文	郑州大学	10月25—27日	梅亚东、姜广斌、顾圣平	田　敏，陕西科技大学
9	水文	中国地质大学（武汉）	11月1—3日	刘　超、梅亚东、陈其幸	李　静，西安工业大学；毕海普，常州大学
10	水工	大连理工大学	10月25—27日	高而坤、胡　明、李　新	余　江，重庆大学
11	水工	三峡大学	10月25—27日	金　峰、黄海燕、杨和明	王增峰，青岛科技大学
12	水工	郑州大学	10月25—27日	马震岳、吴一红、王瑞骏	陈少靖，福州大学
13	港航	大连理工大学	10月25—27日	王元战、刘晓平、陈晓峰	谢其云，南京邮电大学
14	港航	中国海洋大学	11月1—3日	陈建康、陈　达、游晓红；张洪雨	杨　峰，温州医科大学；何朝成，天津理工大学
15	港航	哈尔滨工程大学	11月8—10日	陈元芳、韩时琳、刘一农；陈霁巍	李　杰，中国仪器仪表学会；田　璠，武汉理工大学
16	农水	太原理工大学	10月23—25日	黄介生、黄修桥、蔡付林	刘　超，武汉理工大学

注 司振江作为见习专家参加湘潭大学的通信工程专业认证（10月23—25日）；张从联作为见习专家参加西南交通大学的地质工程专业认证（10月25—27日）。

2018 年度

序号	专业	认证学校	认证时间	专家（组长为第一个；分号后为见习专家）	认证秘书（分号后为见习秘书）
1	水工	长沙理工大学	6月4—6日	吕明治、顾圣平、姜广斌；王平义、涂怀健	余　江，重庆大学
2	水工	福州大学	6月13—15日	陈元芳、韩菊红、吴一红	张　惠，沈阳化工大学
3	农水	石河子大学	6月13—15日	甘　泓、李　新、肖　娟	代国标，中国地质学会

序号	专业	认证学校	认证时间	专家（组长为第一个；分号后为见习专家）	认证秘书（分号后为见习秘书）
4	水工	中国农业大学	5月30—6月1日	**金 峰**、黄海燕、张从联	洪 艳，哈尔滨工程大学
5	农水			陈建康、万 隆、李继清	李松杰，郑州大学
6	水文	内蒙古农业大学	6月4—6日	**高而坤**、宿 辉、王瑞骏	李勇军，湖南大学
7	农水			黄介生、黄修桥、黄海江	蔺跟荣，榆林学院
8	水工	华北水利水电大学	6月6—8日	联合组长：张长宽 马震岳、胡 明、吴时强	张为成，黑龙江工程学院
9	农水			刘 超、张建新、司振江	杨权权，淮阴工学院
10	港航	河海大学	11月7—9日	王元战、刘一农、张洪雨	刘 艺，沈阳化工大学
11	农水			**黄介生**、韩菊红、黄海江	洪 亮，福建工程学院
12	水文	西安理工大学	11月12—14日	谷源泽、姜广斌、梅亚东	崔文龙，常州大学
13	农水			**陈元芳**、刘晓平、司振江	赵忠兴，兰州理工大学
14	水工	云南农业大学	10月29—31日	**陈建康**、张文雷、王瑞骏	解其云，南京邮电大学
15	农水			马震岳、黄修桥、张展羽	余 江，重庆大学
16	水文	长安大学	11月5—7日	甘 泓、吴吉春、陈其幸	曹晓舟，东北大学
17	农水	西北农林科技大学	10月24—26日	刘 超、肖 娟、许 平	焦飞鹏，中南大学
18	水工	兰州理工大学	11月12—14日	金 峰、吴时强、聂相田	陈益芳，福建农林大学
19	水工	扬州大学	11月5—7日	联合组长：申功璋 高而坤、顾圣平、王平义	王彩勤，西安科技大学

注 联合认证名字加重的还兼任联合组长，下同。

2019 年度

序号	专业	认证学校	认证时间	认证专家（组长为第一个；分号后为见习专家）	认证秘书（分号后为见习秘书）
1	水文	西北农林科技大学	5月29—31日	**陈元芳**、贾仰文、梅亚东	李 诺，东北大学
2	水工			金 峰、吴一红、谷源泽	曹 震，华中农业大学
3	水工	合肥工业大学	5月27—29日	吴时强、牟献友、韩菊红	姬晓旭，西南交通大学
4	水工	山东农业大学	5月27—29日	胡 明、黄海江、李贵宝	王增峰，青岛科技大学
5	港航	长沙理工大学	5月29—31日	王元战、周 英、陈 达	彭明成，江苏理工学院；林安琪，温州医科大学
6	水文	吉林大学	6月11—13日	高而坤、吴吉春、姜广斌	马金平，山东大学
7	水工	西安理工大学	6月13—15日	吕明治、黄海燕、张文雷	毛昌杰，安徽大学
8	水工	兰州交通大学	6月10—12日	马震岳、李 新、王瑞骏	刘 洁，江苏大学
9	港航	江苏科技大学	6月11—13日	甘 泓、张洪生、韩时琳；谢红强	赵 嘉，沈阳化工大学
10	港航	上海海事大学	6月12—14日	张长宽、刘晓平、刘一农；王多银	王许云，青岛科技大学
11	农水	扬州大学	6月10—12日	黄介生、肖 娟、黄修桥；刘 超（四川大学）、屈忠义	黄 魁，兰州交通大学
12	农水	河北农业大学	10月31—11月2日	甘 泓、屈忠义、肖 娟	师 俊，武汉工程大学
13	水工	四川大学	11月18—20日	万 隆、马震岳	张学金，浙江科技学院
14	水文		11月18—20日	**高而坤**、韩菊红	张学金，浙江科技学院
15	水文	武汉大学	11月6—8日	联合组长：张玲华（南京邮电大学） 陈元芳、谷源泽	陈鹏鹏，安徽大学
16	农水		11月6—8日	张展羽、司振江	石先敬，宁波工程学院
17	水工		11月6—8日	陈建康、顾圣平	石先敬，宁波工程学院

续表

序号	专业	认证学校	认证时间	认证专家（组长为第一个；分号后为见习专家）	认证秘书（分号后为见习秘书）
18	水工	天津大学	11月4—6日	金　峰、吴一红	王真真，中国海洋大学
19	水文	河海大学	11月19—21日	王元战、张建新、贾仰文	代国标，中国地质学会
20	水工	南昌工程学院	11月19—21日	王瑞骏、宿　辉、李　新	李妮妮，中国测绘学会
21	农水	东北农业大学	11月20—22日	黄介生、马孝义、聂相田	黄显武，内蒙古科技大学

2020 年度

序号	专业	认证学校	认证时间	认证专家（组长为第一个；分号后为见习专家）	认证秘书（分号后为见习秘书）
1	水工	昆明理工大学	11月16—17日	联合组长：金森（燕山大学）陈建康、马孝义	张　蒨，中国汽车工程学会
2	水文			甘　泓、任立良	辛　欣，吉林大学
3	水文	河北工程大学	10月26—28日	高而坤、谷源泽、梅亚东；王宗志	崔文龙，常州大学
4	水工	黑龙江大学	10月29—30日	马震岳、胡　明、聂相田；李建林	师　俊，武汉工程大学
5	水工	广西大学	10月29—30日	韩菊红、吴一红、黄海燕；贾德彬	王玉猛，河南科技大学
6	港航	天津大学	11月9—10日	联合组长：卫国（中国科学技术大学）张长宽、刘一农	赵　嘉，沈阳化工大学
7	水工	内蒙古农业大学	11月23—24日	联合组长：陈鹤鸣（南京邮电大学）吴时强、宿　辉	刘琰玮，云南大学
8	水务	河海大学	11月23—24日	金　峰、梅亚东、聂相田；及春宁	游　峰，武汉工程大学
9	水工	河北工程大学（在线考查）	12月15—16日	黄介生、谢红强、吴一红	李瑞端，吉林化工学院
10	水工	东北农业大学（在线考查）	12月15—16日	胡　明、屈忠义、黄海江	王玉猛，河南科技大学

注　因疫情影响上半年未进校考查，下半年除了进校考查，还有在线进行认证考查。

2021 年度

序号	专业	认证学校	认证时间	认证专家（组长为第一个；分号后为见习专家）	认证秘书（分号后为见习秘书）
1	港航	华北水利水电大学	5月24—26日	王元战、王瑞骏、周　英；邱　勇、汪　宏	曾庆凯，山东交通学院
2	农水	甘肃农业大学	5月24—26日	马孝义、屈忠义、刘一农；王振华、徐泽平	曹晓舟，东北大学；马新龙，成都工业学院
3	水文	济南大学	5月27—29日	陈元芳、黄海江、张从联；尹志刚、张　挺	杨　兆，桂林医学院
4	水文	南昌工程学院	6月7—9日	谷源泽、梅亚东、吴吉春；王　栋	崔文龙，常州大学
5	农水	长春工程学院	6月7—9日	胡　明、李建林、黄修桥；龚爱民	陈树海，北京科技大学
6	水工	南昌大学	6月20—22日	金　峰、游晓红	黄博津，汕头大学
7	农水	三峡大学	9月23—24日	高而坤、韩菊红、吴伯健	孙　云，湖北工业大学
8	港航	同济大学（在线考查）	11月18—19日	陈元芳、王多银、周　英	张　艳，安徽大学

序号	专业	认证学校	认证时间	认证专家（组长为第一个；分号后为见习专家）	认证秘书（分号后为见习秘书）
9	水文	中国矿业大学（在线考查）	11月22—23日	谷源泽、及春宁、王　栋	于通顺，中国海洋大学
10	水工	山东大学（在线考查）	11月25—26日	万　隆、谢红强、顾圣平	刘　哲，河北工业大学
11	水工	浙江水利水电学院（在线考查）	11月29—30日	联合组长：黄介生 马震岳、聂相田	张　伟，北京石油化工学院
12	农水			韩菊红、司振江	辛　欣，吉林大学
13	港航	鲁东大学（在线考查）	11月25—26日	王元战、陈　达、刘一龙	李　礼，中国矿业大学（北京）
14	水工	重庆交通大学（在线考查）	11月29—30日	吴时强、陈建康、黄海燕	崔文龙，常州大学

注　昆明理工大学农水专业自评报告审阅未通过，终止进校。4个专业自评通过推迟到2022年进校。

2022 年度

序号	专业	认证学校	认证时间	认证专家（组长为第一个；分号后为见习专家）	认证秘书（分号后为见习秘书）
1	水文	天津农学院	4月28—29日	梅亚东、王瑞骏、张建新； 徐　辉、刘咏峰	周　来，中国矿业大学
2	水工	西华大学	5月30—31日	游晓红、金　峰、张　挺； 汤鑫华、郭　军	崔传贞，西安电子科技大学
3	水文	山东科技大学	6月23—24日	联合组长：陈鹤鸣 陈元芳、姜广斌；石秋池	侯庆来，山东理工大学
4	水文	扬州大学	10月20—21日	谷源泽、李建林、梅亚东、 李国芳、王义成	王　涛，中国地质学会
5	水工	太原理工大学	10月27—28日	联合组长：董大伟 陈建康、吴一红；牛最荣	周　乐，浙江科技学院
6	水文	东华理工大学	10月28—29日	吴吉春、黄海江、李继清； 李炎隆、戴长雷	马　飞，兰州大学
7	水文	桂林理工大学	11月17—18日	联合组长：陈光龙 陈元芳、聂相田；朱木兰	陈　宇，吉林化工学院
8	农水	昆明理工大学	11月21—22日	联合组长：翟　翙 黄介生、屈忠义；刘　东	黄建平，东北林业大学
9	水工	新疆农业大学	11月24—25日	金　峰、徐泽平、黄海燕； 王铭明、黄锦林	滕文忠，云南大学
10	水工	石河子大学	11月29—30日	韩菊红、高而坤、龚爱民； 蒋昌波、刘江川	赵继成，山东理工大学

注　所有专业均为在线考查。

2023 年度

序号	专业	认证学校	认证时间	认证专家（组长为第一个；分号后为见习专家）	认证秘书（分号后为见习秘书）
1	港航	大连理工大学	10月19—20日	联合组长：张星臣 王元战、高而坤	董晶颖，哈尔滨理工大学
2	水工			胡　明、谢红强； 史宏达、董增川	
3	港航	哈尔滨工程大学	11月13—14日	联合组长：张星臣 王多银、刘一农；何立新、陈　述	王爱文，辽宁工程技术大学

续表

序号	专业	认证学校	认证时间	认证专家（组长为第一个；分号后为见习专家）	认证秘书（分号后为见习秘书）
4	水工	河海大学	11月15—16日	陈建康、石秋池、郭 军；李卫明、张洪波	张模蕴，湘潭大学
5	农水	太原理工大学	11月16—17日	联合组长：段 斌 黄介生、吴伯健；廖仁强、刘继龙	郑丽娜，河南科技大学
6	水工	郑州大学（在线考查）	11月16—17日	联合组长：徐伟箭 李建林、刘江川；韩 勃	陈少靖，福州大学
7	水文			陈元芳、王义成；陈松生	
8	水工	三峡大学（在线考查）	11月17—18日	联合组长：桂小林 金 峰、聂相田；王 建	谢丽娅，重庆大学
9	水文			吴吉春、李国芳；刘勇毅	
10	港航	重庆交通大学	11月23—24日	马震岳、黄海燕、周 英；姜 艳、陈立华	刘俊杰，长春理工大学
11	水文	中国地质大学（武汉）	11月25—26日	谷源泽、肖 娟、宿 辉；栾清华、张修宇	李 礼，中国矿业大学（北京）
12	港航	中国海洋大学（在线考查）	11月25—26日	韩菊红、张长宽、游晓红；黄 铭、邵薇薇	何朝成，天津理工大学